快速学会 S7-300/400 PLC

阳胜峰　编著

内 容 提 要

本书介绍了西门子 S7-300/400 PLC 的硬件模块、编程软件 STEP7 的使用、编程基础以及各种 PLC 指令，还重点介绍了 S7-300/400 的用户程序结构、功能 FC 的编程与应用、功能块 FB 的编程与应用、顺序控制与 S7 GRAPH 编程、S7-300/400 在模拟量闭环控制编程、西门子 PLC 通信技术，以及 PLC 的综合应用。

本书以大量的实例为载体，对各项目进行了具体的编程，读者通过本书的学习和练习，可以尽快地、全面地掌握 S7-300/400 PLC 的应用。另外，为方便学习，我们特配套制作了教学视频，方便大家高效、轻松地学习。

本书可作为高等学校和职业院校电气自动化、机电一体化、自动化等相关专业的教材，也可供技术培训及在职技术人员自学使用。

图书在版编目（CIP）数据

快速学会 S7-300/400 PLC/阳胜峰编著. —北京：中国电力出版社，2014.1（2017.12 重印）

ISBN 978-7-5123-4659-8

Ⅰ.①快… Ⅱ.①阳… Ⅲ.①plc 技术 Ⅳ.①TM571.6

中国版本图书馆 CIP 数据核字（2013）第 148576 号

中国电力出版社出版、发行

（北京市东城区北京站西街 19 号 100005 http://www.cepp.sgcc.com.cn）

三河市航远印刷有限公司印刷

各地新华书店经售

*

2014 年 1 月第一版 2017 年 12 月北京第三次印刷

787 毫米×1092 毫米 16 开本 21.25 印张 520 千字

印数 4501—5500 册 定价 **55.00** 元（含 1DVD）

前　言

自动控制技术在各行业的应用越来越广泛，PLC 技术也成为自动化相关行业的核心应用技术。西门子 S7-300/400 PLC 是目前市场占用率极高的中大型 PLC，在冶金、化工、汽车等行业应用非常广泛。为了使广大读者能通俗易懂地学会这种 PLC，结合目前 PLC 使用情况，我们特编写了本书，并制作了配套视频教程。

本书的内容包括：西门子 S7-300/400 PLC 的硬件模块、编程软件 STEP7 的使用、编程基础以及各种 PLC 指令、S7-300/400 的用户程序结构、功能 FC 的编程与应用、功能块 FB 的编程与应用、中断、顺序控制与 S7 GRAPH 编程、S7-300/400 在模拟量闭环控制编程、西门子 PLC 网络通信技术，以及 PLC 的综合典型应用。对于一些重点和难点，都采用案例项目的方法，结合仿真软件 PLCSIM 进行了具体讲解。

针对初学者的特点，全书在编排上注意了由简及繁、由浅入深和循序渐进，力求通俗易懂、简洁实用。

本书配套制作了教学视频，结合播放视频学习，可让您的学习事半功倍。随书免费赠送 30 讲教学视频。教学视频由阳胜峰老师主讲，技术支持网站 www. ysfplc. com.

本教材适合学习 S7-300/400 PLC 的初、中级用户，适合作为 PLC 培训教材，非常适合自动化行业各类人员自学使用。

本书由深圳职业技术学院阳胜峰老师负责编写并统审全稿，同时参与编写及项目开发工作的还有李佐平、师红波、李加华、李正平、邱郑文、欧阳奇红、彭书峰等。

由于时间仓促，书中难免存在遗漏和不足之处，恳请广大读者提出宝贵意见。

作　者

2013 年 8 月

目录

第1章 S7-300/400 PLC

西门子可编程控制器系列产品包括小型PLC（S7-200）系列、中低性能系列（S7-300）和中/高性能系列（S7-400）。西门子S7家族PLC的I/O点数、运算速度、存储容量及网络功能趋势如图1-1所示。

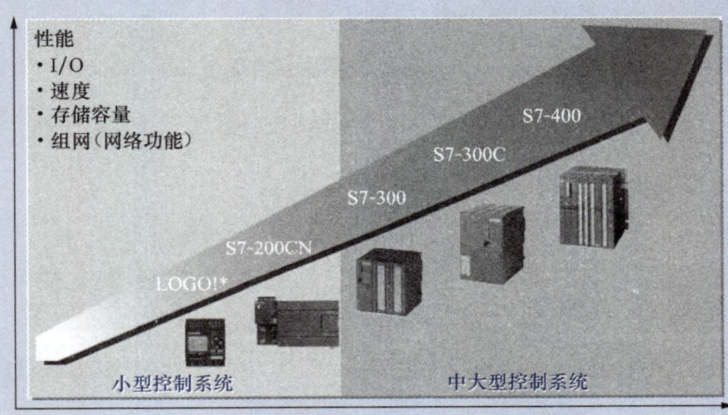

图1-1　S7家族PLC

第一节　S7-300 PLC简介

一、标准型S7-300 PLC的硬件结构

S7-300 PLC为标准模块式结构化PLC，它的各种模块相互独立，并安装在固定的机架（导轨）上，构成一个完整的PLC应用系统。

如图1-2所示，标准型S7-300 PLC的硬件结构由以下模块组成：电源单元（PS）、中央

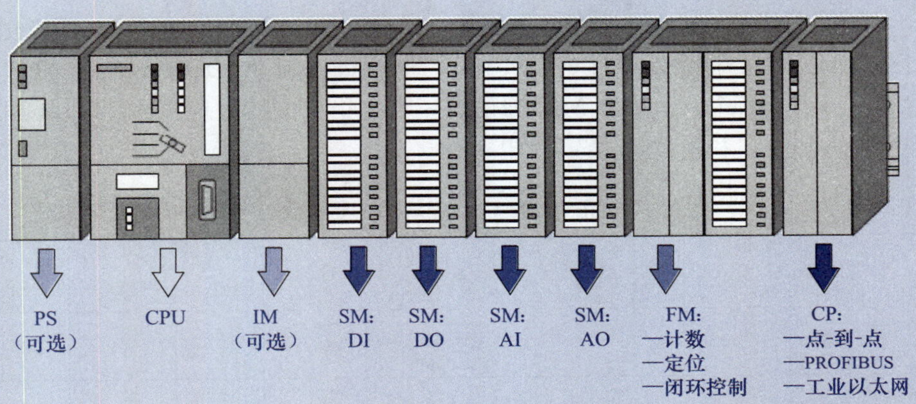

图1-2　S7-300 PLC组成模块

处理单元（CPU）、接口模板（IM）、信号模板（SM）、功能模板（FM）、通信模板（CP）。

S7-300 PLC外形图如图1-3所示。

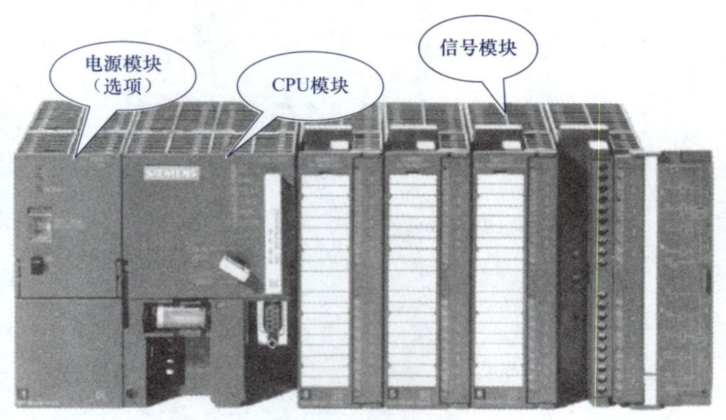

图1-3　S7-300 PLC外形图

二、S7-300 CPU模块

1. CPU模块的分类

S7-300 CPU模块可分为紧凑型、标准型、革新型、户外型、故障安全型和特种型CPU。

（1）紧凑型CPU如CPU312C、CPU313C、CPU313-2PtP、CPU313C-2DP、CPU314-2PtP、CPU314-2DP。

（2）标准型CPU如CPU 313、CPU 314、CPU 315、CPU 315-2DP、CPU 316-2DP。

（3）革新型CPU如CPU 312、CPU 314、CPU 315-2DP、CPU 317-2DP、CPU 318-2DP。

（4）户外型CPU如CPU 312 IFM、CPU 314 IFM、CPU 314（户外型）。

（5）故障安全型CPU如CPU315F、CPU 315F-2DP、CPU 317F-2DP。

（6）特种型CPU如CPU 317T-2DP、CPU 317-2 PN/DP。

2. S7-300 CPU模块的主要特性

表1-1所示为常用S7-300 CPU模块的主要特性，如CPU314模块，用户内存程序容量为48KB，MMC最大为8M，可实现自由编址，数字量IO点数可达1024，模拟量输入/输出数量可达256，1K的指令处理时间为0.1ms，位存储器M为2048个，计数器数量为256个，定时器数量为256个，集成有MPI通信口，没有集成DP和PtP通信口，CPU本身没有集成数字输入输出点和模拟量输入/输出。

表1-1　常用S7-300 CPU模块的主要特性

参数 \ CPU	CPU 312	CPU 312C	CPU 313C	CPU 313C-2PtP	CPU 313C-2DP	CPU 314	CPU 314C-PtP	CPU 314C-2DP	CPU 315-2DP	CPU 317-2DP
用户内存（KB）	16	16	32	32	32	48	48	48	128	512
最大MMC（MB）	4	4	8	8	8	8	8	8	8	8

续表

CPU 参数	CPU 312	CPU 312C	CPU 313C	CPU 313C-2PtP	CPU 313C-2DP	CPU 314	CPU 314C-PtP	CPU 314C-2DP	CPU 315-2DP	CPU 317-2DP
自由编址	YES	YES	YES	YES	YES	YES	YES	YES	YES	YES
DI/DO	256	256/256	992/992	992/992	992/992	1024	992/992	992/992	1024	1024
AI/AO	64	64/32	246/124	248/124	248/124	256	248/124	248/124	256	256
处理时间/1KB指令（ms）	0，2	0，1	0，1	0，1	0，1	0，1	0，1	0，1	0，1	0，1
位存储器	1024	1024	2048	2024	2048	2048	2048	2048	16 384	32 768
计数器	128	128	256	256	256	256	256	256	256	512
定时器	128	128	256	256	256	256	256	256	256	512
集成通信连接MPI/DP/PtP	Y/N/N	Y/N/N	Y/N/N	Y/N/N	Y/N/N	Y/N/N	Y/N/N	Y/N/N	Y/N/N	Y/N/N
集成 DI/DO	0/0	10/6	24/16	16/16	16/16	0/0	24/16	24/16	0/0	0/0
集成 AI/AO	0/0	0/0	4+1/2	0/0	0/0	0/0	4+1/2	4+1/2	0/0	0/0

3. S7-300 CPU 模块操作

CPU 314 外形如图 1-4 所示。S7-300 CPU 模式选择开关 4 个档位，分别为 RUN-P、RUN、STOP 和 MRES。

（1）RUN-P：可编程运行模式。在此模式下，CPU 不仅可以执行用户程序，在运行的同时，还可以通过编程设备（如装有 STEP 7 的 PG、装有 STEP 7 的计算机等）读出、修改、监控用户程序。

（2）RUN：运行模式。在此模式下，CPU 执行用户程序，还可以通过编程设备读出、监控用户程序，但不能修改用户程序。

（3）STOP：停机模式。在此模式下，CPU 不执行用户程序，但可以通过编程设备（如装有 STEP 7 的 PG、装有 STEP 7 的计算机等）从 CPU 中读出或修改用户程序。在此位置可以拔出钥匙。

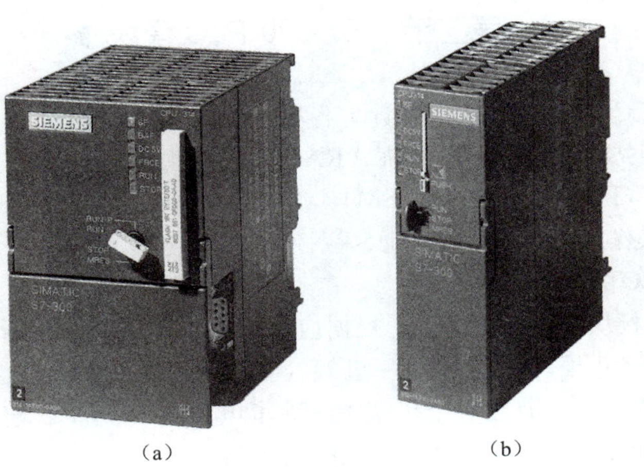

图 1-4 CPU 314 外形图

（a）2002 年 10 月之前的 CPU 314；（b）2002 年 10 月之后的 CPU 314

图 1-5　CPU 状态与故障指示灯

(4) MRES：存储器复位模式。该位置不能保持，当开关在此位置释放时将自动返回到 STOP 位置。将钥匙从 STOP 模式切换到 MRES 模式时，可复位存储器，使 CPU 回到初始状态。

4. CPU 状态及故障显示

S7-300 CPU 状态及故障指示灯如图 1-5 所示。

SF（红色）：系统出错/故障指示灯。CPU 硬件或软件错误时亮。

BATF（红色）：电池故障指示灯（只有 CPU313 和 314 配备）。当电池失效或未装入时，指示灯亮。

DC 5V（绿色）：+5V 电源指示灯。CPU 和 S7-300 总线的 5V 电源正常时亮。

FRCE（黄色）：强制有效指示灯。至少有一个 I/O 被强制状态时亮。

RUN（绿色）：运行状态指示灯。CPU 处于“RUN”状态时亮；LED 在“Startup”状态以 2Hz 频率闪烁；在“HOLD”状态以 0.5Hz 频率闪烁。

STOP（黄色）：停止状态指示灯。CPU 处于“STOP”或“HOLD”或“Startup”状态时亮；在存储器复位时 LED 以 0.5Hz 频率闪烁；在存储器置位时 LED 以 2Hz 频率闪烁。

三、S7-300 PLC 功能

S7-300 PLC 的大量功能能够支持和帮助用户进行编程、启动和维护，其主要功能如下：

(1) 高速的指令处理。0.1～0.6μs 的指令处理时间在中等到较低的性能要求范围内开辟了全新的应用领域。

(2) 人机界面（HMI）。方便的人机界面服务已经集成在 S7-300 PLC 操作系统内，因此人机对话的编程要求大大减少。

(3) 诊断功能。CPU 的智能化的诊断系统可连续监控系统的功能是否正常，记录错误和特殊系统事件。

(4) 口令保护。多级口令保护可以使用户高度、有效地保护其技术机密，防止未经允许的复制和修改。

第二节　S7-300 PLC 模块

S7-300 系列 PLC 是模块化结构设计，各种单独模块之间可进行广泛组合和扩展。如图 1-6 所示，它的主要组成部分有导轨（RACK）、电源模块（PS）、中央处理单元模块（CPU）、接口模块（IM）、信号模块（SM）、功能模块（FM）等。它通过 MPI 网的接口直接与编程器 PG、操作员面板 OP 和其他 S7 系列 PLC 相连。

一、S7-300 PLC 的扩展能力

S7-300 PLC 是模块化的组合结构，根据应用对象的不同，可选用不同型号和不同数量的模块，并可以将这些模块安装在同一机架（导轨）或多个机架上。与 CPU312 IFM 和 CPU313 配套的模块只能安装在一个机架上。除了电源模块、CPU 模块和接口模块外，一个机架上最多只能再安装 8 个信号模块或功能模块。

CPU314/315/315-2DP 最多可扩展 4 个机架，IM360/IM361 接口模块将 S7-300 PLC 背板总线从一个机架连接到下一个机架，如图 1-7 所示。

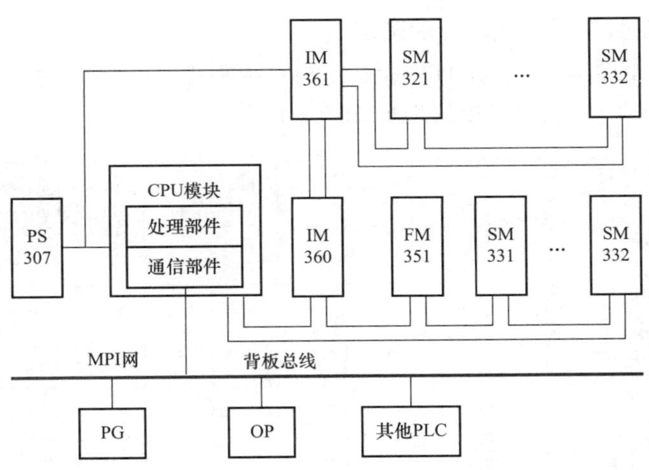

图 1-6 S7-300 PLC 硬件构成框图

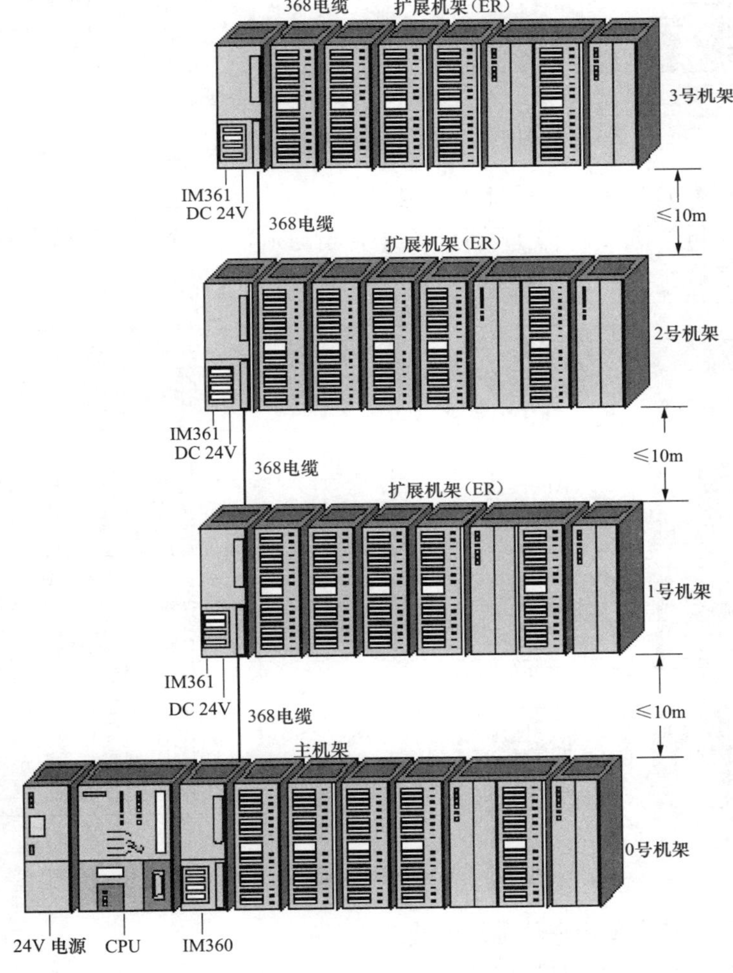

图 1-7 多机架连接

二、S7-300 PLC 数字量模块地址的确定

根据机架上模块的类型，地址可以为输入（I）或输出（O）。数字 I/O 模块每个槽划占 4 B（等于 32 个 I/O 点）。数字量模块地址如图 1-8 所示。

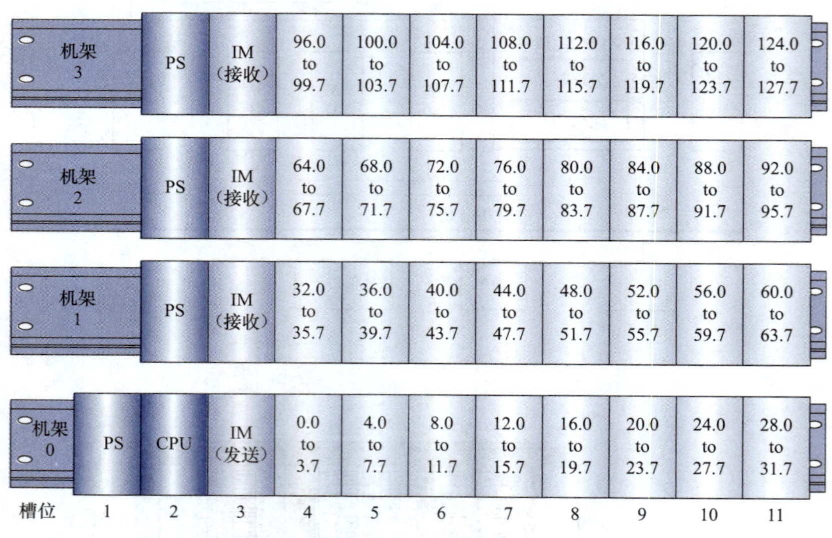

图 1-8　数字量模块地址的分配

三、S7-300 PLC 模拟量模块地址的确定

模拟 I/O 模块每个槽占 16 B（等于 8 个模拟量通道），每个模拟量输入通道或输出通道的地址总是一个字地址。模拟量模块的地址分配如图 1-9 所示。

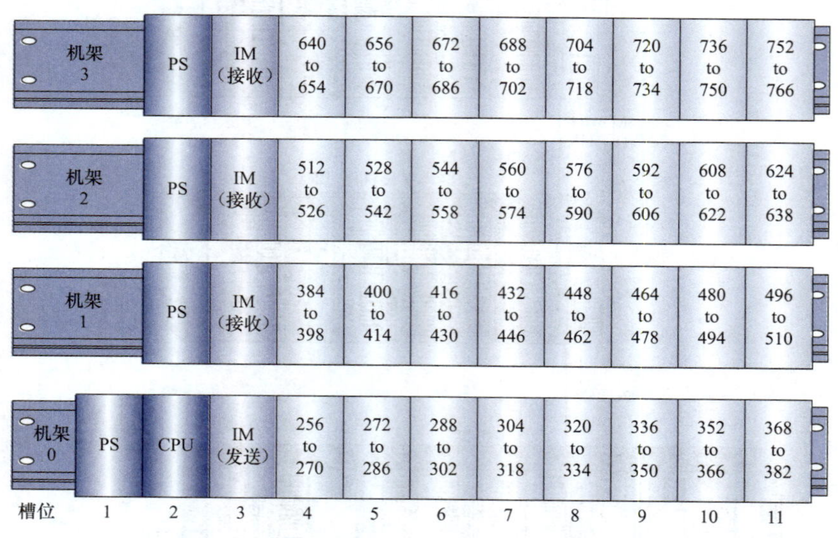

图 1-9　模拟量模块地址的分配

四、S7-300 PLC 数字量模块位地址的确定

0 号机架的第一个信号模块槽（4 号槽）的地址为 0.0～3.7，一个 16 点的输入模块只占用地址 0.0～1.7，地址 2.0～3.7 未用，如图 1-10 所示。数字量模块中的输入点和输出点

的地址由字节部分和位部分组成。例如 I0.0。

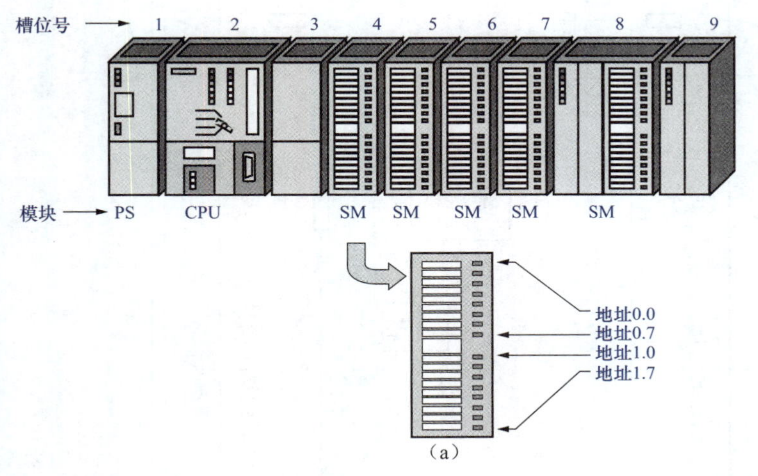

图 1-10 数字量模块位地址的确定

(a) S7-300 PLC 机架；(b) 数字量地址的组成

五、数字量模块

1. 数字量输入模块 SM321

数字量输入模块 SM321 外形图如图 1-11 所示。

数字量输入模块将现场过程送来的数字信号电平转换成 S7-300 PLC 内部信号电平。数字量输入模块有直流输入方式和交流输入方式。对现场输入元件，仅要求提供开关触点即可。输入信号进入模块后，一般都经过光电隔离和滤波，然后才送至输入缓冲器等待 CPU 采样。采样时，信号经过背板总线进入到输入映像区。

图 1-11 数字量模块外形图

数字量输入模块 SM321 有四种型号模块可供选择，即直流 16 点输入、直流 32 点输入、交流 16 点输入、交流 8 点输入模块。

图 1-12 所示为直流 32 点输入对应的端子连接及电气原理图，图 1-13 所示为交流 16 点输入对应的端子连接及电气原理图。

2. 数字量输出模块 SM322

数字量输出模块 SM322 将 S7-300 PLC 内部信号电平转换成过程所要求的外部信号电平，可直接用于驱动电磁阀、接触器、小型电动机、灯和电动机启动器等。

晶体管输出模块只能带直流负载，属于直流输出模块；

晶闸管输出方式属于交流输出模块；

继电器触点输出方式的模块属于交直流两用输出模块。

从响应速度上看，晶体管响应最快，继电器响应最慢；从安全隔离效果及应用灵活性角度来看，以继电器触点输出型最佳。

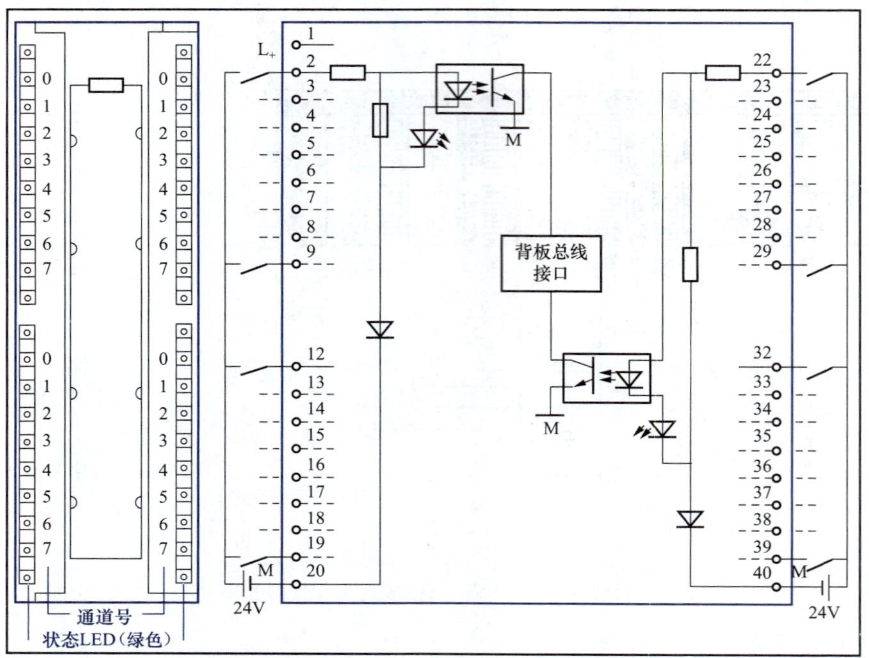

图 1-12　直流 32 点输入模块的接线图

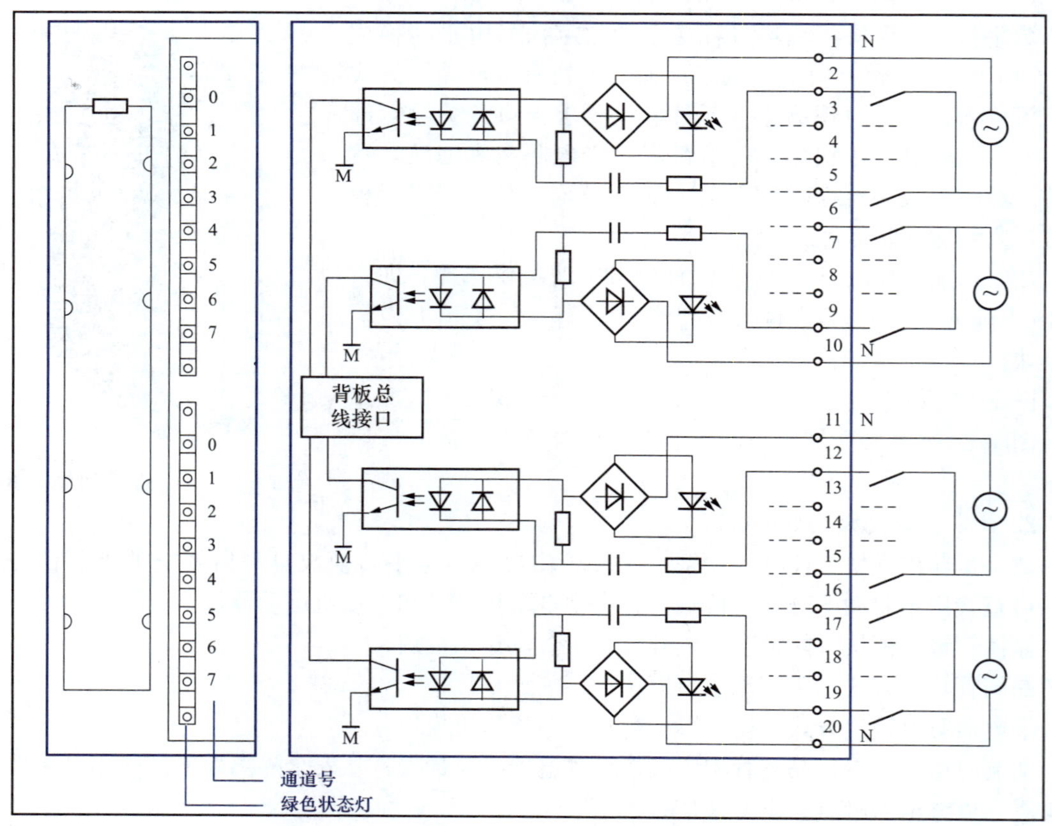

图 1-13　交流 16 点输入模块的接线图

各种类型的数字量输出模块具体参数如表 1-2 所示。

表 1-2　　SM322 模块具体参数

SM322 模块		16 点晶体管	32 点晶体管	16 点晶闸管	8 点晶体管	8 点晶闸管	8 点继电器	16 点继电器
输出点数		16	32	16	8	8	8	16
额定电压		DC 24V	DC 24V	AC 120V	DC 24V	AC 120/230V	—	—
额定电压范围		DC 20.4～28.8V	DC 20.4～28.8V	AC 93～132V	DC 20.4～28.8V	AC 93～264V	—	—
与总线隔离方式		光耦	光耦	光耦	光耦	光耦	光耦	光耦
最大输出电流	“1” 信号（A）	0.5	0.5	0.5	2	1	—	—
	“0” 信号（mA）	0.5	0.5	0.5	0.5	2	—	—
最小输出电流（“1” 信号）（mA）		5	5	5	5	10	—	—
触点开关容量		—	—	—	—	—	2A	2A
触点开关频率（Hz）	阻性负载	100	100	100	100	10	2	2
	感性负载	0.5	0.5	0.5	0.5	0.5	0.5	0.5
	灯负载	100	100	100	100	1	2	2
触点使用寿命（次）		—	—	—	—	—	10^6	10^6
短路保护		电子保护	电子保护	熔断保护	电子保护	熔断保护	—	—
诊断		—	—	红色 LED 指示	—	红色 LED 指示	—	—
最大电流消耗（mA）	从背板总线	80	90	184	40	100	40	100
	从 L+	120	200	3	60	2	—	—
功率损耗（W）		4.9	5	9	6.8	8.6	2.2	4.5

32 点数字量晶体管输出模块的内部电路及外部端子接线如图 1-14 所示。

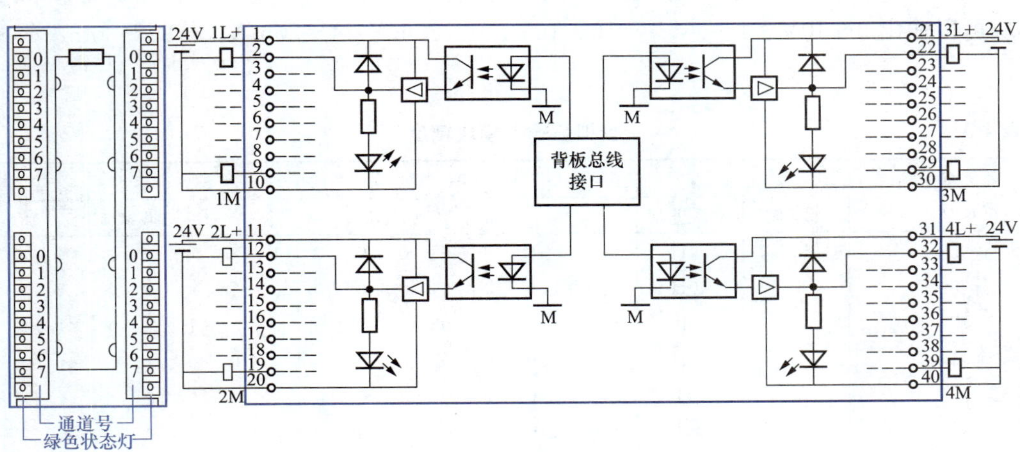

图 1-14　32 点数字量晶体管输出模块的内部电路及外部端子接线图

3. 数字量 I/O 模块 SM323

SM323 模块有两种类型，一种是带有 8 个共地输入端和 8 个共地输出端，另一种是带有 16 个共地输入端和 16 个共地输出端，两种特性相同。I/O 额定负载电压 DC 24 V，输入电压“1”信号电平为 11～30 V，“0”信号电平为－3～＋5 V，I/O 通过光耦与背板总线隔离。在额定输入电压下，输入延迟为 1.2～4.8 ms。输出具有电子短路保护功能。

图 1-15 为 SM323 DI16/DO16×DC 24V/0.5A 内部电路及外部端子接线图。

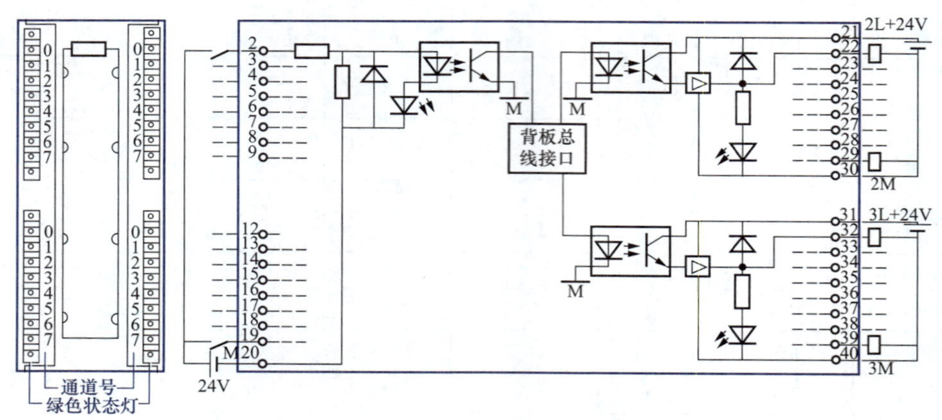

图 1-15 SM323 DI16/DO16×DC 24V/0.5A 内部电路及外部端子接线图

六、模拟量模块

1. 模拟量值的表示方法

S7-300 的 CPU 用 16 位的二进制补码表示模拟量值。其中最高位为符号位 S，“0”表示正值，“1”表示负值，被测值的精度可以调整，取决于模拟量模块的性能和它的设定参数，对于精度小于 15 位的模拟量值，低字节中幂项低的位不用。表 1-3 表示了 S7-300 模拟量值所有可能的精度，标有“×”的位就是不用的位，一般填入“0”。

S7-300 模拟量输入模块可以直接输入电压、电流、电阻、热电偶等信号，而模拟量输出模块可以输出 0～10V、1～5V、－10～10V、0～20mA、4～20mA、－20～20mA 等模拟信号。

表 1-3 模拟量输入模块精度

以位数表示的精度（带符号位）	单位		模拟值															
	十进制	十六进制	高字节								低字节							
8	128	80H	S	0	0	0	0	0	0	0	1	×	×	×	×	×	×	×
9	64	40H	S	0	0	0	0	0	0	0	0	1	×	×	×	×	×	×
10	32	20H	S	0	0	0	0	0	0	0	0	0	1	×	×	×	×	×
11	16	10H	S	0	0	0	0	0	0	0	0	0	0	1	×	×	×	×
12	8	8H	S	0	0	0	0	0	0	0	0	0	0	0	1	×	×	×
13	4	4H	S	0	0	0	0	0	0	0	0	0	0	0	0	1	×	×
14	2	2H	S	0	0	0	0	0	0	0	0	0	0	0	0	0	1	×
15	1	1H	S	0	0	0	0	0	0	0	0	0	0	0	0	0	0	1

2. 模拟量输入模块 SM331

模拟量模块外形如图 1-16 所示。

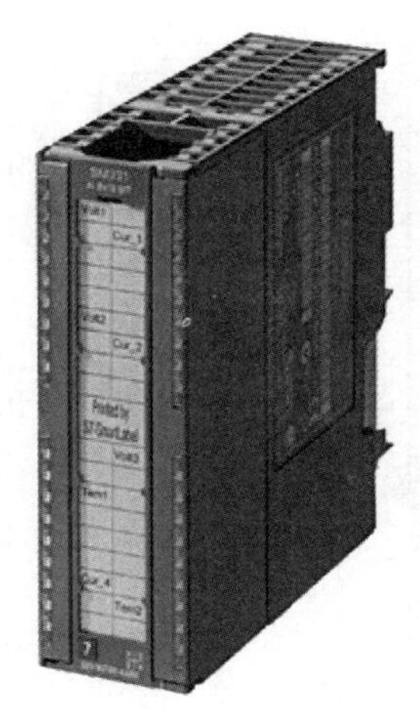

图 1-16 模拟量输入模块外形图

模拟量输入［简称模入（AI）］模块 SM331 目前有三种规格型号，即 8AI×12 位模块、2AI×12 位模块和 8AI×16 位模块。

（1）SM331 概述。SM331 主要由 A/D 转换部件、模拟切换开关、补偿电路、恒流源、光电隔离部件、逻辑电路等组成。A/D 转换部件是模块的核心，其转换原理采用积分方法，被测模拟量的精度是所设定的积分时间的正函数，也即积分时间越长，被测值的精度越高。SM331 可选四挡积分时间：2.5、16.7、20ms 和 100ms，相对应的以位表示的精度为 8、12、12 和 14。

（2）SM331 与传感器、变送器的连接。

1）SM331 与电压型传感器的连接，如图 1-17 所示。

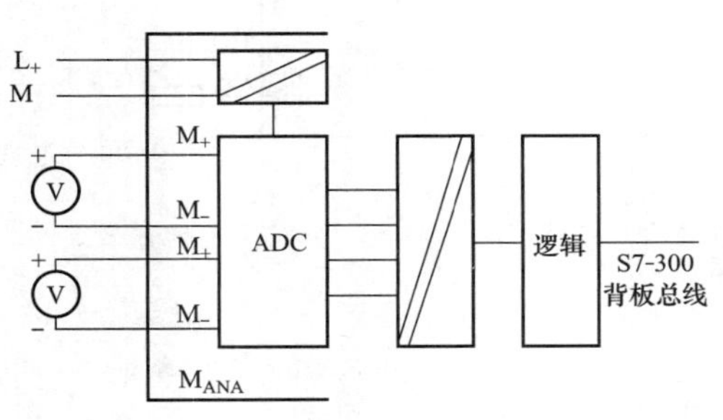

图 1-17 SM331 与电压型传感器的连接

2）SM331 与 2 线电流变送器的连接如图 1-18 所示，与 4 线电流变送器的连接如图 1-19 所示。4 线电流变送器应有单独的电源。

如图 1-20 所示为 AI 8×13 位模拟量输入模块的接线图，该模块共有 8 路模拟量输入，每路精度为 13 位。

3. 模拟量输出模块 SM332

图 1-21 所示为一个 4 路模拟量输出模块的接线图。

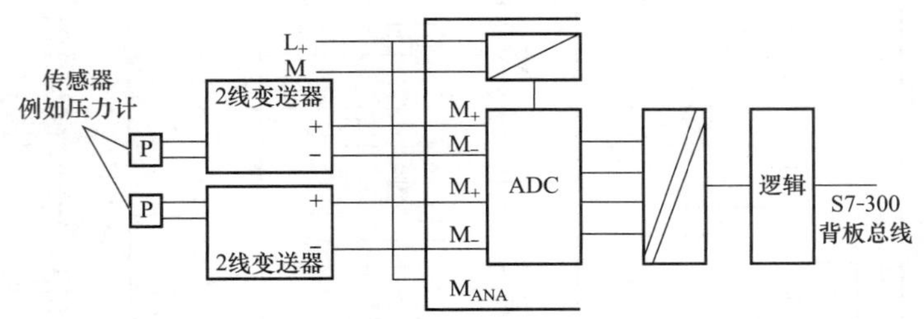

图 1-18 SM331 与 2 线电流变送器的连接图

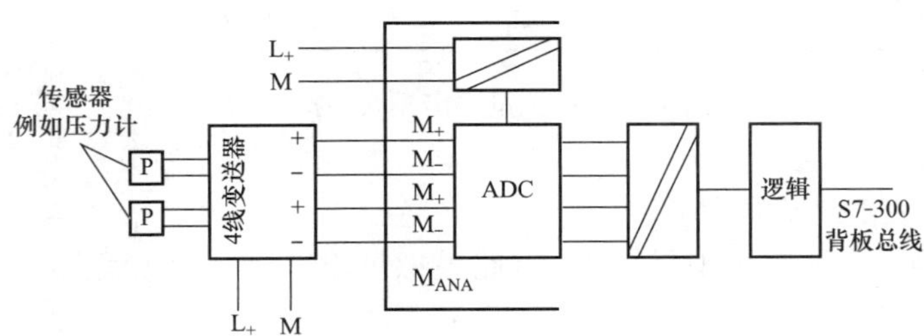

图 1-19 SM331 与 4 线电流变送器的连接图

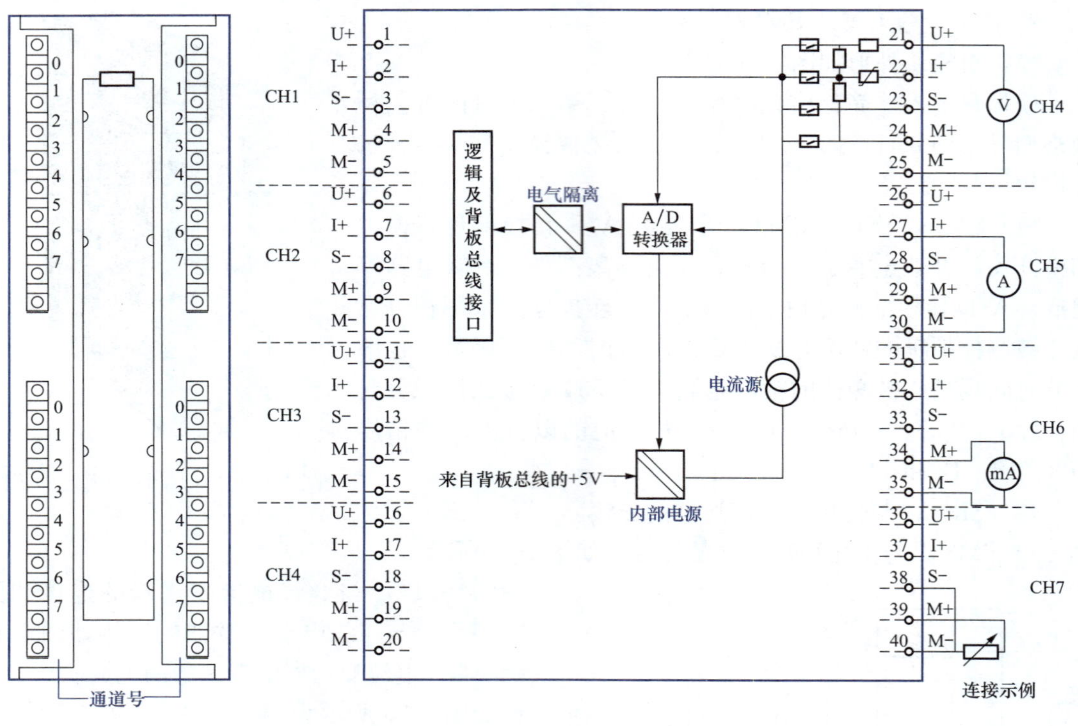

图 1-20　AI 8×13 位模拟量输入模块

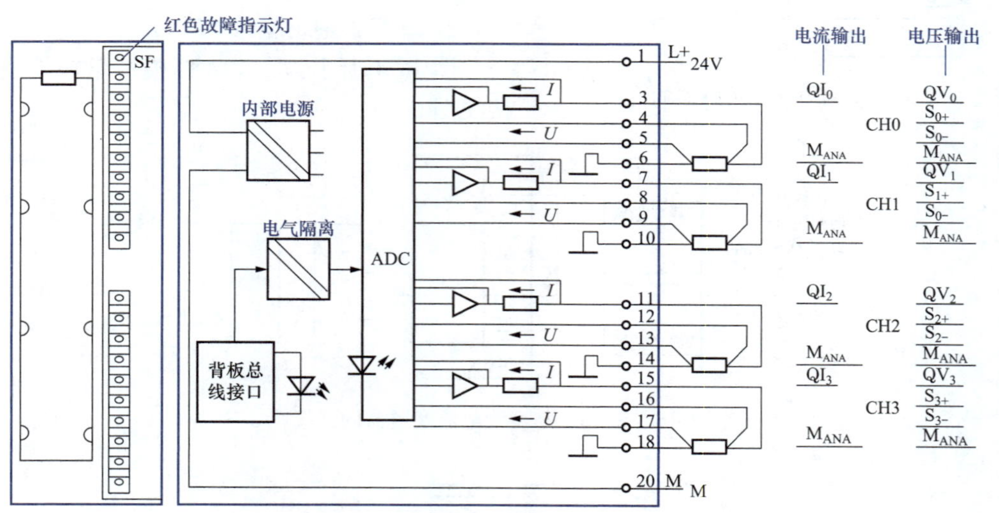

图 1-21　模拟量输出模块的接线图

4. 模拟量输入/输出模块 SM334

图 1-22 所示为一个 4 路模拟量输入、2 路模拟量输出模块的接线图。

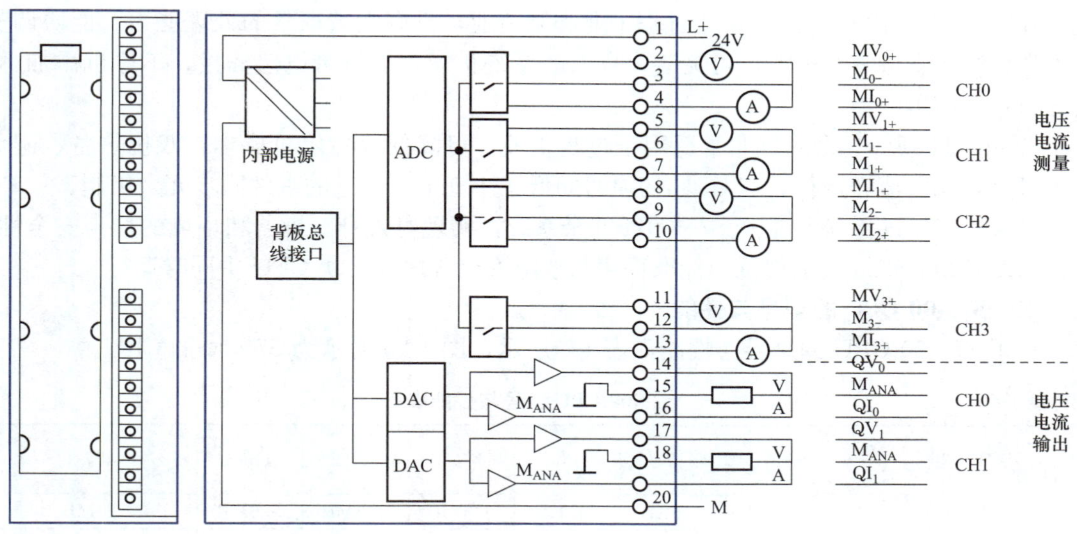

图 1-22 SM334 AI 4/AO 2×8/8Bit 的模拟量输入/输出模块

第三节 S7-400 PLC 简介

图 1-23 所示为 S7-400 PLC 的外形图。

S7-400 PLC 具有强大的诊断能力，提高了系统可用性。S7-400 PLC 的硬件组成与 S7-300 PLC 类似，由电源、CPU 模块、数字量输入/输出模块、模拟量输入/输出模块、通信处理模块等组成，如图 1-24 所示。

图 1-23 S7-400 PLC 外形图

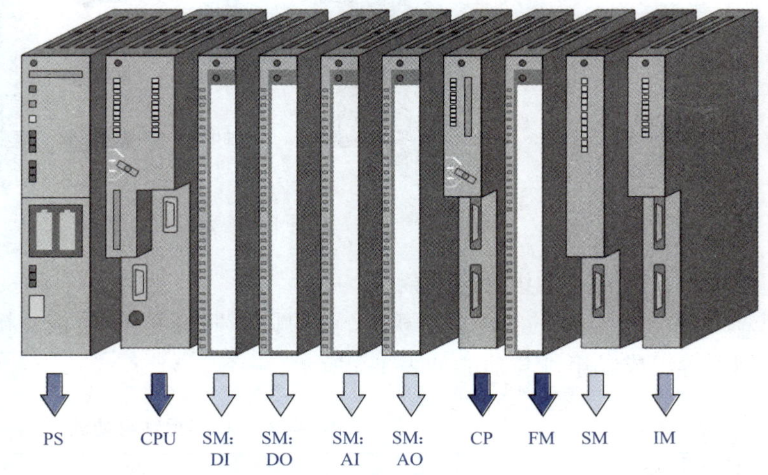

图 1-24 S7-400 PLC 的硬件模块

一、S7-400 PLC 的分类

S7-400 PLC 有三大类型：标准 S7-400、S7-400 H 硬件冗余系统和 S7-400 F/FH 系统。

标准 S7-400 PLC 广泛适用于过程工业和制造业，具有大数据量的处理能力，能协调整个生产系统，支持等时模式，可灵活、自由的系统扩展，支持带电热插拔，不停机添加/修改分布式 I/O 等特点。

S7-400 H 硬件冗余系统非常适用于过程工业，可降低故障停机成本，双机热备，避免停机时间，无人值守运行，双 CPU 切换时间低于 100ms，先进的事件同步冗余机制。

S7-400 F/FH 系统是基于 S7-400H 冗余系统，实现对人身、机器和环境的最高安全性，符合 IEC61508 SIL3 安全规范，标准程序与故障安全程序在一块 CPU 中同时运行。

二、S7-400 CPU 的型号与性能

常用 S7-400 CPU 的型号与性能如表 1-4 所示，图 1-25 所示为 S7-400 的 CPU。

表 1-4　S7-400 CPU 型号与性能表

性能＼型号	412-1	412-2	414-2	414-3	416-2	416-3	417-4
存储容量	144KB	256KB	512KB	1.4MB	2.8MB	5.6MB	20MB
通信接口	MPI/DP PROFIBUS-DP		MPI/DP PROFIBUS-DP		MPI/DP PROFIBUS-DP		MPI/DP PROFIBUS-DP
计数器/定时器	2048/2048		2048/2048		2048/2048		2048/2048

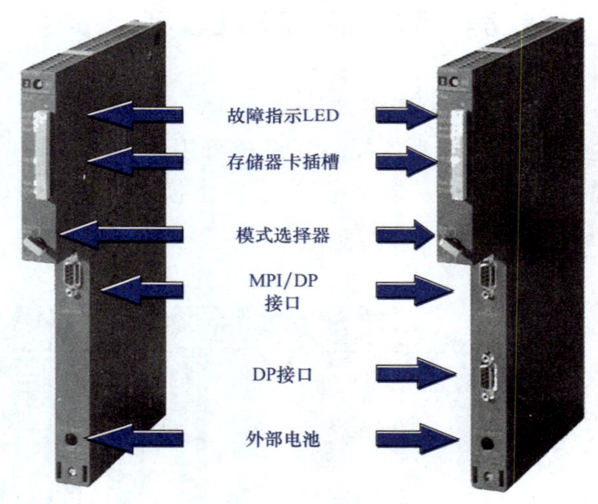

图 1-25　S7-400 CPU

三、S7-400 的组件与功能

S7-400 PLC 的组件包括机架、电源、CPU、信号模板、接口模板、功能模板和通信处理器等组成，组件与功能如表 1-5 所示。

表 1-5　S7-400 PLC 的组件与功能

部　件	功　能	部　件	功　能
机架	用于固定模块并实现模块间的电气连接	接口模板（IM）	用于连接其他机架 附件：连接电缆、终端器
电源（PS）	将进线电压转换为模块所需的直流 5V 和 24V 工作电压	功能模拟（FM）	完成定位、闭环控制等功能

续表

部　件	功　能	部　件	功　能
中央处理单元（CPU）	执行用户程序 附件：存储器卡	通信处理器（CP）	用于连接其他可编程控制器 附件：电缆、软件、接口模板
信号模块（SM）（数字量/模拟量）	把不同的过程信号与S7-400 PLC适配 附件：前连接器		

图1-26所示为S7-400电源模板上的LED指示灯的含义，图1-27所示为CPU模板上的LED指示灯的含义，图1-28所示为CPU执行存储器复位和完全再启动的操作流程。

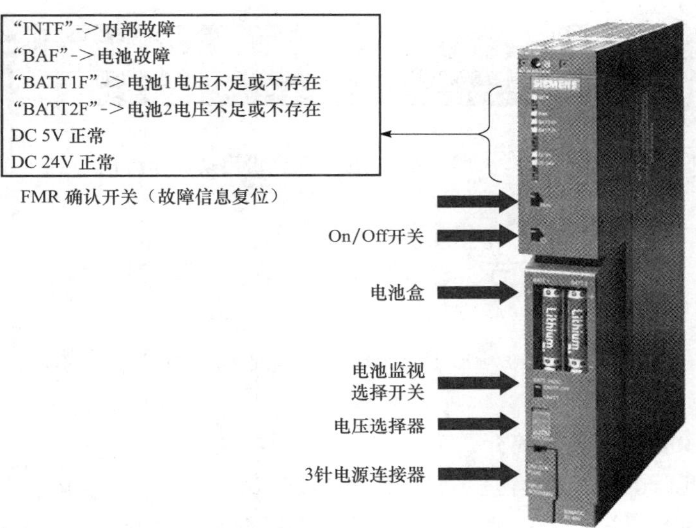

图1-26　电源模板上LED指示灯说明

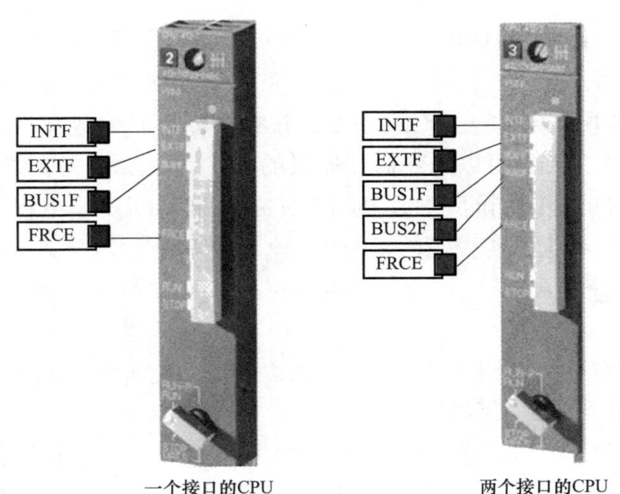

图1-27　CPU指示灯说明

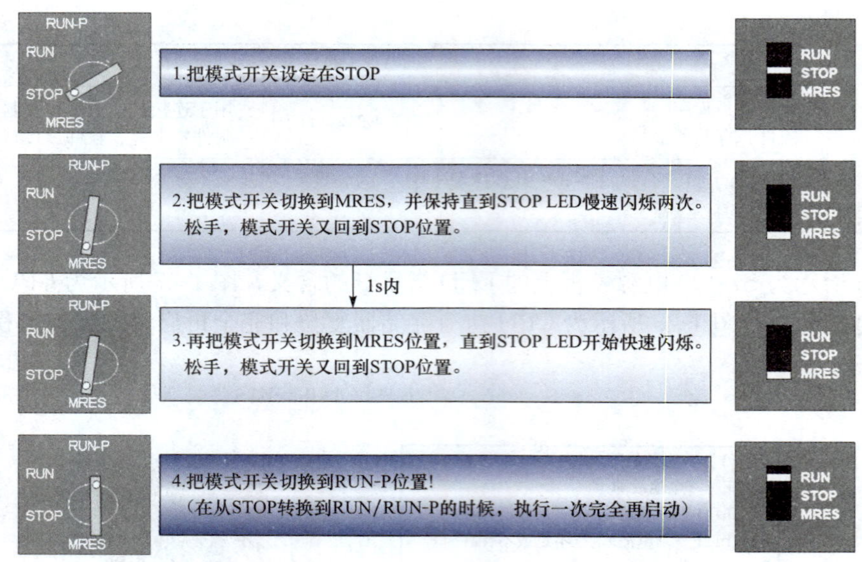

图 1-28　CPU 执行复位和完全再启动操作流程

第四节　S7-300/400 PLC 存储区

本章主要介绍西门子 S7-300/400 PLC 的存储区结构。存储区结构与编程方式有着密切的关系。

一、S7-300/400 编程方式简介

S7-300/400PLC 的编程语言是 STEP7。STEP7 继承了 STEP5 语言结构化程序设计的优点，用文件块的形式管理用户编写的程序及程序运行所需的数据。如果这些文件块是子程序，可以通过调用语句，将它们组成结构化的用户程序。这样，PLC 的程序组织明确，结构清晰，易于修改。

通常，用户程序由组织块（OB）、功能（FC）、功能块（FB）、数据块（DB）构成。其中，OB 是系统操作程序与用户应用程序在各种条件下的接口界面，用于控制程序的运行。OB 块根据操作系统调用的条件（如时间中断、报警中断等）分成几种类型，这些类型有不同的优先级，高优先级的 OB 可以中断低优先级的 OB。每个 S7 的 CPU 包含一套可编程的 OB 块（随 CPU 而不同），不同的 OB 块执行特定的功能。OB1 是主程序循环块，在任何情况下，它都是需要的。根据过程控制的复杂程度，可将所有程序放入 OB1 中进行线性编程，或将程序用不同的逻辑块加以结构化，通过 OB1 调用这些逻辑块。图 1-29 所示是一个 STEP7 调用实例。

除了 OB1，操作系统可以调用其他的 OB 块以响应确定事件。其他可用的 OB 块由所用的 CPU 性能和控制过程的要求而定。

功能或功能块（FC 或 FB）实际是用户子程序，分为带“记忆”的功能块 FB 和不带“记忆”的功能块 FC。前者有一个数据结构与该功能块的参数表完全相同的数据块（DB）附属于该功能块，并随功能块的调用而打开，随功能块的结束而关闭。该附属数据块叫做背景数据块（Instance Data Block），存放在背景数据块中的数据在FB块结束时继续保持，也即被“记忆”。功能块FC没有背景数据块，当FC完成操作后数据不能保持。

数据块（DB）是用户定义的用于存取数据的存储区，也可以被打开或关闭。DB可以是属于某个FB的背景数据块，也可以是通用的全局数据块，用于FB或FC。

S7-300/400 CPU还提供标准系统功能块（SFB，SFC），它们是预先编好的，经过测试集成在S7 CPU中的功能程序库。用户可以直接调用它们，高效地编制自己的程序。与FB块相似，SFB需要一个背景数据块，并需将此DB块作为程序的一部分安装到CPU中。不同的CPU提供不同的SFB、SFC功能。

系统数据块（SDB）是为存放PLC参数所建立的系统数据存储区。用STEP7的S7组态软件可以将PLC组态数据和其他操作参数存放于SDB中。

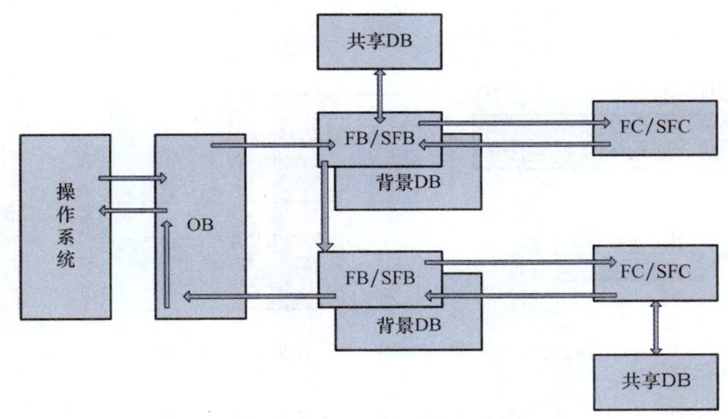

图1-29 STEP 7调用结构举例

二、S7-300/400 PLC的存储区

S7-300/400 CPU有三个基本存储区，如图1-30所示，其中：

（1）系统存储区。RAM类型，用于存放操作数据（I/O、位存储、定时器、计数器）。

（2）装载存储区。物理上是CPU模块的部分RAM，加上内置的EEPRROM或选用的可拆卸FEPROM卡，用于存放用户程序。

（3）工作存储区。物理上占用CPU模块中的部分RAM，其存储内容是CPU运行时，所执行的用户程序单元（逻辑块和数据块）的数据。

CPU工作存储区也为程序块的调用安排了一定数量的临时本地数据存储区或称L堆栈。L堆栈中的数据在程序块工作时有效，并一直保持，当新的块被调用时，L堆栈重新分配。

图1-30也表明，S7 CPU还有两个累加器、两个地址寄存器、两个数据块地址寄存器和一个状态字寄存器。

CPU程序所能访问的存储区为系统存储区的全部、工作存储区的数据块DB、暂时局部数据存储区、外设I/O存储区（P）等，其功能见表1-6。

外部输入寄存器（PI）和外部输出寄存器（PQ）存储区除了和CPU的型号有关外，还和具体的PLC应用系统的模块配置相联系，其最大范围为64KB。

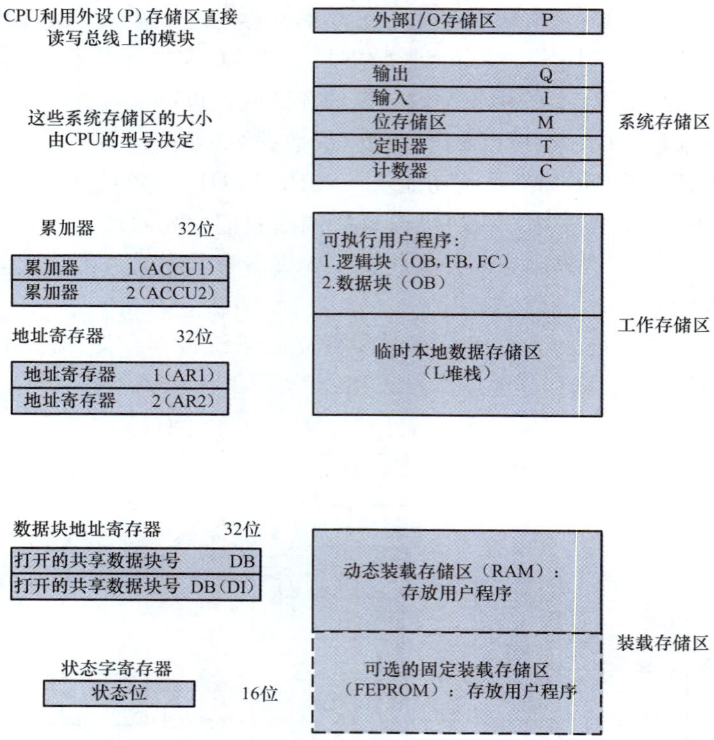

CPU利用外设（P）存储区直接读写总线上的模块

外部I/O存储区　P

这些系统存储区的大小由CPU的型号决定

输出　Q
输入　I
位存储区　M
定时器　T
计数器　C

系统存储区

累加器　32位

累加器　1（ACCU1）
累加器　2（ACCU2）

地址寄存器　32位

地址寄存器　1（AR1）
地址寄存器　2（AR2）

可执行用户程序：
1.逻辑块（OB，FB，FC）
2.数据块（OB）

临时本地数据存储区（L堆栈）

工作存储区

数据块地址寄存器　32位

打开的共享数据块号　DB
打开的共享数据块号　DB（DI）

状态字寄存器

状态位　16位

动态装载存储区（RAM）：存放用户程序

可选的固定装载存储区（FEPROM）：存放用户程序

装载存储区

图 1-30　S7-300/400 PLC 存储区示意框图

表 1-6　　程序可访问的存储区及功能

名称	存储区	存储区功能
输入（I）	过程输入映像表	扫描周期开始，操作系统读取过程输入值并录入表中，在处理过程中程序使用这些值； 每个 CPU 周期，输入存储区在输入映像表中所存放的输入状态值，它们是外设输入存储区头 128B 的映像
输出（Q）	过程输出映像表	在扫描周期中，程序计算输出值并存放在该表中，在扫描周期结束后，操作系统从表中读取输出值，并传送到过程输出口，过程输出映像表是外设输出存储区头 128B 的映像
位存储区（M）	存储位	存储程序运算的中间结果
外部输入寄存器（PI） 外部输出寄存器（PQ）	I/O：外设输入 I/O：外设输出	外部存储区允许直接访问现场设备（物理的或外部的输入和输出）； 外部存储区可以字节，字和双字格式访问，但不可以位方式访问
定时器（T）	定时器	为定时器提供存储区； 计时时钟访问该存储区中的计时单元，并以减法更新计时值； 定时器指令可以访问该存储区和计时单元
计数器（C）	计数器	为计数器提供存储区，计数指令访问该存储区
临时本地数据	本地数据堆栈（L 堆栈）	在 FB、FC 或 OB 运行时设定、在块变量声明表中声明的暂时变量存在该存储区中，提供空间以传送某些类型参数和存放梯形图中间结果。块结束执行时，临时本地存储区再行分配。不同的 CPU 提供不同数量的临时本地存储区
数据块（DB）	数据块	DB 块存放程序数据信息，可被所有逻辑块公用（“共享”数据块）或被 FB 特定占用“背景 ”数据块

CPU 可以通过输入（I）和输出（Q）过程映像存储区（映像表）访问 I/O 口。输入映像表 128B 是外部输入存储区（PI）首 128B 的映像，是在 CPU 循环扫描中读取输入状态时装入的。输出映像表 128B 是外部输出存储区（PQ）的首 128B 的映像。CPU 在写输出时，可以将数据直接输出到外部输出存储区（PQ），也可以将数据传送到输出映像表，在 CPU 循环扫描更新输出状态时，将输出映像表的值传送到物理输出。

图 1-31 所示为机架模块的布局图，图 1-32 演示了 CPU 读取输入数据的过程。图 1-32 中，用户程序依次将输入字节地址 0（IB0）、外部输入字节地址 0（PIB 0）、外部输入字地址（PIW272）和外部输入字节地址 278（PIB278）中的数据读入到 CPU 中。IB0 和 PIB0 中的值完全一样，是 0 架 4 槽 16 点开关量输入模块 SM321 前 8 点的状态，即 I0.0，I0.1，…，I0.7。PIW272 中的值是 0 架 5 槽 8 通道模拟量输入模块 SM331 通道 1 的 16 位二进制数据。

机架0	电源 模块 PS307	CPU 模块 314	接口 模块 IM360	16点 数字量输出 SM321	4通道 模拟量输出 SM331

图 1-31　机架模块

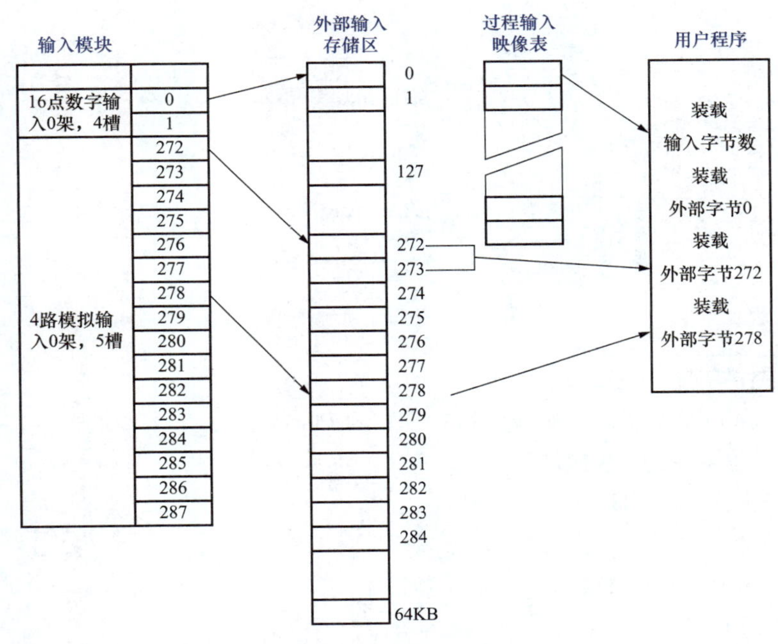

图 1-32　CPU 读取输入数据过程图

根据以上的分析可以看出，只有开关量模块即可用 I/O 映像表也可通过外部 I/O 存储区进行数据的输入、输出。而模拟量模块由于其最小地址已超过了 I/O 映像表的最大值 128B，所以只能以字节、字或双字的形式通过外部 I/O 存储区直接存取。

第 2 章

STEP7编程软件的使用

STEP7 是用于对西门子 PLC 进行组态和编程的专用集成软件包。目前最常用的软件版本为 STEP7 Professional Edition。

第一节　软件的安装及常见问题处理

一、STEP7 系统需求

STEP7 Professional Edition 要求操作系统必须是 Windows 2000（至少为 SP3）或 Windows XP 专业版（至少为 SP1），且必须安装 Internet Explorer6.0 以上的浏览器，系统要求如图 2-1 所示。

图 2-1　STEP7 系统需求

二、电脑硬件需求

（1）能运行 Windows 2000 或 Windows XP 的 PG 或 PC；

（2）CPU 主频至少为 600MHz；

（3）内存至少为 256MB；

（4）硬盘剩余空间在 600MB 以上；

（5）具备 CD-ROM 驱动器和软盘驱动器；

（6）显示器支持 32 位、1024×768 分辨率。

三、STEP7 软件包的安装

1. 安装过程

将 STEP7 安装光盘插入光驱，操作系统会自动启动安装向导，也可直接执行安装光盘上的 Step.exe 安装向导，如图 2-2 所示。单击“Next”按钮，向导提示用户选择需要安装的程序。

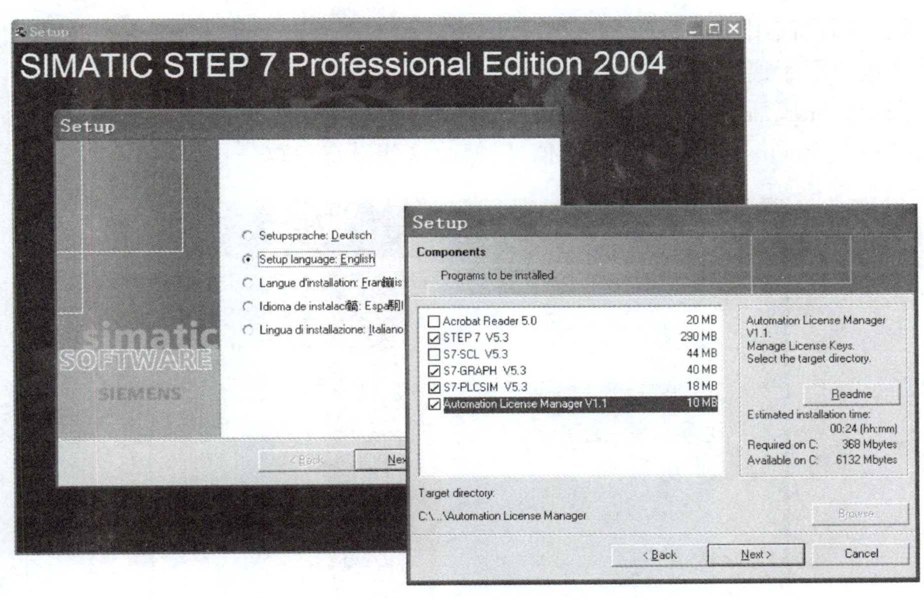

图 2-2 选择安装语言及安装程序

在安装过程中，安装程序将检查硬盘上是否有授予权（License Key）。如果没有发现授权，会提示用户安装授权，如图 2-3 所示。可以选择在安装程序结束后再执行授权程序。

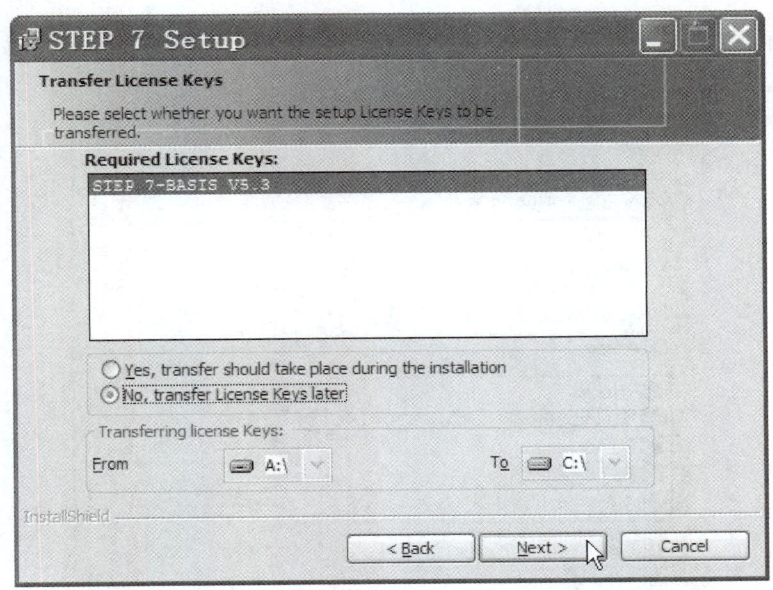

图 2-3 提示安装授权

在安装结束后，会出现一个对话框，如图 2-4 所示，提示用户为存储卡配置参数。具体各项含义如下：

（1）如果用户没有存储卡读卡器，则选择“None”，一般选择该选项。

（2）如果使用内置读卡器，请选择“Internal programming device interface”。该选项仅对西门子 PLC 专用编程器 PG 有效，对于 PC 来说是不可选的。

（3）如果用户使用的是 PC，则可选择用外部读卡器 External prommer。这里，用户必须定义哪个接口用于连接读卡器。

（4）在安装完成后，用户还可以通过 STEP7 程序组或控制面板中的“Memory Card Parameter Assignment（存储卡参数赋值）”修改这些设置参数。

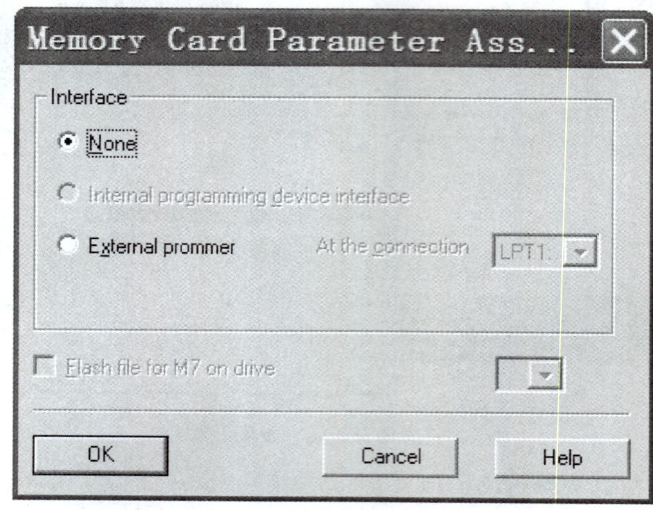

图 2-4　存储卡参数设置

在安装过程中，还会提示用户设置 PG/PC 接口（PG/PC Interface），如图 2-5 所示。

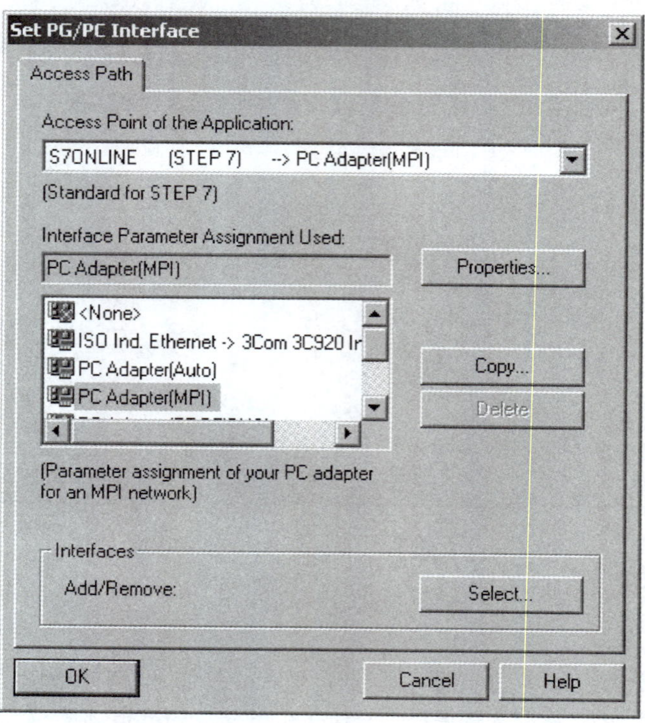

图 2-5　PG/PC 接口设置

PG/PC 接口是 PG/PC 和 PLC 之间进行通信连接的接口。安装完成后，用户还可通过软件或控制面板中的“Set PG/PC Interface”随时更改接口的设置。

2. STEP7 的授权管理

授权是使用 STEP7 软件的“钥匙”，只有在硬盘上找到相应的授权，STEP7 才可正常使用。STEP7 安装光盘上附带的授权管理器（Automation License Manager）是西门子自动化软件产品授权管理工具。

安装完成后，在 Windows 的“开始”菜单中找到 SIMATIC→License Management→Automation License Manager，启动 Automation License Manager。软件界面如图 2-6 所示。

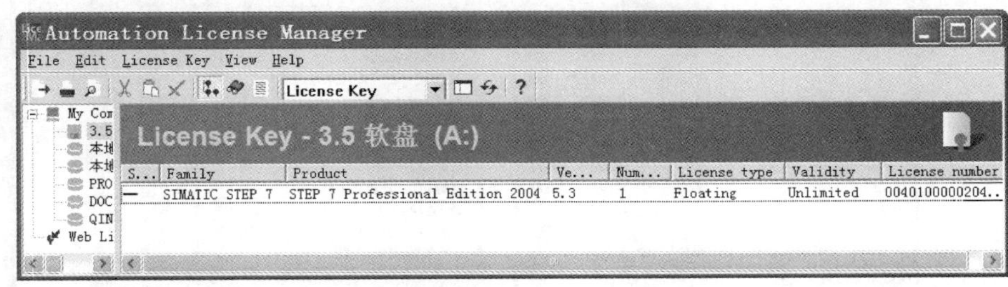

图 2-6 授权管理器

授权管理器的操作很简便，选中左侧窗口中的盘符，在右侧窗口中就可看到该磁盘上已经安装的授权信息。如果没有安装正式授权，则在第一次使用 STEP 软件时会提示用户使用一个 14 天的试用授权。

单击工具栏中部的视窗选择下接按钮，则显示下拉菜单，如图 2-7 所示。选择“Installed software”选项，可以查看已经安装的软件信息。若选择“Licensed software”，可以查看已经得到授权的软件信息，如图 2-8 所示。选择“Missing license key”选项，可以查看缺少的授权。

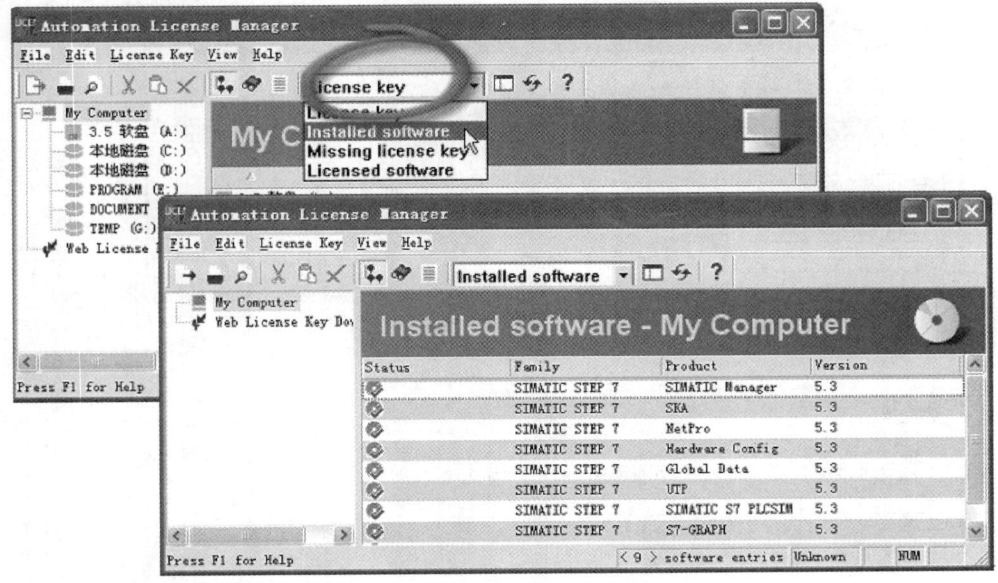

图 2-7 已经安装的 STEP7 软件

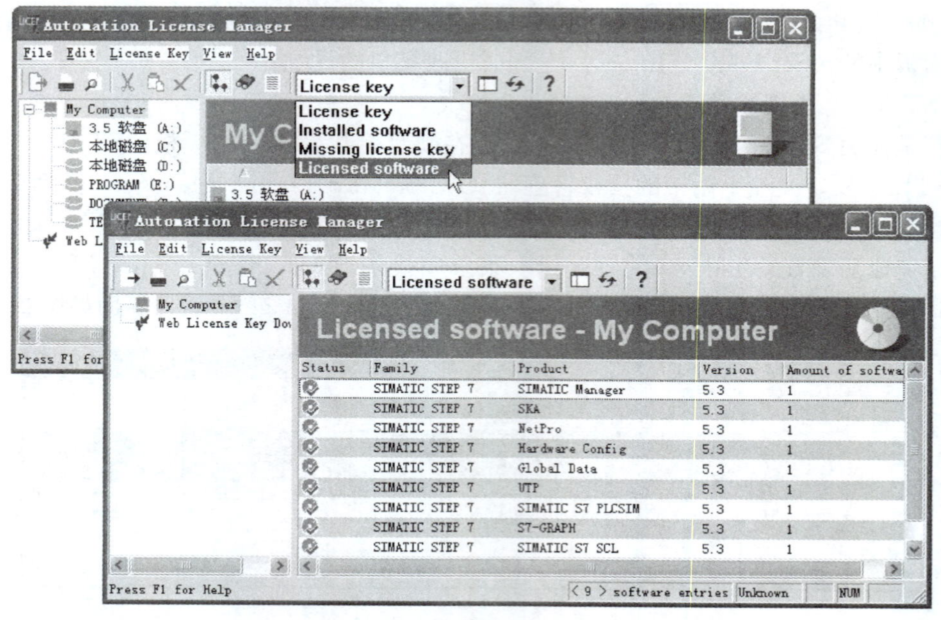

图 2-8　已经授权的 STEP7 软件

3. STEP7 软件的硬件更新

自动控制系统的硬件总是在不断发展，每一个 STEP7 新版本都会支持更多、更新的硬件，但是用户安装的软件往往不能随时更新为最新版，因此，STEP7 提供了在线硬件更新功能。可以通过以下方法更新 STEP7 硬件目录中的模块信息。

（1）打开 STEP7 的硬件组态窗口。在 Options 菜单中选择“Install HW Updates”命令开始硬件更新。如图 2-9 所示，第一次使用时会提示用户设置 Internet 下载网址和更新文件保存目录。

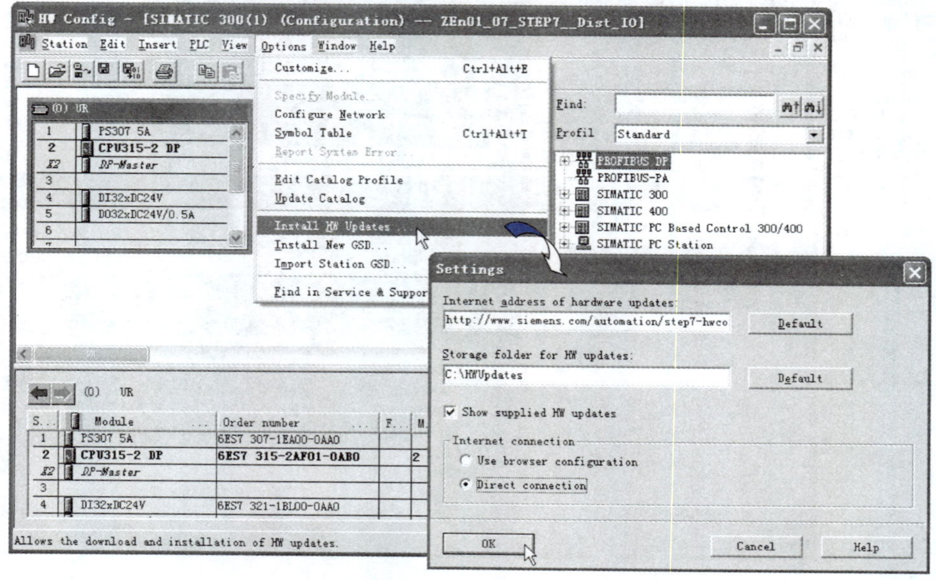

图 2-9　STEP7 硬件目录更新设置

（2）设置完毕后，弹出硬件更新窗口，选择“Download from Internet”如果PC已经连接到了Internet上，单击Execute就可以从网上下载最新的硬件列表。如图2-10所示。在弹出的更新列表中选择需要的硬件，单击Download进行下载更新。下载完毕后会继续提示用户安装下载的硬件信息。

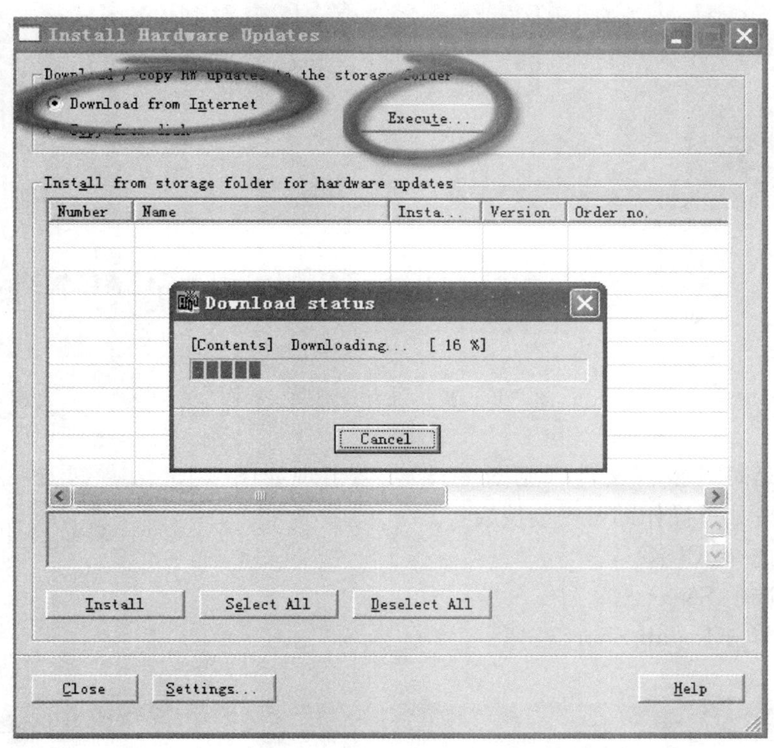

图2-10 下载硬件信息

4. 软件安装的常见问题与处理办法

（1）“ssf文件错误”信息的处理。安装STEP7和PLCSIM时，有时会出现“ssf文件错误”信息。

原因：安装文件所在的文件夹路径中不能有中文字符。必须修路径或文件夹的名。

（2）安装时提示重启的处理。STEP7安装时出现“Please restart Windows before installing new program”（安装新程序之前，请重新启动Windows）。即使重启PC后再安装软件，还是出现以上信息。

处理方法：修改注册表。方法如下：开始—运行—输出regedit在注册表内“HKEY—LOCAL—MACHINE \ SYSTEM \ Current Control Set \ Control \ Session Manager \ ”中删除注册表值“Pending File Rename Operations”不要重新启动，继续安装，现在可以安装程序而无需重启计算机了。

（3）西门子软件的安装顺序。先装STEP7，再装WinCC和WinCC flexible。

（4）授权软件的安装。如果打开STEP7软件出现以下界面（见图2-11），是因为软件没有安装授权或授权文件丢失，需安装授权。

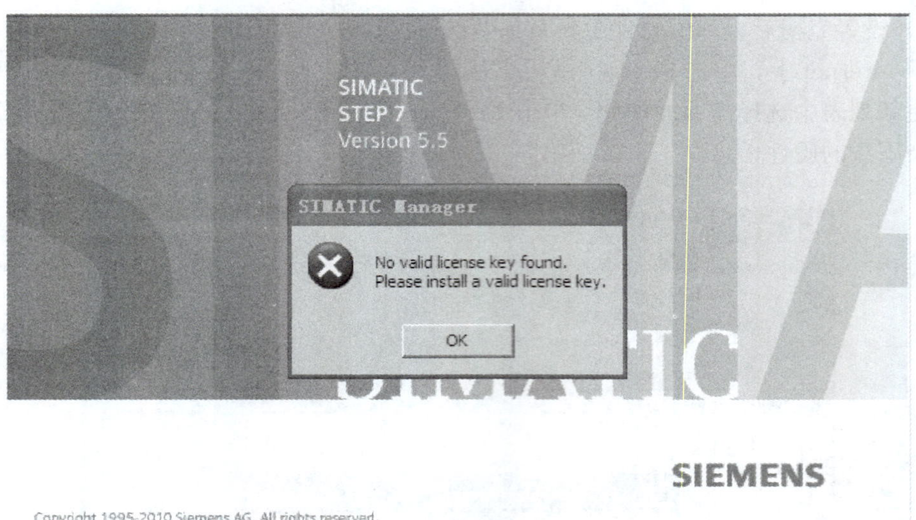

图 2-11　提示没有找到授权界面

安装方法是打开授权文件（见图 2-12），会出现如图 2-13 所示界面。并按如下操作即可安装授权：

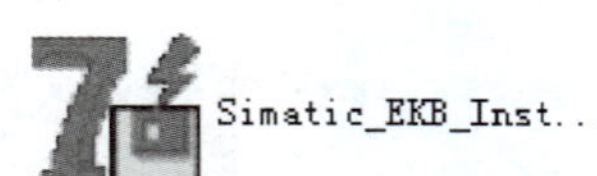

图 2-12　授权软件图标

第 1 步：选择 All Keys；

第 2 步：选中 Select 框；

第 3 步：单击 Install Short 按钮。

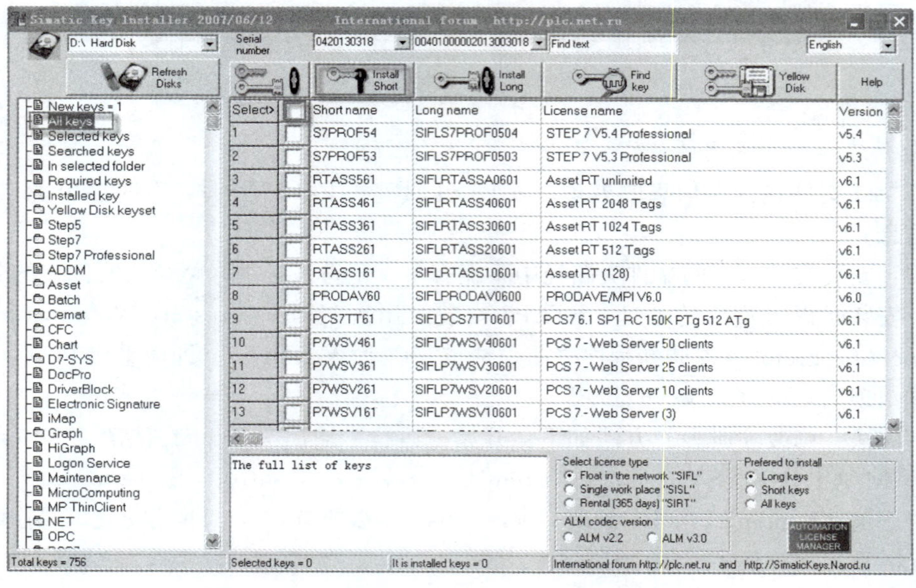

图 2-13　授权软件操作界面

第二节 SIMATIC 管理器

SIMATIC 管理器是 STEP7 的窗口，是用于 S7-300/400 PLC 项目组态、编程和管理的基本应用程序。在 SIMATIC 管理器中可进行项目设置、配置硬件并为其分配参数、组态硬件网络、程序块、对程序进行调试（离线方式或在线方式）等操作，操作过程中所用到的各种 STEP7 工具，会自动在 SIMATIC 管理器环境下起动。

STEP7 安装完成后，通过 Windows 的“开始”→SIMATIC→SIMATIC Manager 菜单命令（见图 2-14），或双击桌面上的图标启动 SIMATIC 管理器。SIMATIC 管理器运行界面如图 2-15 所示。

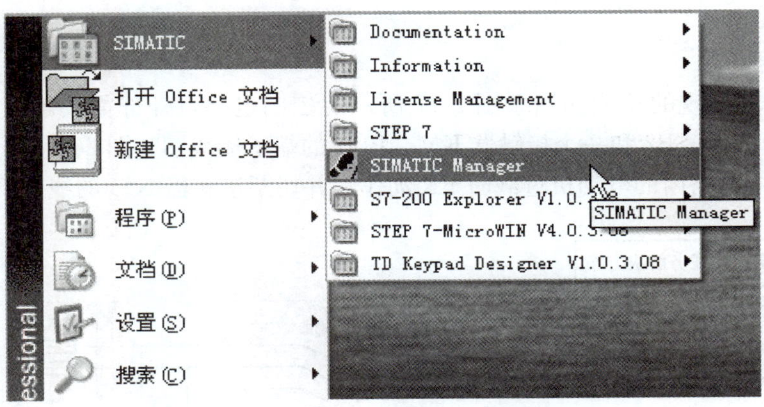

图 2-14　启动 SIMATIC 管理器

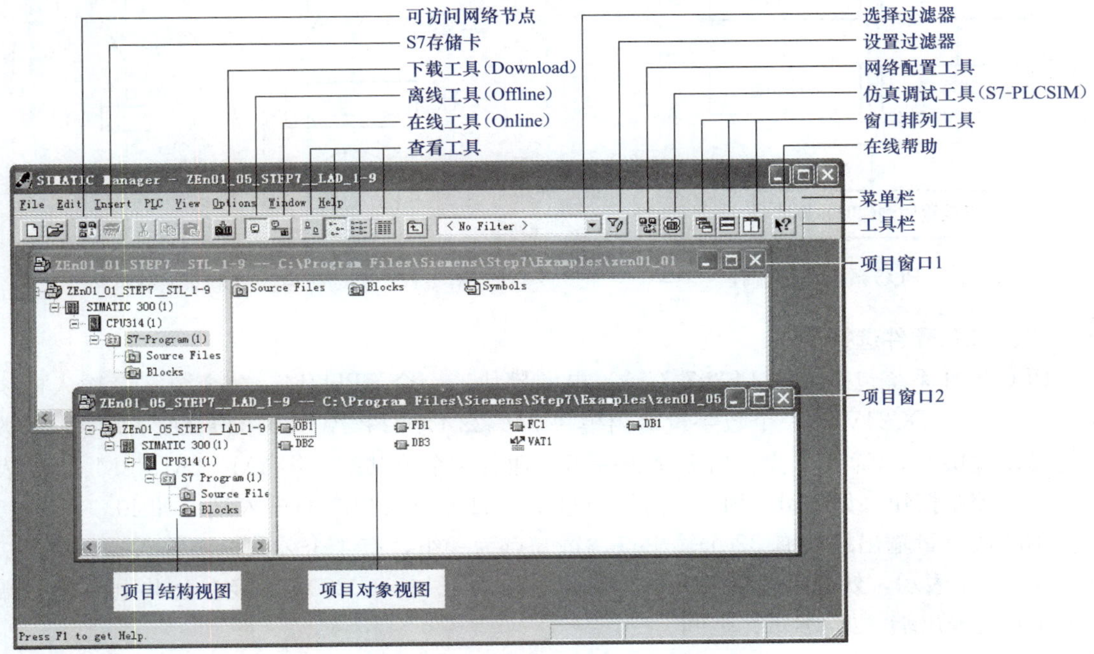

图 2-15　SIMATIC 管理器界面

在SIMATIC管理器界面内可以同时打开多个项目，所打开的每个项目均用一个项目窗口进行管理。项目窗口类似于Windows的资源管理器，分为左右两个视窗，左边为项目结构视窗，显示项目的层次结构；右边为项目对象视窗，显示左侧项目结构对应项的内容。在右视图内双击对象图标可立即启动与对象相关的编辑工具或属性窗口。

第三节　STEP 7 快速入门

STEP7是用于S7-300/400系列PLC自动化系统设计的标准软件包，设计步骤如图2-16所示。

下面以用S7-300 PLC控制三相异步电动机的启动与停止为例，来介绍STEP7软件的使用。

一、项目要求

本例中PLC实现的功能相当于图2-17所示的控制电路，外部需要连接一个启动按钮SB1、一个停止按钮SB2和一个接触器KM，PLC的端子接线图如图2-18所示。其中FR为热断电器，当主电路内的电动机过载时FR动作，并切断接触器KM的线圈。

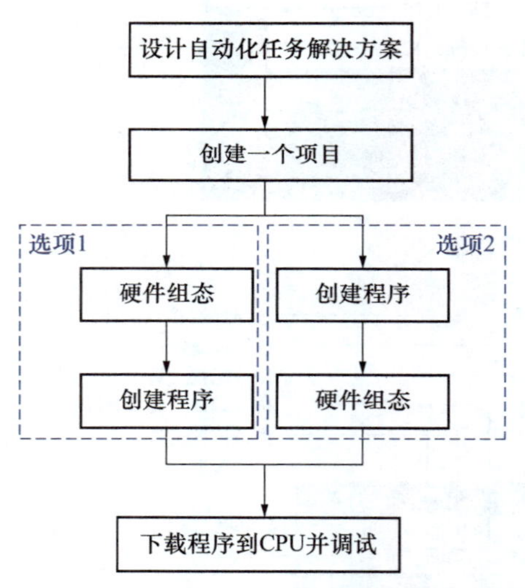

图2-16　PLC系统设计流程

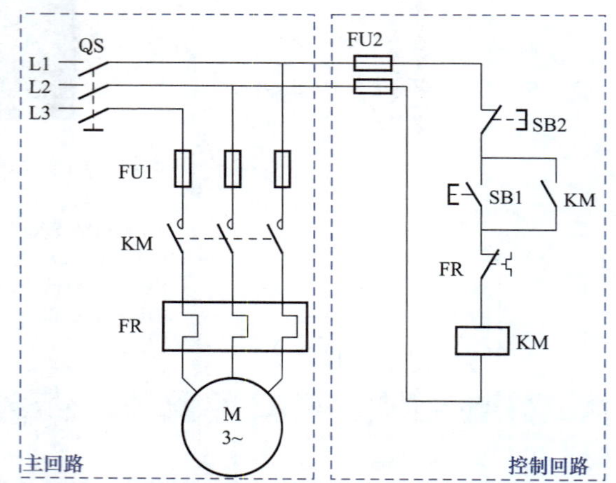

图2-17　电动机启停继电器控制电路

二、PLC硬件选择

PLC硬件系统包括一个PS307（5A）电源模块、一个CPU314、一个数字量输入模块SM321 DI32×DC24V和一个数字量输出模块SM322 DO32×AC120/230/1A。所使用的数字量输入模块有32个输入点，每8个为一组，拥有4个公共端，用1M、2M、3M、4M表示，外部控制按钮（如SB1、SB2）信号通过DC 24V送入相应的输入端（如I0.0、I0.1）所使用的数字量输出模块有32个输出点，每8点为一组，有4个公共电源输入端，用1L、2L、3L、4L表示，外部负载（如KM）均通过电源（如AC 220V）接在公共电源输入端（如1L）与输出端（如Q4.1）之间。

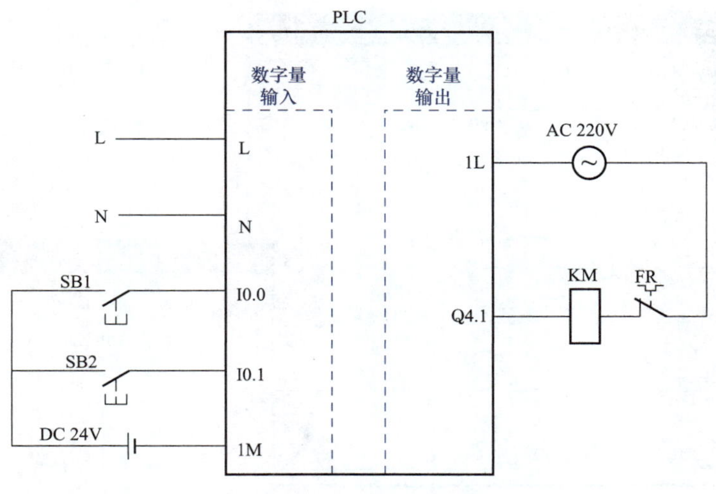

图 2-18 PLC 端子接线图

三、STEP7 软件组态与操作

STEP7 软件组态与操作过程可按以下的步骤进行操作：

（1）创建 STEP 7 PLC 项目。

（2）插入 S7-300 PLC 工作站。

（3）硬件组态。

（4）编辑符号表。

（5）程序编辑窗口。

（6）在 OB1 中编辑 LAD 程序。

（7）下载。

（8）运行与监控。

1. 创建 STEP 7 项目

要使用项目管理框架构建自动化任务的解决方案，需要创建一个新的项目。项目管理器为用户提供了两种创建项目的方法：使用向导创建项目和手动创建项目。下面以手动创建项目来新建项目。

打开项目管理器，执行菜单命令 File→NEW，弹出如图 2-19 所示的新项目窗口。

项目包含 User projects（用户项目）、Libraries（库）、Multiprojects（多项目）三个选项卡，一般选择用户项目选项卡。在用户项目选项卡的 Name 区域需要输入项目名称，也可在上方窗口内所列出的已有项目中选择一个作为新建项目，在 Type 区域可选择项目类型。

在 Storage location 区域可输入项目保存的路径目录，也可单击 Browse 按钮选择一个新的目录。最后单击 OK 按钮完成新项目创建，并返回到 SIMATIC 管理器，所建项目如图 2-20 所示。

2. 插入 S7-300 工作站

在项目中，工作站代表了 PLC 的硬件结构，并包含有用于组态和给各个模块进行参数分配的数据。对于手动创建的项目刚开始不包含任何站，可以使用菜单命令 Insert→Station→SIMATIC 300 Station 插入一个 SIMATIC 300 工作站，如图 2-21 所示。

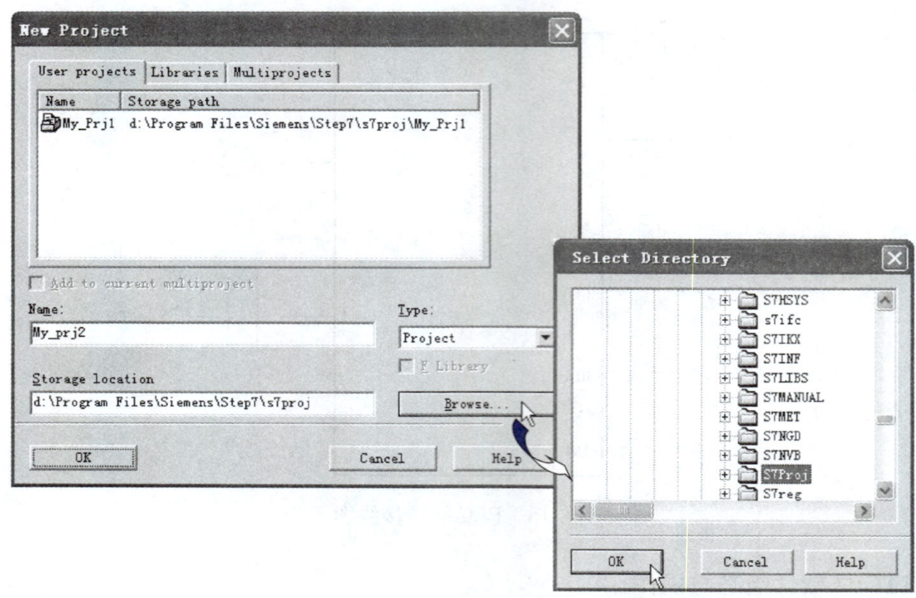

图 2-19　手动创建 STEP 7 项目

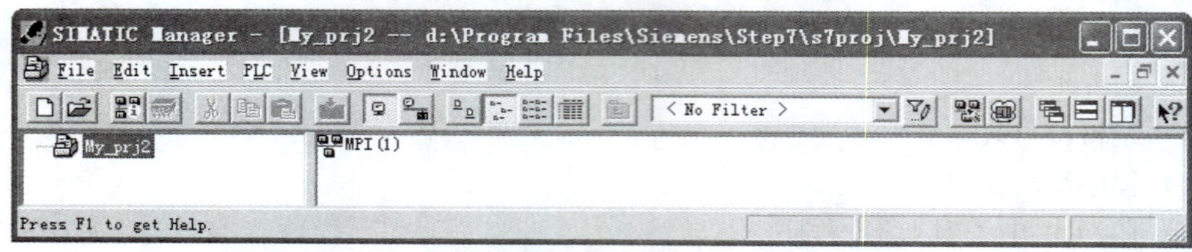

图 2-20　用 NEW 命令所创建的项目

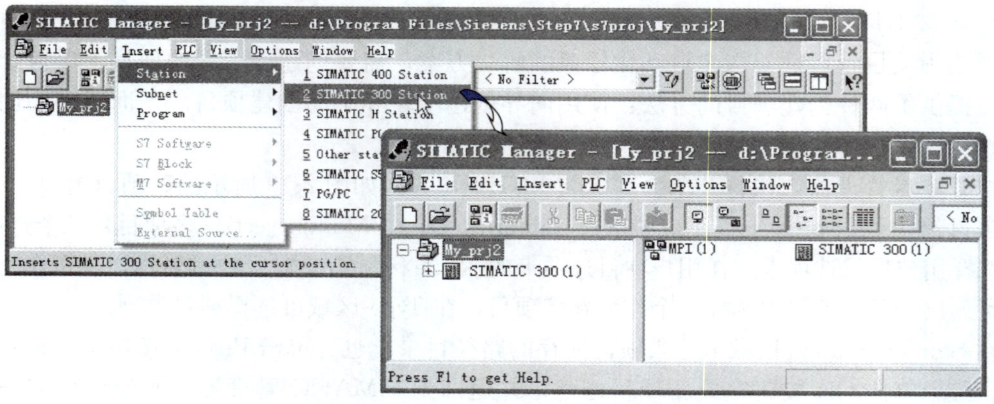

图 2-21　插入 SIMATIC 300 工作站

3. 硬件组态

硬件组态，就是使用 STEP 7 对 SIMATIC 工作站进行硬件配置和参数分配。所配置的内容以后可下载传送到硬件 PLC 中。组态步骤如下：

在图 2-21 所示项目窗口的左视图内，单击工作站图标 SIMATIC 300(1)，然后在右视图内双击硬件配置图标 Hardware，则自动打开硬件配置（HW Config）窗口，如图 2-22 所示。

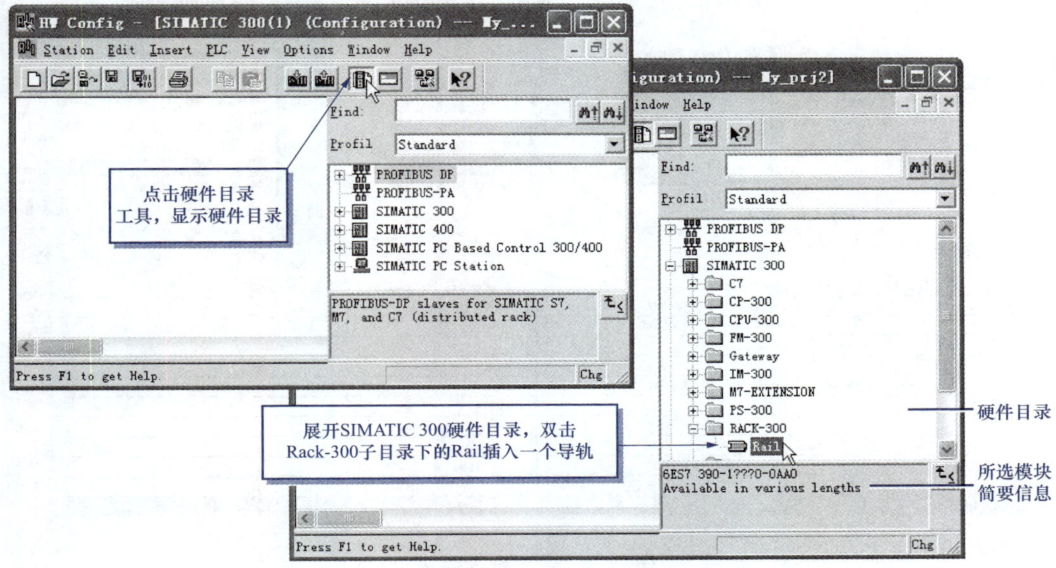

图 2-22　硬件配置环境

如果窗口右侧未出现硬件目录，可单击目录图标显示硬件目录。然后单击 SIMATIC 300 左侧的+符号展开目录，并双击 RACK-300 子目录下的 Rail图标插入一个 S7-300 的机架，如图 2-23 所示。由于本例所用模块较少，所以只用一个机架（导轨），且 3 号槽位不需要放置连接模块，保持空缺。

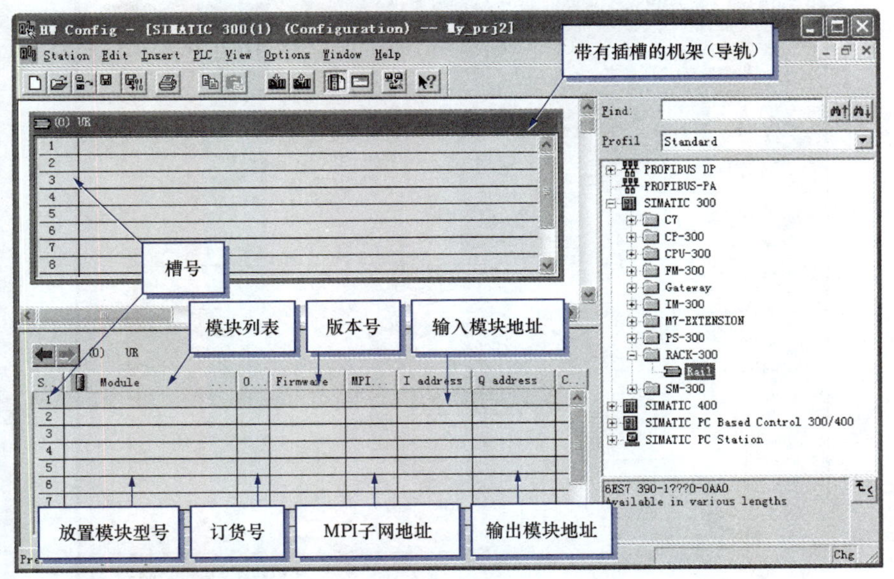

图 2-23　插入一个机架

（1）插入电源模块。在图 2-23 中选中槽号 1，然后在硬件目录内展开 PS-300 子目录，双击 PS 307 5A 图标插入电源模块，如图 2-24 所示。1 号槽位只能放电源模块。

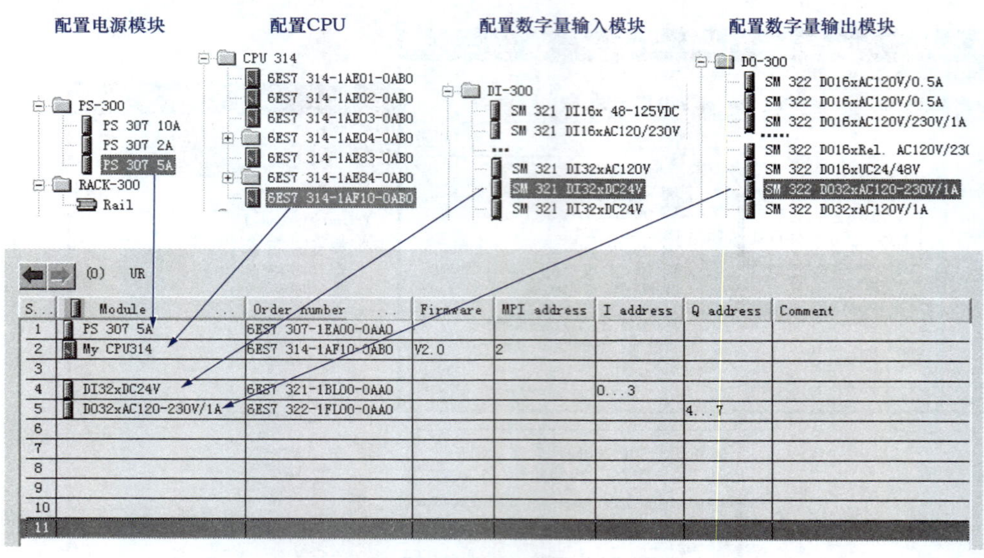

图 2-24　配置硬件模块

（2）插入 CPU 模块。选中槽位 2，然后在硬件目录内展开 CPU-300 子目录下的 CPU314 子目录，双击 6ES7 314-1AF10-0AB0 图标插入 V2.0 版本的 CPU314 模块，如图 2-24 所示。2 号槽位只能放置 CPU 模块，且 CPU 的型号及订货号必须与实际所选择的 CPU 相一致，否则将无法下载程序及硬件配置。

在模块列表内双击 CPU314 可打开 CPU 属性窗口，如图 2-25 所示。

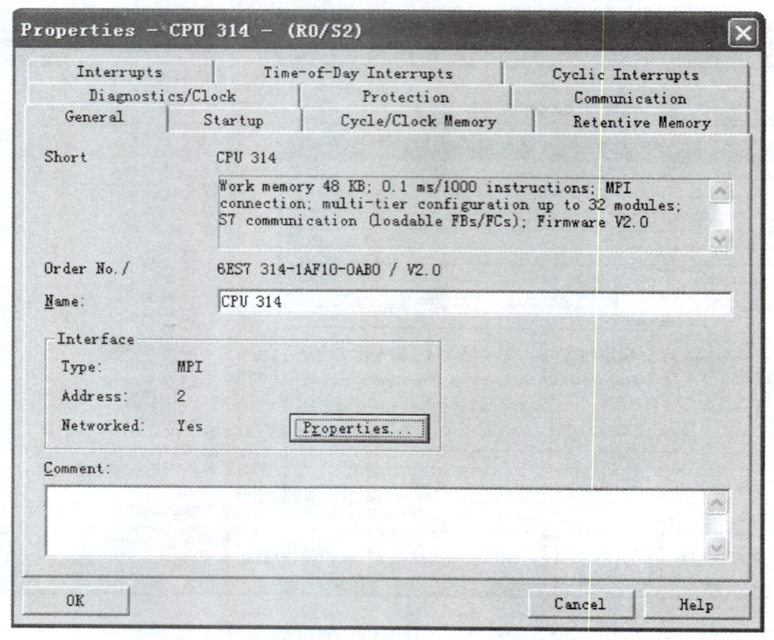

图 2-25　CPU314 属性对话框

选中 General 选项卡，在 Name 区域可输入 CPU 的名称，如 My CPU314；在 Interface 区域单击“Properties”按钮可打开 CPU 接口属性对话框，如图 2-26 所示。系统默认 MPI 子网名为 MPI（1），地址为 2，默认通信波特率为 187.5kb/s。

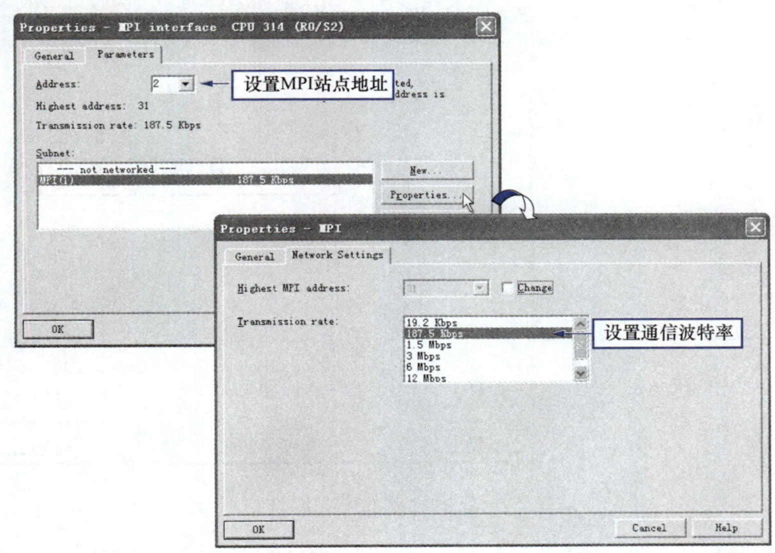

图 2-26　设置 CPU 接口属性

在图 2-26 中的 Address 区域可重设 MPI 地址，可设置的最高子网地址为 31。

（3）插入数字量输入模块。选中槽位 4，然后在硬件目录内展开 SM-300 子目录下的 DI-300 子目录，双击 SM 321 DI32xDC24V 图标，插入数字量输入模块，如图 2-24 所示。

在 4～11 号槽位可以放置数字量输入模块，也可以放置其他信号模块、通信处理器或功能模块。具体放置什么模块必须与实际模块的安装顺序一致，且所放置的模块型号及订货号必须与实际模块相同，否则同样会出现下载错误。

在模块列表内双击数字量输入模块 SM321 DI32×DC 24V，可打开该信号模块的属性窗口，如图 2-27 所示。

在 General 选项卡的 Name 区域可更改模块名称；在 Address 选项卡的 Inputs 区域，系统自动为 4 号槽位上的信号模块分配了起始字节地址 0 和末字节地址 3，对应各输入点的位地址为：I0.0～I0.7、I1.0～I1.7、I2.0～I2.7、I3.0～I3.7。若不勾选 System selection 选项，用户可自由修改起始字节地址，然后系统会根据模块输入点数自动分配末字节地址。

（4）插入数字量输出模块。选中槽位 5，然后在硬件目录内展开 SM-300 子目录下的 DO-300 子目录，双击 SM 322 DO32xAC120-230V/1A，插入数字量输出模块，如图 2-24 所示。

在模块列表内双击数字量输出模块 SM322 DO32×AC120～230V/1A，可打开该信号模块的属性窗口。系统自动为 5 号槽位上的信号模块分配了起始字节地址 4 和末字节地址 7，对应各输出点的位地址为：Q4.0～Q4.7、Q5.0～Q5.7、Q6.0～Q6.7、Q7.0～Q7.7。若不勾选 System selection 选项，用户可自由修改起始字节地址，然后系统会根据模块输出点数自动分配末字节地址。

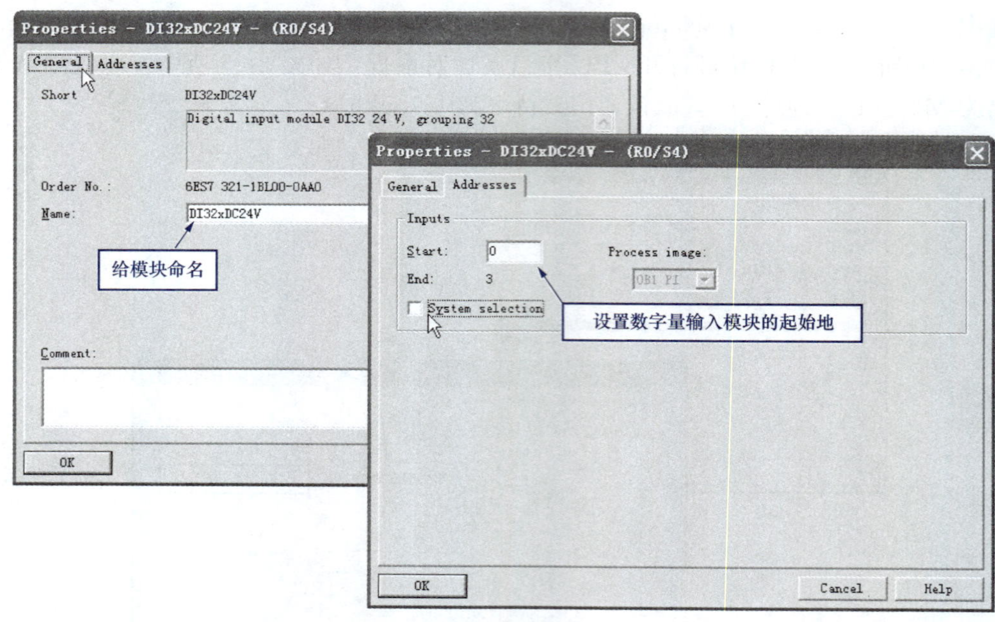

图 2-27　数字量输入模块属性窗口

（5）编译硬件组态。硬件配置完成后，在硬件配置环境下使用菜单命令 Station→Consistency Check 可以检查硬件配置是否存在组态错误。若没有出现组态错误，可单击工具保存并编译硬件配置结果。如果编译能通过，系统会自动在当前工作站 SIMATIC 300（1）上插入一下名称为 S7 Program（1）的程序文件夹，如图 2-28 所示。

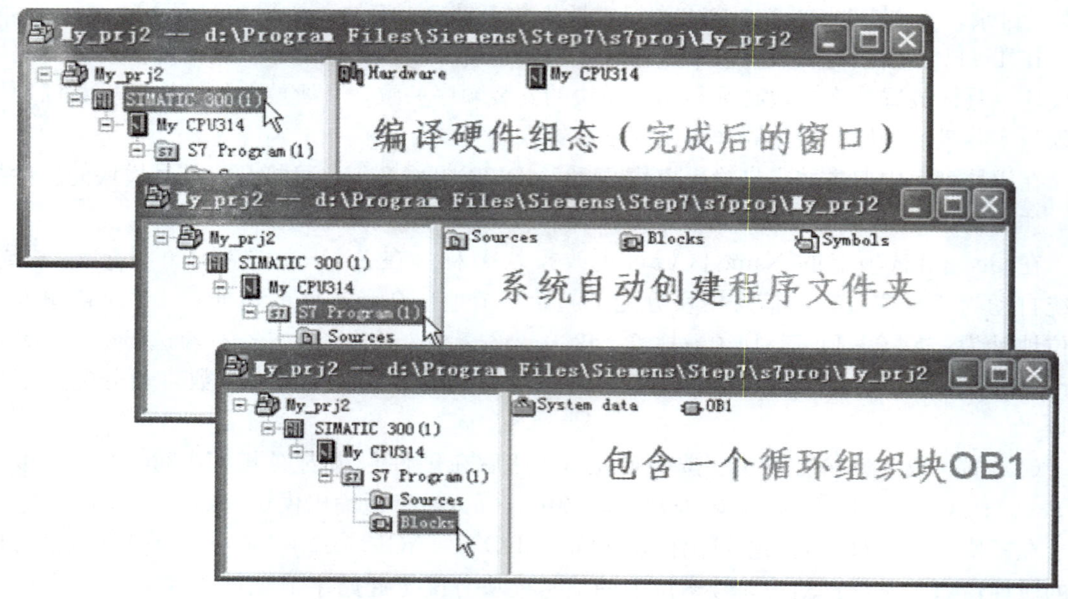

图 2-28　SIMATIC 300 工作站

4. 编辑符号表

在 STEP7 程序设计过程中，为了增加程序的可读性，通常用定义的字符串来表示 PLC

的元件（如 I/O 信号、存储位、计数器、定时器、数据块和功能块等），这些字符串在 STEP7 中被称为符号或符号地址，STEP7 编译时会自动将符号地址转换成所需的绝对地址。

例如，可以将符号名 KM 赋给地址 Q4.1，然后在程序指令中就可以用 KM 进行编程。使用符号地址，可以比较容易地辨别出程序中所用操作数与过程控制项目中元素的对应关系。

符号表是符号地址的汇集，属于共享数据库，可以被不同工具利用。如：LAD/STL/FBD 编辑器、Monitoring and Modifying Variables（监视和修改变量）等。在符号编辑器内，通过编辑符号表可以完成对象的符号定义，具体方法如下：

通过选择 LAD/STL/FBD 编辑器中的菜单命令 Options→Symbol Table 可打开符号编辑器（Symbols），如图 2-29 所示。也可以在项目管理器的 S7 Program（1）文件夹内，双击图标，打开符号表编辑器，如图 2-30 所示。

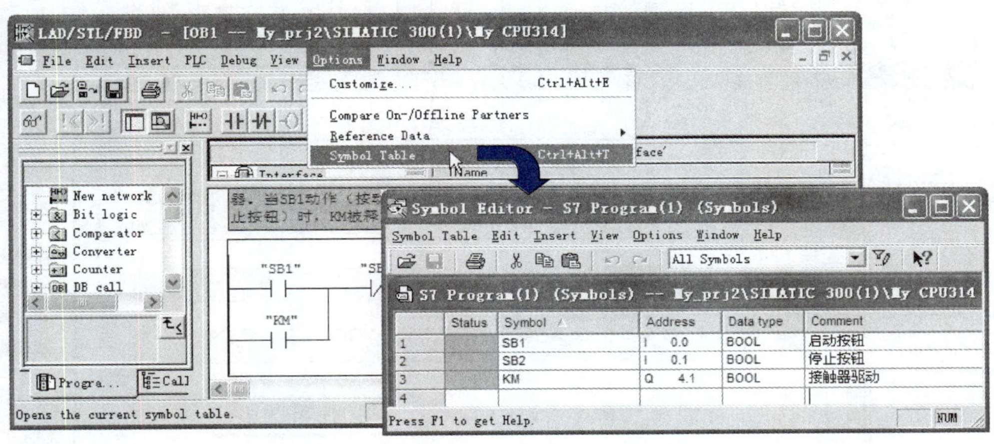

图 2-29 从 LAD/STL/FBD 编辑器打开符号表

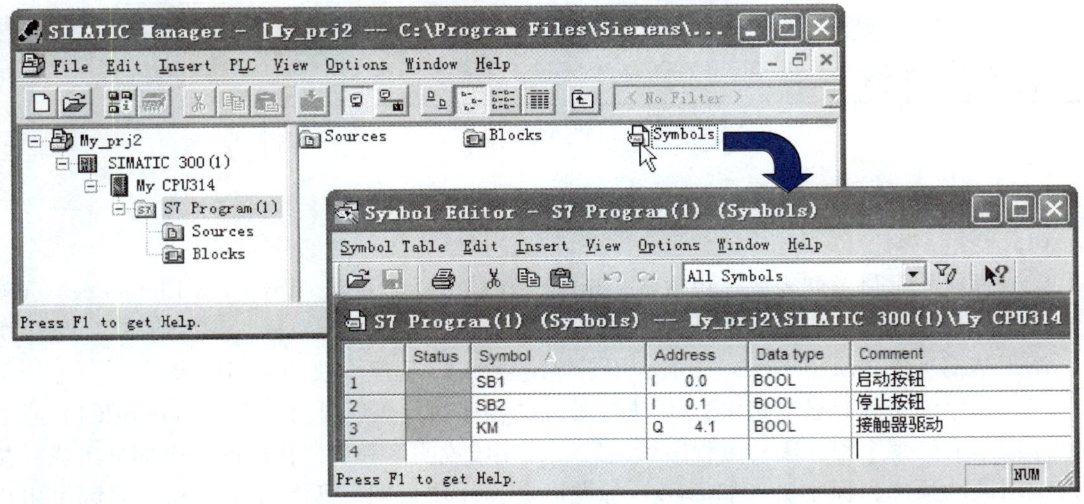

图 2-30 从 SIMATIC 管理器打开符号表

符号表中包含Status（状态）、Symbol（符号名）、Address（地址）、Data type（数据类型）、和Comment（注释）等表格栏。每个符号占用符号表的一行。当定义一个新符号时，会自动插入一个空行。

参照图2-30填入Symbol（符号名称列）、Address（绝对地址列）、和Comment（注释列）。完成后单击保存。

5. 程序编辑窗口

在项目管理器的Blocks文件夹内，双击程序块（如OB、FB、FC）图标，即可打开LAD/STL/FBD编辑器窗口，如图2-31所示。

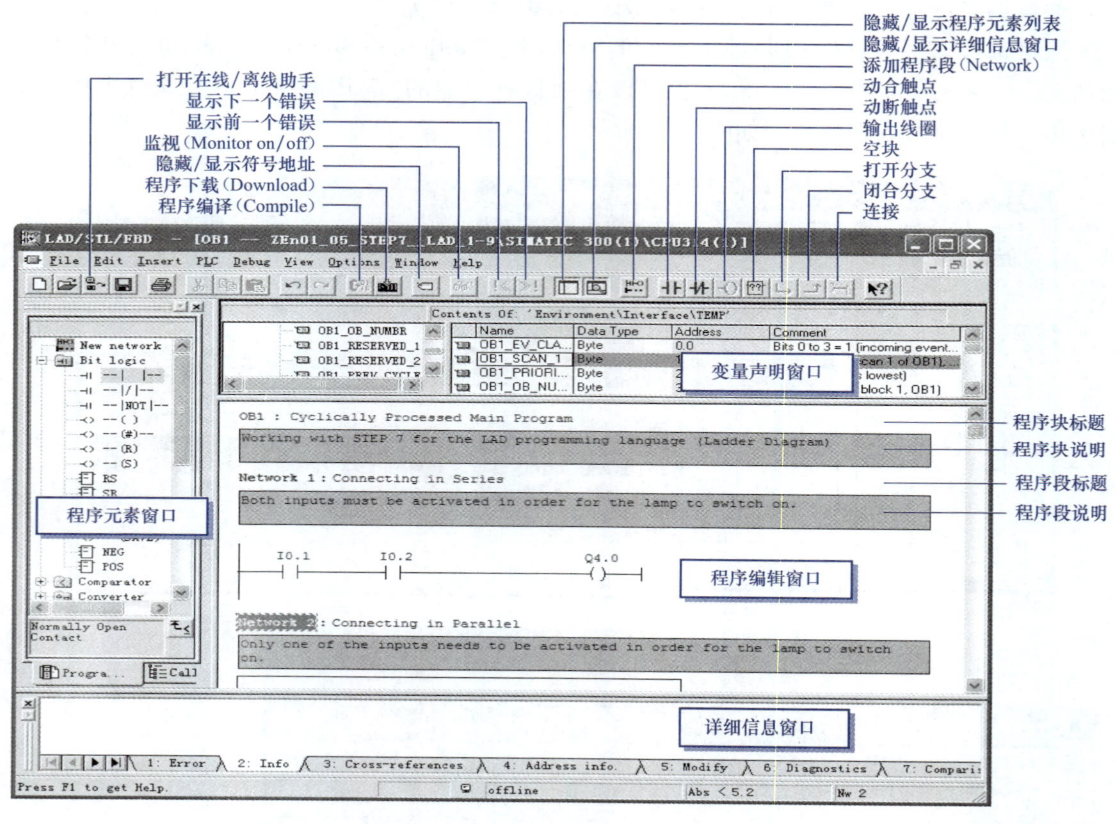

图2-31　程序编辑窗口

编辑器窗口分为以下几个区域：

（1）变量声明窗口。分为“变量表”和“变量详细视图”两部分。

（2）程序元素目录列表区。包含两个选项卡，其中程序元素（Program Elements）选项卡显示可用程序元素列表，这些程序元素均可通过双击插入到LAD、FBD或STL程序块中。调用结构（Call Structure）选项卡用来显示当前S7程序中块的调用层次。

（3）程序编辑区。显示将由PLC进行处理的程序块代码，可由一个（Network 1）或多个程序段组成。每个程序段均由程序标题区、程序段说明区和程序代码区三个部分组成。在程序编辑区的顶部为程序块（如OB1）标题区和程序块说明。所有标题区和说明区由用户定义，与程序执行没有关系。

在程序编辑窗口内可选择使用梯形图（LAD）、语句表（STL）或功能图（FBD）等编程序语言完成程序块的编写，并且可以相互转换。

6. 在 OB1 中创建程序

OB1 为 CPU 的主循环组织块，如果 PLC 用户程序比较简单，可以在 OB1 内编辑整个程序。在项目管理器的 Blocks 文件夹内，如果是创建项目后第一次双击 OB1图标，则打开 OB1 属性窗口，如图 2-32 所示。在 General-Part1 选项卡内的 Creatd in 区域，单击下拉列表可选择编程语言。然后单击 OK 按钮，自动启动程序编辑窗口，并打开 OB1。

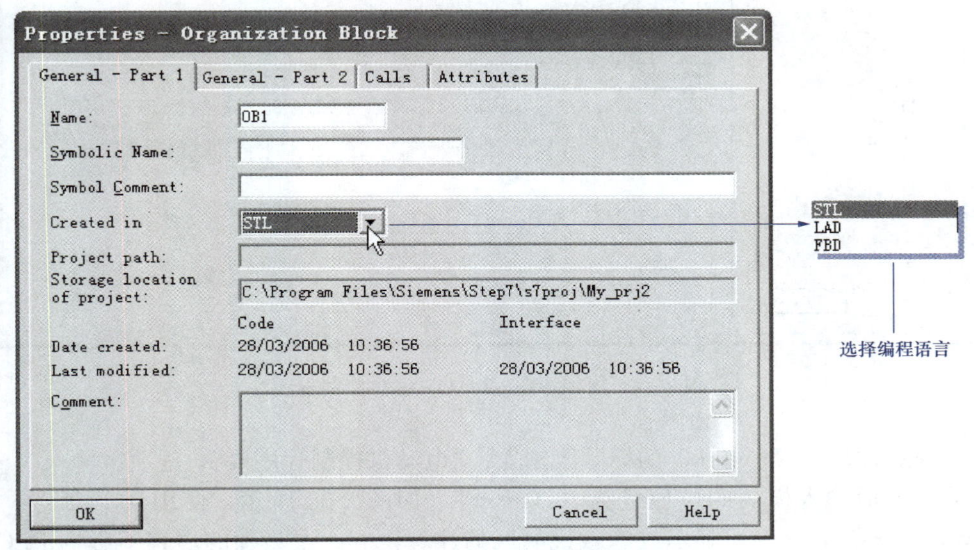

图 2-32 设置组织块（OB1）属性为 LAD 方式

下面用最常用的 LAD 编程语言来完成电动机的启动与停止控制。

梯形图（LAD）是使用最广泛的 PLC 编程语言。因与继电器电路很相似，采用触点和线圈的符号，具有直观易懂的特点，很容易被熟悉电气控制的电气人员所掌握。以图 2-17所示的电动机启/停控制为例，对应的 LAD 程序如图 2-33 所示。程序编辑的方法及步骤如下：

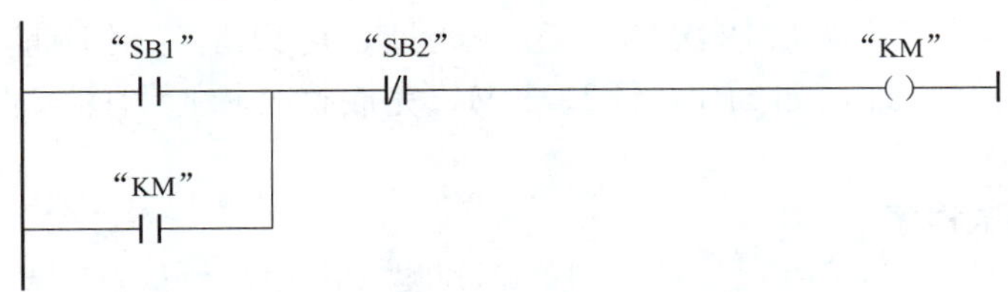

图 2-33 电动机启/停控制的梯形图

(1) 在项目管理器的 Blocks 文件夹内双击 OB1图标，则打开 OB1 属性窗口，切换成 LAD 的梯形图编程环境。

(2) 在 OB1 的程序块标题区输入“主循环组织块”，在 OB1 的程序块说明区输入：“用梯形图（LAD）编写电动机启/停控制程序”，如图 2-34 所示。本步骤的内容不影响 PLC 程序的执行，为可选项。

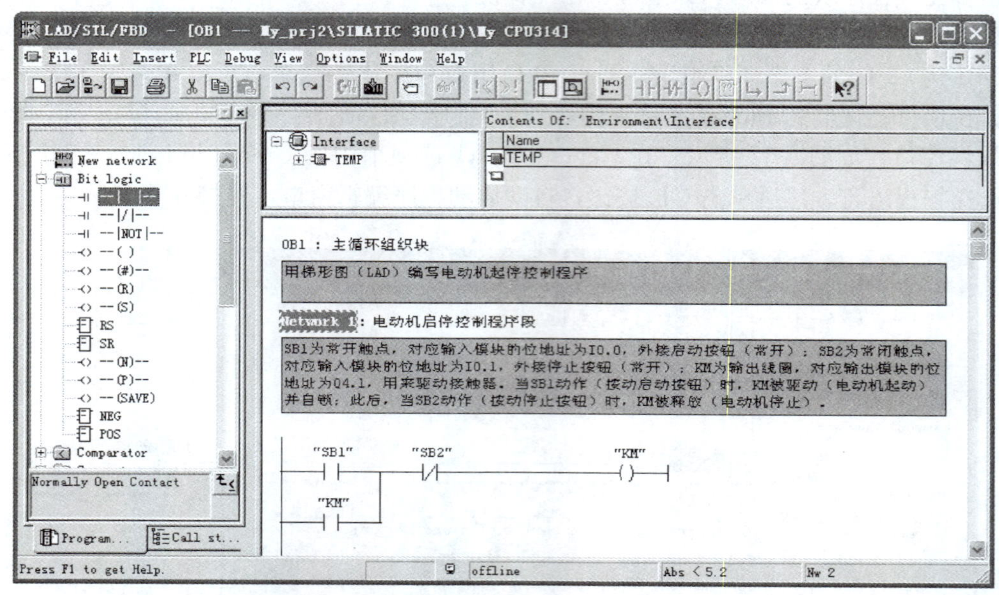

图 2-34　用梯形图（LAD）编写控制程序

（3）有程序段“Network”的标题区输入：“电动机控制程序段”，说明区输入“SB1 为动合触点，对应输入模块的位地址为 I0.0……”，如图 2-34 所示。使用菜单命令 View→Display with→Comment 可显示或隐藏说明区的注释内容。本步骤的内容不影响 PLC 程序的执行，为可选项。

（4）编辑梯形图。编辑步骤如图 2-35 所示。首先在程序编辑区先选中程序段 Network1 的梯形图连接线，在程序元素列表内展开 Bit Logic 目录，然后双击动合触点图标--|　|--放置一个动合触点（SB1）；双击动断触点图标--|/|--放置一个动断触点（SB2）；双击一个线圈图标--( )放置一个输出线圈。再选中梯形图左边线，双击并联连接图标↳，然后双击动合触点图标--|　|--放置一个用于并联的动合触点（KM）；拖动并联连接线的末端→到并联连接点，双击闭合图标↲，这样就可以 KM 触点并联在 SB1 触点的两端。单击红色符号“?? .?”，然后依次输入元件地址，可以是绝对地址，如 I0.0、I0.1、Q4.1；也可以是符号地址，如 SB1、SB2、KM，完成整个梯形图的编辑，最后单击💾工具何存 OB1。

四、下载与调试程序

为了测试前面所完成的 PLC 设计项目，必须将程序和模块信息下载到 PLC 的 CPU 模块。要实现编程设备与 PLC 之间的数据传送，首先应正确安装 PLC 硬件模块，然后用编程电缆（如 USB-MPI 电缆、PROFIBUS 总线电缆）将 PLC 与 PG/PC 连接起来，并打开 PS307 电源开关。在 SIMATIC Manager 中操作菜单 Options→Set PG/PC Interface，即可调出如图 2-36 所示的编程接口的设备画面。根据使用的编程下载电缆选择相应的驱动设置。

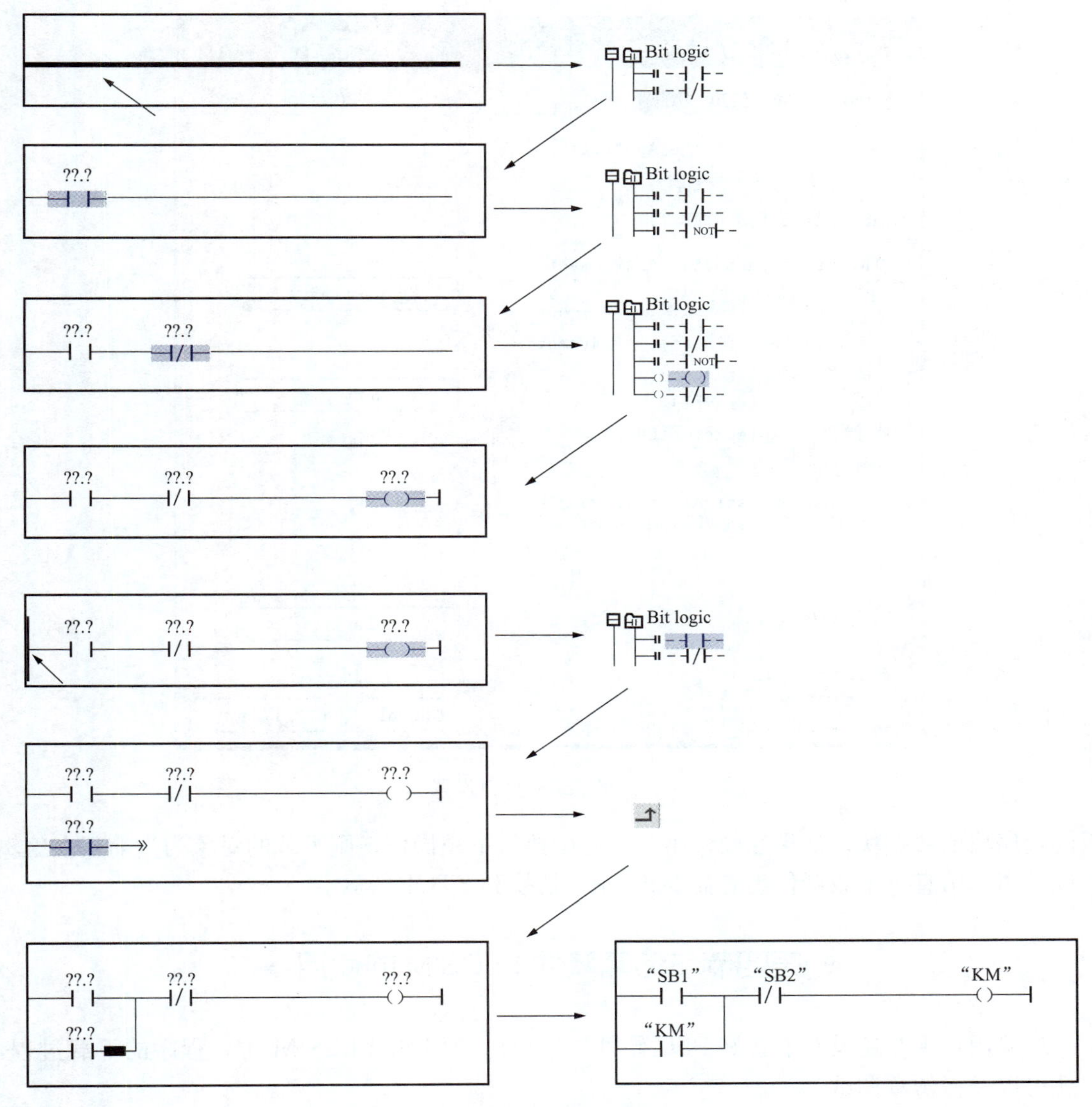

图 2-35 编程步骤

STEP7 可以将用户程序（OB、FC、FB 和 DB）及硬件组态信息（SBD）等下载到 PLC 的 CPU 中。但是要完成下载必须满足下列要求：

（1）需要下载的程序已经完成了编译，且没有任何错误；

（2）CPU 必须处于允许进行下载的工作模式（STOP 或 RUN-P）。

在 STEP7 的应用程序组件中，下载功能都可通过单击下载按钮或者菜单命令 PLC→Download 实现。以本项目为例，具体操作步骤：

（1）启动 SIMATIC 管理器，并打开 My _ PRJ2 项目；

（2）在项目窗口内选中要下载的工作站 SIMATIC 300(1)；

（3）单击下载按钮，将整个 S7-300 站（含用户程序和模块信息）下载到 PLC。

说明：如果在 LAD/STL/FBD 编程窗口中执行下载操作，则下载的对象为当前正在编

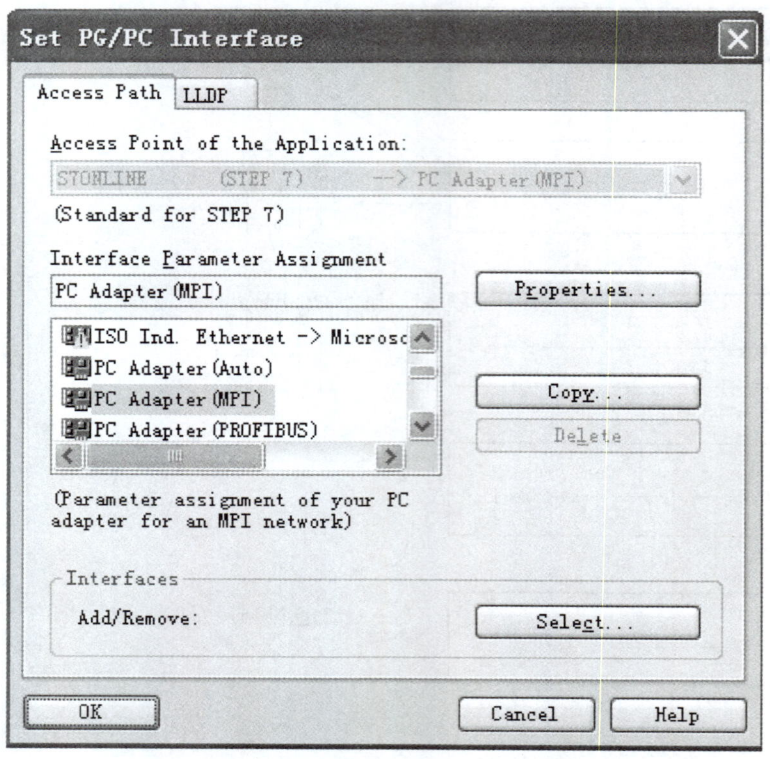

图 2-36 编程接口设置

辑的程序块或数据块；如果在硬件组态程序中执行下载操作，则下载的对象为当前正在编辑的硬件组态信息。下载硬件组态需要将 CPU 切换到 STOP 模式。

第四节 仿真软件 PLCSIM 的使用

如果用户现在还没有准备好 PLC 硬件，也可以使用 S7-PLCSIM 仿真程序的下载过程，并还可以进行仿真调试。

1. 下载

下载的具体步骤如下：

（1）启动 SIMATIC 管理器，并打开 My _ PRJ2 项目；

（2）单击仿真工具按钮，启动 S7-PLCSIM 仿真程序，如图 2-37 所示。

（3）将 CPU 工作模式切换到 STOP 模式；

（4）在项目窗口内选中要下载的工作站 SIMATIC 300(1)；

（5）单击下载按钮，将整个 S7-300 站（含用户程序和模块信息）下载到仿真器中。

2. 用 S7-PLCSIM 调试程序

调试程序可以在在线状态下进行，也可以在仿真环境下进行。下面介绍如何在仿真环境下完成程序的调试，具体步骤如下：

（1）在图 2-37 状态下，单击工具按钮插入地址为 0 的字节型输入变量 IB；再单击工具按钮插入字节型输出变量 QB，并修改字节地址为 4，如图 2-38 所示。

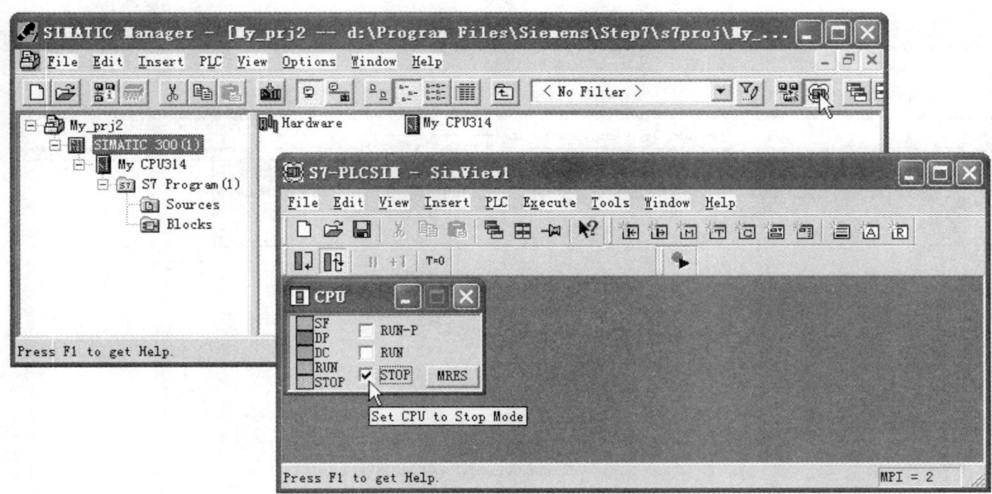

图 2-37 S7-PLCSIM 视窗

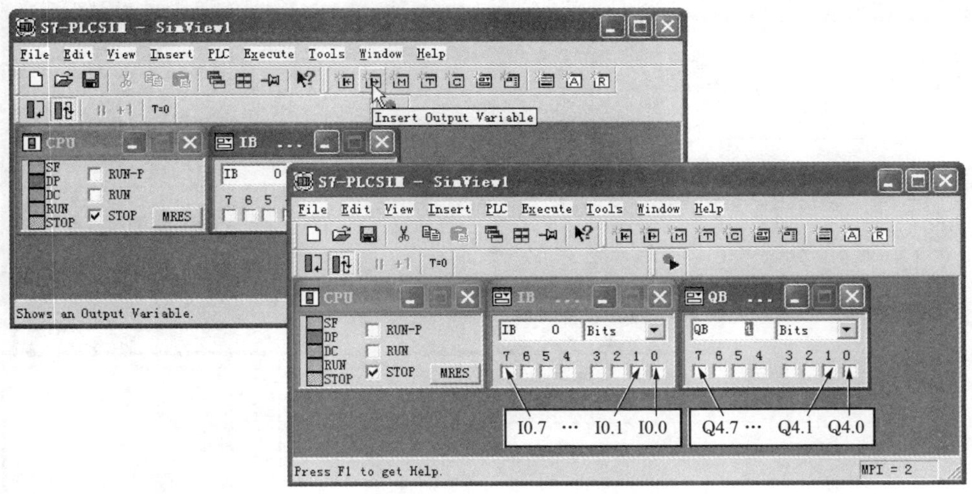

图 2-38 插入输入变量和输出变量

(2) 进入监视状态，双击项目下的 OB1，在程序编辑器中打开组织块 OB1。然后单击工具按钮，激活监视状态。监视界面如图 2-39 所示。状态显示 CPU 当前处在 STOP 模式。

(3) 在图 2-38 环境下将 CPU 模式切换到 RUN 模式，开始运行程序。在 LAD 程序中，监视界面下会显示信号流的状态和变量值，如图 2-39 所示，处在有效状态的元件显示为高亮实线，处于无效状态的元件则显示为蓝色虚线。如图 2-40 所示，若勾选 I0.0 使 SB1 动合触点闭合，在监视窗口内可看到 SB1、SB2 及 KM 高亮，Q4.1 会自动勾选，这说明 KM 已经被驱动；取消勾选 I0.0，然后勾选 I0.1，在监视窗口内可看到 KM 不再高亮，说明 KM 未被驱动。

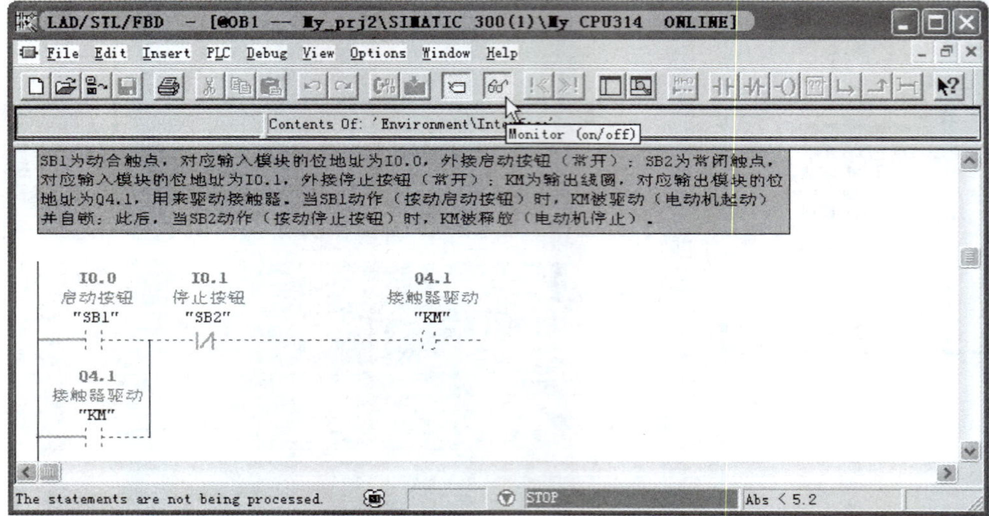

图 2-39　激活监视状态

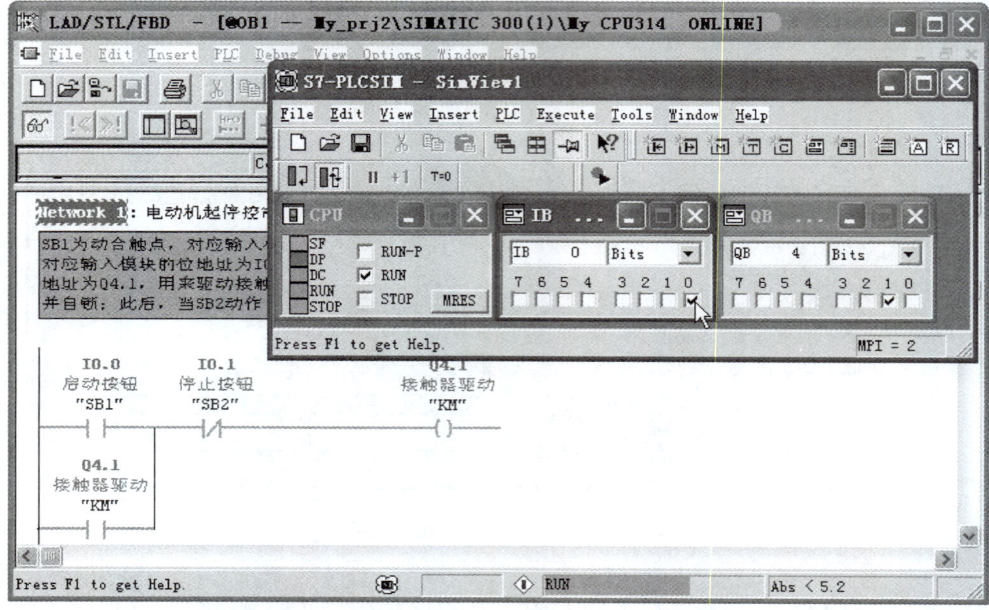

图 2-40　程序运行状态

第 3 章

S7-300/400PLC编程基础

本章介绍 STEP7 支持的编程语言及特点，然后介绍 PLC 语言系统所使用的操作数的数据类型、指令操作数的寻址方式等基础内容。

第一节　STEP7 编程语言

STEP7 是 S7-300/400 系列 PLC 应用设计软件包，它所支持的 PLC 编程语言非常丰富。该软件的标准版支持 STL（语句表）、LAD（梯形图）及 FBD（功能块图）3 种基本编程语言，并且在 STEP 7 中可以相互转换。专业版附加对 GRAPH（顺序功能图）、SCL（结构化控制语言）、HiGraph（图形编程语言）、CFC（连续功能图）等编程语言的支持。不同的编程语言可供不同知识背景的人员采用。

下面介绍几种常用的编程语言。

一、语句表

STL（语句表）是一种类似于计算机汇编语言的一种文本编程语言，由多条语句组成一个程序段。语句表可供习惯汇编语言的用户使用，在运行时间和要求的存储空间方面最优。在设计通信、数学运算等高级应用程序时建议使用语句表。

以简单的电动机启/停控制程序为例，对应的 STL 程序如图 3-1 所示。

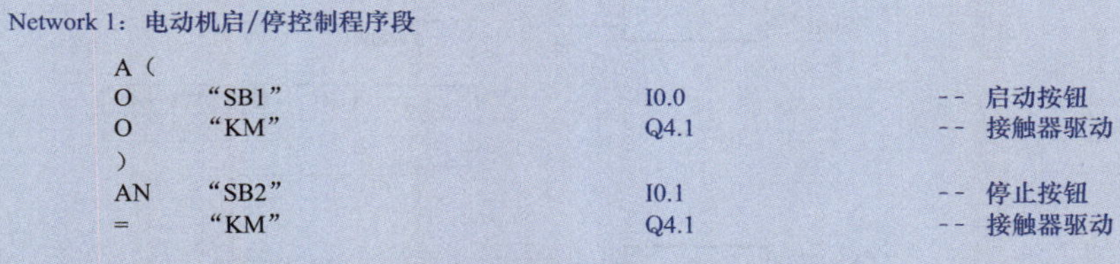
```
Network 1：电动机启/停控制程序段
A (
O     "SB1"        I0.0      -- 启动按钮
O     "KM"         Q4.1      -- 接触器驱动
)
AN    "SB2"        I0.1      -- 停止按钮
=     "KM"         Q4.1      -- 接触器驱动
```

图 3-1　语句表程序

二、梯形图

LAD（梯形图）是一种图形语言，比较形象直观，容易掌握，用得最多的编程语言。梯形图与继电器控制电路图的表达方式极为相似，适合于熟悉继电器控制电路的用户使用，特别适用于数字量逻辑控制。

梯形图沿用了传统控制图中的继电器的触点、线圈、串联等术语和图形符号，并增加了许多功能强、使用灵活的指令符号。

图 3-2 为电动机的启/停控制程序的梯形图（LAD）。

三、功能块图

FBD（功能块图）使用类似于布尔代数的图形逻辑符号来表示控制逻辑，一些复杂的功能用指令框表示，一般用一个指令框表示一种功能，框图内的符号表达了该框图的运算功能。FBD 比较适合于有数字电路基础的编程人员使用。

图 3-3 为电动机启/停控制对应的 FBD 程序。

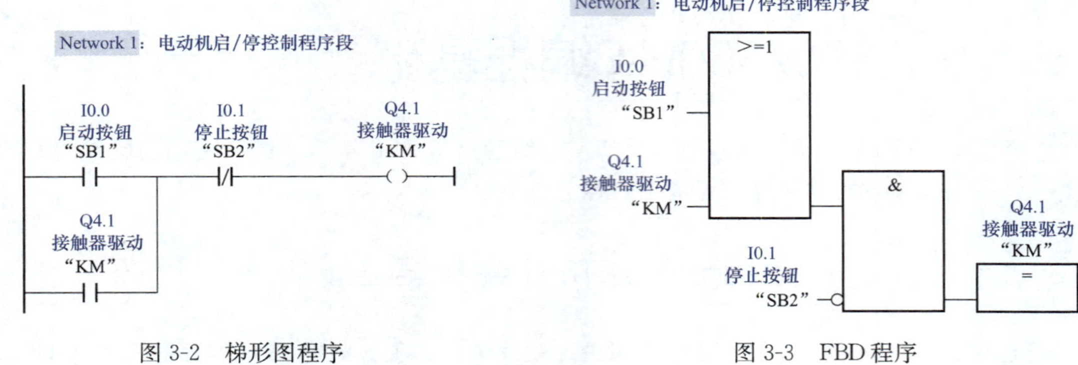

图 3-2　梯形图程序　　　　图 3-3　FBD 程序

四、顺序控制

GRAPH 类似于解决问题的流程图，适用于顺序控制的编程。利用 S7-GRAPH 编程语言，可以清楚快速地组织和编写 S7 系列 PLC 系统的顺序控制程序。它根据功能将控制任务分解为若干步，其顺序用图形方式显示出来并且可形成图形和文本方式的文件。在每一步中要执行相应的动作并且根据条件决定是否转换到下一步。

图 3-4 所示程序为 GRAPH 顺控程序，图中包含有 S1～S4 共 4 个状态，从一个状态转移到下一个状态之间有转移条件。在某个状态下可以执行某些工作，如把某个输出点置位或复位等。

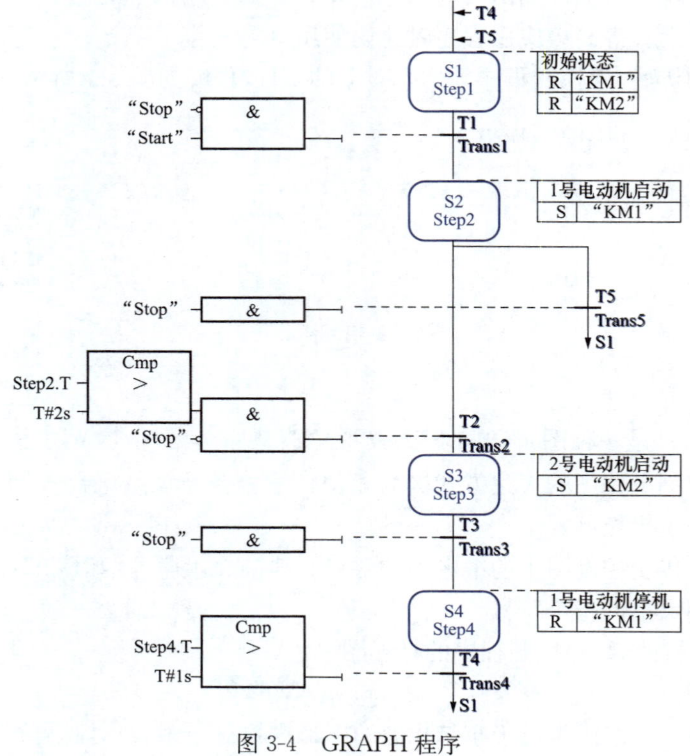

图 3-4　GRAPH 程序

第二节 数 据 类 型

数据类型决定数据的属性，在 STEP 7 中，数据类型分为三大类：基本数据类型、复杂数据类型和参数类型。

一、基本数据类型

基础数据类型定义不超过 32 位（bit）的数据，可以装入 S7 处理器的累加器，可利用 STEP7 基本指令处理。

基本数据类型共有 12 种，每一种数据类型都具备关键词、数据长度及取值范围和常数表示形式等属性。表 3-1 列出了 S7-300/400 PLC 所支持的基本数据类型。

表 3-1　　基础数据类型表

类型（关键词）	位	表示形式	数据与范围	示例
布尔（BOOL）	1	布尔量	Ture/False	触点的闭合/断开
字节（BYTE）	8	十六进制	B#16#0～B#16#FF	L B#16#20
字（WORD）	16	二进制	2#0～2#1111_1111_1111_1111	L 2#0000_0011_1000_0000
		十六进制	W#16#0～W#16#FFFF	L W#16#0380
		BCD 码	C#0～C#999	L C#896
		无符号十进制	B#(0，0)～B#(255，255)	L B#(10，10)
双字（DWORD）	32	十六进制	DW#16#0000_0000～ DW#16#FFFF_FFFF	L DW#16#0123_ABCD
		无符号数	B#(0，0，0，0)～ B#(255，255，255，255)	L B#(1，23，45，67)
字符（CHAR）	8	ASCII 字符	可打印 ASCII 字符	‘A’、‘，’、‘0’
整数（INT）	16	有符号十进制数	－32768～＋32767	L－23
长整数（DINT）	32	有符号十进制数	L#214 783 648～L#214 783 647	L#23
实数（REAL）	32	IEEE 浮点数	±1.175 495e-38～±3.402 823e+38	L 2.345 67e+2
时间（TIME）	32	带符号 IEC 时间，分辨率为 1ms	T#－24D_20H_31M_23S_648MS～ T#24D_20H_31M_23S_647MS	L T#8D_7H_6M_SS_0MS
日期（DATE）	32	IEC 日期，分辨率 1 为天	D#1990_1_1～D#2168_12_31	L D#2005_9_27
实时时间（Time Of Daytod）	32	实时时间，分辨率为 1ms	TOD#0：0：0.0～ TOD#23：59：59.999	L TOD#8：30：45.12
S5 系统时间（S5TIME）	32	S5 时间，以 10ms 为时基	S5T#0H_0M_10MS～ S5T#2H_46M_30S_0MS	L S5T#1H_1M_2S_10MS

二、复杂数据类型

复杂数据类型定义超过 32 位或由其他数据类型组成的数据。复杂数据类型要预先定义，其变量只能在全局数据块中声明，可以作为参数或逻辑块的局部变量。STEP7 支持的复杂数据类型有数组、结构、字符串、日期和时间、用户定义的数据类型和功能块类型 6 种。

1. 数组

数组（ARRAY）是由一组同一类型的数据组合在一起而形成的复杂数据类型。数组的维数最大可以到 6 维；数组中的元素可以是基本数据类型或者复杂数据类型中的任一数据类型（Array 类型除外，即数组类型不可以嵌套）；数组中每一维的下标取值范围是－32768～32767，要求下标的下限必须小于下标的上限。

定义数组时必须指明数组元素的类型、维数及每一维的下标范围。数据格式是 ARRAY [n..m]。第一个数 n 和最后一个数 m 在方括号中指明。例如，[1..10] 表示 10 个元素，第一个元素的地址是 [1]；最后一个元素的地址是 [10]。也可以采用 [0..9]，元素个数为 10 个，地址为 [0] 至 [9]。

例如：ARRAY [1..4，1..5，1..6] INT

这是一个三维数组，1..4、1..5、1..6 为数据第 1～3 维的下标范围；INT 为元素类型关键词。定义了一个整数型，大小为 4×5×6 的三维数组。可以用数组名加上下标方式来引用数组中的某个元素。如 a [2，1，5]。

例：全局共享数据块 DB3 中新建一个变量，变量名为 a，变量类型为 ARRAY [1..4，1..5，1..6] INT。新建的变量如图 3-5 所示。

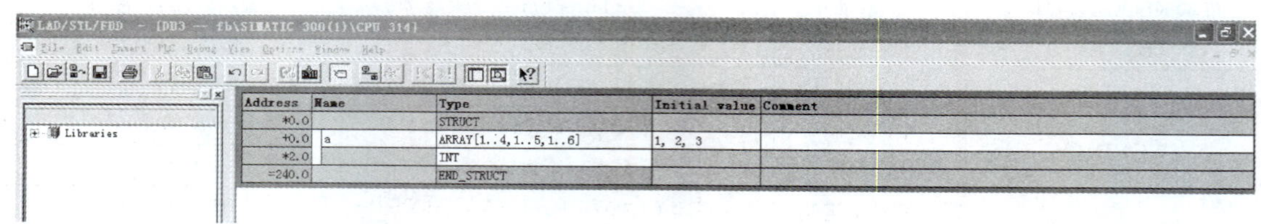

Address	Name	Type	Initial value	Comment
*0.0		STRUCT		
+0.0	a	ARRAY[1..4,1..5,1..6]	1, 2, 3	
*2.0		INT		
=240.0		END_STRUCT		

图 3-5　新建数组变量

2. 结构

结构（STRUCT）是由一组不同类型（结构的元素可以是基本的或复杂的数据类型）的数据组合在一起而形成的复杂数据类型。结构通常用来定义一组相关的数据，例如，电动机的一组数据可以按如下方式定义：

```
Motor:STRUCT
  Speed:INT
  Current:REAL
END_STRUCT
```

其中 STRUCT 为结构的关键词；Motor 为结构类型名（用户自定义）；Speed 和 Current 为结构的两个元素，INT 和 REAL 是这两个元素的数据类型；END _ STRUCT 是结构的结束关键词。

例：在共享数据块 DB1 中新建一个上面的结构。如图 3-6 所示。

Address	Name	Type	Initial value	Comment
0.0		STRUCT		
+0.0	Motor	STRUCT		
+0.0	Speed	INT	0	
+2.0	Current	REAL	0.000000e+000	
=6.0		END_STRUCT		
=6.0		END_STRUCT		

图 3-6　新建结构变量

访问结构的元素需要包含结构的名称，这使程序更易读。为了用符号访问结构中的元素，需要给数据块分配一个符号名，如 Drive_1，这样就可以用下面的方式访问结构中的各个元素：

```
L "Drive_1".Motor.Current
L "Drive_1".Motor.Speed
```

其中 Drive_1 是数据块的符号名，该数据块包含结构，结构的名称在数据块符号名后面，结构的元素名跟在结构名的后面，中间用点分割。

3. 字符串

字符串（STRING）是最多 254 个字符（CHAR）的一维数组，最大长度为 256 个字节（其中前 2 个字节用来存储字符串的长度信息）。字符串常量用单引号括起来，如：

'S7-300'、'SIMATIC'

4. 日期和时间

日期和时间（DATE_AND_TIME）用来存储年、月、日、时、分、秒、毫秒和星期，占用 8 个字节，用 BCD 码格式保存。星期天的代码为 1，星期一至星期六的代码分别为 2～7。如：DT#2010-02-06-13：30：15.200 表示 2010 年 2 月 6 日 13 点 30 分 15.2 秒。

5. 用户定义的数据类型

用户定义数据类型（UDT）表示自定义的结构，存放在 UDT 块中（UDT1～UDT65535），在另一个数据类型中作为一个数据类型"模板"。当输入数据块时，如果需要输入几个相同的结构，利用 UDT 可以节省输入时间。

例如，需要在一个数据块中输入 10 个相同的结构。首先，定义一个结构并把它存为一个 UDT，如 UDT1。在数据块中，定义一个变量 Addresses，它有 10 个元素，数据类型是 UDT1。

```
Addresses ARRAY[1..10] UDT1
```

这样就建立了 UDT1 所定义结构的 10 个数据区域，而不需要分别输入。

操作步骤如下：

（1）在 Blocks 文件夹内的空白处（见图 3-7），单击鼠标右键，选择 Insert New Object→Date Type，得到如图 3-8 所示的画面，新建 UDT1 数据类型。

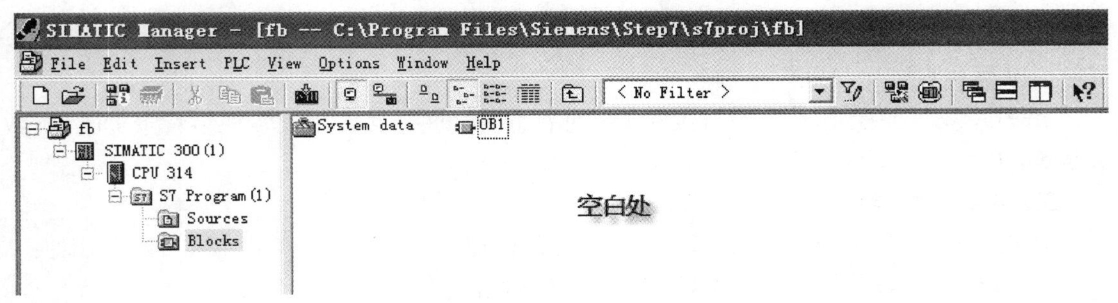

图 3-7 Blocks 文件夹

（2）打开 UDT1，编辑 UDT1 如图 3-9 所示，在 UDT1 中建立了一个 motor 结构，有两个元素分别为 speed 和 current，数据类型分别为整数和实数。

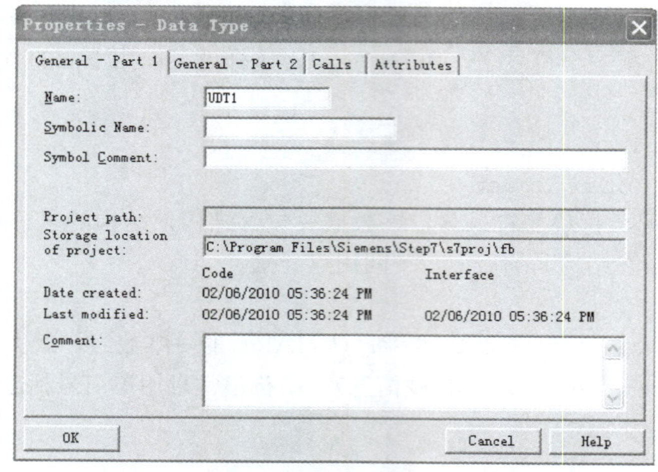

图 3-8　新建 UDT1 数据类型

UDT1 -- fb\SIMATIC 300(1)\CPU 314

Address	Name	Type	Initial value	Comment
0.0		STRUCT		
+0.0	motor	STRUCT		
+0.0	speed	INT	0	
+2.0	current	REAL	0.000000e+000	
=6.0		END_STRUCT		
=6.0		END_STRUCT		

图 3-9　UDT1 数据类型

(3) 新建共享数据块 DB1，打开 DB1，并建立一个名为 addresses 的数组，如图 3-10 所示。

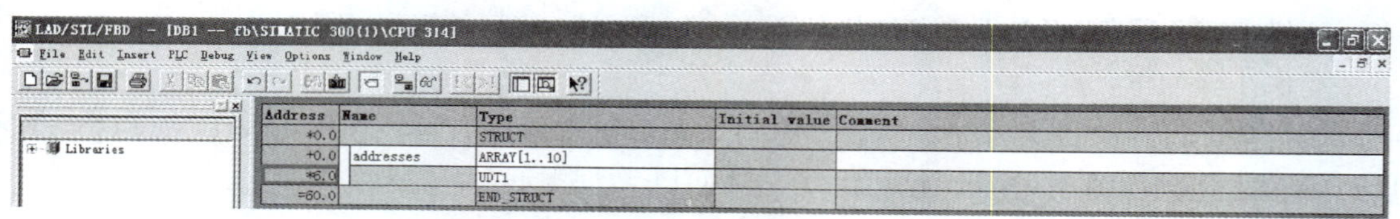
LAD/STL/FBD - [DB1 -- fb\SIMATIC 300(1)\CPU 314]

Address	Name	Type	Initial value	Comment
*0.0		STRUCT		
+0.0	addresses	ARRAY[1..10]		
*6.0		UDT1		
=60.0		END_STRUCT		

图 3-10　新建数据

6. 功能块类型

功能块类型（FB、SFB）只可以在 FB 的静态变量区定义，用于实现多背景 DB。本数据类型的应用在后面的多重背景数据块中有应用介绍。

三、参数数据类型

参数类型是一种用于逻辑块（FB、FC）之间传递参数的数据类型，主要有以下几种：

(1) TIMER（定时器）和 COUNTER（计数器）。

(2) BLOCK（块）：指定一个块用作输入和输出，实参应为同类型的块。

(3) POINTER（指针）：6 字节指针类型，用来传递 DB 的块号和数据地址。

(4) ANY：10 字节指针类型，用来传递 DB 块号、数据地址、数据数量以及数据类型。

第三节 S7-300/400 PLC的寻址方式

指令是程序的最小独立单位，用户程序是由若干条顺序排列的指令构成。指令一般由操作码和操作数组成，其中的操作码代表指令所要完成的具体操作（功能），操作数则是该指令操作或运算的对象。

一、PLC用户存储区的分类及功能

PLC的用户存储区在使用时必须按功能区分使用，所以在学习指令之前必须熟悉存储区的分类、表示方法、操作及功能。S7-300/400 PLC存储器区域划分、功能、访问方式及标识符如表3-2所示。

表3-2 PLC存储器区域功能及标识符

存储区域	功能	运算单位	寻址范围	标识符
输入过程映像寄存器（又称输入继电器）（I）	在扫描循环的开始，操作系统从现场（又称过程）读取控制按钮、行程开关及各种传感器等送来的输入信号、并存入输入过程映像寄存器。其每一位对应数字量输入模块的一个输入端子	输入位	0.0～65535.7	I
		输入字节	0～65535	IB
		输入字	0～65534	IW
		输入双字	0～65532	ID
输出过程映像寄存器（又称输出继电器）（Q）	在扫描循环期间，逻辑运算的结果存入输出过程映像寄存器。在循环扫描结束前，操作系统从输出过程映像寄存器读出最终结果，并将其传送到数字量输出模块，直接控制PLC外部的指示灯、接触器、执行器等控制对象	输出位	0.0～65535.7	Q
		输出字节	0～65535	QB
		输出字	0～65534	QW
		输出双字	0～65532	QD
位存储器（又称辅助继电器）（M）	位存储器与PLC外部对象没有任何关系，其功能类似于继电器控制电路中的中间继电器，主要用来存储程序运算过程中的临时结果，可为编程提供无数量限制的触点，可以被驱动但不能直接驱动任何负载	存储位	0.0～255.7	M
		存储字节	0～255	MB
		存储字	0～254	MW
		存储双字	0～252	MD
外部输入寄存器（PI）	用户可以通过外部输入寄存器直接访问模拟量输入模块，以便接收来自现场的模拟量输入信号	外部输入字节	0～65535	PIB
		外部输入字	0～65534	PIW
		外部输入双字	0～65532	PID
外部输出寄存器（PQ）	用户可以通过外部输出寄存器直接访问模拟量输出模块，以便将模拟量输出信号送给现场的控制执行器	外部输出字节	0～65535	PQB
		外部输出字	0～65534	PQW
		外部输出双字	0～65532	PQD
定时器（T）	作为定时器指令使用，访问该存储区可获得定时器的剩余时间	定时器	0～255	T
计数器（C）	作为计数器指令使用，访问该存储区可获得计数器的当前值	计数器	0～255	C
数据块寄存器（DB）	数据块寄存器用于存储所有数据块的数据，最多可同时打开一个共享数据块DB和一个背景数据块DI，用“OPEN DB”指令可打开一个共享数据块DB；用“OPEN DI”指令可打开一个背景数据块DI	数据位	0.0～65535.7	DBX或DIX
		数据字节	0～65535	DBB或DIB
		数据字	0～65534	DBW或DIW
		数据双字	0～65532	DBD或DID

续表

存储区域	功能	运算单位	寻址范围	标识符
本地数据寄存器（又称本地数据）（L）	本地数据寄存器用来存储逻辑块（OB、FB或FC）中所使用的临时数据，一般用作中间暂存器。因为这些数据实际存放在本地数据堆栈（又称L堆栈）中，所以当逻辑块执行结束时，数据自然丢失	本地数据位	0.0～65535.7	L
		本地数据字节	0～65535	LB
		本地数据字	0～65534	LW
		本地数据双字	0～65532	LD

PLC的物理存储器以字节为单位，所以存储器单元规定为字节（B）单元。存储单元可以以位（bit）、字节（B）、字（W）或双字（DW）为单位使用。每个字节单位包括8个位；一个字包括2个字节，即16个位；一个双字包括4个字节，即32个位。

例如：IW0是由IB0和IB1两个字节组成，其中IB0为高8位，IB1为低8位。

在使用字和双字时要注意字节地址的划分，防止出现字节重叠造成的读写错误。如MW0和MW1不要同时使用，因为这两个元件都占用了MB1。

二、指令操作数

指令操作数（又称编程元件）一般在用户存储区中，操作数由操作标识符和参数组成。操作标识符由主标识符和辅助标识符组成，主标识符用来指定操作数所使用的存储区类型，辅助标识符则用来指定操作数的单位（如：位、字节、字、双字等）。

主标识符有：I（输入过程映像寄存器）、Q（输出过程映像寄存器）、M（位存储器）、PI（外部输入寄存器）、PQ（外部输出寄存器）、T（定时器）、C（计数器）、DB（数据块寄存器）和L（本地数据寄存器）。

辅助标识符有：X（位）、B（字节）、W（字）、D（双字）。

例如，对于指令“A　M0.0”，A为操作码（逻辑与运算），M为主标识符，0.0为辅助标识符，是位地址。

三、寻址方式

所谓寻址方式就是指令执行时获取操作数的方式，可以以直接或间接方式给出操作数。S7-300/400 PLC有4种寻址方式：立即寻址、存储器直接寻址、存储器间接寻址和寄存器间接寻址。

1. 立即寻址

立即寻址是对常数或常量的寻址方式，其特点是操作数直接表示在指令中，或以唯一形式隐含在指令中。下面各条指令操作数均采用了立即寻址方式，其中“//”后面的内容为指令的注释部分，对指令没有任何影响。

```
L  66                  //表示把常数66装入累加器1中
AW W#16#168            //将十六进制数168与累加器1的低字进行“与”运算
SET                    //默认操作数为RLO,该指令实现对RLO置“1”操作
```

2. 存储器直接寻址

存储器直接寻址，简称直接寻址。该寻址方式在指令中直接给出操作数的存储单元地址。存储单元地址可用符号地址（如SB1、KM等）或绝对地址（如I0.0、Q4.1等）。下面各条指令操作数均采用了直接寻址方式。

```
A  I0.0                //对输入位I0.0执行逻辑“与”运算
```

```
=   Q4.1                //将逻辑运算结果送给输出继电器Q4.1
L   MW2                 //将存储字MW2的内容装入累加器1
T   DBW4                //将累加器1低字中的内容传送给数据字DBW4
```

3. 存储器间接寻址

存储器间接寻址，简称间接寻址。该寻址方式在指令中以存储器的形式给出操作数所在存储器单元的地址，也就是说，该存储器的内容是操作数所在存储器单元的地址。该存储器一般称为地址指针，在指令中需写在方括号“[]”内。地址指针可以是字或双字，对于地址范围小于65535的存储器（如T、C、DB、FB、FC等）可以用字指针；对于其他存储器（如I、Q、M等）则要使用双字指针。

(1) 16位地址指针间接寻址。16位地址指针用于定时器、计数器、程序块（DB、FC、FB）的寻址，16位指针被看作一个无符号整数（0～65535），它表示定时器（T）、计数器（C）、数据块（DB、DI）或程序块（FB、FC）的号，16位指针的格式如下：

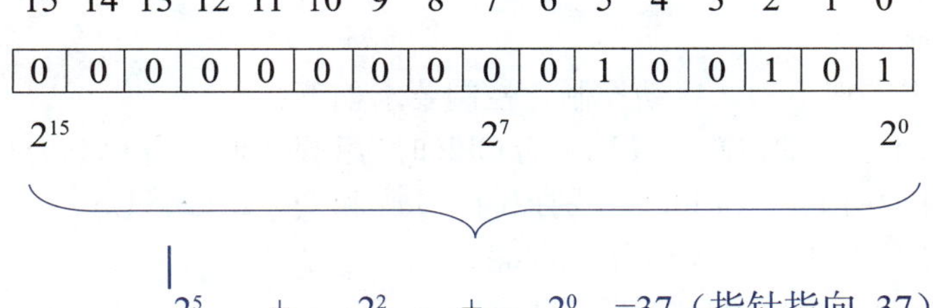

寻址格式表示为：区域标识符［16位地址指针］

例如，使一个计数器向上计数表示为：

```
CU        C[MW 20]
```

上述指令中，“C”为区域标识符，而“MW20”为一个16位指针。

例如，用于定时器的16位地址指针寻址如下所示：

```
//用于定时器
L    1
T    MW0              //将1传送到MW0
A    I0.0             //如果I0.0= True
L    S5T#10S
SD   T[MW0]           //T1开始计时
```

以上程序功能等同于：

```
A    I0.0
L    S5T#10S
SD   T1
```

用于数据块DB的16位地址指针寻址如下所示：

```
//用于打开DB块
L       20
T       LW20
OPN     DB[LW20]      //打开DB20
```

用于 FC 或 FB 的 16 位地址指针寻址如下所示：

```
//程序调用
L      2
T      LW20
UC     FC[LW20]     //调用 FC2

L      41
T      DBW30
UC     FB[DBW30]    //调用 FB41
```

例：存储器间接寻址的单字节格式的指针寻址。

如 OPN DB[MW0]

若 MW0 中的值为 2，则 DB［MW0］就是 DB2。MW0 的值一改变，则指定的数据块也改变。

编程与应用举例。

有 2 只灯，要求实现手动、自动控制，控制要求如下：

1）用 I0.0 进行手、自动切换，当 I0.0 为 OFF 时为手动控制，当 I0.0 为 ON 时为自动控制。

2）手动控制时，用 I0.1 和 I0.2 分别控制 Q0.0 和 Q0.1（两只灯）。

3）自动控制时，两只灯每隔 1s 轮流闪亮。

4）用 FC1 编写手动程序，FC2 编写自动程序。

编写 FC1 手动程序如图 3-11 所示。

编写 FC2 手动程序如图 3-12 所示。

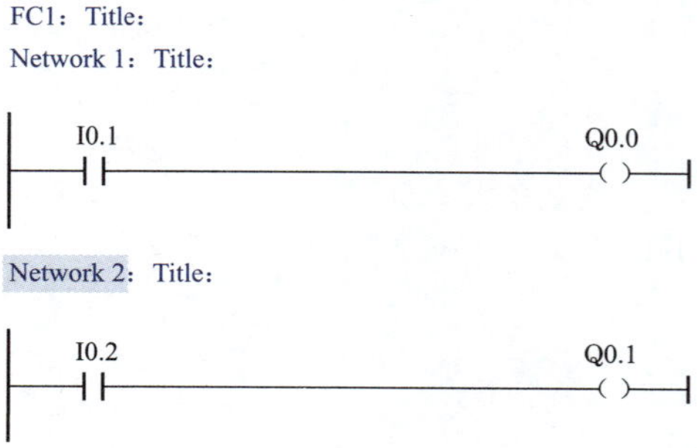

FC1：Title：

Network 1：Title：

I0.1 —| |— Q0.0 —( )

Network 2：Title：

I0.2 —| |— Q0.1 —( )

图 3-11　FC1 程序

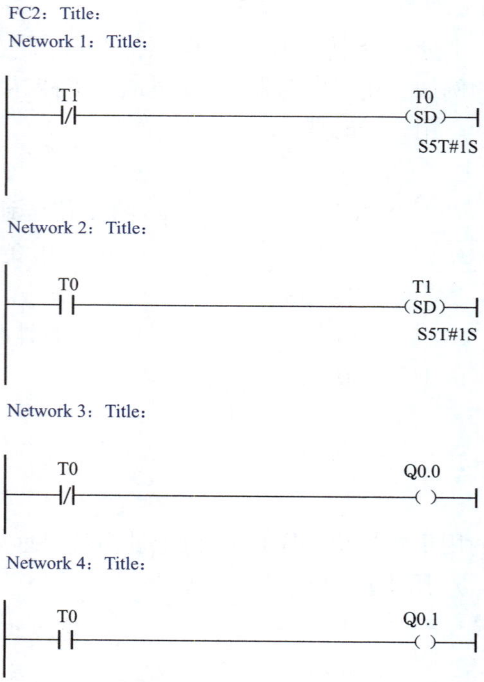

FC2：Title：

Network 1：Title：

T1 —|/|— T0 —(SD) S5T#1S

Network 2：Title：

T0 —| |— T1 —(SD) S5T#1S

Network 3：Title：

T0 —|/|— Q0.0 —( )

Network 4：Title：

T0 —| |— Q0.1 —( )

图 3-12　FC2 程序

编写 OB1 主程序如图 3-13 所示。

OB1："Main Program Sweep (Cycle)"

Network 1：Title：

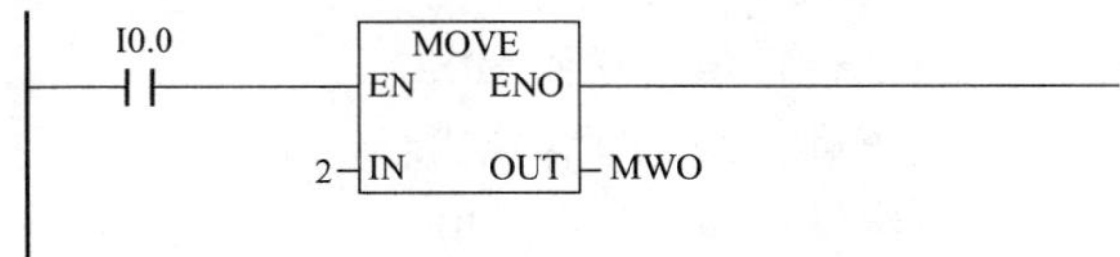

Network 2：Title：

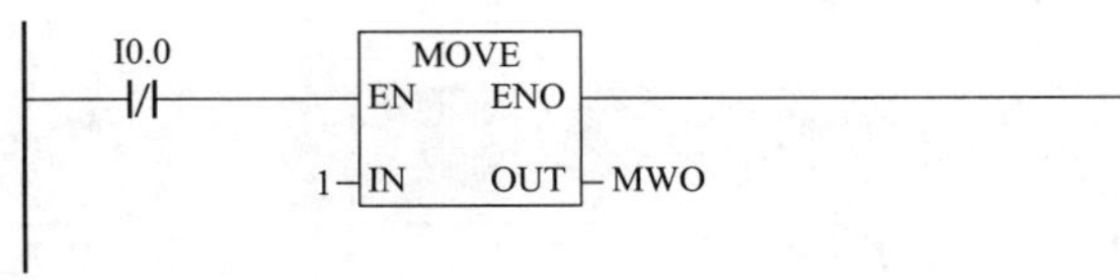

Network 3：Title：

```
UC    FC [MW 0]
```

图 3-13 OB1 主程序

（2）32 位地址指针间接寻址。如果要用双字指针访问字节、字或双字存储器，必须保证指针的位编号为 0。

32 位地址指针用于 I、Q、M、L、数据块等存储器中位、字节、字及双字的寻址，32 位的地址指针可以使用一个双字表示，第 0～第 2 位作为寻址操作的位地址，第 3～第 18 位作为寻址操作的字节地址，第 19～第 31 位没有定义，32 位指针的格式如图 3-14 所示。

位序 31　　24	23　　16	15　　8	7　　0
0000 0000	0000 0bbb	bbbb bbbb	bbbb bxxx

图 3-14 存储器间接寻址的双字指针的格式

说明：位 0～2（xxx）为被寻址地址中位的编号（0～7）；
位 3～18 为被寻址地址的字节的编号（0～65535）。

寻址格式表示为：地址存储器标识符 [32 位地址指针]

例如，写入一个 M 的双字表示为：

```
T    MD[LD0]
```

'MD' 为区域标识符及访问宽度，而 LD0 为一个 32 位指针。

32 位内部区域指针可用常数表示，表示为 P#字节．位。如常数

```
P#   10.3
```

为指向第 10 个字节第 3 位的指针常数。

若把一个 32 位整型转换为字节指针常数，从上述指针格式可以看出，应要把该数左移 3 位（或是乘 8）即可。

```
如：  L     L#100       //Accu1 装入 32 位整形 100
SLD   3                 //左移 3 位
T     LD0               //LD0 得到 P#100.0 指针常数
```

例：存储器间接寻址的双字格式的指针寻址。

```
L  P#8.7            //把指针值装载到累加器 1。
                    //P#8.7 的指针值为:2#0000_0000_0000_0000_0000_0000
                      _0100_0111
T  MD2              //把指针值传送到 MD2
A  I[MD2]           //查询 I8.7 的信号状态
=  Q[MD2]           //给输出位 Q8.7 赋值
```

以上程序的仿真结果如图 3-15 所示，当 I8.7 为 ON 时，Q8.7 输出为 ON。当 I8.7 为 OFF 时，Q8.7 输出为 OFF。

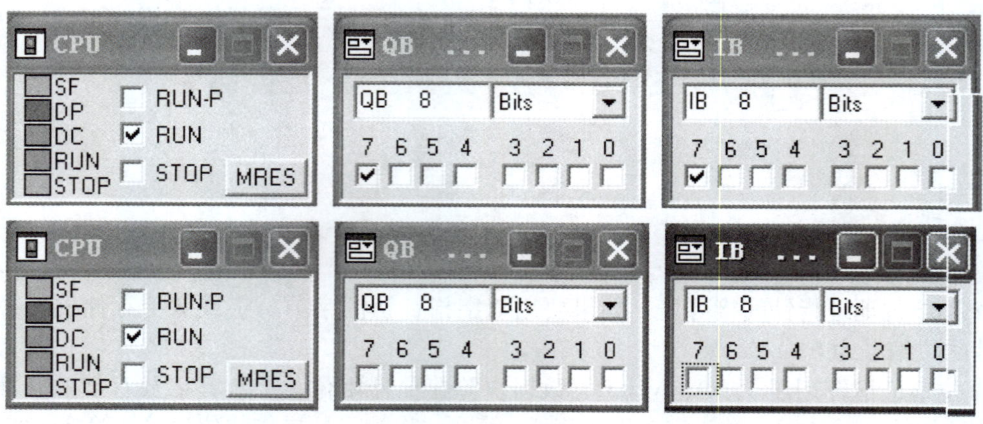

图 3-15　程序运行结果

【例 3-1】 统计 M0.0～M9.7 中置位的点的个数。MD100 为指针，MW104 统计 M0.0～M9.7 中置位的点的个数。

编写程序如下所示：

```
OB1:"Main Program Sweep(Cycle)"
Network 1:Title:
      L         0
      T         MD  100
      T         MW  104
lab2:L          MD  100
      L         80
      > =D
      JC        lab1
      A         M[MD  100]
      JCN       lab3
      L         MW  104
      L         1
      +I
      T         MW  104
```

```
lab3:L        1
     L        MD  100
     +D
     T        MD  100
     JU       lab2
lab1:NOP      0
```

【例 3-2】 编程实现把从 MW0～MW8 的数值保存到了 DB1.DBW0～DB1.DBW8 中。

编写程序如下所示：

```
Network1:Title:
     OPN      DB   1
     L        P#0.0
     T        MD  100
     L        5
next:T        MB  110
     L        MW[MD  100]
     T        DBW[MD  100]
     L        MD  100
     L        16
     +D
     T        MD  100
     L        MB  110
     LOOP     next
```

【例 3-3】 编写查表程序，$y=f(x_1, x_2)$，根据 x_1 和 x_2 的值按如表 3-3 查出相应的 y 的值。

表 3-3　【例 3-3】表

x_1 \ x_2	0	1	2	3
0	10	20	30	40
1	50	60	70	80
2	90	100	110	120
3	130	140	150	160

分析：首先把表 3-3 中的数据按分别存到数据块 DB1 对应的地址中，如表 3-4 所示。

表 3-4　DB1 对应的地址

x_1 \ x_2	0	1	2	3
0	dbw0	dbw2	dbw4	dbw6
1	dbw8	dbw10	dbw12	dbw14
2	dbw16	dbw18	dbw20	dbw22
3	dbw24	dbw26	dbw28	dbw30

再根据 x_1 和 x_2 的值确定 DB1 中 DBW 的地址为：

DBW 地址=8 * x_2+2 * x_1

思路：

在 DB1 中建立一个 2 维数组，把表中的数字作为初始值写入。根据 x_1 和 x_2 的数值，在 DB1 中计算出地址，然后用双字指针寻址的方法找到相应的数据。

第一步：建立 DB1，并建立一个 4 维数组，如图 3-16 所示。

Address	Name	Type	Initial value
*0.0		STRUCT	
+0.0	a	ARRAY[0..3,0..3]	10, 20, 30, 40, 50, 60, 70, 80, 90, 100, 110, 120, 130, 140, 150, 160
*2.0		INT	
=32.0		END_STRUCT	

图 3-16　建立一个 4 维数组

第二步：编写 FC1 程序

在 FC1 的变量声明表中定义 IN、OUT 及 TEMP 变量。如图 3-17 所示。

Name	Data Type	Comment
x1	Int	
x2	Int	

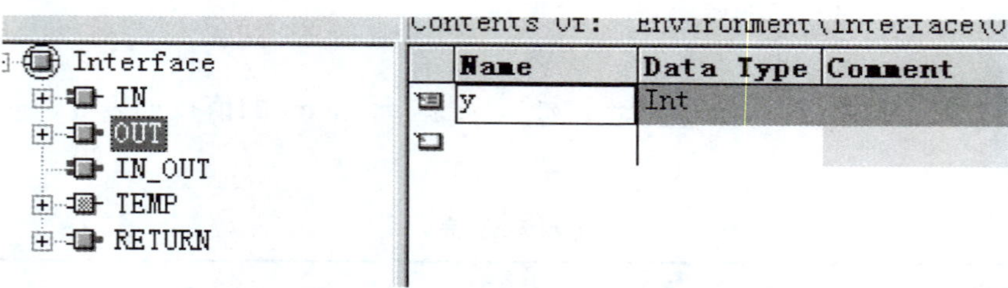

Contents Of: 'Environment\Interface\TEMP'

Name	Data Type	Address	Comment
a	Int	0.0	
b	Int	2.0	
c	Int	4.0	
d	DInt	6.0	
x3	Int	10.0	
x4	Int	12.0	

图 3-17　编写 FC1 程序

FC1 程序如图 3-18 所示。

FC1：Title：

Network 1：Title：

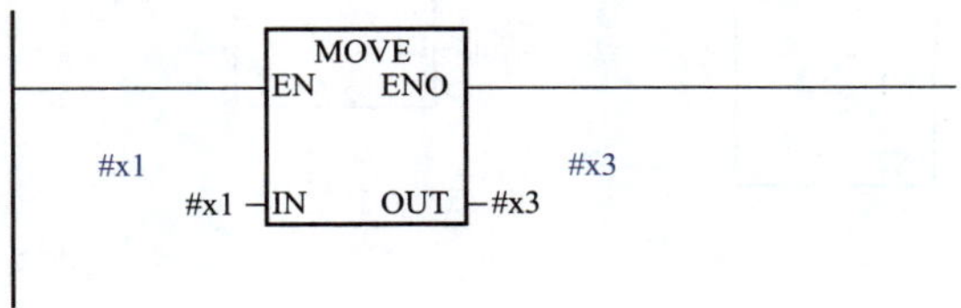

Network 2：Title：

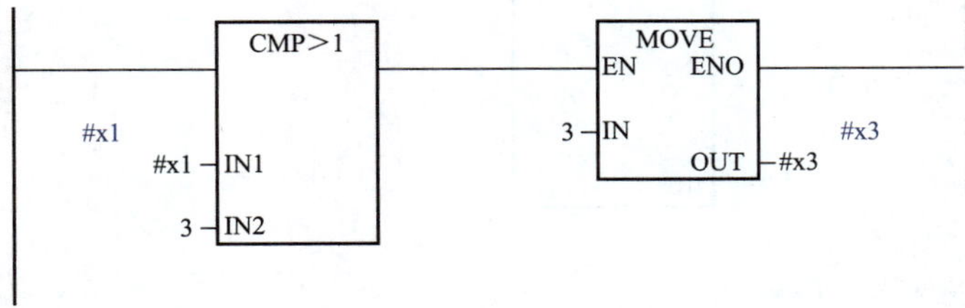

Network 3：Title：

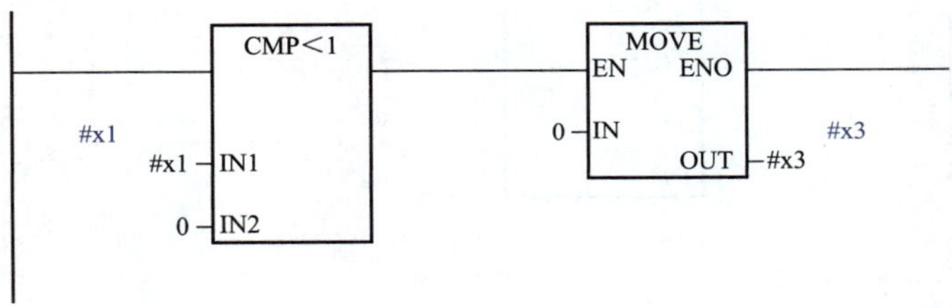

Network 4：Title：

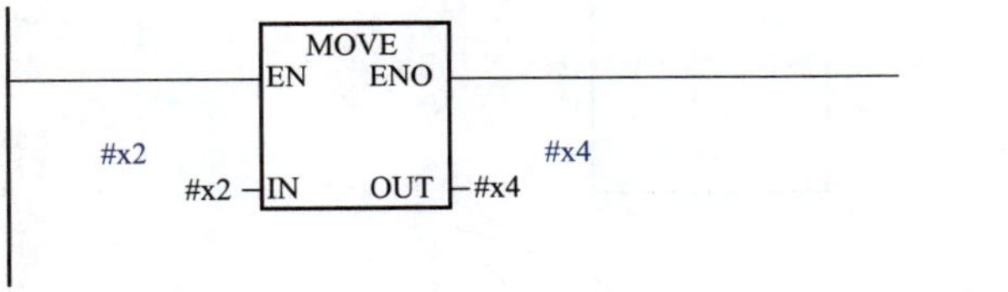

Network 5：Title：

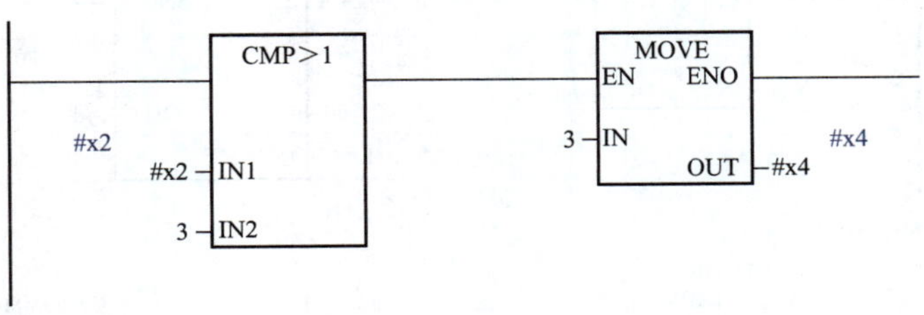

Network 6：Title：

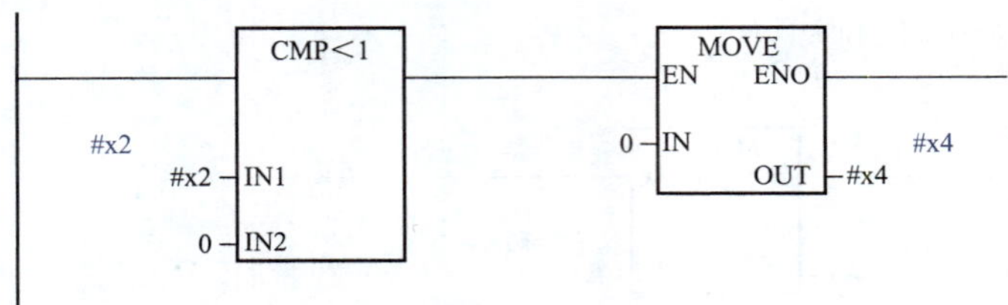

Network 7：Title：

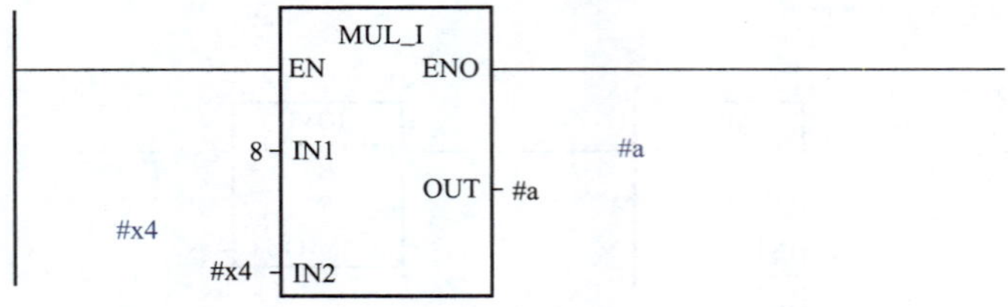

Network 8：Title：

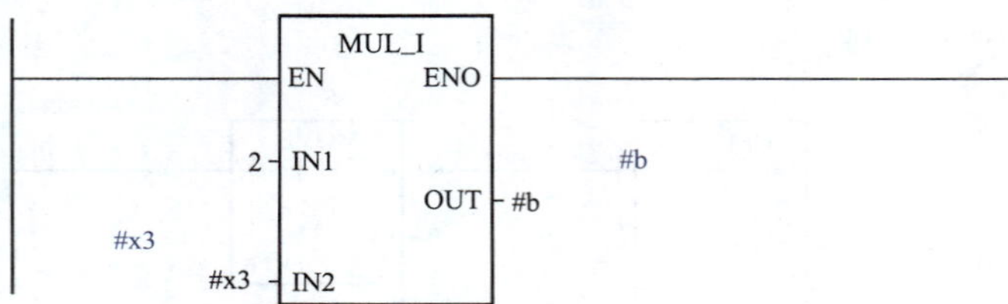

Network 9：Title：

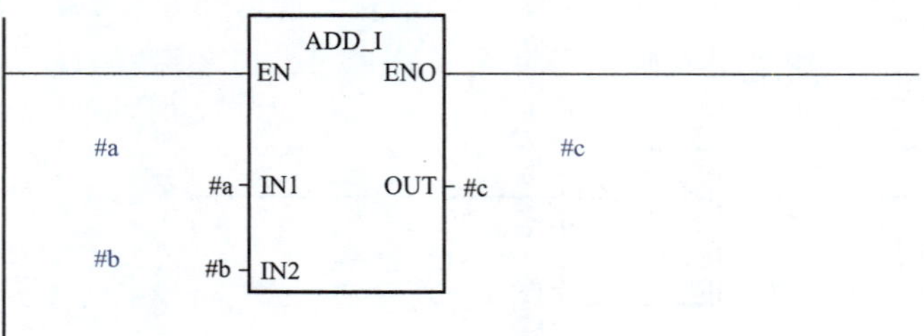

Network 10：Title：

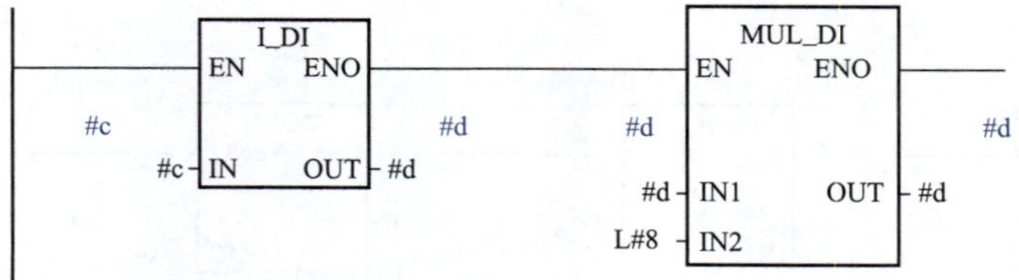

Network 11：Title：

```
OPN  DB    1
L    DBW   [#d]          #d
T    #y                  #y
```

图 3-18　FC1 程序

第三步：编写OB1主程序如图3-19所示。

OB1："Main Program Sweep（Cycle）"

Network 1：Title：

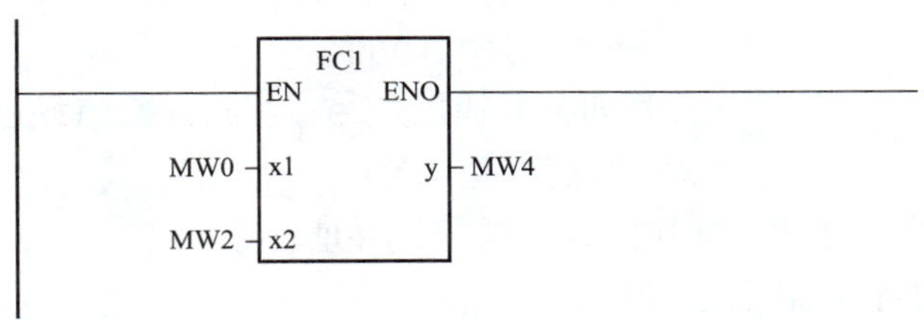

图3-19　OB1主程序

4. 寄存器间接寻址

寄存器间接寻址，简称寄存器寻址。该寻址方式在指令中通过地址寄存器和偏移量间接获取操作数，其中的地址寄存器及偏移量必须写在方括号"[ ]"内。在S7-300 PLC中有两个地址寄存器AR1和AR2，用地址寄存器的内容加上偏移量形成地址指针，并指向操作数所在的存储器单元。地址寄存器的地址指针有两种格式，其长度均为双字，指针格式如图3-20所示。

位序	31　　24	23　　16	15　　8	7　　0
	x000 0rrr	0000 0bbb	bbbb bbbb	bbbb bxxx

图3-20　寄存器间接寻址指针格式

说明：位0～2（xxx）为被寻址地址中位的编号（0～7）；
位3～18为被寻址地址的字节的编号（0～65535）；
位24～26（rrr）为被寻址地址的区域标识号；
位31的x=0为区域内的间接寻址，x=1为区域间的间接寻址。

间接寻址表示为：存储器标识符［ARx，地址偏移量］

如：

```
L        MW    [AR1，P#2.0]
```

"MW"为被访问的存储器及访问宽度，"AR1"为地址寄存器1，P#2.0为地址偏移量。

第一种地址指针格式适用于在确定的存储区内寻址，即区内寄存器间接寻址。

【例3-4】 区内寄存器间接寻址。

```
L     P#3.2              //将间接寻址的指针装入累加器1
                         //P#3.2的指针值为:2#0000_0000_0000_0000_0000_
                           0000_0001_1010
LAR1                     //将累加器1的内容送入地址寄存器AR1
                         //AR1的指针值为:2#0000_0000_0000_0000_0000_
                           0000_0001_1010
A     I[AR1,P#5.4]        //P#5.4的指针值为:2#0000_0000_0000_0000_0000_
                            0000_0010_1100
                         //AR1与偏移量相加结果:2#0000_0000_0000_0000_0000_
                           0000_0100_0110
```

```
                              //指明是对输入位 I8.6 进行逻辑"与"操作
=     Q[AR1,P#1.6]            //P#1.6 的指针值为:2#0000_0000_0000_0000_0000_
                                0000_0000_1110
                              //AR1 与偏移量相加结果:2#0000_0000_0000_0000_0000_
                                0000_0010_1000
                              //指明是对输出位 Q5.0 进行赋值操作(注意:3.2+1.6=
                                5.0,而不是 4.8)
```

第二种地址指针格式适用于区域间寄存器间接寻址。

【例 3-5】 区域间寄存器间接寻址。

```
L     P#I8.7                  //把指针值及存储区域标识装载到累加器 1
                              //P#I8.7 的指针值为:2#1000_0001_0000_0000_0000_
                                0000_0100_0111
LAR1                          //把存储区域 I 和地址 8.7 装载到 AR1
L     P#Q8.7                  //把指针值和地址标识符装载到累加器 1
                              //P#Q8.7 的指针值为:2#1000_0010_0000_0000_0000_
                                0000_0100_0111
LAR2                          //把存储区域 Q 和地址 8.7 装载到 AR2
A     [AR1,P#0.0]             //查询输入位 I8.7 的信号状态(偏移量 0.0 不起作用)
=     [AR2,P#1.2]             //给输出位 Q10.1 赋值(注意:8.7+ 1.2=10.1,而不是
                                9.9)
```

第一种地址指针格式包括被寻址数据所在存储单元地址的字节编号和位编号，至于对哪个存储区寻址，则必须在指令中明确给出。这种格式适用于在确定的存储区内寻址，即区内寄存器间接寻址。

第二种地址指针格式包含了数据所在存储区的说明位（存储区域标识位），可通过改变标识位实现跨区域寻址，区域标识由位 26～24 确定。具体含义见表 3-5，这种指针格式适用于区域间寄存器间接寻址。

表 3-5　　　　地址指针区域标识位的含义

区域标识符	存储区	位 26～24
P	外设输入输出	000
I	输入过程映像	001
Q	输出过程映像	010
M	位存储区	011
DBX	共享数据块	100
DIX	背景数据块	101
L	块的局域数据	111

AR1，AR2 均为 32 位寄存器，寄存器间接寻址只使用 32 位指针。

与 ARx 相关的指令有：LAR1、LAR2、TAR1、TAR2、＋AR1、＋AR2、LAR1 AR2、CAR 等。

（1）TAR1，将地址寄存器 1 的内容传送到操作数，如表 3-6 所示。

表 3-6 TAR1 使用说明

示例（STL）	说明
TAR1	将 AR1 的内容传送到累加器 1
TAR1 DBD20	将 AR1 的内容传送到数据双字 DBD20
TAR1 DID20	将 AR1 的内容传送到背景数据双字 DBD20
TAR1 LD180	将 AR1 的内容传送到本地数据双字 LD180
TAR1 AR2	将 AR1 的内容传送到地址寄存器 AR2

（2）TAR2，将地址寄存器 2 的内容传送到操作数。使用 TAR2 指令可以将地址寄存器 AR1 的内容（32 位指针）传送给被寻址的操作数，指令格式同 TAR1。其中的操作数可以是累加器 1、存储双字（MD）、本地数据双字（LD）、数据双字（DBD）、背景数据双字（DID），但不能用 AR1。

（3）CAR，交换地址寄存器 1 和地址寄存器 2 的内容。使用 CAR 指令可以交换地址寄存器 AR1 和地址寄存器 AR2 的内容，指令不需要指定操作数。指令的执行与状态位无关，而且对状态字没有任何影响。

（4）LAR1，将操作数的内容装入地址寄存器 AR1，如表 3-7 所示。

表 3-7 LAR1 使用说明

示例（STL）	说明
LAR1	将累加器 1 的内容装入 AR1
LAR1 P#I0.0	将输入位 I0.0 的地址指针装入 AR1
LAR1 P#MI0.0	将一个 32 位指针常数装入 AR1
LAR1 P#2.7	将指针数据 2.7 装入 AR1
LAR1 MD20	将存储双字 MD20 的内容装入 AR1
LAR1 DBD2	将数据双字 DBD2 中的指针装入 AR1
LAR1 DID30	将背景数据双字 DID30 中的指针装入 AR1
LAR1 LD180	将本地数据双字 LD180 中的指针装入 AR1
LAR1 P#Start	将符号名为“Start”的存储器的地址指针装入 AR1
LAR1 AR2	将 AR2 的内容传送到 AR1

【例 3-6】 将 PIW128～PIW147，共 10 个字送入 DB10 中。

编写程序如下：

在 OB1：

```
OPN  DB  10                          //打开 DB10
    L  P#128.0                       //初始读指针
    LAR1
    L  P#0.0                         //初始写指针
    LAR2
    L  10                            //10 个字的循环计数为初值
M001:T  MB  10                       //计数值送入 MB10
    L  PIW[ARI,P#0.0]                //按读指针指示的地址读数据
    T  DBW[AR2,P#0.0]                //按写指针指示的地址写数据
```

```
+AR1  P#2.0                  //读指针指向下一数据地址
+AR2  P#2.0                  //写指针指向下一数据地址
L  MB  10                    //取循环计数值
LOOP  M001                   //循环计数值如为 0 则结束循环;如不为 0 减 1
                               后则转向标号为 M001 的语句,继续循环
```

四、CPU 中的寄存器

1. 累加器（ACCUx）

累加器用于处理字节、字或双字的寄存器。S7-300 PLC 有两个 32 位的累加器（ACCU1 和 ACCU2）。S7-400 PLC 有 4 个 32 位的累加器（ACCU1～ACCU4）。数据放在累加器的低位（右对齐）。

2. 状态字寄存器

CPU 状态字寄存器为 16 位的字元件，如图 3-21 所示。它的各位给出了执行有关指令状态或结果的信息以及所出现的错误，我们可以将二进制逻辑操作状态位信号状态直接集成到程序中，以控制程序执行的流程。

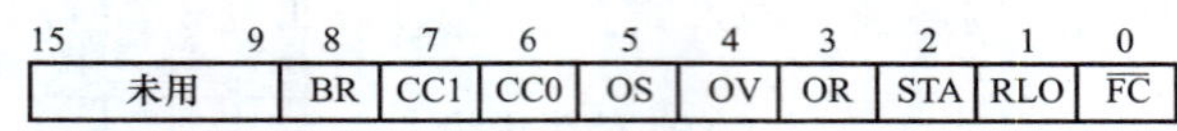

图 3-21　状态字寄存器

先简单介绍一下 CPU 中状态字。

（1）首次检查位 $\overline{FC}$：状态字的 0 位称作首次检查位，如果 $\overline{FC}$ 位的信号状态为“0”，则表示伴随着下一条逻辑指令，程序中将开始一个新的逻辑串。FC 上面的杠表示对 FC 取反。

（2）逻辑运算结果 RLO：状态字的第 1 位为 RLO 位（RLO=“逻辑运算结果”），在二进制逻辑运算中用作暂时存储位。比如，一串逻辑指令中的某个指令检查触点的信号状态，并根据布尔逻辑运算规则将检查的结果（状态位）与 RLO 位进行逻辑门运算，然后逻辑运算结果又存在 RLO 位中。

（3）状态位 STA：状态位（第 2 位）用以保存被寻址位的值。状态位总是向扫描指令（A、AN、O 等）或写指令（=、S、R）显示寻址位的状态（对于写指令，保存的寻址位状态是本条写指令执行后的该寻址位的状态）。

（4）OR 位：在先执行逻辑与，后执行逻辑或的逻辑串中，OR 位暂存逻辑与的操作结果，以便进行后面的逻辑或运算。其他指令将 OR 位清零。

（5）OV 位：溢出表示算术或比较指令执行时出现了错误。根据所执行的算术或逻辑指令结果对该位进行设置。

（6）OS 位：溢出存储位是与 OV 位一起被置位的，而且在更新算术指令之后，它能够保持这种状态，也就是说，它的状态不会由于下一个算术指令的结果而改变。这样，即使是在程序的后面部分，也还有机会判断数字区域是否溢出或者指令是否含有无效实数。OS 位只有通过如下这些命令进行复位：JOS（若 OS=1，则跳转）命令，块调用和块结束命令。

（7）CC1 及 CC0 位：CC1 和 CC0（条件代码 1 和 0）位。这两位结合起来用于表示在累

加器 1 中产生的算术运算或逻辑运算结果与 0 的大小关系。比较指令的执行结果或移位指令的移出位状态。分别如表 3-8 和表 3-9 所示。

表 3-8　算术运算后的 CC1 及 CC0

CC1	CC0	算术运算无溢出	整数算术运算有溢出	浮点数算术运算有溢出
0	0	结果＝0	整数加时产生负范围溢出	平缓下溢
0	1	结果＜0	乘时负范围溢出；加、减、取负时正溢出	负范围溢出
1	0	结果＞0	乘、除时正溢出；加、减时负溢出	正范围溢出
1	1	—	在除时除数为 0	非法操作

表 3-9　比较、移位和循环移位、字逻辑指令后的 CC1 和 CC0

CC1	CC0	比较指令	移位和循环指令	字逻辑指令
0	0	累加器 2＝累加器 1	移位＝0	结果＝0
0	1	累加器 2＜累加器 1	—	—
1	0	累加器 2＞累加器 1	—	结果≠0
1	1	不规范（只用于浮点数比较）	移出位＝1	—

（8）BR 位：状态字的第 8 位称为二进制结果位。它将字处理程序与位处理联系起来，在一段既有位操作又有字操作的程序中，用于表示字逻辑是否正确。将 BR 位加入程序后，无论字操作结果如何，都不会造成二进制逻辑链中断。在梯形图的方块指令中，BR 位与 ENO 位有对应关系，用于表明方块指令是否被正确执行：如果执行出现了错误，BR 位为 0，ENO 位也为 0；如果功能被正确执行，BR 位为 1，ENO 位也为 1。

在用户编写的 FB/FC 程序中，应该对 BR 位进行管理，功能块正确执行后，使 BR 位为 1，否则使其为 0。使用 SAVE 指令将 RLO 存入 BR 中，从而达到管理 BR 位目的。

状态字的 9～15 位未使用。

第 4 章

位逻辑指令编程与应用

位逻辑指令处理的对象为二进制位信号。位逻辑指令扫描信号状态“1”和“0”，并根据布尔逻辑对它们进行组合，所产生的结果（“1”或“0”）称为逻辑运算结果，存储在状态字的“RLO”中。

常用的位逻辑指令有触点与线圈指令、基本逻辑指令、置位和复位指令、RS 和 SR 触发器指令和跳变沿检测指令等。

第一节 触点与线圈

在 LAD（梯形图）程序中，通常使用类似继电器控制电路中的触点符号及线圈符号来表示 PLC 的位元件，被扫描的操作数（用绝对地址或符号地址表示）则标注在触点符号的上方，如图 4-1 所示。

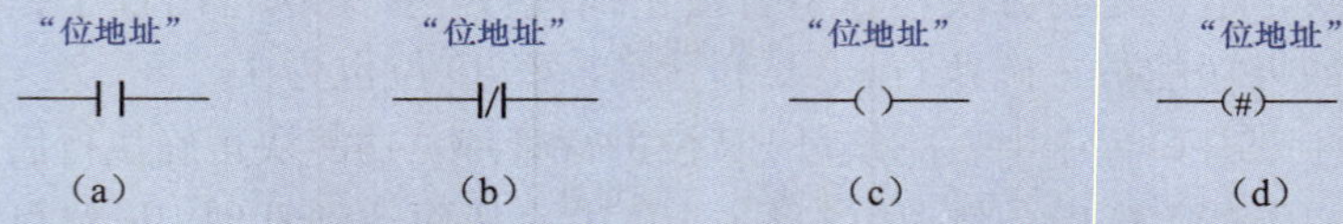

图 4-1　触点和输出线圈指令

（a）动合触点；（b）动断触点；（c）输出线圈；（d）中间输出指令

一、动合触点（或常开触点）

动合触点的符号如图 4-1（a）所示。

对于动合触点，则对“1”扫描相应操作数。在 PLC 中规定：若操作数是“1”则动合触点“动作”，即认为是“闭合”的；若操作数是“0”，则动合触点“复位”，即触点仍处于断开的状态。

动合触点所使用的操作数是：I、Q、M、L、D、T、C。

二、动断触点（或常闭触点）

动断触点的符号如图 4-1（b）所示。

动断触点则对“0”扫描相应操作数。在 PLC 中规定：若操作数是“1”则动断触点“动作”，即触点“断开”；若操作数是“0”，则动断触点“复位”，即触点仍保持闭合。

动断触点所使用的操作数是：I、Q、M、L、D、T、C。

三、输出线圈

输出线圈的符号如图 4-1（c）所示。

输出线圈与继电器控制电路中的线圈一样，如果有电流（信号流）流过线圈（RLO=“1”），则被驱动的操作数置“1”；如果没有电流流过线圈（RLO=“0”），则被驱动的操作数复位（置“0”）。输出线圈只能出现在梯形图逻辑串的最右边。

输出线圈等同于STL程序中的赋值指令（用等于号“＝”表示），所使用的操作数可以是：Q、M、L、DB。

四、中间输出指令

中间输出指令的符号如图4-1（d）所示。

在梯形图设计时，如果一个逻辑串很长不便于编辑时，可以将逻辑串分成几个段，前一段的逻辑运算结果（RLO）可作为中间输出，存储在位存储器（Q、M、L或DB）中，该存储位可以当作一个触点出现在其他逻辑串中。中间输出只能放在梯形图逻辑串的中间，而不能出现在最左端或最右端。

图4-2（a）所示的梯形图可等效为图4-2（b）的形式。图4-2（a）中的M1.0为中间输出的位存储器，当输入位I2.0和I2.1同时动作时，存储位M1.0被置ON，输出位Q4.0动作；否则M1.0被置OFF，Q4.0复位。当I2.0、I2.1同时动作（M1.0被置ON）且I2.2也动作时，Q4.1信号状态为ON；否则Q4.1信号状态为OFF。

中间输出指令所使用的操作数可以是I、Q、M、L、D。

Network 1: Title:

I2.0 I2.1 M1.0 (#) Q4.0 ( )

Network 2: Title:

M1.0 I2.2 Q4.1 ( )

（a）

Network 1: Title:

I2.0 I2.1 Q4.0 ( )

I2.0 Q4.1 ( )

（b）

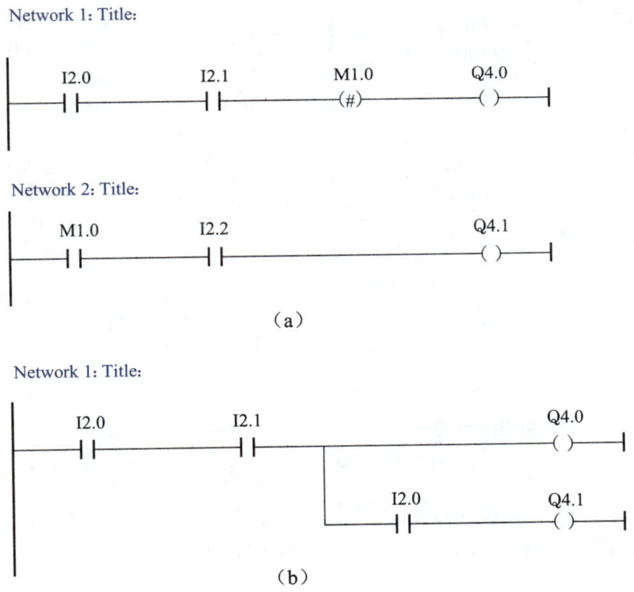

图4-2　中间输出指令的应用

（a）梯形图；（b）等效梯形图

第二节　基本逻辑指令

常用的基本逻辑指令有：“与”和“与非”指令、“或”和“或非”指令等。

一、逻辑“与”和“与非”指令

逻辑“与”和“与非”指令使用的操作数可以是：I、Q、M、L、DB、T、C。可以用STL（指令语句表）、FBD（功能块图）和LAD（梯形图）进行编程。指令格式及示例见

表 4-1 和表 4-2。STL 指令中的“A”表示逻辑“与”；“AN”表示逻辑“与非”。

表 4-1　　逻辑“与”指令

指令形式	STL	FBD	等效梯形图
指令格式	A　位地址 1 A　位地址 2	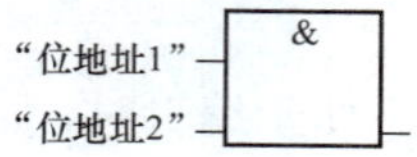 “位地址1” “位地址2” &	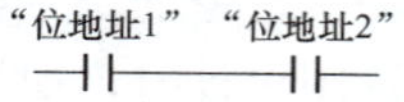 “位地址1” “位地址2”
示例	A　I0.0 A　I0.1 =　Q4.0 =　Q4.1	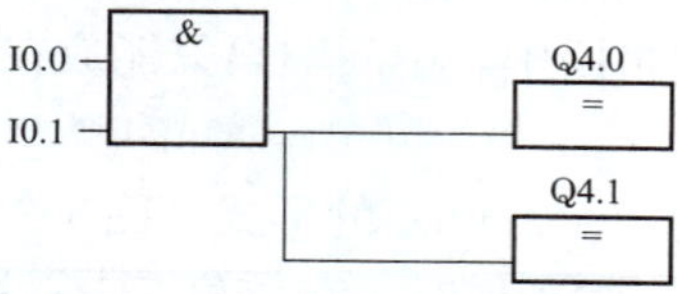 I0.0 I0.1 & Q4.0 = Q4.1 =	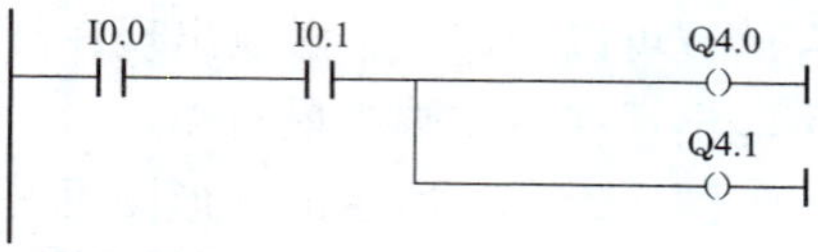 I0.0 I0.1 Q4.0 Q4.1

表 4-2　　逻辑“与非”指令

指令形式	STL	FBD	等效梯形图
指令格式	A　位地址 1 AN　位地址 2	 “位地址1” “位地址2” & Q12.0 =	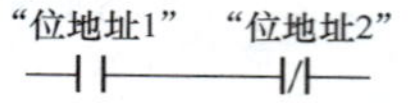 “位地址1” “位地址2”
	AN　位地址 1 AN　位地址 2	 “位地址1” “位地址2” & Q12.0 =	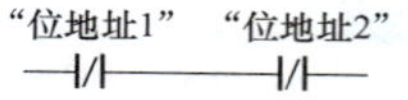 “位地址1” “位地址2”
示例	A　I0.2 AN　M8.3 =　Q4.1	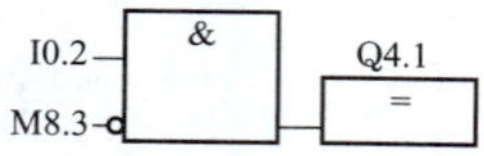 I0.2 M8.3 & Q4.1 =	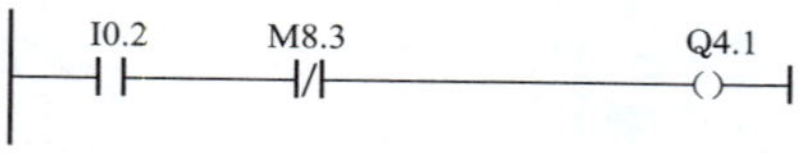 I0.2 M8.3 Q4.1

二、逻辑“或”和“或非”指令

逻辑“或”和“或非”指令使用的操作数可以是：I、Q、M、L、D、T、C。可以用 STL（指令语句表）、FBD（功能块图）和 LAD（梯形图）进行编程。指令格式及示例见表 4-3和表 4-4。STL 指令中的“O”表示逻辑“或”；“ON”表示逻辑“或非”。

表 4-3　　逻辑“或”指令

指令形式	STL	FBD	等效梯形图
指令格式	O　位地址 1 O　位地址 2	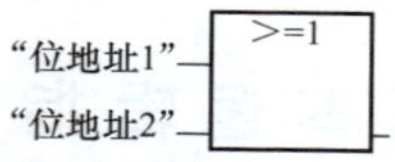 “位地址1” “位地址2” >=1	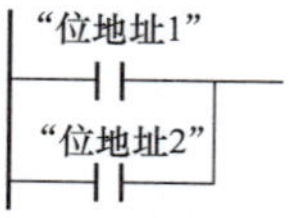 “位地址1” “位地址2”
示例	O　I0.2 O　I0.3 =　Q4.2	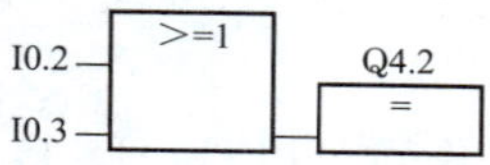 I0.2 I0.3 >=1 Q4.2 =	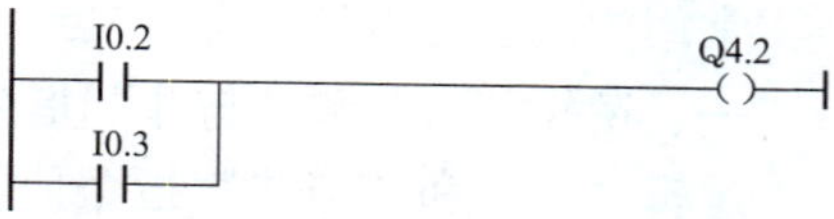 I0.2 I0.3 Q4.2

表 4-4　　逻辑"或非"指令

指令形式	STL	FBD	等效梯形图
指令格式	O 位地址 1 ON 位地址 2	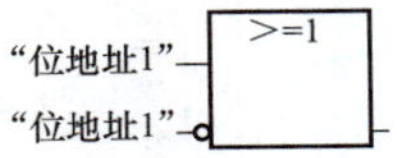	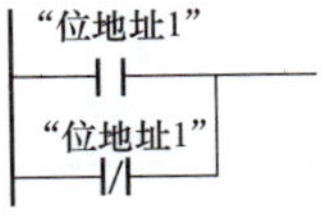
	ON 位地址 1 ON 位地址 2	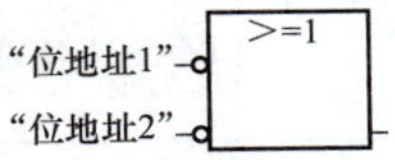	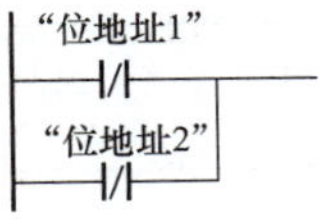
示例	O I0. 2 ON M10. 1 = Q4. 2	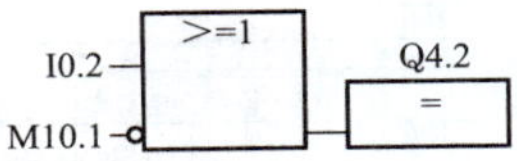	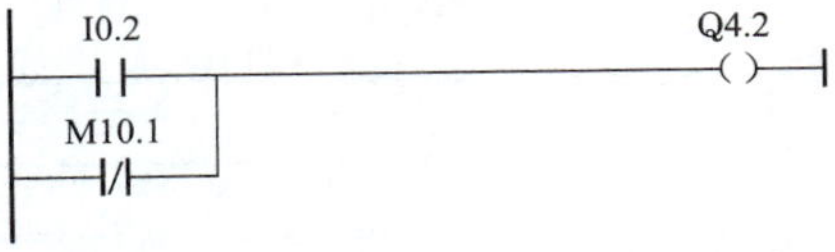

三、信号流取反指令

信号流取反指令的作用就是对逻辑串的 RLO 值进行取反。指令格式及示例见表 4-5。当输入位 I0. 0 和 I0. 1 同时动作时，Q4. 0 信号状态为"0"；否则，Q4. 0 信号状态为"1"。

表 4-5　　信号流取反指令

指令形式	LAD	FBD	STL
指令格式	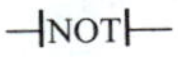 —|NOT|—	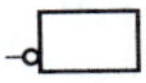	NOT
示例	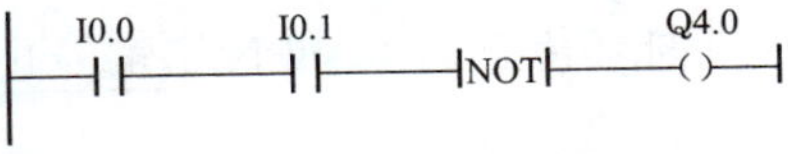	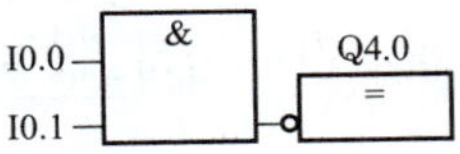	A I0. 0 A I0. 1 NOT = Q4. 0

第三节 置位和复位指令

置位（S）和复位（R）指令根据 RLO 的值来决定操作数的信号状态是否改变，对于置位指令，一旦 RLO 为"1"，则操作数的状态置"1"，即使 RLO 又变为"0"，输出仍保持为"1"；若 RLO 为"0"，则操作数的信号状态保持不变。对于复位操作，一旦 RLO 为"1"，则操作数的状态置"0"，即使 RLO 又变为"0"，输出仍保持为"0"；若 RLO 为"0"，则操作数的信号状态保持不变。

置位和复位指令格式及应用示例见表 4-6 和表 4-7。表 4-6 中，当 I1. 0 动作且 I1. 2 未动作时，则 RLO 为"1"，对 Q2. 0 置位并保持。表 4-7 中，当 I1. 1 动作且 I1. 2 未动作时，则 RLO 为"1"，对 Q2. 0 复位并保持。

表 4-6　　置位指令

指令形式	LAD	FBD	STL
指令格式	"位地址" —(S)—	"位地址" [S]	S　位地址
示例	I1.0 —| |— I1.2 —|/|— Q2.0 —(S)—	I1.0, I1.2(取反) → [&] → Q2.0 [S]	A　I1.0 AN　I1.2 S　Q2.0

表 4-7　　复位指令

指令形式	LAD	FBD	STL
指令格式	"位地址" —(R)—	"位地址" [R]	R　位地址
示例	I1.1 —| |— I1.2 —|/|— Q2.0 —(R)—	I1.1, I1.2(取反) → [&] → Q2.0 [R]	A　I1.1 AN　I1.2 R　Q2.0

注意：置位与复位指令只能放在逻辑串的最右端，不能放在逻辑串中间。置位指令使用的操作数可以是：M、Q、L、D；复位指令使用的操作数可以是：M、Q、L、D、T、C。

【例 4-1】 置位指令与复位指令的应用——传送带运动控制。

图 4-3 所示为一个传送带，在传送带的起点有两个按钮：用于启动的 S1 和用于停止的 S2。在传送带的尾端也有两个按钮：用于启动的 S3 和用于停止的 S4。要求能从任一端起动或停止传送带。另外，当传送带上的物件到达末端时，传感器 S5 使传送带停止。

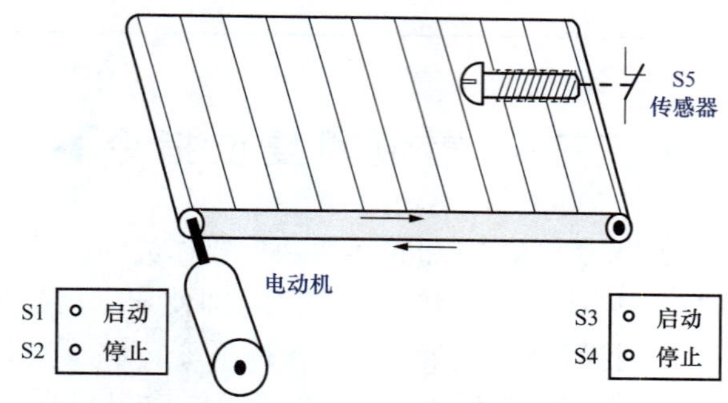

图 4-3　传送带控制示意图

I/O 地址分配如表 4-8 所示，PLC 的 I/O 接线图如图 4-4 所示。控制程序比较简单，整个程序均在 OB1 组织块内完成，LAD 如图 4-5 所示。

表 4-8　　I/O 地址分配

编程元件	元件地址	符号	传感器/执行器	说明
数字量输入 32×24V（DC）	I1.1	S1	常开按钮	启动按钮
	I1.2	S2	常开按钮	停止按钮
	I1.3	S3	常开按钮	启动按钮
	I1.4	S4	常开按钮	停止按钮
	I1.5	S5	机械式位置传感器，常闭	传感器
数字量输出 32×24V（DC）	Q4.0	Motor _ on	接触器	传送带电动机启/停控制

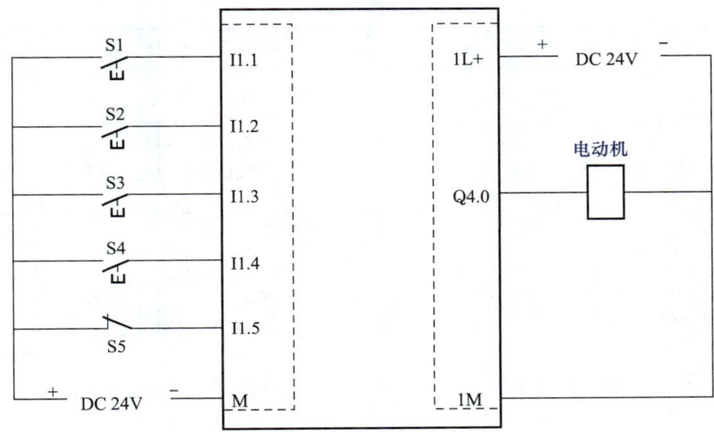

图 4-4　PLC 的 I/O 接线图

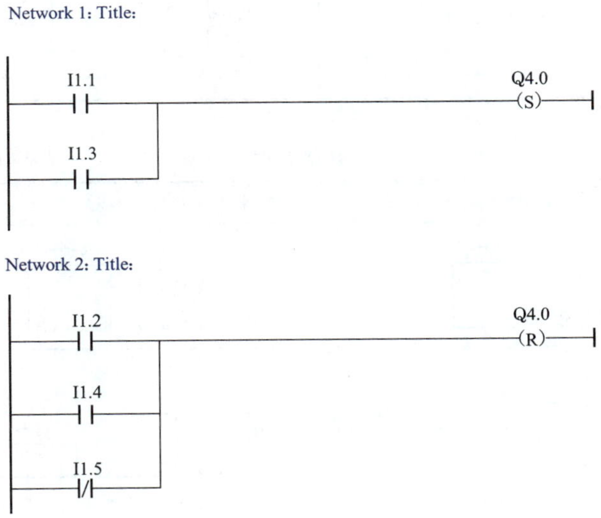

Network 1: Title:

I1.1　　Q4.0 (S)
I1.3

Network 2: Title:

I1.2　　Q4.0 (R)
I1.4
I1.5

图 4-5　传送带控制程序

第四节　RS 和 SR 触发器指令

STEP7 有两种触发器：RS 触发器和 SR 触发器。

RS触发器为“置位优先”型触发器（当R和S驱动信号同时为“1”时，触发器最终为置位状态）。

SR触发器为“复位优先”型触发器（当R和S驱动信号同时为“1”时，触发器最终为复位状态）。

RS触发器和SR触发器的“位地址”、置位（S）、复（S）及输出（Q）所使用的操作数可以是：Q、M、L、DB。

RS和SR触发器指令格式及示例如表4-9和表4-10所示。

表 4-9　　**RS 触发器**

指令形式	LAD	FBD	等效程序段
指令格式	“复位信号” “位地址” RS R Q “置位信号” S	“位地址” RS “复位信号” R “置位信号” S Q	A 复位信号 R 位地址 A 置位信号 S 位地址
示例1	I0.0 M0.0 RS R Q Q4.0 I0.1 S	M0.0 RS I0.0 R I0.1 S Q Q4.0 =	A I0.0 R M0.0 A I0.1 S M0.0 A M0.0 = Q4.0
示例2	I0.0 I0.1 M0.1 RS R Q Q4.1 I0.0 I0.1 S	I0.0 I0.1 & M0.1 RS R I0.0 I0.1 & S Q Q4.1 =	A I0.0 AN I0.1 R M0.1 AN I0.0 A I0.1 S M0.1 A M0.1 = Q4.1

表 4-10　　**SR 触发器**

指令形式	LAD	FBD	等效程序段
指令格式	“复位信号” “位地址” SR S Q “置位信号” R	“位地址” SR “复位信号” S “置位信号” R Q	A 置位信号 S 位地址 A 复位信号 R 位地址
示例1	I0.0 M0.2 SR S Q Q4.2 I0.1 R	M0.2 SR I0.0 S I0.1 R Q Q4.2 =	A I0.0 S M0.2 A I0.1 R M0.2 A M0.2 = Q4.2
示例2	I0.0 I0.1 M0.3 SR S Q Q4.3 I0.0 I0.1 R	I0.0 I0.1 & M0.3 SR S I0.0 I0.1 & R Q Q4.3 =	A I0.0 AN I0.1 S M0.3 AN I0.0 A I0.1 R M0.3 A M0.3 = Q4.3

图4-6所示梯形图对应的运行时序如图4-7所示，该程序能较好地说明RS和SR指令的使用原理。另外，在编程时，RS和SR指令完全可被置位和复位指令代替。

Network 1: 置位优先型RS触发器

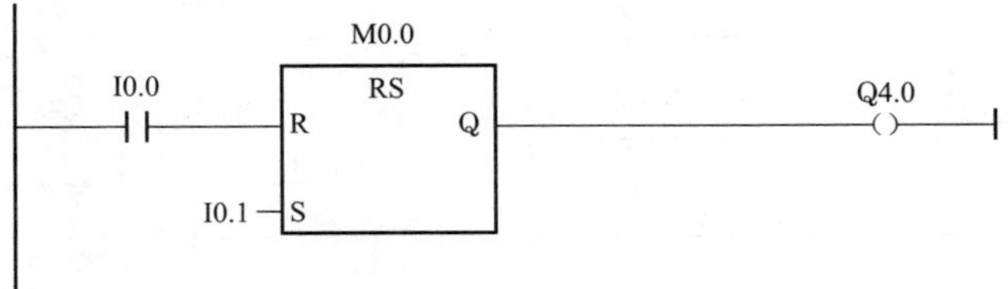

Network 2: 复位优先型SR触发器

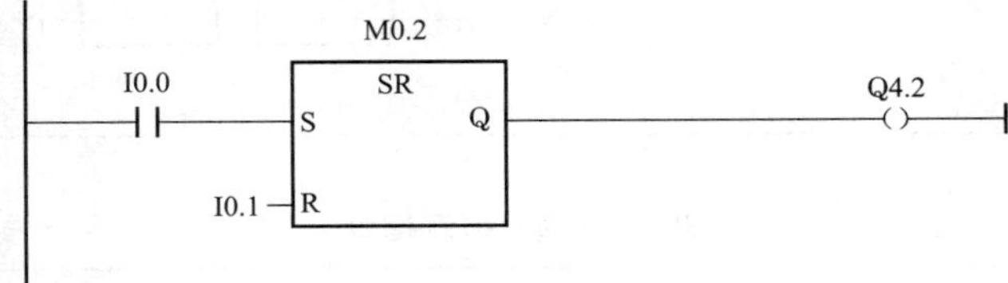

图4-6 RS和SR指令程序

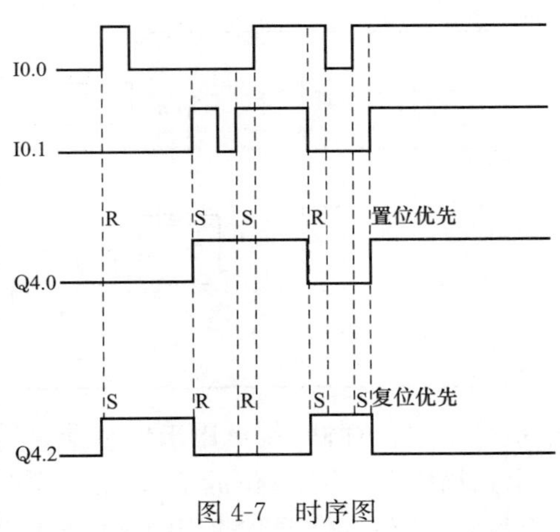

图4-7 时序图

◀第五节 跳变沿检测指令▶

STEP 7中有两类跳变沿检测指令，一种是对RLO的跳变沿检测的指令，另一种是对触点的跳变沿直接检测的梯形图方块指令。

一、RLO边沿检测的指令

RLO边沿检测的指令有两种类型：RLO上升沿检测指令和RLO下降沿检测指令，指令格式及示例如表4-11和表4-12所示。

表 4-11　　　　RLO 上升沿检测指令

指令形式	LAD	FBD	STL
指令格式	"位存储器" —(P)—	"位存储器" P	FP　位存储器
示例 1	I1.0　M1.0　Q4.0 —| |—(P)—( )—	M1.0　Q4.0 I1.0 — P — =	A　I1.0 FP　M1.0 =　Q4.0
示例 2	I1.1　M1.1　Q4.1 —| |—(P)—( )— I1.2 —|/|—	I1.1 — >=1 I1.2 -o M1.1　Q4.1 P — =	A (O　I1.1 ON　I11.2) FP　M1.1 =　Q4.1

表 4-12　　　　RLO 下降沿检测指令

指令形式	LAD	FBD	STL
指令格式	"位存储器" —(N)—	位存储器 N	FN　位存储器
示例 1	I1.0　M1.2　Q4.2 —| |—(N)—( )—	M1.2　Q4.2 I1.0 — N — =	A　I1.0 FN　M1.2 =　Q4.2
示例 2	I1.1　M1.3　Q4.3 —| |—(N)—( )— I1.2 —|/|— I1.3 —| |—	I1.1 — >=1 I1.2 -o M1.3 N — >=1 I1.3 — Q4.3 =	A (O　I1.1 ON　I1.2) FN　M1.3 O　I1.3 =　Q4.3

RLO 边沿检测指令均指定一个"位存储器"，用来保存前一周期 RLO 的信号状态，以便进行比较，在 OB1 的每一个扫描周期，RLO 位的信号状态都将与前一周期中获得的结果进行比较，看信号状态是否有变化。"位存储器"使用的操作数可以是：I、Q、M、L、D。

图 4-8 所示的信号状态图说明了示例中 FP 和 FN 指令的检测时序。

对于 FP 指令，在 T_n 周期若 CPU 检测到输入 I1.0 为"0"，并保存到 M1.0，在 T_{n+1} 周期若 CPU 检测到输入 I1.0 为"1"，并保存到 M1.0，说明检测到一个 RLO 的上升沿，同时使 RLO 为"1"，输出 Q4.0 的线圈在 T_{n+2} 周期内得电。

对于 FN 指令，在 T_n 周期若 CPU 检测到输入 I1.0 为"1"，并保存到 M1.1，在 T_{n+1} 周期若 CPU 检测到输入 I1.0 为"0"，并保存到 M1.1，说明检测到一个 RLO 的下降沿，同时使 RLO 为"1"，输出 Q4.0 的线圈在 T_{n+2} 周期内得电。

二、触点信号边沿检测的指令

触点信号边沿检测的指令有两种类型：触点信号上升沿检测指令和触点信号下降沿检测指令。指令格式及示例如表 4-13 和表 4-14 所示。其中"地址 1"、"地址 2"和"状态（Q）"

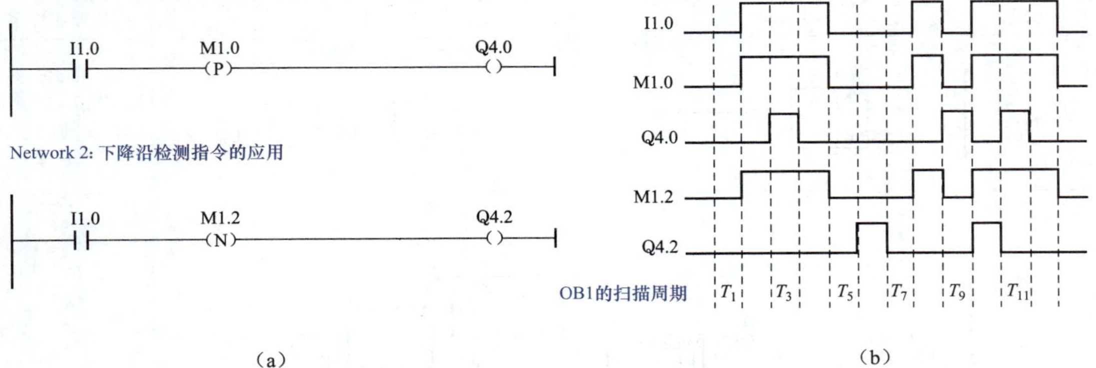

图 4-8 RLO 边沿检测指令

(a) 指令应用；(b) 时序图

使用的操作数可以是：Q、M、L、D。

表 4-13　触点信号上升沿检测指令

指令形式	LAD	FBD	STL 等效程序
指令格式	“启动条件” —| |— “位地址1” POS Q；“位地址2”— M_BIT	“位地址1” POS；“位地址2”— M_BIT Q —	A　地址 1 BLD　100 FP　地址 2 =　输出
示例 1	I1.0 POS Q — Q4.0 ( )；M0.0 — M_BIT	I1.0 POS；M0.0 — M_BIT Q — Q4.0 =	A　I1. 0 BLD　100 FP　M0. 0 =　Q4. 0
示例 2	I0.0 —| |— I1.1 POS Q — I0.1 —| |— Q4.1 ( )；M0.1 — M_BIT	I1.1 POS；M0.1 — M_BIT Q — I0.0 & I0.1 — Q4.1 =	A　I0. 0 A (A　I1. 1 BLD　100 FP　M0. 1) A　L0. 2 =　Q4. 1

表 4-14　触点信号下降沿检测指令

指令形式	LAD	FBD	STL 等效程序
指令格式	“启动条件” —| |— “位地址1” NEG Q；“位地址2”— M_BIT	“位地址1” NEG；“位地址2”— M_BIT Q —	A　地址 1 BLD　100 FN　地址 2 =　输出

续表

指令形式	LAD	FBD	STL 等效程序
示例 1	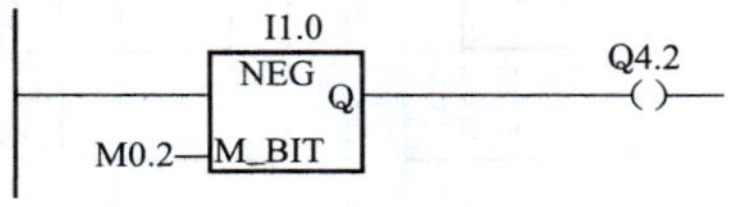	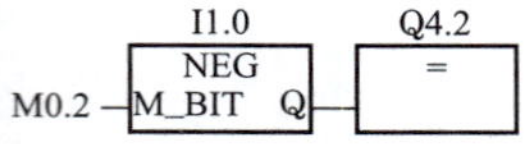	A　I1.0 BLD　100 FN　M0.2 =　Q4.2
示例 2	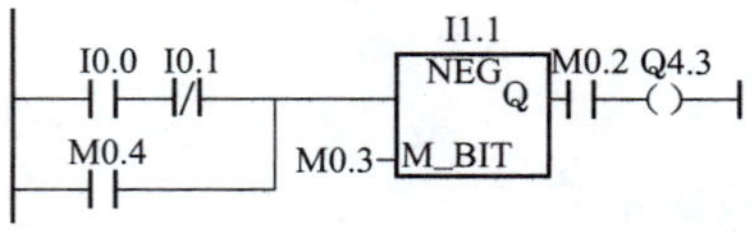	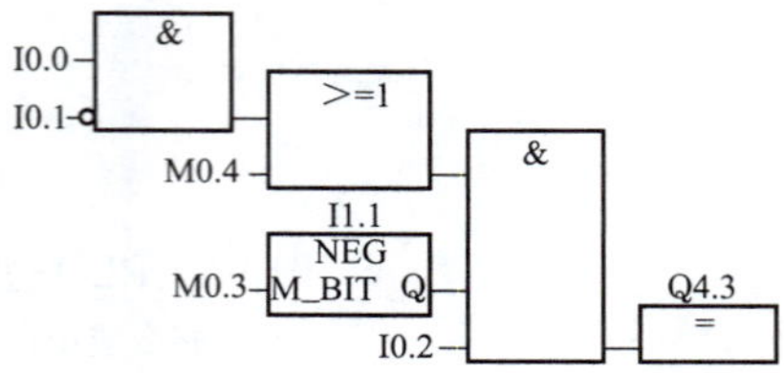	A (A　I0.0 AN　I0.1 O　M0.4) A (A　I1.1 BLD　100 FN　M0.3) A　I0.2 =　Q4.3

图 4-9 所示的信号状态图说明了示例中 POS 和 NEG 指令的检测时序。

触点信号边沿检测指令中的“地址 1”为被扫描的触点信号；“地址 2”为边沿存储器位，用来存储触点信号前一周期的状态；Q 为输出，当“启动条件”为真且“地址 1”出现有效的边沿信号时，Q 端可输出一个扫描周期的“1”信号。

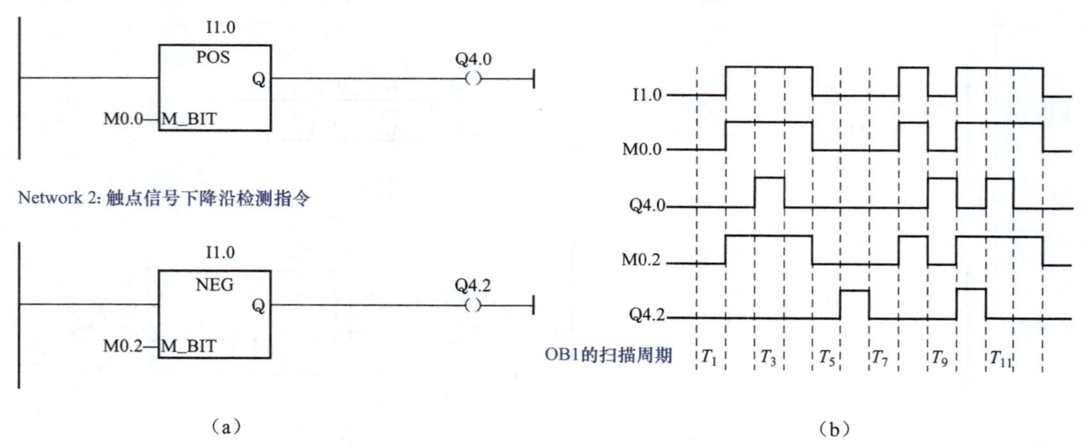

图 4-9　触点信号边沿检测指令

(a) 指令应用；(b) 时序图

第 5 章 定时器与计数器的应用

第一节 定时器及其应用

定时器相当于继电器控制电路中的时间继电器，在 S7-300/400 CPU 的存储器中，为定时器保留有存储区，该存储区为每个定时器保留一个 16 位定时字和一个二进制位存储空间。STEP7 梯形图指令最多支持 256 个定时器，不同的 CPU 模板所支持的定时器数目在 64～512 之间。

S7-300/400 PLC 有以下五种定时器：

（1）S _ PULSE（脉冲 S5 定时器）；

（2）S _ PEXT（扩展脉冲 S5 定时器）；

（3）S _ ODT（接通延时 S5 定时器）；

（4）S _ ODTS（保持型接通延时 S5 定时器）；

（5）S _ OFFDT（断电延时 S5 定时器）。

一、S _ PULSE（脉冲 S5 定时器）

1. 指令格式

S _ PULSE（脉冲 S5 定时器）指令有两种形式：块图指令和线圈指令，分别如表 5-1 和表 5-2 所示。

表 5-1　脉冲定时器的 LAD、FBD 及 STL 指令

指令形式	LAD	FBD	STL 等效程序
指令格式	Tno S_PULSE 启动信号—S　Q—输出位地址 定时时间—TV　BI—时间字单元1 复位信号—R　BCD—时间字单元2	TnO S_PULSE 启动信号—S　BI—时间字单元1 定时时间—TV　BCD—时间字单元2 复位信号—R　Q—输出位地址	A　启动信号 L　定时时间 SP　Tno A　复位信号 R　Tno L　Tno T　时间字单元1 LC　Tno T　时间字单元2 A　Tno =　输出地址

续表

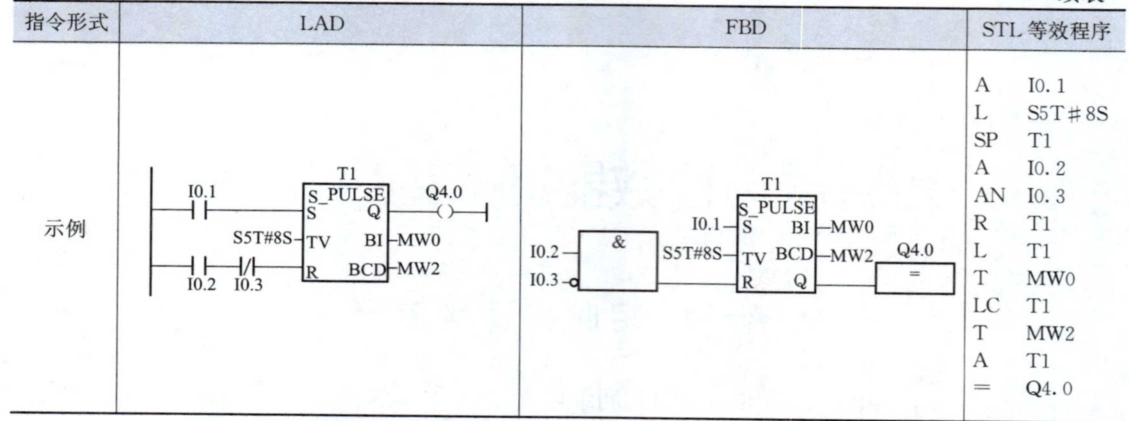

指令形式	LAD	FBD	STL 等效程序
示例			A　I0.1 L　S5T#8S SP　T1 A　I0.2 AN　I0.3 R　T1 L　T1 T　MW0 LC　T1 T　MW2 A　T1 =　Q4.0

表 5-2　脉冲定时器的线圈指令

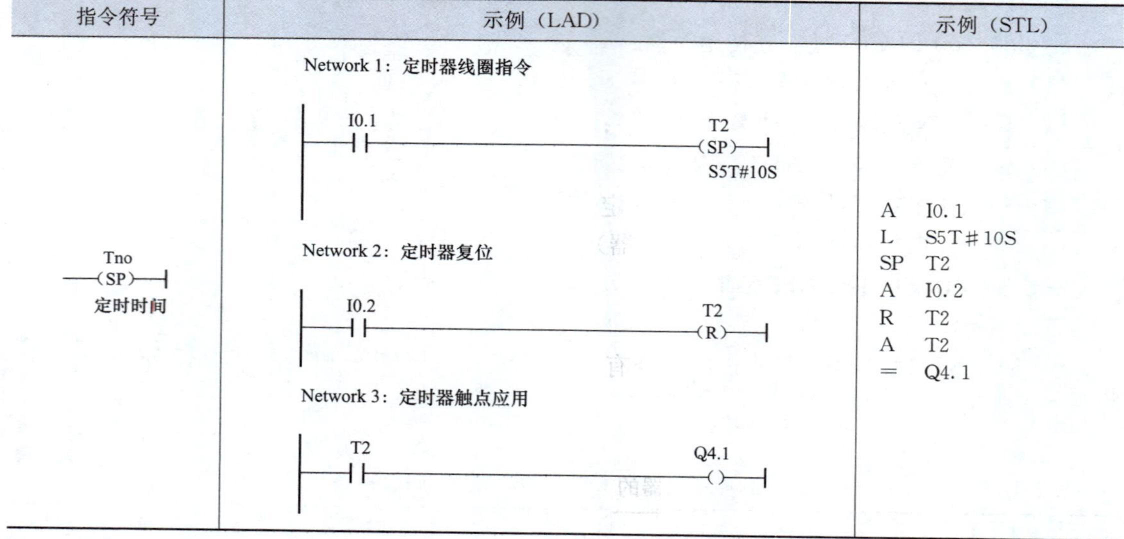

指令符号	示例（LAD）	示例（STL）
Tno —(SP)—┤ 定时时间	Network 1：定时器线圈指令 Network 2：定时器复位 Network 3：定时器触点应用	A　I0.1 L　S5T#10S SP　T2 A　I0.2 R　T2 A　T2 =　Q4.1

表中各符号的含义如下：

（1）Tno 为定时器的编号，其范围与 CPU 的型号有关。

（2）S 为启动信号，当 S 端出现上升沿时，启动指定的定时器。

（3）R 为复位信号，当 R 端出现上升沿时，定时器复位，当前值清“0”。

（4）TV 为设定时间值输入，最大设定时间为 9990s 或 2H_46M_30s，输入格式按 S5 系统时间格式，如：S5T#100S、S5T#10MS、S5T#2M1S、s5T#1H2M3S 等。

（5）Q 为定时器输出，定时器启动后，剩余时间非 0 时，Q 输出为“1”；定时器停止或剩余时间为 0 时，Q 输出为“0”。该端可以连接位存储器，如 Q4.0 等，也可以悬空。

（6）BI 为剩余时间显示或输出（整数格式），采用十六进制形式，如：16#0023、16#00ab等。该端口可以接各种字存储器，如 MW0、QW2 等，也可以悬空。

（7）BCD 为剩余时间显示或输出（BCD 码格式），采用 S5 系统时间格式，如：S5T#1H2M3S、S5T#2M1S、S5T#3S 等。该端口可以接各种字存储器，如 MW0、QW2 等，也可以悬空。

(8) STL 等效程序中的“SP…”为脉冲定时器指令，用来设置脉冲定时器编号；“L…”为累加器 1 装载指令，可将定时器的定时值作为整数装入累加器 1；“LC…”为 BCD 码装载指令，可将定时器的定时值作为 BCD 码装入累加器；“T…”为传送指令，可将累加器 1 的内容传送给指定的字节、字或双字单元。

与脉冲定时器示例程序对应的工作波形如图 5-1 所示。

从图 5-1 可以到，如果 R 信号的 RLO 为“0”，且 S 信号的 RLO 出现上升沿，则定时器启动，并从设定的时间值开始执行倒计时。此后只要 S 信号的 RLO 保持为“1”，定时器就继续运行。在定时器运行期间，只要剩余时间不为 0，其动合触点就闭合，同时输出为“1”，直到定时时间到。

在定时器运行期间，若 S 信号的 RLO 出现下降沿，则定时器停止，并保持当前时间。同时，使定时器动合触点断开，输出 Q 为 0。当 RLO 再次出现上升沿时，定时器则重新从设定时间开始倒计时。

无论何时，只要 R 信号的 RLO 出现上升沿，定时器就立即停止，并使定时器的动合触点断开，Q 输出为 0，同时剩余时间清零。我们称此时的动作为定时器复位。

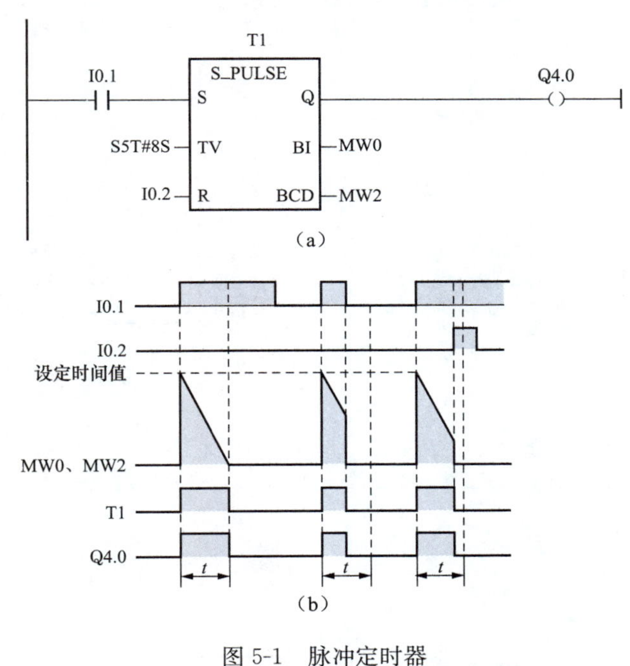

图 5-1 脉冲定时器

(a) 梯形图；(b) 时序图

2. 使用说明

【例 5-1】 合上开关 SA (I0.0)，指示灯 HL (Q0.0) 亮 1 小时 2 分 10 秒后自动熄灭。程序如图 5-2 所示。

二、S _ PEXT (扩展脉冲 S5 定时器)

1. 指令格式

S _ PEXT (扩展脉冲 S5 定时器) 指令有两种形式：块图指令和线圈指令，分别如表

5-3 和表 5-4 所示。

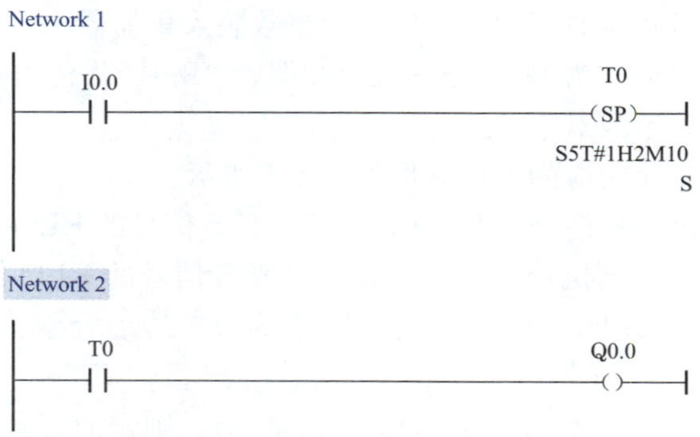

Network 1

I0.0 T0 (SP) S5T#1H2M10 S

Network 2

T0 Q0.0 ( )

图 5-2 ［例 5-1］程序

表 5-3　　扩展脉冲 S5 定时器 LAD、FBD 及 STL 指令

指令形式	LAD	FBD	STL
指令格式	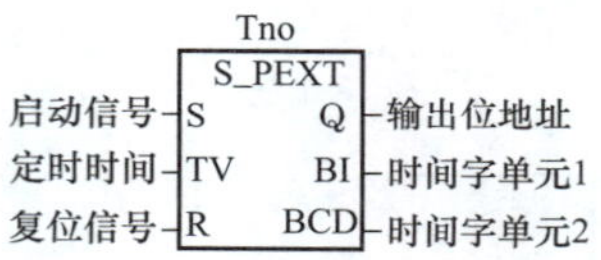 Tno S_PEXT 启动信号-S Q-输出位地址 定时时间-TV BI-时间字单元1 复位信号-R BCD-时间字单元2	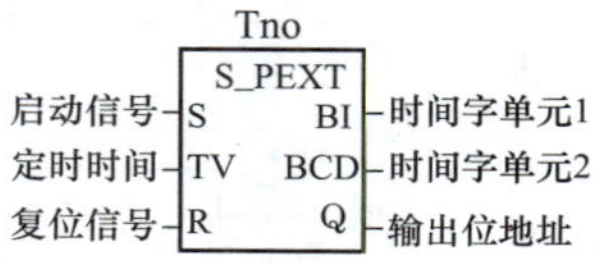 Tno S_PEXT 启动信号-S BI-时间字单元1 定时时间-TV BCD-时间字单元2 复位信号-R Q-输出位地址	A 启动信号 L 定时时间 SE Tno A 复位信号 R Tno L Tno T 时间字单元1 LC Tno T 时间字单元2 A Tno = 输出位地址
示例	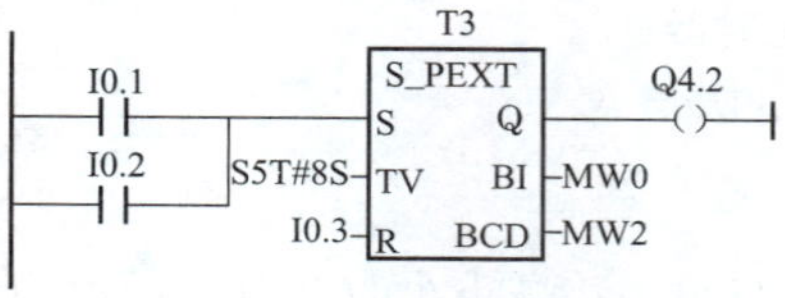 T3 S_PEXT I0.1, I0.2 -S Q- Q4.2 ( ) S5T#8S-TV BI-MW0 I0.3-R BCD-MW2	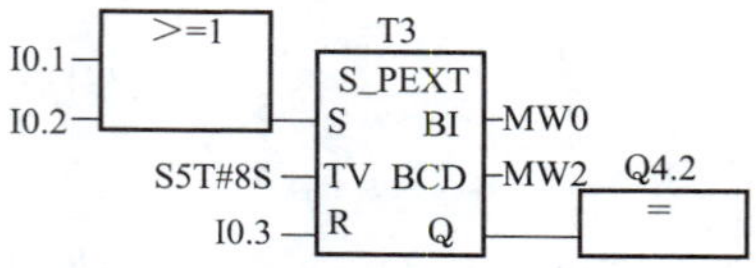 I0.1, I0.2 - >=1 T3 S_PEXT S BI-MW0 S5T#8S-TV BCD-MW2 I0.3-R Q- Q4.2 =	A (O I0.1 O 10.2) L S5T＃8S SE T3 AN I0.3 R T3 L T3 T MW0 LC T3 T MW2 A T3 = Q4.2

表 5-4　　扩展脉冲 S5 定时器线圈指令

指令符号	示例（LAD）	示例（STL）
Tno —(SE)—┤ 定时时间	Network 1：扩展定时器线圈指令 I0.1 ┤├ —— T5 (SE) S5T#10S Network 2：定时器复位 I0.2 ┤├ —— T5 (R) Network 3：定时器触点应用 T5 ┤├ —— Q4.4 ( )	A　I0.1 L　S5T#10S SE　T5 A　I0.2 R　T5 A　T5 =　Q4.4

2. 使用说明

图 5-3 所示为扩展脉冲 S5 定时器示例程序对应的工作时序图。

从图 5-3 可以看到：如果 R 信号的 RLO 为“0”，且 S 信号的 RLO 出现上升沿，则定时器启动，并从设定的时间值（本例中为 8s）开始执行倒计时，而不管 S 信号是否出现下降沿。如果在定时结束之前，S 信号的 RLO 又出现一次上升沿，则定时器从新启动。定时器

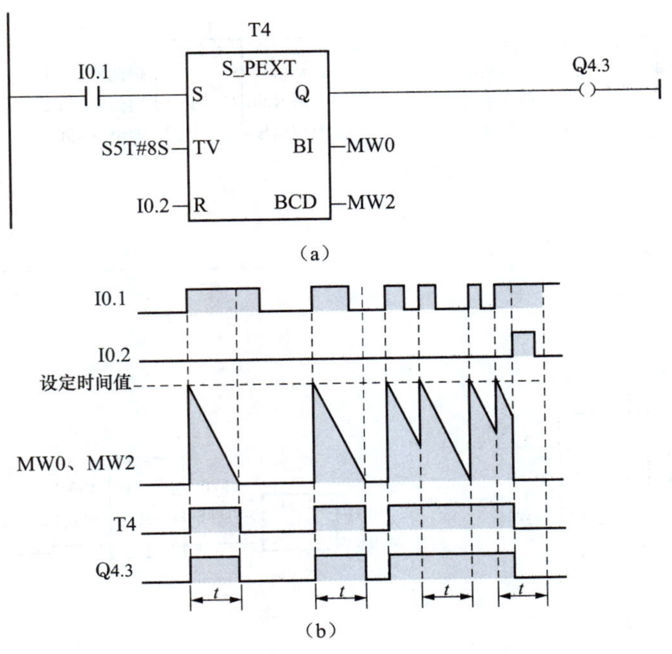

图 5-3　扩展脉冲 S5 定时器工作时序

(a) 梯形图；(b) 时序图

一旦运行，其动合触点就闭合，同时 Q 输出为“1”，直到定时时间到。

无论何时，只要 R 信号的 RLO 出现上升沿，定时器就立即复位，并使定时器的动合触点断开，Q 输出为“0”，同时剩余时间清零。

【例 5-2】 扩展脉冲定时器应用——电动机延时自动关闭控制。

控制要求：按动启动按钮 SB1（I0.0），电动机 M（Q4.0）立即启动，延时 5min 以后自动关闭。启动后按动停止按钮 SB2（I0.1），电动机立即停机。

程序如图 5-4 所示。

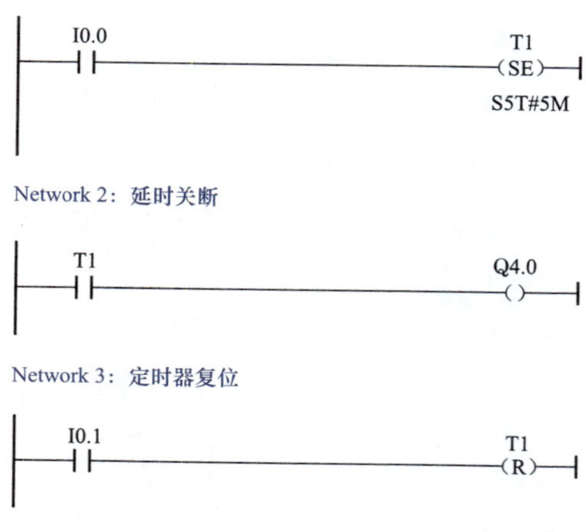

图 5-4 ［例 5-2］程序

三、S _ ODT（接通延时 S5 定时器）

1. 指令格式

S _ ODT（接通延时 S5 定时器）指令有两种形式：块图指令和线圈指令，分别如表 5-5 和表 5-6 所示。

表 5-5 接通延时 S5 定时器 LAD、FBD 及 STL 指令

指令形式	LAD	FBD	STL
指令格式	Tno S_ODT 启动信号 -S Q- 输出位地址 定时时间 -TV BI- 时间字单元1 复位信号 -R BCD- 时间字单元2	Tno S_ODT 启动信号 -S BI- 时间字单元1 定时时间 -TV BCD- 时间字单元2 复位信号 -R Q- 输出位地址	A 启动信号 L 定时时间 SD Tno A 复位信号 R Tno L Tno T 时间字单元 1 LC Tno T 时间字单元 2 A Tno = 输出位地址
示例	I0.0 T5 S_ODT Q4.5 -S Q-( ) S5T#8S -TV BI- MW0 I0.1 -R BCD- MW2 M10.0	I0.1 >=1 M10.0 T5 S_ODT I0.0 -S BI- MW0 S5T#8S -TV BCD- MW2 Q4.5 = -R Q	A I0.0 L SST＃8S SD T6 A (O I0.1 ON MI0.0) R T6 L T6 T MW0 LC T6 T MW2 A T6 = Q4.5

表 5-6 接通延时 S5 定时器线圈指令

指令符号	示例（LAD）	示例（STL）
Tno —(SD)—┤ 定时时间	Network 1: 接通延时定时器线圈指令 I0.0 —┤├— T8 —(SD)—┤ S5T#10S Network 2: 定时器复位 I0.1 —┤├— T8 —(R)—┤ Network 3: 定时器触点 T8 —┤├— Q4.7 —( )—┤	Network 1：接通延时定时器线圈指令 A I 0.0 L S5T＃10S SD T 8 Network 2：定时器复位 A I 0.1 R T 8 Network 3：定时器触点 A T 8 ＝ Q 4.7

2. 使用说明

图 5-5 所示为接通延时 S5 定时器示例程序对应的工作时序图。

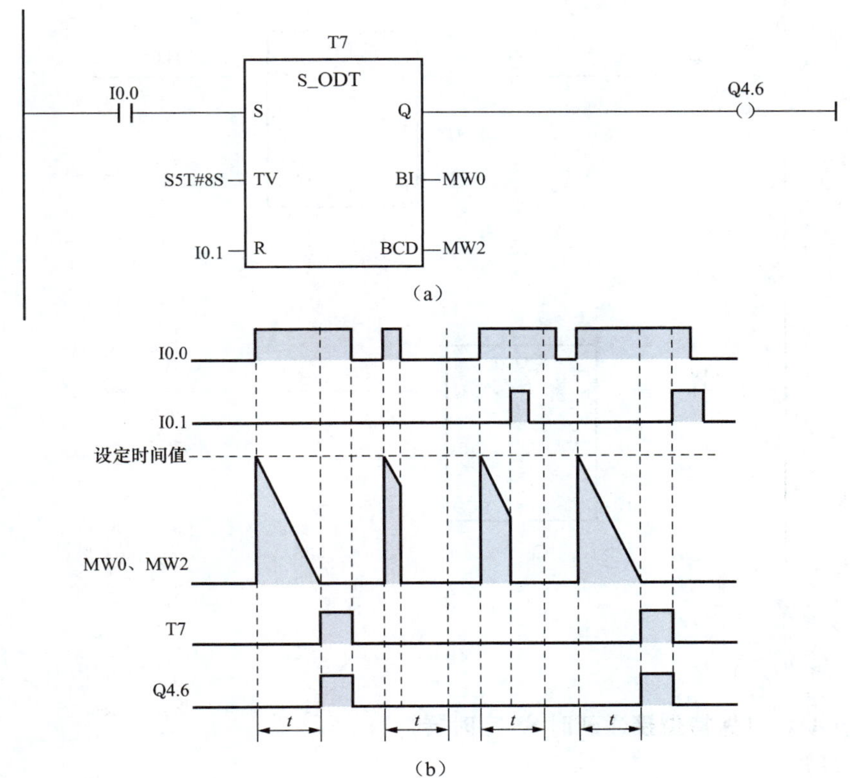

图 5-5 接通延时定时器

(a) 梯形图；(b) 时序图

从图5-5可以看到：如果R信号的RLO为“0”，且S信号的RLO出现上升沿，则定时器启动，并从设定的时间值（本例中为8s）开始执行倒计时。如果在定时结束之前，S信号的RLO出现下降沿，则定时器停止运行并复位，Q输出状态为“0”。当定时时间到，且S信号的RLO仍为“1”时，则定时器动合触点就闭合，同时Q输出为“1”，直到S信号的RLO变为“0”或定时器被复位。

无论何时，只要R信号的RLO出现上升沿，定时器就立即复位，并使定时器的动合触点断开，Q输出为“0”，同时剩余时间清零。

【例5-3】 接通延时定时器应用。

用定时器构成一脉冲发生器，当满足一定条件时，能够输出一定频率和一定占空比的脉冲信号。

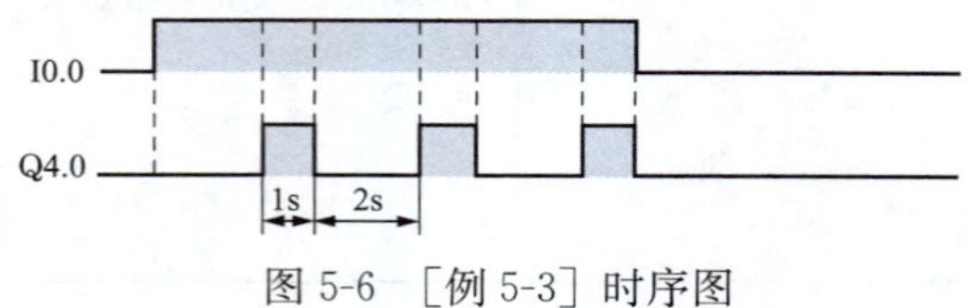

图5-6 ［例5-3］时序图

工艺要求：当开关SA1（I0.0）为ON时，输出指示灯HL1（Q4.0）以灭2s、亮1s规律交替进行。如图5-6所示。

程序如图5-7所示。

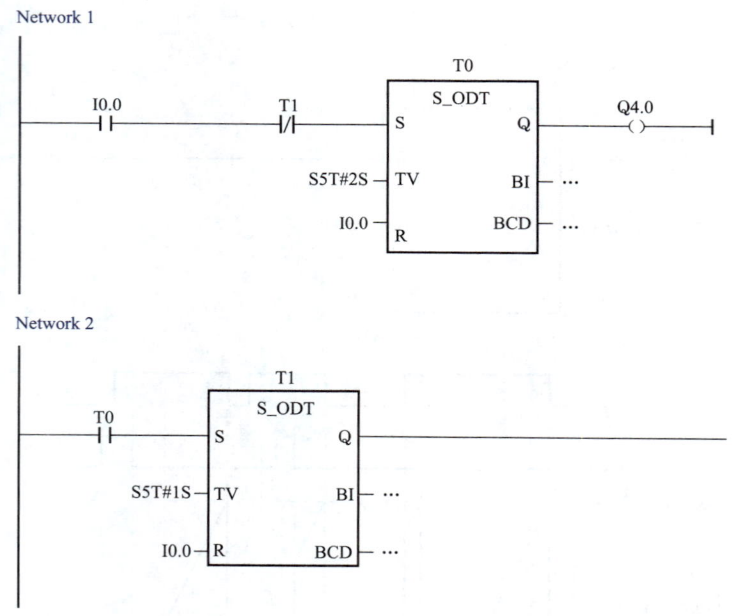

图5-7 ［例5-3］程序

四、S _ ODTS（保持型接通延时S5定时器）

1. 指令格式

S _ ODTS（保持型接通延时S5定时器）指令有两种形式：块图指令和线圈指令，分别如表5-7和表5-8所示。

表 5-7 保持型接通延时 S5 定时器 LAD、FBD 及 STL 指令

指令形式	LAD	FBD	STL
指令格式	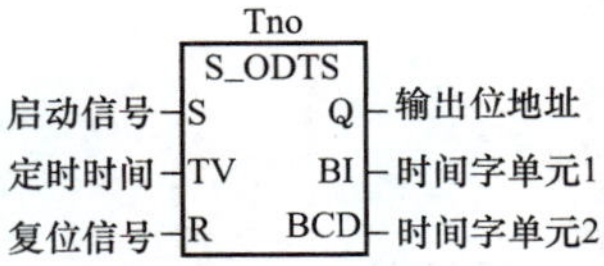 Tno S_ODTS 启动信号-S Q-输出位地址 定时时间-TV BI-时间字单元1 复位信号-R BCD-时间字单元2	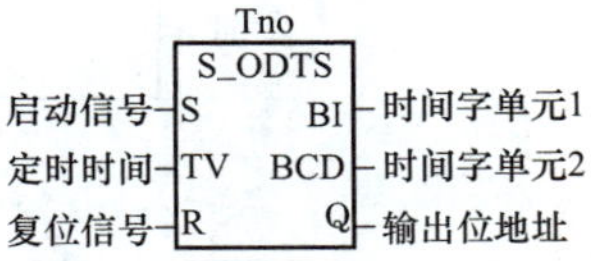 Tno S_ODTS 启动信号-S BI-时间字单元1 定时时间-TV BCD-时间字单元2 复位信号-R Q-输出位地址	A 启动信号 L 定时时间 SS Tno A 复位信号 R Tno L Tno T 时间字单元 1 LC Tno T 时间字单元 2 A Tno = 输出位地址
示例	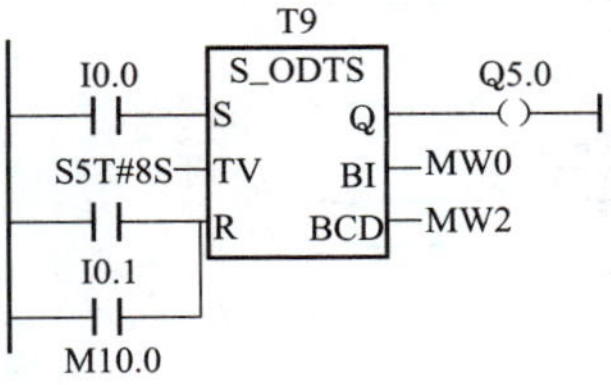 T9 I0.0 S_ODTS Q5.0 S5T#8S-TV BI-MW0 R BCD-MW2 I0.1 M10.0	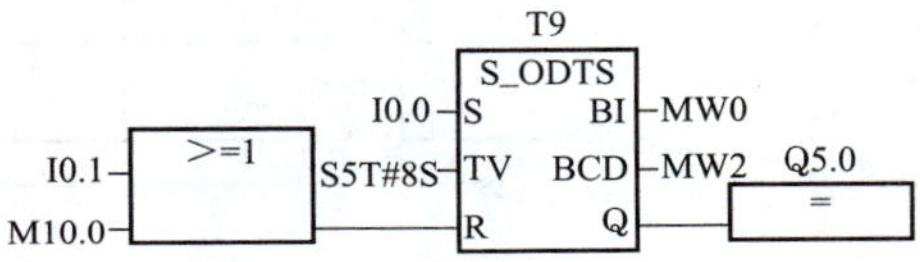 T9 S_ODTS I0.0-S BI-MW0 I0.1- >=1 S5T#8S-TV BCD-MW2 Q5.0 M10.0- R Q =	A I0.0 L S5T#8S SS T9 A (O I0.1 ON MI0.0) R T9 L T9 T MW0 LC T9 T MW2 A T9 = Q5.0

表 5-8 保持型接通延时 S5 定时器线圈指令

指令符号	示例（LAD）	示例（STL）
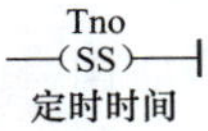 Tno —(SS)— 定时时间	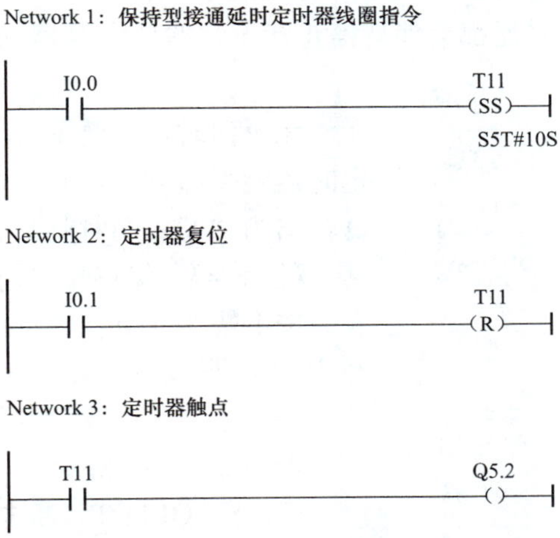 Network 1：保持型接通延时定时器线圈指令 I0.0 T11 (SS) S5T#10S Network 2：定时器复位 I0.1 T11 (R) Network 3：定时器触点 T11 Q5.2 ( )	A I0.0 L S5T#10S SS T11 A I0.1 R T11 A T11 = Q5.2

2. 使用说明

图 5-8 所示为保持型接通延时 S5 定时器示例程序对应的工作时序图。

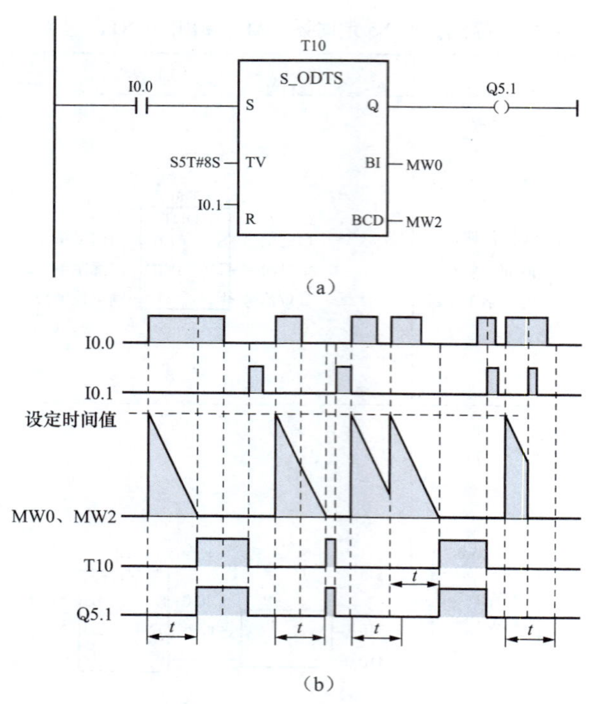

图 5-8 保持型接通延时 S5 定时器

(a) 梯形图；(b) 时序图

从图 5-8 可以看到：如果定时器已经复位，且 R 信号的 RLO 为“0”，S 信号的 RLO 出现上升沿，则定时器启动，并从设定的时间值（本例中为 8s）开始执行倒计时。一旦定时器启动。即使 S 信号的 RLO 出现下降沿，定时器仍然继续运行。如果在定时结束之前，S 信号的 RLO 出现上升沿，则定时器以设定的时间值重新启动。只要定时时间到，不管 S 信号的 RLO 出现任何状态，定时器都会保持停止状态，并使定时器动合触点闭合，Q 输出为“1”，直到定时器被复位。

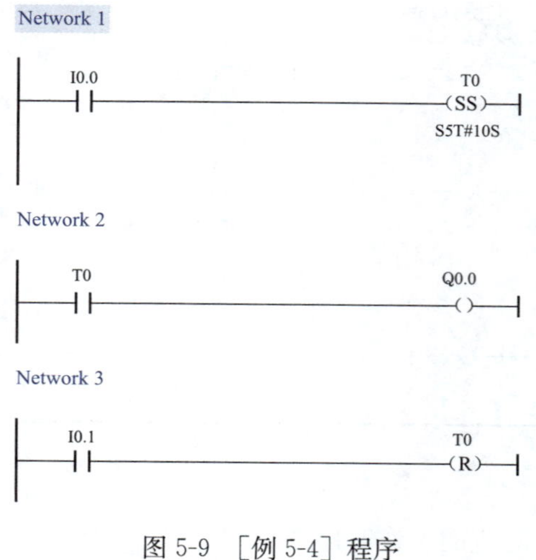

图 5-9 ［例 5-4］程序

无论何时，只要 R 信号的 RLO 出现上升沿，定时器就立即复位，并使定时器的动合触点断开，Q 输出为“0”，同时剩余时间清零。

【例 5-4】 保持型接通延时定时器应用。

按下按钮 SB1（I0.0），指示灯 HL1（Q0.0）经 10s 后驱动为 ON；按下按钮 SB2（I0.1），HL1 熄灭。

程序如图 5-9 所示。

五、S _ OFFDT（断电延时 S5 定时器）

1. 指令格式

S _ OFFDT（断电延时 S5 定时器）指令有两种形式：块图指令和线圈指令，分别如表 5-9 和表 5-10所示。

表 5-9　　断电延时 S5 定时器 LAD、FBD 及 STL 指令

指令形式	LAD	FBD	STL
指令格式	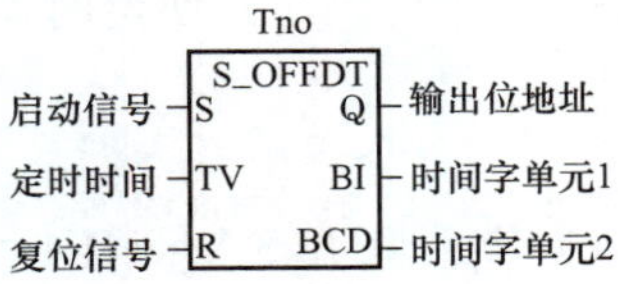 Tno S_OFFDT 启动信号 -S　Q- 输出位地址 定时时间 -TV　BI- 时间字单元1 复位信号 -R　BCD- 时间字单元2	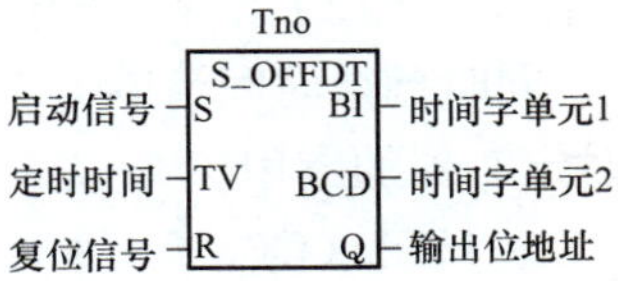 Tno S_OFFDT 启动信号 -S　BI- 时间字单元1 定时时间 -TV　BCD- 时间字单元2 复位信号 -R　Q- 输出位地址	A　启动信号 L　定时时间 SF　Tno A　复位信号 R　Tno L　Tno T　时间字单元 1 LC　Tno T　时间字单元 2 A　Tno =　输出位地址
示例	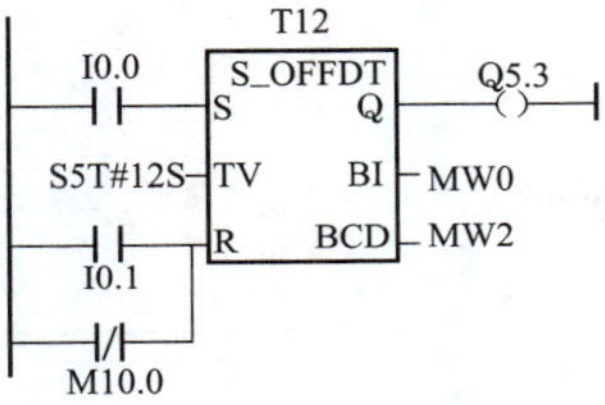 T12 I0.0 -S_OFFDT- Q5.3 S5T#12S -TV　BI- MW0 I0.1, M10.0 -R　BCD- MW2	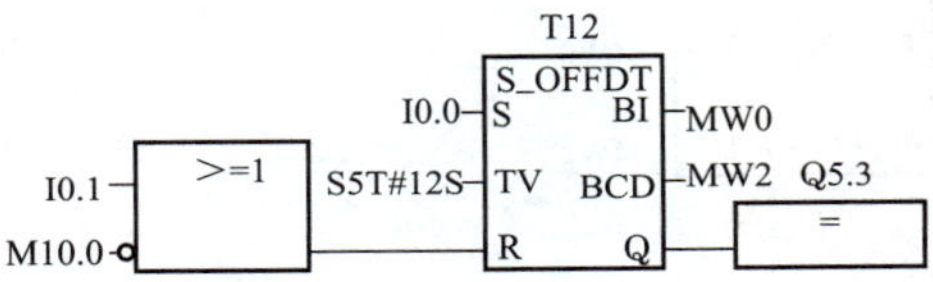 T12 S_OFFDT I0.0 -S　BI- MW0 I0.1, M10.0 (>=1) -R S5T#12S -TV　BCD- MW2 Q -[=] Q5.3	A　I0.0 L　S5T#12S SF　T12 A (O　I0.1 ON　MI0.0) R　T12 L　T12 T　MW0 LC　T12 T　MW2 A　T12 =　Q5.3

表 5-10　　断电延时 S5 定时器线圈指令

指令符号	示例（LAD）	示例（STL）
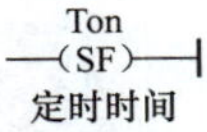 Ton —(SF)— 定时时间	Network 1：断电延时定时器线圈指令 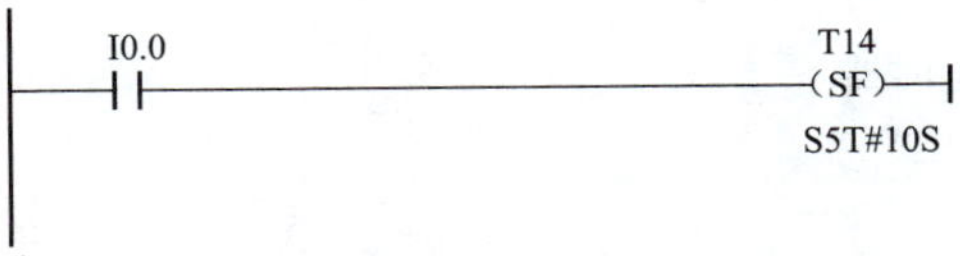 I0.0 —| |— T14 —(SF)— S5T#10S Network 2：定时器复位 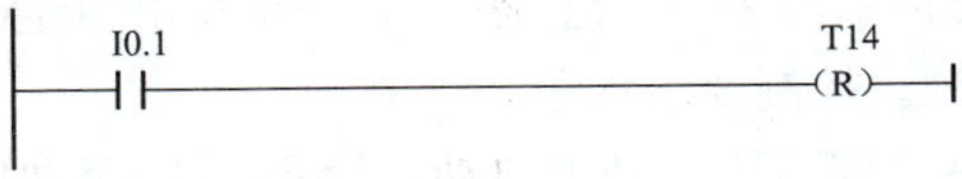 I0.1 —| |— T14 —(R)— Network 3：定时器触点  T14 —| |— Q5.5 —( )—	A　I0.0 L　S5T#10S SF　T14 A　I0.1 R　T14 A　T14 =　Q5.5

2. 使用说明

图 5-10 所示为断电延时 S5 定时器示例程序对应的工作时序图。

从图 5-10 可以看到：如果 R 信号的 RLO 为“0”，且 S 信号的 RLO 出现下降沿，则定时器启动，并从设定的时间值（本例中为 12s）开始执行倒计时。在定时结束之前，如果 S 信号的 RLO 出现上升沿，则定时器立即复位。在 S 信号的 RLO 为“1”，或定时器运行期间，定时器动合触点闭合，Q 输出为“1”。

无论何时，只要 R 信号的 RLO 出现上升沿，定时器就立即复位，并使定时器的动合触点断开，Q 输出为“0”，同时剩余时间清零。

【例 5-5】 断电延时定时器的应用。

合上开关 SA（I0.0）、HL1（Q0.0）和 HL2（Q0.1）亮；断开 SA，HL1 立即熄灭，过 10s 后 HL2 自动熄灭。

程序如图 5-11 所示。

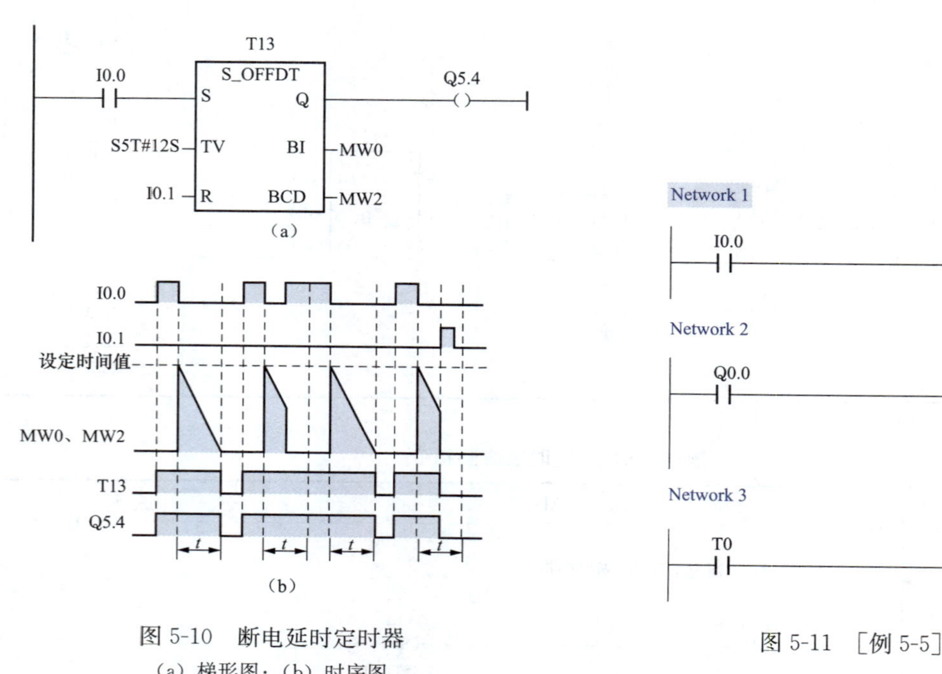

图 5-10 断电延时定时器

(a) 梯形图；(b) 时序图

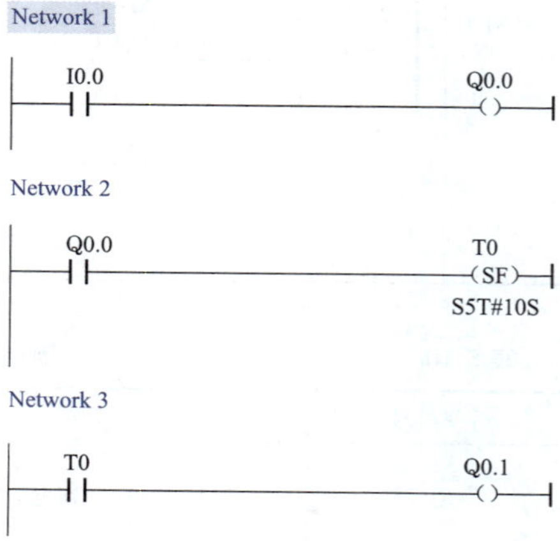

图 5-11 ［例 5-5］程序

【例 5-6】 多级皮带运输机控制。

图 5-12 所示是一个四级传送带系统示意图。整个系统有四台电动机 M1、M2、M3、M4，落料漏斗 Y0 由一阀控制。控制要求如下：

（1）落料漏斗启动后，传送带 M1 应马上启动，经 6s 后需启动传送带 M2。

（2）传送带 M2 启动后 5s 后应启动传送带 M3。

（3）传送带 M3 启动后 4s 后应启动传送带 M4。

（4）落料停止后，应根据所需传送时间的差别，分别隔 6s、5s、4s、3s 将四台电动机停车。

I/O 分配及接线图如图 5-13 所示。I0.0 为启动按钮，I0.1 为停止按钮。Q0.4 控制落料，Q0.0～Q0.3 分别控制 4 台传送带电动机。PLC 控制程序如图 5-14 所示。

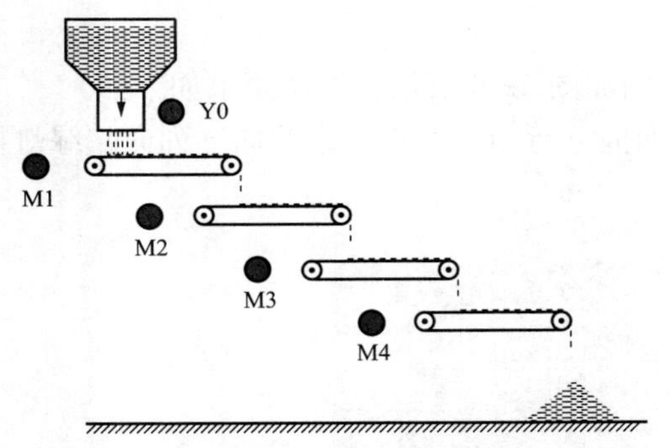

Y0
M1
M2
M3
M4

图 5-12 多级皮带运输机示意图

启动
停止
I0.0
I0.1
24V
M
1L+
Q0.0
Q0.1
Q0.2
Q0.3
Q0.4
1M
24V
电动机 M1
电动机 M2
电动机 M3
电动机 M4
落料漏斗

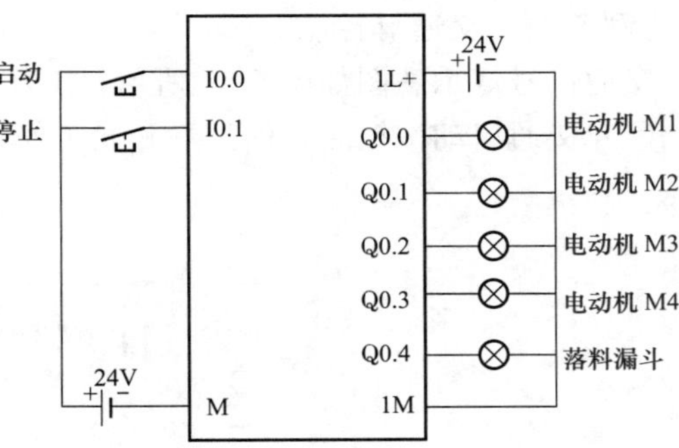

图 5-13 多级传送带 I/O 接线图

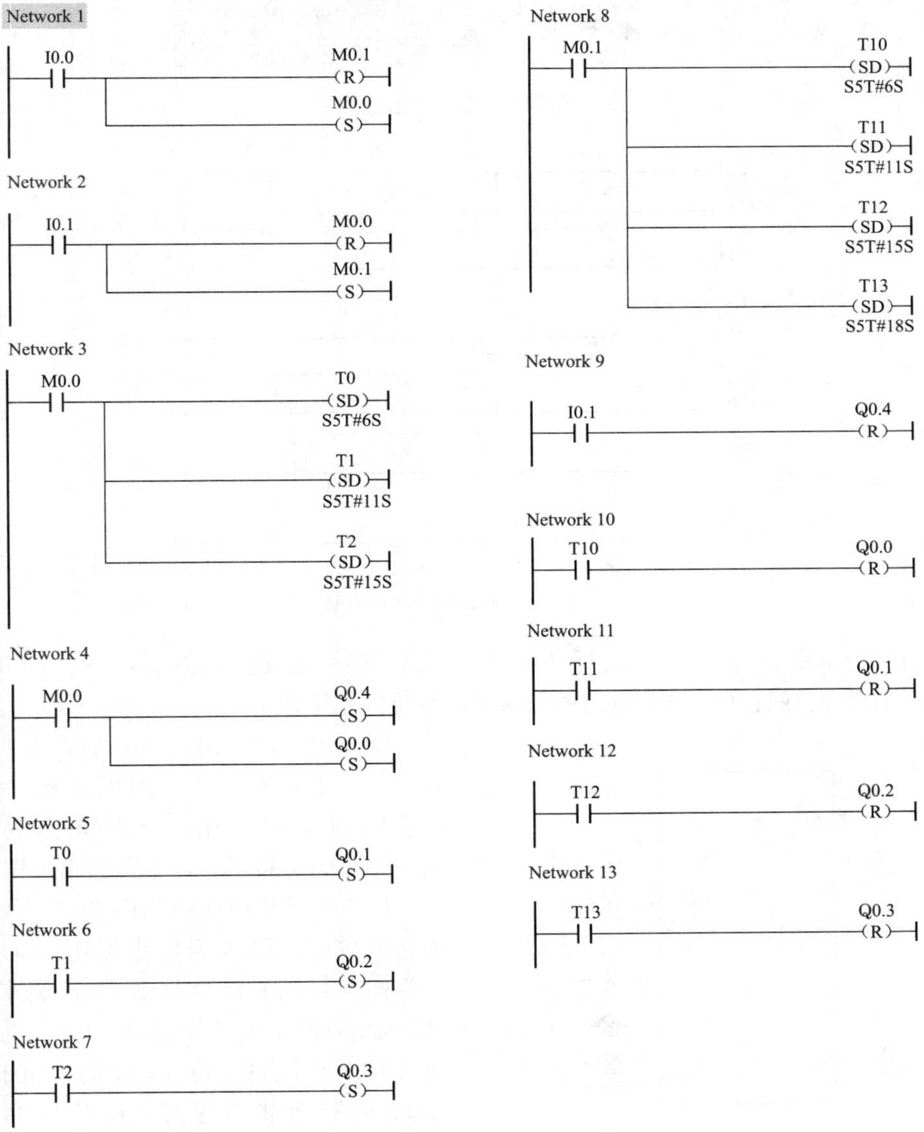

Network 1
I0.0
M0.1
(R)
M0.0
(S)
Network 2
I0.1
M0.0
(R)
M0.1
(S)
Network 3
M0.0
T0
(SD)
S5T#6S
T1
(SD)
S5T#11S
T2
(SD)
S5T#15S
Network 4
M0.0
Q0.4
(S)
Q0.0
(S)
Network 5
T0
Q0.1
(S)
Network 6
T1
Q0.2
(S)
Network 7
T2
Q0.3
(S)
Network 8
M0.1
T10
(SD)
S5T#6S
T11
(SD)
S5T#11S
T12
(SD)
S5T#15S
T13
(SD)
S5T#18S
Network 9
I0.1
Q0.4
(R)
Network 10
T10
Q0.0
(R)
Network 11
T11
Q0.1
(R)
Network 12
T12
Q0.2
(R)
Network 13
T13
Q0.3
(R)

图 5-14 多级传送带程序

【例 5-7】 交通灯控制。

交通信号灯示意图如图 5-15 所示，工作时序图如图 5-16 所示，控制要求如下：

（1）接通启动按钮后，信号灯开始工作，东西向（行向）红灯、南北向（列向）绿灯同时亮。

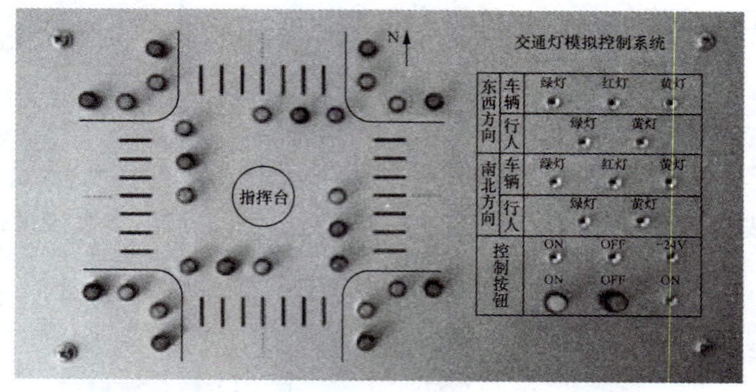

图 5-15　交通灯示意图

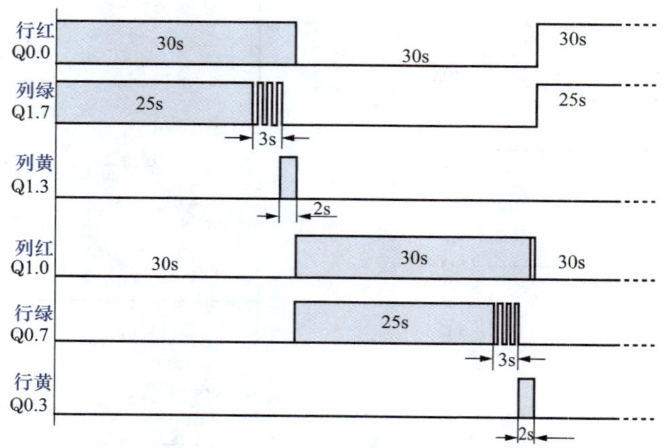

图 5-16　交通灯工作时序图

（2）南北向绿灯亮 25s 后，闪烁 3 次（1s/次），接着南北向黄灯亮，2s 后南北向红灯亮，30s 后南北向绿灯又亮……如此不断循环，直至停止工作。

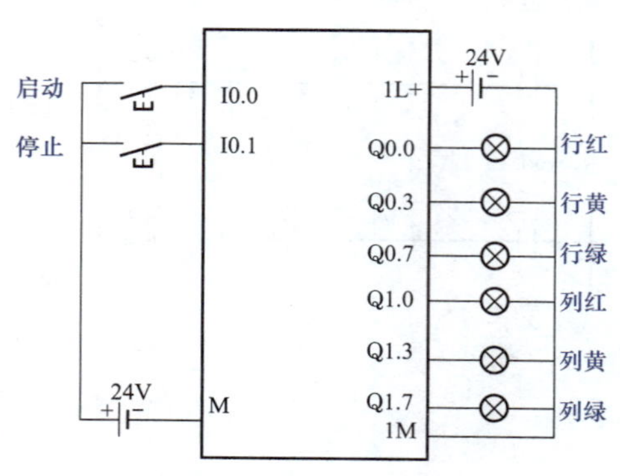

图 5-17　交通灯 I/O 接线图

（3）东西向红灯亮 30s 后，东西向绿灯亮，25s 后东西向绿灯闪烁 3 次（1s/次），接着东西向黄灯亮，2s 后东西向红灯又亮……如此不断循环，直至停止工作。

I/O 分配及接线图如图 5-17 所示。I0.0 为启动按钮，I0.1 为停止按钮。Q0.0 控制东西向（行向）红灯，Q0.3 控制东西向黄灯，Q0.7 控制东西向绿灯，Q1.0 控制南北向（列向）红灯，Q1.3 控制南北向黄灯，Q1.7 控制南北向绿灯，PLC 控制程序如图 5-18所示。

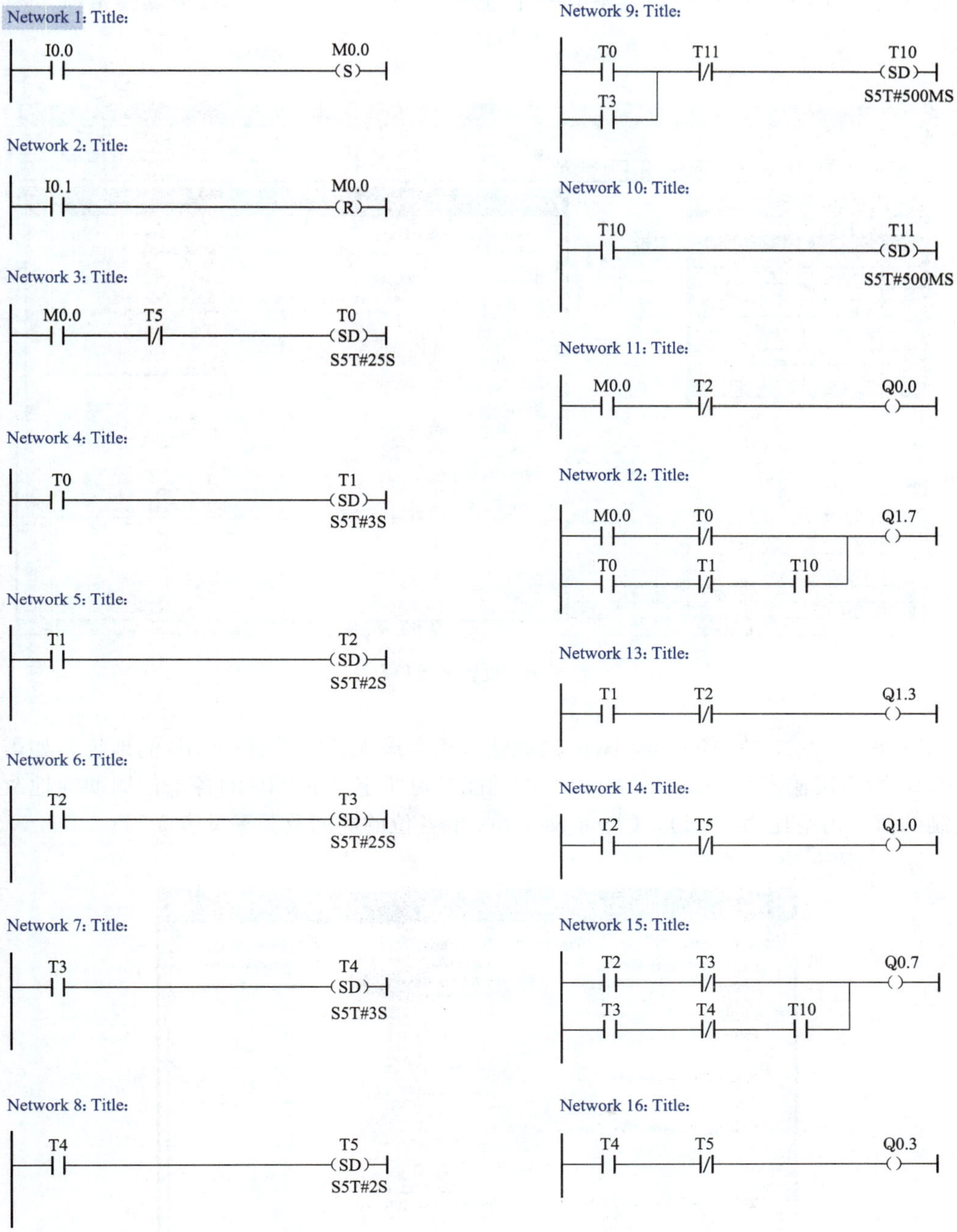

Network 1: Title:

I0.0 ―| |― M0.0 (S)

Network 2: Title:

I0.1 ―| |― M0.0 (R)

Network 3: Title:

M0.0 ―| |― T5 ―|/|― T0 (SD) S5T#25S

Network 4: Title:

T0 ―| |― T1 (SD) S5T#3S

Network 5: Title:

T1 ―| |― T2 (SD) S5T#2S

Network 6: Title:

T2 ―| |― T3 (SD) S5T#25S

Network 7: Title:

T3 ―| |― T4 (SD) S5T#3S

Network 8: Title:

T4 ―| |― T5 (SD) S5T#2S

Network 9: Title:

T0 ―| |― (parallel T3 ―| |―) T11 ―|/|― T10 (SD) S5T#500MS

Network 10: Title:

T10 ―| |― T11 (SD) S5T#500MS

Network 11: Title:

M0.0 ―| |― T2 ―|/|― Q0.0 ( )

Network 12: Title:

M0.0 ―| |― T0 ―|/|― (parallel T0 ―| |― T1 ―|/|― T10 ―| |―) Q1.7 ( )

Network 13: Title:

T1 ―| |― T2 ―|/|― Q1.3 ( )

Network 14: Title:

T2 ―| |― T5 ―|/|― Q1.0 ( )

Network 15: Title:

T2 ―| |― T3 ―|/|― (parallel T3 ―| |― T4 ―|/|― T10 ―| |―) Q0.7 ( )

Network 16: Title:

T4 ―| |― T5 ―|/|― Q0.3 ( )

图 5-18　交通灯程序

第二节　CPU 时钟存储器的应用

通过设置 CPU 时钟存储器，可得到多种脉冲。要使用该功能，如图 5-19 所示，在硬件配置时需要设置 CPU 的属性，其中有一个选项为 Clock Memory，选中选择框就可激活该功能。

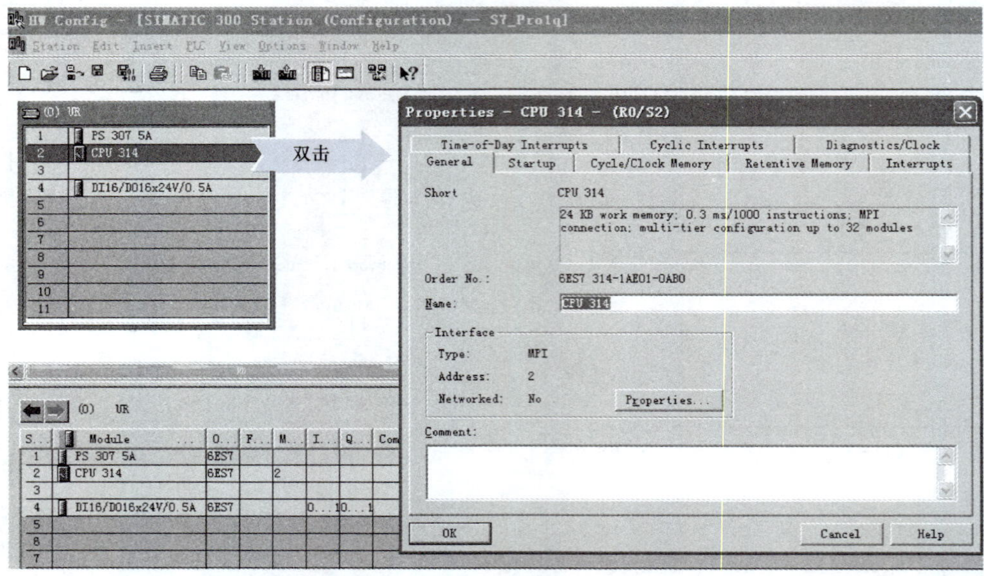

图 5-19　设置 CPU 属性

如图 5-20 所示，在 Memory Byte 区域输入想为该项功能设置的 MB 的地址，如需要使用 MB0，则直接输入 0。Clock Memory 的功能是对所定义的 MB 的各个位周期性地改变其二进制的值（占空比为 1∶1）。Clock Memory 的各位的周期及频率见表 5-11。

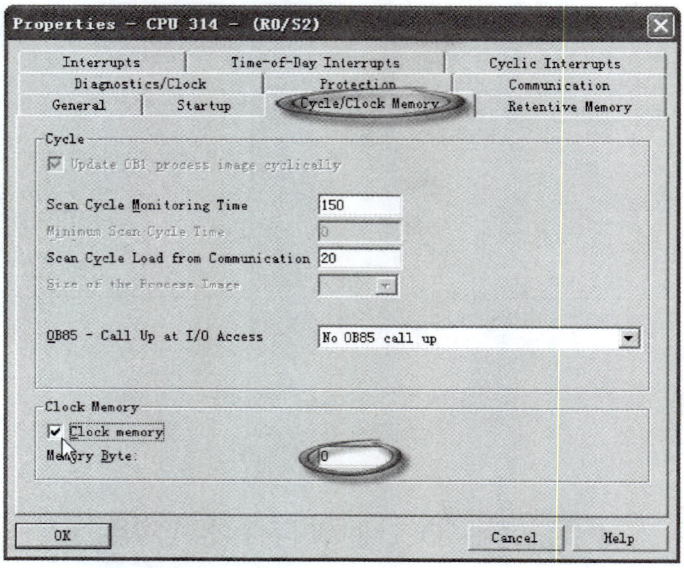

图 5-20　Clock memory 设置

表 5-11 Clock Memory 各位的周期及频率表

位序	7	6	5	4	3	2	1	0
周期（s）	2	1.6	1	0.8	0.5	0.4	0.2	0.1
频率（Hz）	0.5	0.625	1	1.25	2	2.5	5	10

【例 5-8】 编程实现以下功能：

当开关 SA1（I0.0）为 ON，SA2（I0.1）为 OFF 时，MW10 每隔 1s 加 1，当 SA1 为 OFF，SA2 为 ON 时，MW10 每隔 1s 减 1。

首先在 CPU 硬件中设置 MB0 为时钟存储器，则 M0.5 为周期为 1s 的脉冲。编写程序如图 5-21 所示。

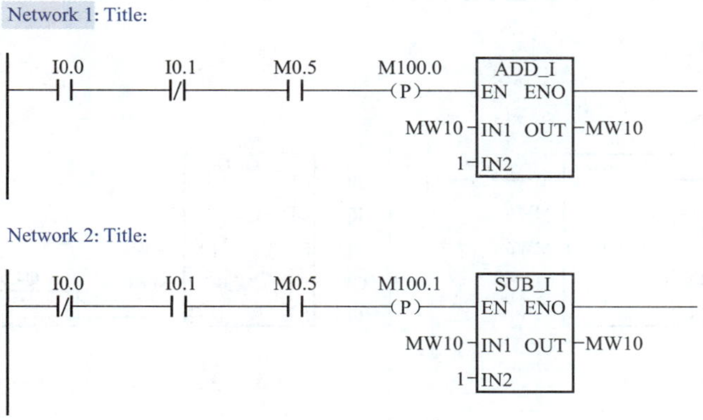

Network 1: Title:

I0.0 | I0.1 | M0.5 | M100.0 (P) | ADD_I EN ENO | MW10 IN1 OUT MW10 | 1 IN2

Network 2: Title:

I0.0 | I0.1 | M0.5 | M100.1 (P) | SUB_I EN ENO | MW10 IN1 OUT MW10 | 1 IN2

图 5-21 ［例 5-8］程序

◀ 第三节 计数器及其应用 ▶

S7-300/400 PLC 的计数器都是 16 位的，因此每个计数器占用该区域 2 个字节空间，用来存储计数值。不同的 CPU 模板，用于计数器的存储区域也不同，最多允许使用 64～512 个计数器。计数器的地址编号：C0～C511。

S7-300/400 的计数器共有以下 3 种类型：

（1）S _ CUD（加/减计数器）；

（2）S _ CU（加计数器）；

（3）S _ CD（减计数器）。

一、S _ CUD（加/减计数器）

1. 指令格式

加/减计数器的 LAD、FBD 及 STL 指令如表 5-12 所示。

表 5-12　　加/减计数器的 LAD、FBD 及 STL 指令

指令形式	LAD	FBD	STL 等效程序段
指令格式	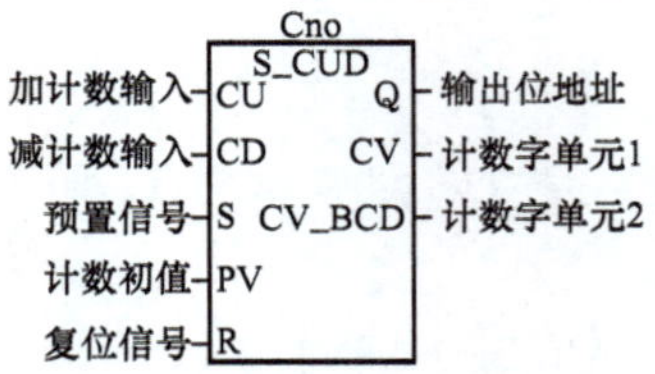 Cno S_CUD 加计数输入-CU　Q-输出位地址 减计数输入-CD　CV-计数字单元1 预置信号-S　CV_BCD-计数字单元2 计数初值-PV 复位信号-R	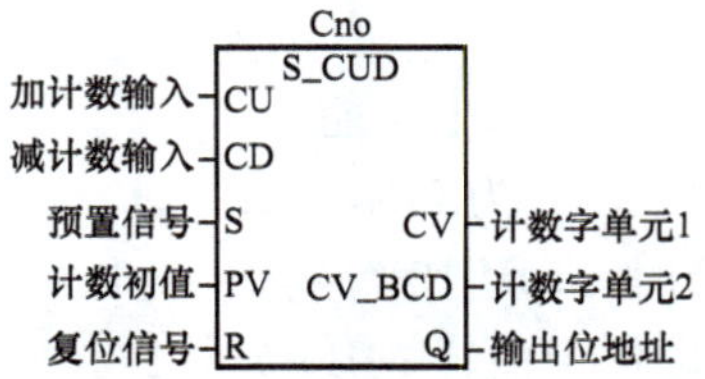 Cno S_CUD 加计数输入-CU 减计数输入-CD 预置信号-S　CV-计数字单元1 计数初值-PV　CV_BCD-计数字单元2 复位信号-R　Q-输出位地址	A　加计数输入 CU　Cno A　减计数输入 CD　Cno A　预置信号 L　计数初值 S　Cno A　复位信号 R　Cno L　Cno T　计数字单元 1 LC　Cno T　计数字单元 2 A　Cno =　输出位地址
示例	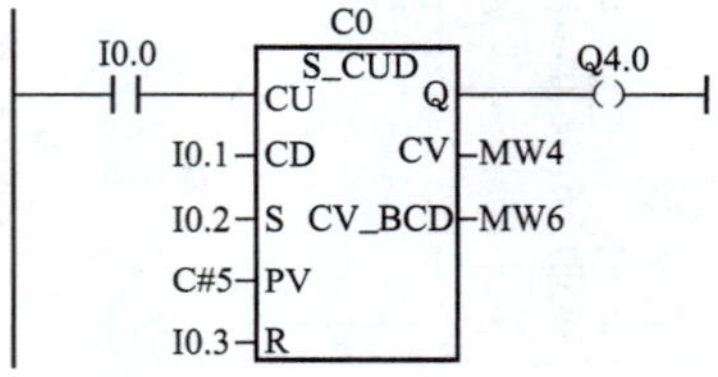 C0 S_CUD I0.0-CU　Q-Q4.0 I0.1-CD　CV-MW4 I0.2-S　CV_BCD-MW6 C#5-PV I0.3-R	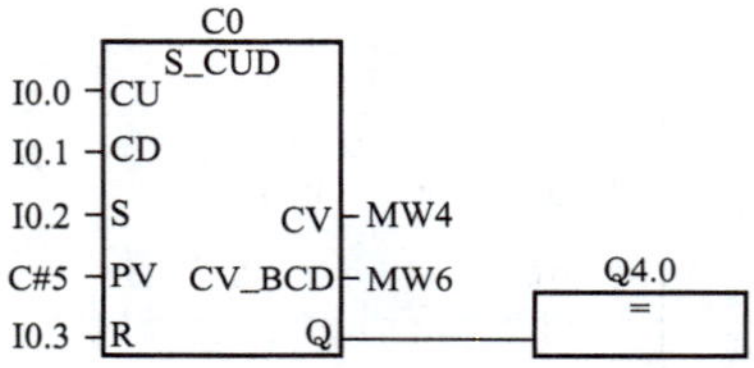 C0 S_CUD I0.0-CU I0.1-CD I0.2-S　CV-MW4 C#5-PV　CV_BCD-MW6 I0.3-R　Q-Q4.0 =	A　I0.0 CU　C0 A　I0.1 CD　C0 A　I0.2 L　C#5 S　C0 A　I0.3 R　C0 L　C0 T　MW4 LC　C0 T　MW6 A　C0 =　Q4.0

表内各符号的含义如下：

（1）Cno 为计数器的编号，其编号范围与 CPU 的具体型号有关。

（2）CU 为加计数输入端，该端每出现一个上升沿，计数器自动加“1”，当计数器的当前值为 999 时，计数值保持为 999，加“1”操作无效。

（3）CD 为减计数输入端，该端每出现一个上升沿，计数器自动减“1”，当计数器的当前值为 0 时，计数值保持为 0，此时的减“1”操作无效。

（4）S 为预置信号输入端，该端出现上升沿的瞬间，将计数初值作为当前值。

（5）PV 为计数初值输入端，初值的范围为 0～999。可以通过字存储器（如 MW0、MW2 等）为计数器提供初值，也可以直接输入 BCD 码形式的立即数，此时的立即数格式为：C＃xxx，如 C＃6、C＃999。

（6）R 为计数器复位信号输入端，任何情况下，只要该端出现上升沿，计数器就会立即复位。复位后计数器当前值变为 0，输出状态为“0”。

（7）CV 为以整数形式显示或输出的计数器当前值，如 16＃0023、16＃00ab。该端可以接各种字存储器，如 MW4、QW0，也可以悬空。

（8）CV _ BCD 以 BCD 码形式显示或输出的计数器当前值，如 C＃369、C＃023。该端可以接各种字存储器，如 MW4、QW0，也可以悬空。

(9) Q为计数器状态输出端，只要计数器的当前值不为0，计数器的状态就为“1”。该端可以连接位存储器，如Q4.0、M1.7，也可以悬空。

2. 使用说明

表5-12中示例程序对应的工作时序如图5-22所示。

注意：当计数器达到最大值（999），下一次加计数不影响计数器。反之，当计数器达到最小值（0），下一次减计数不影响计数器。计数器计数不高于999且不低于0。如果加计数和减计数同时输入，计数器保持不变。

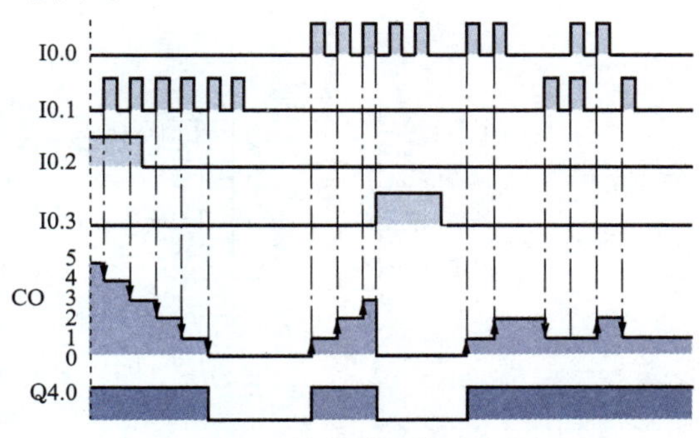

图5-22 计数器工作时序图

二、S _ CU（加计数器）

加计数器的LAD、FBD及STL指令如表5-13所示。

表5-13 加计数器的LAD、FBD及STL指令

指令形式	LAD	FBD	STL等效程序
指令格式	Cno S_CU 加计数输入-CU Q-输出位地址 预置信号-S CV-计数字单元1 计数初值-PV CV_BCD-计数字单元2 复位信号-R	Cno S_CU 加计数输入-CU 预置信号-S CV-计数字单元1 计数初值-PV CV_BCD-计数字单元2 复位信号-R Q-输出位地址	A 加计数输入 CU Cno BLD 101 A 预置信号 L 计数初值 S Cno A 复位信号 R Cno L Cno T 计数字单元1 LC Cno T 计数字单元2 A Cno = 输出位地址
示例	C1 S_CU I0.0-CU Q-Q4.1 I0.1-S CV-… C#99-PV CV_BCD-… I0.2-R	C1 S_CU I0.0-CU I0.1-S CV-… C#99-PV CV_BCD-… I0.2-R Q-Q4.1 =	A I0.0 CU C1 BLD 101 A I0.1 L C#99 S C1 A I0.2 R CI NOP 0 NOP 0 A C1 = Q4.1

三、S _ CD（减计数器）

减计数器的LAD、FBD及STL指令如表5-14所示。

表 5-14　　减计数器的 LAD、FBD 及 STL 指令

指令形式	LAD	FBD	STL 等效程序
指令格式	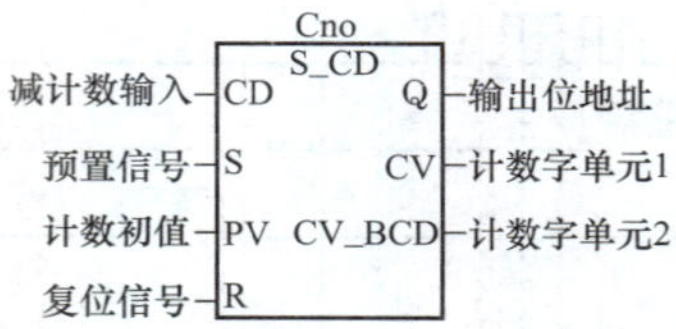 Cno S_CD 减计数输入-CD　Q-输出位地址 预置信号-S　CV-计数字单元1 计数初值-PV　CV_BCD-计数字单元2 复位信号-R	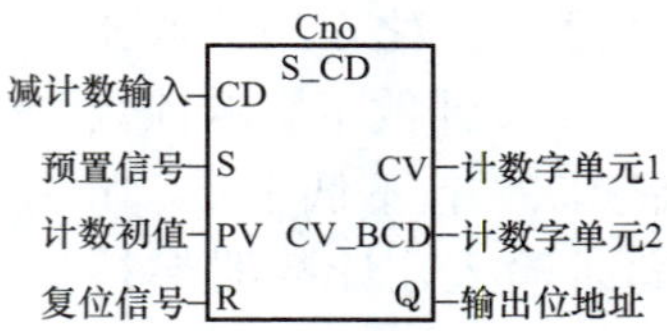 Cno S_CD 减计数输入-CD 预置信号-S　CV-计数字单元1 计数初值-PV　CV_BCD-计数字单元2 复位信号-R　Q-输出位地址	A　加计数输入 CD　Cno BLD　101 A　预置信号 L　计数初值 S　Cno A　复位信号 R　Cno L　Cno T　计数字单元 1 LC　Cno T　计数字单元 2 A　Cno =　输出位地址
示例	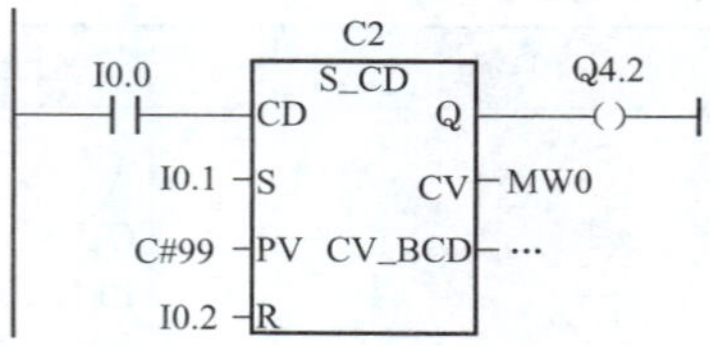 C2 S_CD I0.0 -CD　Q- Q4.2 ( ) I0.1 -S　CV-MW0 C#99 -PV　CV_BCD-… I0.2 -R	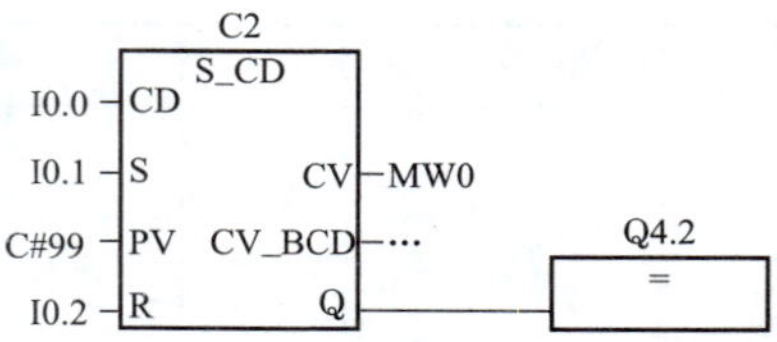 C2 S_CD I0.0 -CD I0.1 -S　CV-MW0 C#99 -PV　CV_BCD-… I0.2 -R　Q- Q4.2 =	A　I0. 0 CD　C2 BLD　101 A　I0. 1 L　C＃99 S　C2 A　I0. 2 R　C2 L　C2 T　MW0 NOP　0 A　C2 =　Q4. 2

四、计数器的线圈指令

除了前面介绍的指令盒形式的计数器指令以外，S7-300 PLC 系统还为用户准备了 LAD 环境下的线圈形式的计数器。这些指令有计数器初值预置指令 SC、加计数器指令 CU 和减计数器指令 CD，分别如图 5-23 所示。

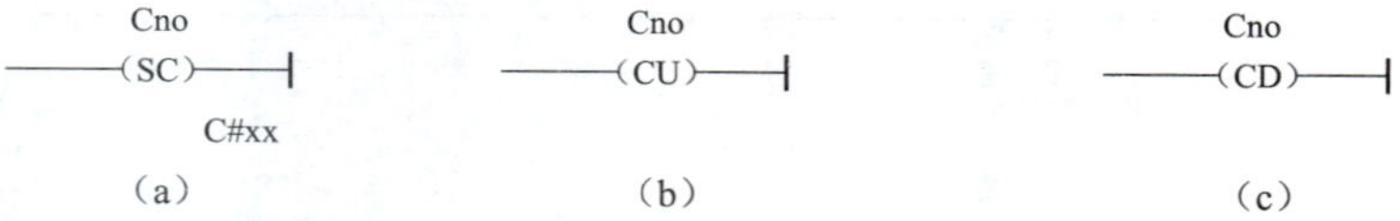

Cno —(SC)— C#xx　　(a)

Cno —(CU)—　　(b)

Cno —(CD)—　　(c)

图 5-23　计数器线圈指令

(a) SC 指令；(b) CU 指令；(c) CD 指令

(1) 初值预置 SC 指令与 CU 指令配合可实现 S _ CU 指令的功能，如图 5-24 所示。

(2) SC 指令若与 CD 指令配合可实现 S _ CD 指令的功能，如图 5-25 所示。

(3) SC 指令若与 CU 和 CD 配合可实现 S _ CUD 的功能，如图 5-26 所示。

【例 5-9】 用计数器编程实现以下功能：

接一按钮于 PLC 的 I0. 0，当按第 3 次按钮，Q0. 0 置位为 ON，当按到第 7 次按钮时，Q0. 0 复位为 OFF。如此可反复操作。

用一个增计数器对按钮的接通次数进行计数，程序如图 5-27 所示。

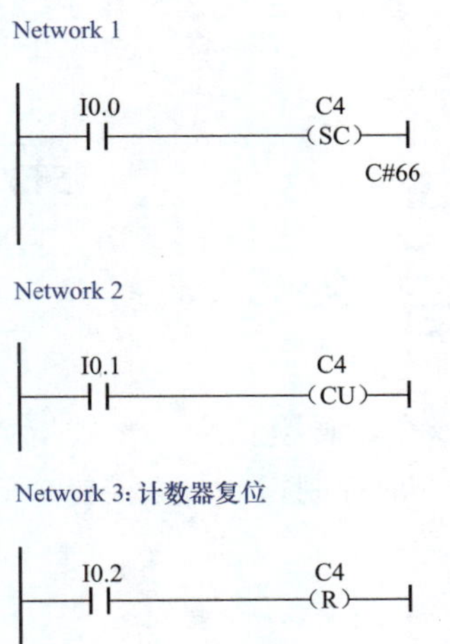

图 5-24 用线圈指令实现加计数功能

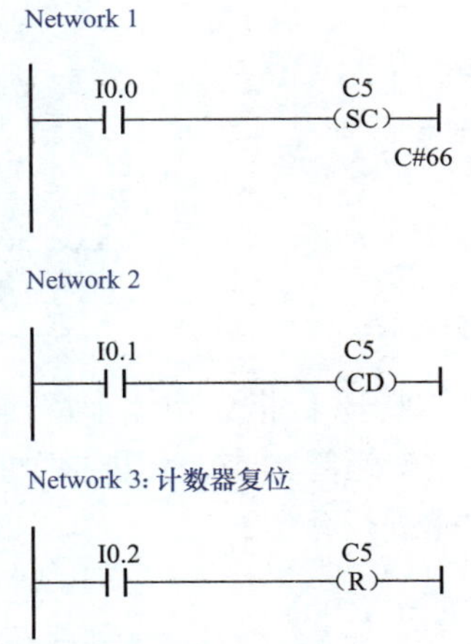

图 5-25 用线圈指令实现减计数功能

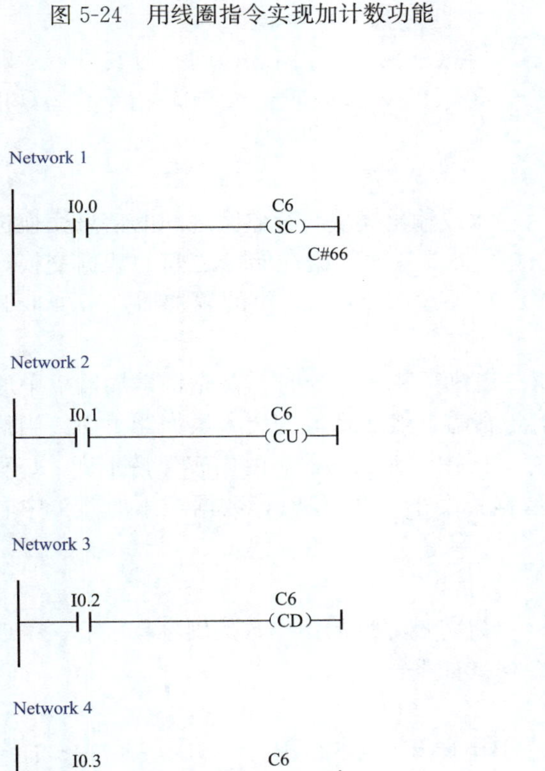

图 5-26 用线圈指令实现加减计数功能

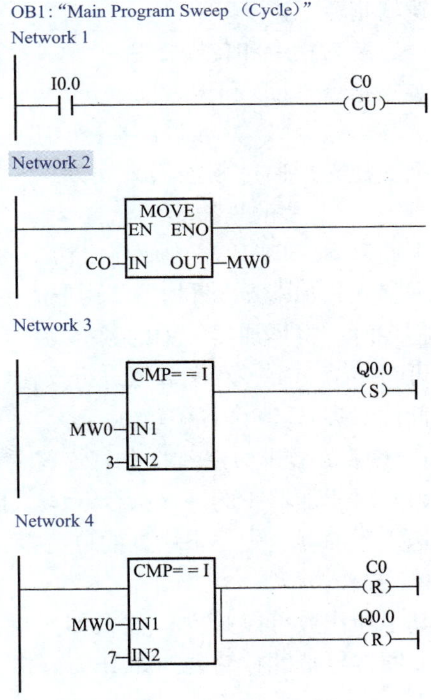

图 5-27 [例 5-9] 程序

第 6 章

常用功能指令

S7-300/400 PLC 指令功能丰富，具有装入与传送指令、转换指令、比较指令、算术运算指令、字逻辑运算指令、移位指令、逻辑控制指令、程序控制指令、主控指令等。本章将对常用的功能进行介绍。

◀第一节 数 字 指 令▶

S7-300/400 PLC 按字节（B）、字（W）、双字（DW）对存储区访问并对其进行运算的指令称为数字指令。数字指令包括：装入指令、传送指令、转换指令、比较指令、运算指令和字逻辑指令等。

一、装入指令和传送指令

装入指令（L）和传送指令（T），可以对输入或输出模块与存储区之间的信息交换进行编程。装入指令（L）和传送指令（T）的功能是实现各种数据存储区之间的数据交换，这种数据交换必须通过累加器来实现。S7-300 PLC 系统有 2 个 32 位的累加器，S7-400 PLC 系统有 4 个 32 位的累加器。

下面以 S7-300 PLC 为例介绍指令的应用。当执行装入指令时，首先将累加器 1 中原有的数据移入累加器 2，累加器 2 中原有的内容被覆盖，然后将数据装入累加器 1 中。当执行传送指令时，将累加器 1 中的数据写入目标存储区中，而累加器 1 的内容保持不变。L 和 T 指令可对字节、字、双字数据进行操作，当数据长度小于 32 位时，数据在累加器 1 中右对齐（低位对齐），其余各位填 0。

1. 对累加器 1 的装入指令和传送指令

(1) 对累加器 1 的装入指令（L）。L 指令可以将被寻址的操作数的内容（字节、字或双字）送入累加器 1 中，未用到的位清零。指令格式如下：

L 操作数

其中操作数可以是立即数（如：4、－5、B#16#1A、'AB'、S5T#8S、P#I1.0）、直接或间接寻址的存储区（如 IB0）。指令示例如表 6-1 所示。

表 6-1　L 指令示例

示例（STL）	说　明
L B#16#1B	向累加器 1 的低字低字节装入 8 位的十六进制常数
L 139	向累加器 1 的低字装入 16 位的整型常数
L B#（1，2，3，4）	向累加器 1 的 4 个字节分别装入常数 1，2，3，4
L L#168	向累加器 1 装入 32 位的整型常数 168

续表

示例（STL）	说　明
L 'ABC'	向累加器1装入字符型常数ABC
L C#10	向累加器1装入计数型常数
L S5T#10S	向累加器1装入S5定时器型常数
L 1.0E+2	向累加器1装入实型常数
L T#1D_2H_3M_4S	向累加器1装入时间型常数
L D#2005_10_20	向累加器1装入日期型常数
L IB10	将输入字节IB10的内容装入累加器1的低字低字节
L MB20	将存储字节MB20的内容装入累加器1的低字低字节
L DBB10	将数据字节DBB10的内容装入累加器1的低字低字节
L DIW15	将背景数据字DIW15的内容装入累加器1的低字

（2）对累加器1的传送指令（T）。T指令可以将累加器1的内容复制到被寻址的操作数，所复制的字节数取决于目标地址的类型（字节、字或双字），指令格式如下：

T　操作数

其中的操作数可以为直接I/O区、数据存储区或过程映像输出表的相应地址。指令示例如表6-2所示。

表6-2　　T指令示例

示例（STL）	说　明
T QB10	将累加器1的低字低字节的内容传送到输出字节QB10
T MW16	将累加器1的低字的内容传送到存储字MW16
T DBD2	将累加器1的内容传送到数字双字DBD2

2. 状态字与累加器1之间的装入和传送指令

（1）将状态字装入累加器1（L STW）。将状态字装入累加器1中，指令的执行与状态位无关，而且对状态字没有任何影响。指令格式如下：

L STW

（2）将累加器1的内容传送到状态字（T STW）。使用T STW指令可以将累加器1的位0～8传送到状态字的相应位，指令的执行与状态位无关，指令格式如下：

T STW

3. 与地址寄存器有关的装入和传送指令

S7-300/400 PLC系统有两个地址AR1和AR2。对于地址寄存器可以不经过累加器1而直接将操作数装入和传送，或直接交换两个地址寄存器的内容。

（1）LAR1指令（将操作数的内容装入地址寄存器AR1）。使用LAR1指令可以将操作数的内容（32位）装入地址寄存器AR1，执行后累加器1和累加器2的内容不变。执令的执行与状态位关，而且对状态字没有任何影响，指令格式如下：

LAR1　操作数

其中操作数可以是累加器1、指针型常数（P#）、存储双字（MD）、本地数据双字（LD）、数据双字（DBD）、背景数据双字（DID）或地址寄存器AR2等。操作数也可以省略，若省略操作数，则直接将累加器1的内容装入地址寄存器AR1。指令示例如表6-3所示。

表 6-3　　**LAR1 指令示例**

示例（STL）	说　明
LAR1	将累加器 1 的内容装入 AR1
LAR1　P#I0.0	将输入位 I0.0 的地址指针装入 AR1
LAR1　P#M10.0	将一个 32 位指针常数装入 AR1
LAR1　P#2.7	将指针数据 2.7 装入 AR1
LAR1　MD20	将存储双字 MD20 的内容装入 AR1
LAR1　DBD2	将数据双字 DBD2 中的指针装入 AR1
LAR1　DID30	将背景数据双字 DID30 中的指针装入 AR1
LAR1　LD180	将本地数据双字 LD180 中的指针装入 AR1
LAR1　P#Start	将符号名为“Start”的存储器的地址指针装入 AR1
LAR1　AR2	将 AR2 的内容传送到 AR1

（2）LAR2 指令（将操作数的内容装入地址寄存器 2）。使用 LAR2 指令可以将操作数的内容（32 位指针）装入地址寄存器 AR2，指令格式同 LAR1，其中的操作数可以是累加器 1、指针型常数（P#）、存储双字（MD）、本地数据双字（LD）、数据双字（DBD）或背景数据双字（DID），但不能用 AR1。

（3）TAR1（将地址寄存器 1 的内容传送到操作数）。使用 TAR1 指令可以将地址寄存器 AR1 传送给被寻址的操作数，指令的执行与状态位关，而且对状态字没有任何影响，指令格式如下：

TAR1　操作数

其中操作数可以是累加器 1、存储双字（MD）、本地数据双字（LD）、数据双字（DBD）、背景数据双字（DID）或地址寄存器 AR2 等。操作数也可以省略，若省略操作数，则直接将 AR1 的内容装入累加器 1，而累加器 2 的内容传送到累加器 2。指令示例如表 6-4 所示。

表 6-4　　**TAR1 指令示例**

示例（STL）	说　明
TAR1	将 AR1 的内容传送到累加器 1
TAR1　DBD20	将 AR1 的内容传送到数据双字 DBD20
TAR1　DID20	将 AR1 的内容传送到背景数据双字 DID20
TAR1　LD180	将 AR1 的内容传送到本地数据双字 LD180
TAR1　AR2	将 AR1 的内容传送到地址寄存器 AR2

（4）TAR2 指令（将地址寄存器 2 的内容传送到操作数）。使用 TAR2 指令可以将地址寄存器 AR1 的内容（32 位指针）传送给被寻址的操作数，指令格式同 TAR1。其中的操作数可以是累加器 1、存储双字（MD）、本地数据双字（LD）、数据双字（DBD）、背景数据双字（DID），但不能用 AR1。

（5）CAR 指令（交换地址寄存器 1 和地址寄存器 2 的内容）。使用 CAR 指令可以交换地址寄存器 AR1 和地址寄存器 AR2 的内容，指令不需要指定操作数。指令的执行与状态位无关，而且对状态字没有任何影响。

4. MOVE 指令

MOVE 指令能够复制字节、字或双字数据对象。指令格式及示例如表 6-5 所示。应用中 IN 为传送数据输入端，可以是常数、I、Q、M、D、L 等类型。OUT 为数据接收端，可以是 Q、M、D、L 等类型，但必须在宽度上与 IN 匹配。

表 6-5　　MOVE 指令及应用示例

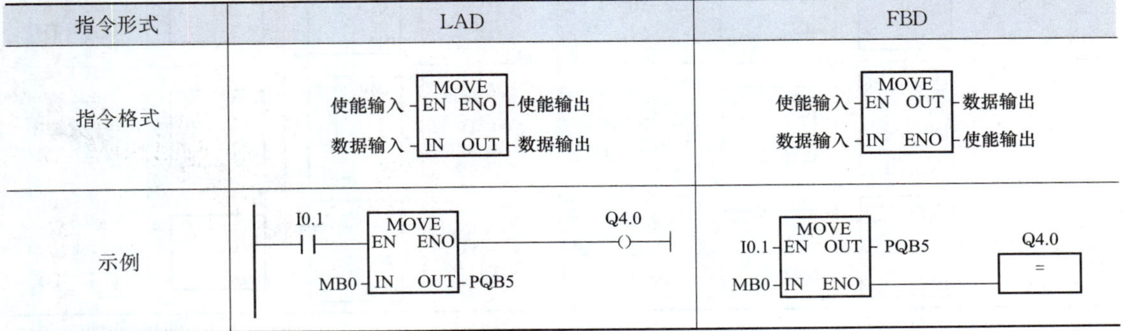

指令形式	LAD	FBD
指令格式	MOVE；使能输入 -EN ENO- 使能输出；数据输入 -IN OUT- 数据输出	MOVE；使能输入 -EN OUT- 数据输出；数据输入 -IN ENO- 使能输出
示例	I0.1 ─┤ ├─ MOVE EN ENO ─( )─ Q4.0；MB0 -IN OUT- PQB5	I0.1 -EN OUT- PQB5；MB0 -IN ENO- Q4.0 [=]

示例中，当 I0.1 为 ON 时，将数据字节 MB0 的内容直接复制到 PQB5，同时 Q4.0 动作。

二、比较指令

比较指令可完成整数、长整数或 32 位浮点数（实数）的相等、不等、大于、小于、大于或等于、小于或等于等比较。

1. 整数比较指令

整数比较指令格式及说明如表 6-6 所示。

表 6-6　　整数比较指令格式及说明表

STL 指令	LAD 指令	FBD 指令	说明	STL 指令	LAD 指令	FBD 指令	说明
==I	CMP==I IN1 IN2	CMP==I IN1 IN2	整数相等（EQ _ I）	<I	CMP<I IN1 IN2	CMP<I IN1 IN2	整数小于（LT _ I）
<>I	CMP<>I IN1 IN2	CMP<>I IN1 IN2	整数不等（NE _ I）	>=I	CMP>=I IN1 IN2	CMP>=I IN1 IN2	整数大于或等于（GE _ I）
>I	CMP>I IN1 IN2	CMP>I IN1 IN2	整数大于（GT _ I）	<=I	CMP<=I IN1 IN2	CMP<=I IN1 IN2	整数小于或等于（LE _ I）

例如，图 6-1 所示的程序中，当 I0.1 为 ON，且 MW10 中的内容与 MW20 中的内容相等时，则 M8.0 驱动为 ON。

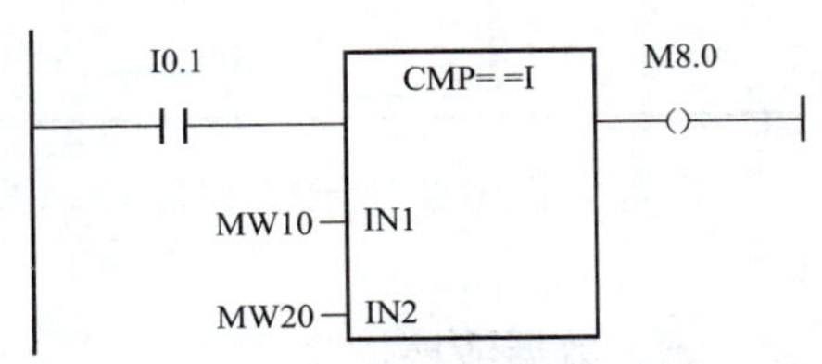

图 6-1　整数比较指令应用

2. 长整数比较指令

长整数比较指令格式及说明如表 6-7 所示。

表 6-7　　　　长整数比较指令格式及说明表

STL 指令	LAD 指令	FBD 指令	说明	STL 指令	LAD 指令	FBD 指令	说明
==D	CMP==D IN1 IN2	CMP==D IN1 IN2	长整数相等（EQ_D）	<D	CMP<D IN1 IN2	CMP<D IN1 IN2	长整数小于（LT_D）
<>D	CMP<>D IN1 IN2	CMP<>D IN1 IN2	长整数不等（NE_D）	>=D	CMP>=D IN1 IN2	CMP>=D IN1 IN2	长整数大于或等于（GE_D）
>D	CMP>D IN1 IN2	CMP>D IN1 IN2	长整数大于（GT_D）	<=D	CMP<=D IN1 IN2	CMP<=D IN1 IN2	长整数小于或等于（LE_D）

例如，图 6-2 所示的程序中，当 MD0 的内容大于或等于 MD4 中的内容时，则 Q4.0 驱动为 ON。

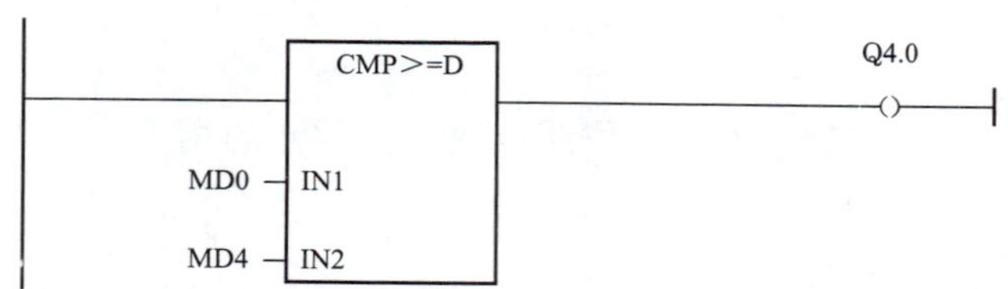

图 6-2　长整数比较指令应用

3. 实数比较指令

实数比较指令格式及说明如表 6-8 所示。

表 6-8　　　　实数比较指令格式及说明表

STL 指令	LAD 指令	FBD 指令	说明	STL 指令	LAD 指令	FBD 指令	说明
==R	CMP==R IN1 IN2	CMP==R IN1 IN2	实数相等（EQ_R）	<R	CMP<R IN1 IN2	CMP<R IN1 IN2	实数小于（LT_R）
<>R	CMP<>R IN1 IN2	CMP<>R IN1 IN2	实数不等（NE_R）	>=R	CMP>=R IN1 IN2	CMP>=R IN1 IN2	实数大于或等于（GE_R）
>R	CMP>R IN1 IN2	CMP>R IN1 IN2	实数大于（GT_R）	<=R	CMP<=R IN1 IN2	CMP<=R IN1 IN2	实数小于或等于（LE_R）

例如，图 6-3 所示的程序中，当 MD0 的内容大于 MD4 中的内容时，则 Q4.0 驱动为 ON。

三、数据转换指令

转换指令是将累加器 1 中的数据进行数据类型转换，转换结果仍放在累加器 1 中。在

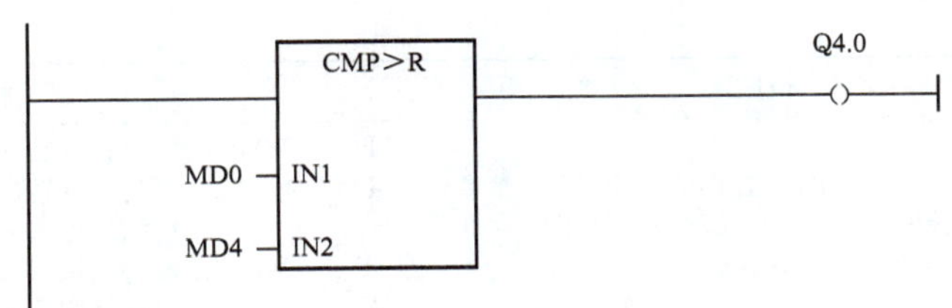

图 6-3 实数比较指令应用

STEP 7 中，可以实现 BCD 码与整数、整数与长整数、长整数与实数、整数的反码、整数的补码、实数求反等数据转换操作。

1. BCD 码和整数到其他类型转换指令

BCD 码和整数到其他类型转换指令共有 6 条，有 3 种指令格式。指令格式、说明及示例如表 6-9 和表 6-10 所示。

表 6-9　　STL 形式的 BCD 码和整数到其他类型转换指令

指令	说明	示例

BTI	将累加器 1 低字中的内容作为 3 位的 BCD 码（－999～＋999）进行编译，并转换为整数，结果保存在累加器 1 低字中，累加器 2 保持不变。累加器 1 的位 11～0 为 BCD 码数值部分，位 15～12 为 BCD 码的符号位（0000 代表正数，1111 代表负数）。
	如果 BCD 编码出现无效码（10～15）会引起转换错误（BCDF），并使 CPU 进入 STOP 状态
		L　MW0　//将 3 位 BCD 码装入
		　　　　//累加器 1 的低字中
		BTI　　　//将 BCD 码转换为整数，
		　　　　//结果存入累加器 1 的低字中
		T　MW20　//将结果（整数）传送到
		　　　　//存储字 MW20

BTD	将累加器 1 的内容作为 7 位的 BCD 码（－9999999～＋9999999）进行编译，并转换为长整数，结果保存在累加器 1 中，累加器 2 保持不变。累加器 1 的位 27～0 为 BCD 码数值部分，位 3 为 BCD 码的符号位（0 代表正数，1 代表负数），位 30～28 无效。
	如果 BCD 编码出现无效码（10～15）会引起转换错误（BCDF），并使 CPU 进入 STOP 状态
		L　MD0　//将 7 位 BCD 码装入
		　　　　//累加器 1 中
		BTD　　　//将 BCD 码转换为长整数，
		　　　　//结果存入累加器 1 中
		T　MD20　//将结果（长整数）传送到
		　　　　//存储双字 MD20

ITB	将累加器 1 低字中的内容作为一个 16 位整数进行编译，并转换为 3 位的 BCD 码，结果保存在累加器 1 的低字中，累加器 1 的位 11～0 为 BCD 码数值部分，位 15～12 为 BCD 码的符号位（0000 代表正数；1111 代表负数），累加器 1 的高字及累加器 2 保持不变。
	BCD 码的范围在－999～＋999 之间，如果有数值超出这一范围，则 OV＝“1”、OS＝“1”
		L　MW0　//将整数装入累加器 1 的低字中
		ITB　　　//将整数转换为 3 位的 BCD 码，
		　　　　//结果存入累加器 1 的低字中
		T　MW20　//将结果（3 位的 BCD 码）
		　　　　//传送到存储字 MW20

DTB	将累加器 1 中的内容作为一个 32 位长整数进行编译，并转换为 7 位的 BCD 码，结果保存在累加器 1 的中，位 27～0 为 BCD 码数值部分，位 31～28 为 BCD 码的符号位（0000 代表正数，1111 代表负数）。累加器 2 保持不变。
	BCD 码的范围在－9999999～＋9999999 之间，如果有数值超出这一范围，则 OV＝“1”、OS＝“1”
		L　MD0　//将长整数装入累加器 1 中
		DTB　　　//将长整数转换为 7 位的 BCD，
		　　　　//结果存入累加器 1 中
		T　MD20　//将结果（BCD 码）传送到
		　　　　//存储双字 MD20

续表

指令	说明	示例

ITD	将累加器 1 低字中的内容作为一个 16 位整数进行编译，并转换为 32 位的长整数，结果保存在累加器 1 中，累加器 2 保持不变	L MW0 //将整数装入累加器 1 中
		ITD //将整数转换为长整数，
		//结果存入累加器 1 中
		T MD20 //将结果（长整数）传送到
		//存储双字 MD20

DTR	将累加器 1 中的内容作为一个 32 位长整数进行编译，并转换为 32 位的 IEEE 浮点数，结果保存在累加器 1 中	L MD0 //将长整数装入累加器 1 中
		DTR //将长整数转换为 32 位浮点数，
		//结果存入累加器 1 中
		T MD20 //将结果（浮点数）传送到
		//存储双字 MD20

表 6-10　LAD 和 FBD 形式的 BCD 码和整数到其他类型转换指令

LAD 指令	FBD 指令	说明	示例
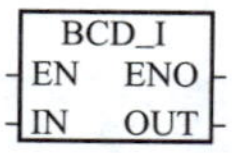 BCD_I EN ENO IN OUT	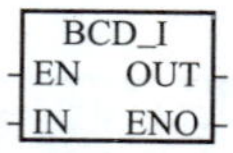 BCD_I EN OUT IN ENO	将 3 位 BCD 码转换为整数	 I0.1 —EN BCD_I ENO—；MW0 —IN OUT— MW20　或　I0.1 —EN BCD_I OUT— MW20；MW0 —IN ENO—
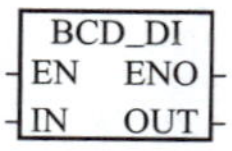 BCD_DI EN ENO IN OUT	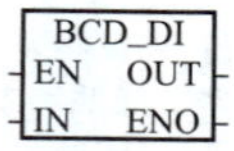 BCD_DI EN OUT IN ENO	将 7 位 BCD 码转换为长整数	 I0.1 —EN BCD_DI ENO—；MD0 —IN OUT— MD10　或　I0.1 —EN BCD_DI OUT— MD10；MD0 —IN ENO—
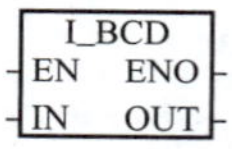 I_BCD EN ENO IN OUT	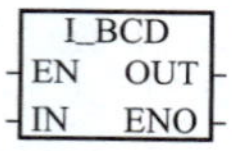 I_BCD EN OUT IN ENO	将整数转换为 3 位的 BCD 码	 I0.1 —EN I_BCD ENO—；MW0 —IN OUT— MW6　或　I0.1 —EN I_BCD OUT— MW6；MW0 —IN ENO—
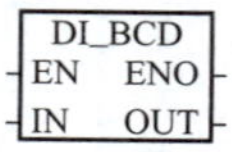 DI_BCD EN ENO IN OUT	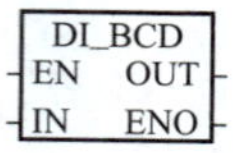 DI_BCD EN OUT IN ENO	将长整数转换为 7 位的 BCD 码	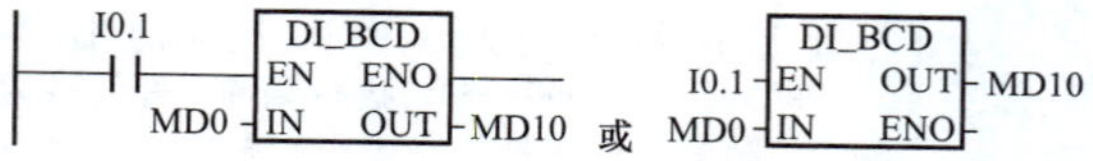 I0.1 —EN DI_BCD ENO—；MD0 —IN OUT— MD10　或　I0.1 —EN DI_BCD OUT— MD10；MD0 —IN ENO—
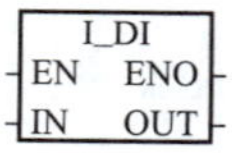 I_DI EN ENO IN OUT	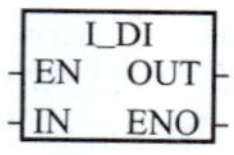 I_DI EN OUT IN ENO	将整数转换为长整数	 I0.1 —EN I_DI ENO—；MW0 —IN OUT— MD20　或　I0.1 —EN I_DI OUT— MD20；MW0 —IN ENO—
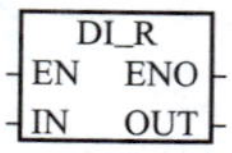 DI_R EN ENO IN OUT	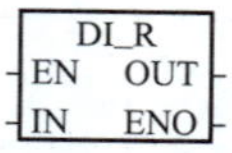 DI_R EN OUT IN ENO	将长整数转换为 32 位的浮点数	 I0.1 —EN DI_R ENO—；MD0 —IN OUT— MD10　或　I0.1 —EN DI_R OUT— MD10；MD0 —IN ENO—

2. 整数和实数的变换指令

整数和实数的变换指令共有 5 条，有 3 种形式。STL 形式的指令格式、说明及示例如表 6-11 所示。

表 6-11　STL 形式的整数和实数的变换指令

指令	说明	示例
INVI	对累加器 1 低字中的 16 位数求二进制反码（逐位求反，即“1”变为“0”、“0”变为“1”），结果保存在累加器 1 的低字中	L MW0 //将 16 位数装入累加器 1 的低字中 INVI //对 16 位数求反，结果存入累加器 1 的低字中 T MW20 //将结果传送到存储字 MW20

续表

指令	说明	示例
INVD	对累加器 1 中的 32 位数求二进制反码，结果保存在累加器 1 中	L MD0 //将 32 位数装入累加器 1 中 INVD //对 32 位数求反，结果存入累加器 1 中 T MD20 //将结果传送到存储双字 MD20
NEGI	对累加器 1 低字中的 16 位数求二进制补码（对反码加 1），结果保存在累加器 1 的低字中	L MW0 //将 16 位数装入累加器 1 的低字中 NEGI //对 16 位数求补，结果存入累加器 1 的低字中 T MW20 //将结果传送到存储字 MW20
NEGD	对累加器 1 中的 32 位数求二进制补码，结果保存在累加器 1 中	L MD0 //将 32 位数装入累加器 1 中 NEGD //对 32 位数求补，结果存入累加器 1 中 T MD20 //将结果传送到存储双字 MD20
NEGR	对累加器 1 中的 32 位浮点数求反（相当于乘－1），结果保存在累加器 1 中	L MD0 //将 32 位浮点数装入累加器 1 中，假设为＋3.14 NEGR //对 32 位浮点数求反，结果存入累加器 1 中 //结果变为－3.14 T MD20 //将结果传送到存储双字 MD20

LAD 和 FBD 形式的整数和实数的变换指令格式、说明及示例如表 6-12 所示。

表 6-12　　LAD 和 FBD 形式的整数和实数的变换指令

LAD 指令	FBD 指令	说明	示例
INV_I EN ENO IN OUT	INV_I EN OUT IN ENO	求整数的二进制反码	I0.1 ─┤├─ INV_I（EN ENO；IN: MW0，OUT: MW20）或 INV_I（EN: I0.1，IN: MW0，OUT: MW20，ENO）
INV_DI EN ENO IN OUT	INV_DI EN OUT IN ENO	求长整数的二进制反码	I0.1 ─┤├─ INV_DI（EN ENO；IN: MD0，OUT: MD20）或 INV_DI（EN: I0.1，IN: MD0，OUT: MD20，ENO）
NEG_I EN ENO IN OUT	NEG_I EN OUT IN ENO	求整数的二进制补码	I0.1 ─┤├─ NEG_I（EN ENO；IN: MW0，OUT: MW10）或 NEG_I（EN: I0.1，IN: MW0，OUT: MW10，ENO）
NEG_DI EN ENO IN OUT	NEG_DI EN OUT IN ENO	求长整数的二进制补码	I0.1 ─┤├─ NEG_DI（EN ENO；IN: MD0，OUT: MD10）或 NEG_DI（EN: I0.1，IN: MD0，OUT: MD10，ENO）
NEG_R EN ENO IN OUT	NEG_R EN OUT IN ENO	对浮点数求反	I0.1 ─┤├─ NEG_R（EN ENO；IN: MD0，OUT: MD10）或 NEG_R（EN: I0.1，IN: MD0，OUT: MD10，ENO）

3．实数取整指令

实数取整指令共有 4 条，有 3 种指令形式。STL 形式的指令格式、说明及示例如表 6-13 所示。

表 6-13　　　　**STL 形式的实数取整指令**

指令	说明	示例
RND	将累加器 1 中的 32 位浮点数转换为长整数，并将结果取整为最近的整数。如果被转换数字的小数部分位于奇数和偶数中间，则选取偶数结果。结果保存在累加器 1 中	L　MD0　//将 32 位浮点数数装入累加器 1 中 RND　//对 32 位浮点数转换为长整数 T　MD20　//将结果传送到存储双字 MD20
TRUNC	截取累加器 1 中的 32 浮点数的整数部分，并转换为长整数。结果保存在累加器 1 中	L　MD0　//将 32 位浮点数数装入累加器 1 中 TRUNC　//截取浮点数的整数部分，并转换为长整数 T　MD20　//将结果传送到存储双字 MD20
END+	将累加器 1 中的 32 位浮点数转换为大于或等于该浮点数的最小的长整数，结果保存在累加器 1 中	L　MD0　//将 32 位浮点数数装入累加器 1 中 RND+　//取大于或等于该浮点数的最小的长整数 T　MD20　//将结果传送到存储双字 MD20
RND−	将累加器 1 中的 32 位浮点数转换为小于或等于该浮点数的最大的长整数，结果保存在累加器 1 中	L　MD0　//将 32 位浮点数数装入累加器 1 中 RND−　//取小于或等于该浮点数的最小的长整数 T　MD20　//将结果传送到存储双字 MD20

LAD、FBD 形式的实数取整指令格式、说明及示例如表 6-14 所示。

表 6-14　　　　**LAD、FBD 形式的实数取整指令**

LAD 指令	FBD 指令	说明	示例
ROUND EN ENO IN OUT	ROUND EN OUT IN ENO	将 32 位浮点数转换为最接近的长整数	I0.1 —| |— ROUND EN ENO MD0 — IN OUT — MD4 或 I0.1 — ROUND EN OUT — MD4 MD0 — IN ENO
TRUNC EN ENO IN OUT	TRUNC EN OUT IN ENO	取 32 位浮点数的整数部分并转换为长整数	I0.1 —| |— TRUNC EN ENO MD0 — IN OUT — MD10 或 I0.1 — TRUNC EN OUT — MD10 MD0 — IN ENO
CEIL EN ENO IN OUT	CEIL EN OUT IN ENO	将 32 位浮点数转换为大于或等于该数的最小的长整数	I0.1 —| |— CEIL EN ENO MD0 — IN OUT — MD10 或 I0.1 — CEIL EN OUT — MD10 MD0 — IN ENO
FLOOR EN ENO IN OUT	FLOOR EN OUT IN ENO	将 32 位浮点数转换为小于或等于该数的最大的长整数	I0.1 —| |— FLOOR EN ENO MD0 — IN OUT — MD10 或 I0.1 — FLOOR EN OUT — MD10 MD0 — IN ENO

4. 累加器 1 调整指令

累加器调整指令可对累加器 1 的内容进行调整，指令格式、说明及示例如表 6-15 所示。

表 6-15 累加器1调整指令

指令	说明	示例

CAW	交换累加器1低字中的字节顺序	L MW0 //将16位数装入累加器1的低字中
		//假设MW0的内容为W#16#X1X2
		CAW //交换累加器1低字中的字节顺序
		//转换结果为W#16#X2X1
		T MW20 //将结果传送到存储字MW20

CAD	交换累加器1中的字节顺序	L MD0 //将16位数装入累加器1中
		//假设MW0的内容为DW#16#X1X2X3X4
		CAD //交换累加器1低字中的字节顺序
		//转换结果为DW#16#X4X3X2X1
		T MD20 //将结果传送到存储双字MD20

◀第二节 算术运算指令▶

算术运算指令可完成整数、长整数及实数的加、减、乘、除、求余、求绝对值等基本算数运算，以及32位浮点数的平方、平方根、自然对数、基于e的指数运算及三角函数等扩展算数运算。

算术运算指令有两大类：基本算术运算指令和扩展算术运算指令。

一、基本算术运算指令

基本算术运算指令可完成整数、长整数或32位浮点数（实数）的加、减、乘、除、取余及取绝对值等运算，整数运算类指令格式及说明如表6-16所示，长整数运算类指令格式及说明如表6-17所示，实数运算类指令及说明如表6-18所示。

表 6-16 整数运算类指令

STL指令	LAD指令	FBD指令	说明
+I	ADD_I EN ENO IN1 OUT IN2	ADD_I EN IN1 OUT IN2 ENO	整数加（ADD _ I） 累加器2的低字（或IN1）加累加器1的低字（或IN2），结果保存到累加器1的低字（或OUT）中
−I	SUB_I EN ENO IN1 OUT IN2	SUB_I EN IN1 OUT IN2 ENO	整数减（SUB _ I） 累加器2的低字（或IN1）减累加器1的低字（或IN2），结果保存到累加器1的低字（或OUT）中
*I	MUL_I EN ENO IN1 OUT IN2	MUL_I EN IN1 OUT IN2 ENO	整数乘（MUL _ I） 累加器2的低字（或IN1）乘累加器1的低字（或IN2），结果（32位）保存到累加器1（或OUT）中
/I	DIV_I EN ENO IN1 OUT IN2	DIV_I EN IN1 OUT IN2 ENO	整数除（DIV _ I） 累加器2的低字（或IN1）除累加器1的低字（或IN2），结果保存到累加器1的低字（或OUT）中
+<16位整常数>	—	—	加整数常数（16位或32位） 累加器1的低字加16位整数常数，结果保存到累加器1的低字中

表 6-17　　长整数运算类指令

STL 指令	LAD 指令	FBD 指令	说明
+D	ADD_DI EN ENO IN1 OUT IN2	ADD_DI EN IN1 OUT IN2 ENO	长整数加（ADD _ DI） 累加器 2（或 IN1）加累加器 1（或 IN2），结果保存到累加器 1（或 OUT）中
−D	SUB_DI EN ENO IN1 OUT IN2	SUB_DI EN IN1 OUT IN2 ENO	长整数减（SUB _ DI） 累加器 2（或 IN1）减累加器 1（或 IN2），结果保存到累加器 1（或 OUT）中
*D	MUL_DI EN ENO IN1 OUT IN2	MUL_DI EN IN1 OUT IN2 ENO	长整数乘（MUL _ DI） 累加器 2（或 IN1）乘累加器 1（或 IN2），结果保存到累加器 1（或 OUT）中
/D	DIV_DI EN ENO IN1 OUT IN2	DIV_DI EN IN1 OUT IN2 ENO	长整数除（DIV _ DI） 累加器 2（或 IN1）除累加器 1（或 IN2），结果保存到累加器 1（或 OUT）中
+＜32 位整常数＞	—	—	加整数常数（16 位或 32 位） 累加器 1 的内容加 32 位整数常数，结果保存到累加器 1 中
MOD	MOD_DI EN ENO IN1 OUT IN2	MOD_DI EN IN1 OUT IN2 ENO	长整数收余（MOD _ DI） 累加器 2（或 IN1）除累加器 1（或 IN2），将余数保存到累加器 1（或 OUT）中

表 6-18　　实数运算类指令

STL 指令	LAD 指令	FBD 指令	说明
+R	ADD_R EN ENO IN1 OUT IN2	ADD_R EN IN1 OUT IN2 ENO	实数加（ADD _ R） 累加器 2（或 IN1）加累加器 1（或 IN2），结果保存到累加器 1（或 OUT）中
−R	SUB_R EN ENO IN1 OUT IN2	SUB_R EN IN1 OUT IN2 ENO	实数减（SUB _ R） 累加器 2（或 IN1）减累加器 1（或 IN2），结果保存到累加器 1（或 OUT）中
*R	MUL_R EN ENO IN1 OUT IN2	MUL_R EN IN1 OUT IN2 ENO	实数乘（MUL _ R） 累加器 2（或 IN1）乘累加器 1（或 IN2），结果保存到累加器 1（或 OUT）中
/R	DIV_R EN ENO IN1 OUT IN2	DIV_R EN IN1 OUT IN2 ENO	实数除（DIV _ R） 累加器 2（或 IN1）除累加器 1（或 IN2），结果保存到累加器 1（或 OUT）中
ABS	ABS EN ENO IN OUT	ABS EN OUT IN ENO	取绝对值（ABS） 对累加器 1（或 IN1）的 32 位浮点数取绝对值，结果保存到累加器 1（或 OUT）中

对于 STL 形式的基本算术运算指令，参与算术运算的第 1 操作数由累加器 2 提供，第 2 操作数由累加器 1 提供，运算结果保存在累加器 1 中，并影响状态字的 CC1、CC0、OV 和 OS 标志位。

在进行数学运算时，如果运算结果超出允许范围（如对 INT，结果为－32768～32767），则使用 ENO 为“0”，否则为“1”。

【例 6-1】 16 位整数的算术运算指令应用。

```
L  IW10        //将输入字 IW10 装入累加器 1 的低字
L  MW12        //将累加器 1 低字中的内容装入到累加器 2 的低字
               //将存储字 MW12 装入累加器 1 的低字
+ I            //将累加器 2 低字和累加器 1 低字相加,结果保存到累加器 1 的低字中
+ 68           //将累加器 1 的低字中的内容加上常数 68,结果保存到累加器 1 的低字
T  DB1.DBW25 //将累加器低字中的内容(结果)传送到 DB1 的 DBW25 中
```

二、扩展算术运算指令

扩展算术运算指令可完成 32 位浮点数的平方、平方根、自然对数、基于 e 的指数运算及三角函数等运算，指令格式及说明如表 6-19 所示。

表 6-19　扩展算术运算指令格式及说明

STL 指令	LAD 指令	FBD 指令	说明	STL 指令	LAD 指令	FBD 指令	说明
SQR	SQR EN ENO IN OUT	SQR EN OUT IN ENO	浮点数平方（SQR）	COS	COS EN ENO IN OUT	COS EN OUT IN ENO	浮点数余弦运算（COS）
SQRT	SQRT EN ENO IN OUT	SQRT EN OUT IN ENO	浮点数平方根（SQRT）	TAN	TAN EN ENO IN OUT	TAN EN OUT IN ENO	浮点数正切运算（TAN）
EXP	EXP EN ENO IN OUT	EXP EN OUT IN ENO	浮点数指数运算（EXP）	ASIN	ASIN EN ENO IN OUT	ASIN EN OUT IN ENO	浮点数反正弦运算（ASIN）
LN	LN EN ENO IN OUT	LN EN OUT IN ENO	浮点数自然对数运算（LN）	ACOS	ACOS EN ENO IN OUT	ACOS EN OUT IN ENO	浮点数反余弦运算（ACOS）
SIN	SIN EN ENO IN OUT	SIN EN OUT IN ENO	浮点数正弦运算（SIN）	ATAN	ATAN EN ENO IN OUT	ATAN EN OUT IN ENO	浮点数反正切运算（ATAN）

对于 STL 形式的扩展算术运算指令，可对累加器 1 中的 32 位浮点数进行运算，结果保存在累加器 1 中，指令执行后将影响状态字的 CC1、CC0、OV 和 OS 标志位。

对于 LAD 和 FBD 形式的扩展算术运算指令，如果指令未执行或运算结果在允许范围之外，则 ENO 为“0”，否则 ENO 为“1”。

◀ 第三节　控 制 指 令 ▶

控制指令可控制程序的执行顺序，使得 CPU 能根据不同的情况执行不同的程序。常用

的控制指令有跳转指令、逻辑块指令、数据块指令等。

一、跳转指令

跳转指令可以中断原有的线性程序扫描，并跳转到目标地址处重新执行线性程序扫描。目标地址由跳转指令后面的标号指定，该地址标号指出程序要跳往何处，可向前跳转，也可以向后跳转，最大跳转距离为−32 768 或 32 767 字。

跳转指令有无条件跳转指令、多分支跳转指令和条件跳转指令 3 种。

1. 无条件跳转指令

无条件跳转指令 JU 执行时，将直接中断当前的线性程序扫描，并跳转到由指令后面的标号所指定的目标地址处重新执行线性程序扫描。指令格式及功能如表 6-20 所示。

表 6-20　无条件跳转指令格式及功能

指令格式	说明
JU 〈标号〉	STL 形式的无条件跳转指令
标号 ——(JMP)——┤	LAD 形式的无条件跳转指令，直接连接到最左边母线，否则将变成条件跳转指令
标号 … —[JMP]	FBD 形式的无条件跳转指令，不需要连接任何元件，否则将变成条件跳转指令

【例 6-2】 无条件跳转指令的使用。

在如图 6-4 所示的程序中，当程序执行到无条件跳转指令时，将直接跳转到 L1 处执行，图 6-3 中分别为 LAD、FBD 及 STL 格式。

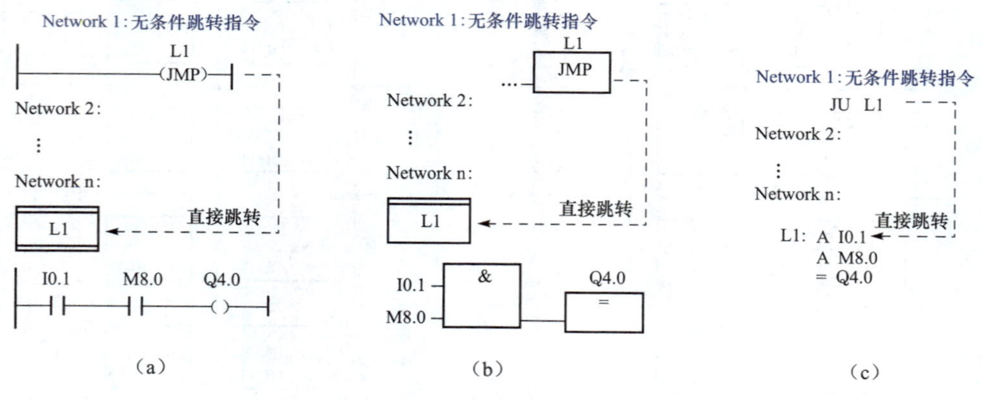

图 6-4　无条件跳转指令的应用

(a) LAD 格式；(b) FBD 格式；(c) STL 格式

2. 多分支跳转指令

多分支跳转指令 JL 的指令格式如下：

JL　〈标号〉

如果累加器 1 低字中低字节的内容小于 JL 指令和由 JL 指令所指定的标号之间的 JU 指令的数量，JL 指令就会跳转到其中一条 JU 处执行，并由 JU 指令进一步跳转到目标地址；如果累加器 1 低字中低字节的内容为 0，则直接执行 JL 指令下面的第一条 JU 指令；如果累加器 1 低字中低字节的内容为 1，则直接执行 JL 指令下面的第二条 JU 指令；如果跳转的目的地的数量太大，则 JL 指令跳转到目的地列表中最后一个 JU 指令之后的第一个指令。

【例 6-3】 多分支跳转指令的使用。多分支程序示例及分析如下：

```
        L    MB0     //将跳转目标地址标号装入累加器 1 低字的低字节中
        JL   LSTx    //如果累加器 1 低字的低字节中的内容大于 3,则跳转到 LSTx
        JU   SEG0    //如果累加器 1 低字的低字节中的内容等于 0,则跳转到 SEG0
        JU   SEG1    //如果累加器 1 低字的低字节中的内容等于 1,则跳转到 SEG1
        JU   SEG2    //如果累加器 1 低字的低字节中的内容等于 2,则跳转到 SEG2
        JU   SEG3    //如果累加器 1 低字的低字节中的内容等于 3,则跳转到 SEG3
LSTx    JU   COMM    //跳出
SEG0:   …            //程序段 1
        JU   COMM    //跳出
SEG1:   …            //程序段 2
        JU   COMM    //跳出
SEG2:   …            //程序段 3
        JU   COMM    //跳出
SEG3:   …            //程序段 4
        JU   COMM
COMM:   …            //程序出口
…
```

3. 条件跳转指令

条件跳转指令是根据运算结果 RLO 的值或状态字各标志位的状态改变线性程序扫描，指令格式及功能如表 6-21 所示。

表 6-21　　条件跳转指令格式及功能

指令格式	说明	指令格式	说明
JC〈标号〉	RLO 为“1”跳转	JO〈标号〉	OV 为“1”跳转
标号 —(JMP)—|	RLO 为“1”跳转，LAD 指令。指令左边必须由信号，否则就变为无条件跳转指令	JOS〈标号〉	OS 为“1”跳转
标号 … —[JMP]	RLO 为“1”跳转，FBD 指令。指令左边必须由信号，否则就变为无条件跳转指令	JZ〈标号〉	为“0”跳转
JCN〈标号〉	RLO 为“0”跳转	JN〈标号〉	非“0”跳转
标号 —(JMPN)—|	RLO 为“0”跳转，LAD 指令	JP〈标号〉	为“正”跳转
标号 —[JMPN]	RLO 为“0”跳转，FBD 指令	JM〈标号〉	为“负”跳转
JCB〈标号〉	RLO 为“1”且 BR 为“1”跳转	JPZ〈标号〉	非“负”跳转

续表

指令格式	说明	指令格式	说明
JNB〈标号〉	RLO 为"0"且 BR 为"1"跳转	JMZ〈标号〉	非"正"跳转
JBI〈标号〉	BR 为"1"跳转	JUO〈标号〉	"无效"转移
JNBI〈标号〉	BR 为"0"跳转		

【例 6-4】 条件跳转指令的使用。

程序示例如图 6-5 所示。当 I0.0 与 I0.1 同时为"1"时，则跳转到 L2 处执行；否则，到 L1 处执行（顺序执行）。

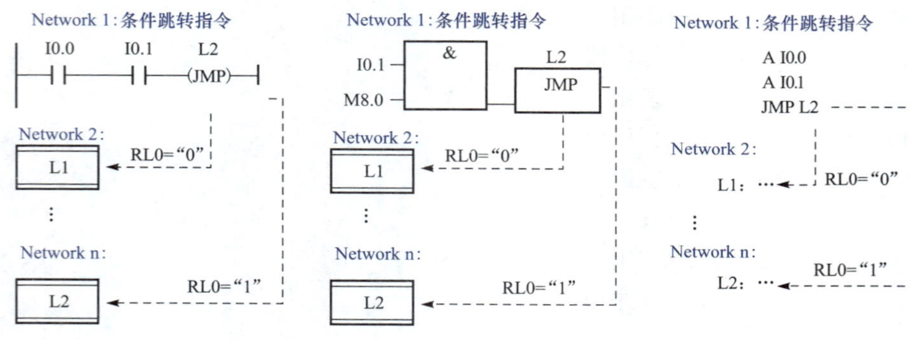

图 6-5　条件跳转指令的使用

二、程序控制指令

程序控制指令是指功能块（FB、FC、SFB、SFC）调用指令和逻辑块（OB、FB、FC）结束指令。调用块或结束块可以是有条件的或是无条件的。可分为基本控制指令和逻辑块调用指令。

1. 基本控制指令

基本控制指令包括无条件块结束指令 BE、BEU 和有条件结束指令 BEC。它们的 STL 形式的指令格式及说明如表 6-22 所示。

表 6-22　　STL 形式的基本控制指令格式及说明

STL 指令	说明	示例
BE	无条件块结束。对于 STEP 7 软件而言，其功能等同于 BEU 指令	A　I0.0 JC　NEXT　//若 I0.0=1，则跳转到 NEXT A　I4.0　//若 I0.0=0，继续向下扫描程序 A　I4.1 S　M8.0 BEU　//无条件结束当前块的扫描 NEXT　…　//若 I0.0=1，则扫描其他程序
BEU	无条件块结束。无条件结束当前块的扫描，将控制返还给调用块，然后从块调用指令后的第一条指令开始，重新进行程序扫描	
BEC	条件块结束。当 RLO="1"时，结束当前块的扫描，将控制返还给调用块，然后从块调用指令后的第一条指令开始，重新进行程序扫描。若 RLO="0"，则跳过该指令，并将 RLO 置"1"，程序从该指令后的下一条指令继续在当前块内扫描	A　I1.0　//刷新 RLO BEC　//若 RLO=1，则结束当前块 L　IW0　//若 BEC 未执行，继续向下扫描 T　MW2

2. 逻辑块调用指令

逻辑块调用指令 CALL 指令可以调用用户编写的功能块或操作系统提供的功能块，CALL 指令的操作数是功能块类型及其编号，当调用的功能块是 FB 块时还要提供相应的背景数据块 DB。使用 CALL 指令可以为被调用功能块中的形参赋以实际参数，调用时应保证实参与形参的数据类型一致。

STL 形式的指令格式及说明如表 6-23 所示。

表 6-23 STL 形式的逻辑块调用指令格式及说明

STL 指令	说明	示例
CALL〈块标识〉	无条件块调用。可无条件调用 FB、FC、SFB、SFC 或由西门子公司提供的标准预编程块。如果调用 FB 或 SFB，必须提供具有相关背景数据块的程序块，被调用逻辑块的地址可以绝对指定，也可以相对指定	CALL SFB4，DB4 IN： I0.1 //给形参 IN 分配实参 I0.1 PT： T＃20S //给形参 PT 分配实参 T＃20S Q： M0.0 //给形参 Q 分配实参 M0.0 ET： MD10 //给形参 ET 分配实参 MD10
CC〈块标识〉	条件块调用。若 RLO＝“1”，则调用指定的逻辑块，该指令用于调用无参数 FC 或 FB 类型的逻辑块，除了不能使用调用程序传递参数之外，该指令与 CALL 指令的用法相同	A I2.0 //检查 I2.0 的信号状态 CC FC12 //若 I2.0＝“1”，则调用 FCI2 A M3.0 //若 I2.0＝“0”，则直接执行该指令
UC〈块标识〉	无条件调用。可无条件调用 FC 或 SFC，除了不能使用调用程序传递参数之外，该指令与 CALL 指令的用法相同	UC FC2 //调用功能块 FC2（无参数）

第 7 章

S7-300/400PLC的用户程序结构

本章主要介绍 S7 用户程序结构，结合具体的实例，详细介绍功能（FC）、功能块（FB）及数据块（DB）的编辑及使用方法。

第一节　用户程序的结构与执行

PLC 中的程序分为操作系统和用户程序。操作系统用来实现与特定的控制任务无关的功能，处理 PLC 的启动、刷新输入/输出过程映象表、调用用户程序、处理中断和错误、管理存储区和处理通信等功能。用户程序是由用户在 STEP7 中生成，然后将它下载到 CPU。用户程序包含处理用户特定的自动化任务所需要的所有功能，如指令 CPU 暖启动或热启动的条件、处理过程数据、指定对中断的响应和执行程序正常运行等功能。

STEP7 将用户编写的程序和程序所需的数据放置在块中，使单个的程序部件标准化。通过在块内或块之间类似子程序的调用，使用户程序结构化，可以简化程序组织，使程序易于修改、查错和调试。各种块的简单说明如表 7-1 所示，主要有 OB、FB、FC、SFB 和 SFC，都包含部分程序。

表 7-1　　用户程序中的块

块	简要描述
组织块（OB）	操作系统与用户程序的接口，决定用户程序的结构
系统功能块（SFB）	集成在 CPU 模块中，通过 SFB 调用一些重要的系统功能，有存储区
系统功能（SFC）	集成在 CPU 模块中，通过 SFC 调用一些重要的系统功能，无存储区
功能块（FB）	用户编写的包含经常使用的功能的子程序，有存储区
功能（FC）	用户编写的包含经常使用的功能的子程序，无存储区
背景数据块（DI）	调用 FB 和 SFB 时用于传递参数的数据块，在编译过程中自动生成数据
共享数据块（DB）	存储用户数据的数据区域，供所有的块共享

根据用户程序的需要，用户程序可以由不同的块构成，各种块的关系如图 7-1 所示。在图中可看出，组织块 OB 可以调用 FC、FB、SFB、SFC。FC 或 FB 也可以调用另外的 FC 或 FB，称为嵌套。FB 和 SFB 使用时需要配有相应的背景数据块（IDB）。

其中组织块 OB、功能块 FB、功能 FC、系统功能 SFC、系统功能块 SFB 和系统功能 SFC 中包含由 S7 指令构成的程序代码，因此称这些模块为程序块或逻辑块。背景数据块（Instance Date Block）和共享数据块（Shared DB）中不包含 S7 的指令，只用来存放用户数据，因此称为数据块。

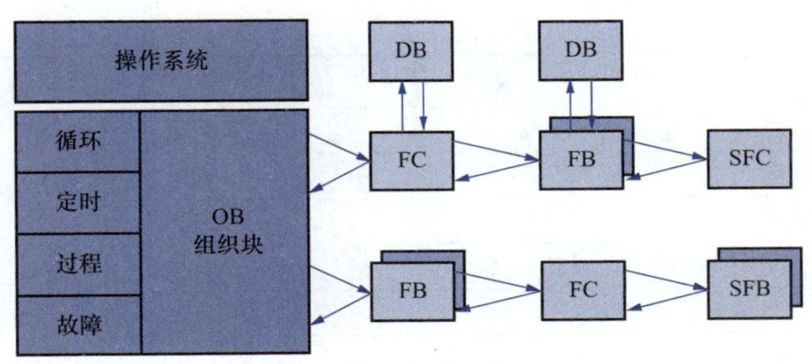

图 7-1 各种块的关系

一、逻辑块与数据块

1. 组织块（OB）

组织块是操作系统与用户程序的接口，由操作系统调用，用于控制扫描循环和中断程序的执行，PLC 的启动和错误处理等，有的 CPU 只能使用部分组织块。

（1）组织块的启动事件及中断优先级。启动事件触发 OB 调用称为中断。表 7-2 显示了 STEP7 中的中断类型以级分配给这些中断的组织块的优先级，不同的 PLC 所支持的组织块的个数和类型有所不同，因此用户只能编写 PLC 支持的组织块。

组织块可确定单个程序段执行的顺序（启动事件），一个 OB 调用还可以中断另一个 OB 的执行，具体哪个 OB 调用允许中断另一个 OB 取决于其优先级。中断优先级响应原则是：高优先级的 OB 可以中断低优先级的 OB，而低优先级的 OB 则不能中断同级或高优先级的 OB。具有相同优先级的 OB 按照其启动事件发生的先后次序进行处理。

表 7-2 **组织块的启动事件及对应优先级**

OB 号	启动事件	默认优先级	说明
OB1	启动或上一次循环结束时执行 OBI	1	主程序循环
OB10～OB17	日期时间中断 0～7	2	在设置的日期时间启动
OB20～OB23	时间延时中断 0～3	3～6	延时后启动
OB30～OB38	循环中断 0～8 时间间隔分别为 5s，2s，1s，500ms，200ms，100ms，50ms，20ms，10ms	7～15	以设定的时间为周期运行
OB40～OB47	硬件中断 0～7	16～23	检测外部中断请求时启动
OB55	状态中断	2	DPV1 中断（PROFIBUS-DP）
OB56	刷新中断	2	
OB57	制造厂特殊中断	2	
OB60	多处理中断，调用 SFC35 时启动	25	多处理中断的同步操作
OB61～64	同步循环中断 1～4	25	同步循环中断
OB70	I/O 冗余错误	25	冗余故障中断只用于 H 系列的 CPU
OB72	CPU 冗余错误，例如一个 CPU 发生故障	28	
OB73	通行冗余错误中断，例如冗余连接的冗余丢失	25	

续表

OB号	启动事件	默认优先级	说明
OB80	时间错误	26	异步错误中断
OB81	电源故障	27	
OB82	诊断中断	28	
OB83	插入/拔出模块中断	29	
OB84	CPU硬件故障	30	
OB85	优先级错误	31	
OB86	扩展几架、DP主站系统或分布式I/O站故障	32	
OB87	通行故障	33	
OB88	过程中断	34	
OB90	冷、热启动，删除或背景循环	29	背景循环
OB100	暖启动	27	启动
OB101	热启动（S7-300和S7-400H不具备）	27	
OB102	冷启动	27	
OB121	编程错误	与引起中断的OB相同	同步错误中断
OB122	I/O访问错误		

（2）OB1。OB1是循环扫描的主程序块，它的优先级最低。其循环时间被监控。即除OB90以外，其他所有OB均可中断OB1的执行。以下两个事件可导致操作系统调用OB1：

1）CPU启动完毕。

2）OB1执行到上一个循环周期结束。

OB1执行完后，操作系统发送全局数据。再次启动OB1之前，操作系统会将输出映像区数据写入输出模板，刷新输入映像区并接收全局数据。S7监视最长循环时间，保证最长的响应时间。最长循环时间缺省设置为150ms。可以设一个新值或通过SFC43“RE_TRIGR”重新启动时间监视功能。如果您的程序超过了OB1最长循环时间，操作系统将调用OB80（时间故障OB）；如果OB80不存在，则CPU停机。除了监视最长循环时间，还可以保证最短循环时间。操作系统将延长下一个新循环（将输出映像区数据传送到输出模板）直到最短循环时间到。参数“最长”、“最短”循环时间的范围。您可以运用STEP 7软件更改参数设置。

表7-3描述了OB1的临时变量（TEMP），变量名是OB1的缺省名称。

表7-3　OB1的临时变量

变量	类型	说明
OB1_EV_CLASS	BYTE	事件等级和标识符：B#16#11：OB1激活
OB1_SCAN_1	BYTE	B#16#01：完成暖重启 B#16#02：完成热重启 B#16#03：完成主循环 B#16#04：完成冷重启 B#16#05：主站-保留站切换和“停止”上一主站之后新主站CPU的首个OB1循环
OB1_PRIORITY	BYTE	优先级1
OB1_OB_NUMBR	BYTE	OB编号（01）

续表

变量	类型	说明
OB1_RESERVED_1	BYTE	保留
OB1_RESERVED_2	BYTE	保留
OB1_PREV_CYCLE	INT	上一次扫描的运行时间（ms）
OB1_MIN_CYCLE	INT	自上次启动后的最小周期（ms）
OB1_MAX_CYCLE	INT	从上次启动后的最大周期（ms）
OB1_DATE_TIME	DATE_AND_TIME	调用OB时的DATE_AND_TIME

（3）启动组织块OB100～OB102。当PLC接通电源以后，CPU有三种启动方式，可以在STEP7中设置CPU的属性时选择其一：暖启动（Warm restart）、热启动（Hot restart）和冷启动（Cold restart）。OB100为暖启动组织块，OB101为热启动组织块，OB102为冷启动组织块。对于OB100～OB102，CPU只在启动运行时对其进行一次扫描，其他时间只对OB1进行循环扫描。

S7-300CPU（不包含CPU318）只有暖启动，用STEP7可以指定存储器位、定时器、计数器和数据块在电源掉电后的保持范围。

暖启动时，过程映象数据以及非保持的存储器位、定时器和计数器复位。具有保持功能的存储器位、定时器、计数器和所有数据块将保留原数值。程序将重新开始运行，执行启动OB100。

手动暖启动时，将模式开关扳到STOP位置，STOP LED亮，然后再扳到RUN或RUN-P位置。

1）热启动。在RUN状态时如果电源突然丢失，然后又重新上电，S7-400CPU将执行一个初始化程序，自动地完成热启动。热启动从上次RUN模式结束时程序被中断之处继续执行，不对计数器等复位。热启动只能在STOP状态时没有修改用户程序的条件下才能进行。

2）冷启动。冷启动适用于CPU417和CPU417H。冷启动时，过程数据区的所有数据均被清零，包括有保持功能的数据。用户程序将重新开始运行，执行OB102和OB1。手动冷启动时将模式开关选择扳到STOP位置，STOP LED亮，再扳到MRES位置，STOP LED灭1s，亮1s，再灭1s后保持亮。最后将它扳到RUN或RUN-P位置。

2. 功能（FC）

功能是用户编的，没有固定存储区的块，其临时变量存储在局域数据堆栈中，功能执行结束后，这些数据就丢失了。可以用共享数据区来存储那些在功能执行结束后需要保存的数据，不能为功能的局域数据分配初始值。

调用功能时可用实际参数代替形式参数。形参是实参在逻辑块中的名称，功能不需要背景数据块。功能被调用后，可以为调用它的块提供一个数据类型为RETRUN的返回值。

3. 功能块（FB）

功能块是用户编写的有自己存储区（背景数据块）的块，每次调用功能时需要提供各种类型的数据给功能块，功能块也要返回变量给调用它的块。这些数据静态变量（STAT）的形式存放在指定的背景数据块（DI）中，临时变量存储在局部数据堆栈中。功能块执行完后，背景数据块中的数据不会丢失，但是不会保存局域数据堆栈中的数据。

在编写调用 FB 程序时，必须指定 DI 的编号，使用时 DI 被自动打开。在编译 FB 时自动生成背景数据块中的数据。

一个功能块可以有多个背景数据块，使用功能块用于不同的被控对象。

可以在 FB 的变量声明表中给形参赋初值，它们被自动写入到相应的背景数据块中。在调用块时，CPU 将实参分配给形参的值存储在 DI 中。如果调用块没有提供实参，将使用上一次存储在背景数据块中的参数值。

4. 数据块（DB）

数据块（DB）是用于存放执行用户程序时所需的变量数据的数据区。与逻辑块不同，在数据块中没有 STEP7 的指令，STEP7 按数据生成的顺序自动地为数据块中的变量分配地址。数据块可分为共享数据块和背景数据块。数据块的最大允许容量与 CPU 的型号有关。

（1）共享数据块。共享数据块存储的是全局数据，所有的 FB、FC 或 OB 都可以从共享数据块中读取数据，或将某个数据写入共享数据块。如果某个逻辑块被调用，它可以使用它的临时局域数据区（即 L 堆栈）。逻辑块执行结束后，其局域数据区中的数据丢失，但共享数据块中的数据不会删除。

（2）背景数据块。背景数据块中的数据是伴随 FB 或 SFB 自动生成的，是 FB 或 SFB 的变量声明表中的数据（不含临时变量 TEMP）。它用于传递参数，FB 的实参和静态数据存储在背景数据块中。调用功能块时，应同时指定背景数据块的编号，它只能被指定的功能块访问。

5. 系统功能（SFC）和系统功能块（SFB）

系统功能是集成在 S7 CPU 的操作系统中预先编好程序的逻辑块，如时间功能和块传送功能等。SFC 属于操作系统的一部分，可以在用户程序中调用。与 SFB 相比，SFC 没有存储功能。

系统功能块是为用户提供的已经编好的块，可以在用户程序中调用这些块，但是用户不能修改。它们是操作系统的一部分，不占用程序空间。SFB 有存储功能，其变量保存在指定给它的背景数据块中。

6. 系统数据块（SDB）

系统数据块是由 STEP7 产生的程序存储区，包含系统组态数据，如硬件模块参数和通信连接参数等用于 CPU 操作系统的数据。

二、用户程序的结构

用户程序的结构主要有线性程序、分部式程序和结构化程序三种类型。

1. 线性程序（线性编程）

所谓线性程序结构，就是将整个用户程序连续放置在一个循环程序块（OB1）中，块中的程序按顺序执行，CPU 通过反复执行 OB1 来实现自动化控制任务。这种结构和 PLC 所代替的硬接线继电器控制类似，CPU 逐条地处理指令。事实上所有的程序都可以用线性结构实现，不过，线性结构一般适用于相对简单的程序编写。

2. 分部式程序（分部编程、分块编程）

所谓分部程序，就是将整个程序按任务分成若干个部分，并分别放置在不同的功能（FC）、功能块（FB）及组织块中，在一个块中可以进一步分解成段。在组织块 OB1 中包含按顺序调用其他块的指令，并控制程序执行。

在分部程序中，既无数据交换，也不存在重复利用的程序代码。功能（FC）和功能块（FB）不传递也不接收参数，分部程序结构的编程效率比线性程序有所提高，程序测试也较方便，对程序员的要求也不太高。对不太复杂的控制程序可考虑采用这种程序结构。

3. 结构化程序（结构化编程或模块化编程）

所谓结构化程序，就是处理复杂自动化控制任务的过程中，为了使任务更易于控制，常把过程要求类似或相关的功能进行分类，分割为可用于几个任务的通用解决方案的小任务，这些小任务以相应的程序段表示，称为块（FC或FB）。OB1通过调用这些程序块来完成整个自动化控制任务。

结构化程序的特点是每个块（FC或FB）在OB1中可能会被多次调用，以完成具有相同过程工艺要求的不同控制对象。这种结构可简化程序设计过程、减小代码长度、提高编程效率，比较适合于较复杂自动化控制任务的设计。

三、I/O过程映象

当寻址输入（I）和输出（Q）时，用户程序不直接查寻信号模块的信号状态，而是访问CPU系统存储器中的一个存储区，这个存储区域就是过程映象。

PLC在一个扫描周期开始以后，不会立即响应输入信号的变化，也不会立即刷新输出信号。这样可以保证在一个扫描周期内使用相同的输入信号状态。输出信号在程序中也可以被赋值或被检查，即使一个输出在程序中的几个地方被赋值，也仅有最后被赋值的状态能传送到相应的输出模块上。为了这些功能的实现，在PLC内部设置了两个过程映象区：过程映象输入表（PII）和过程映象输出表（PIQ）。过程映象示意图如图7-2所示。

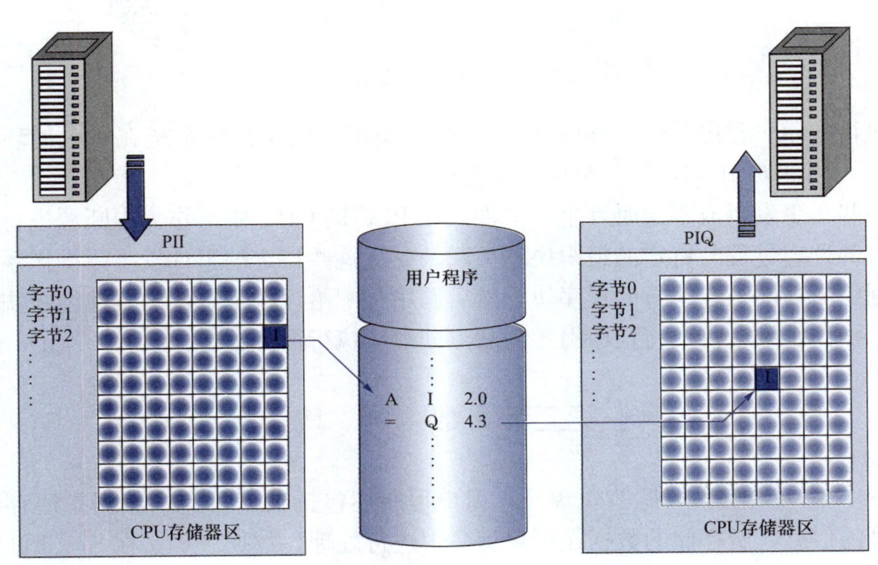

图7-2 过程映象示意图

PII（Process Image Input）建立在CPU存储器内，所有输入模块的信号状态均存放在此。PIQ（Process Image Output）用来暂存程序执行结果的输出值，这些输出值在扫描结束后被传送到实际输出模块上。

四、程序执行

当PLC得电或从STOP模式切换到RUN模式时，CPU执行一次启动（OB100）。在启动期间，操作系统首先清除非保持位存储器、定时器和计数器，删除中断堆栈和块堆栈，复位所有的硬件中断和诊断中断，然后启动扫描循环监视时间。

如图7-3所示，CPU的循环操作包括三个主要部分：一是CPU检查输入信号的状态并刷新过程映像输入表；二是执行用户程序；三是把过程输出映像输出表的值写到输出模块中。

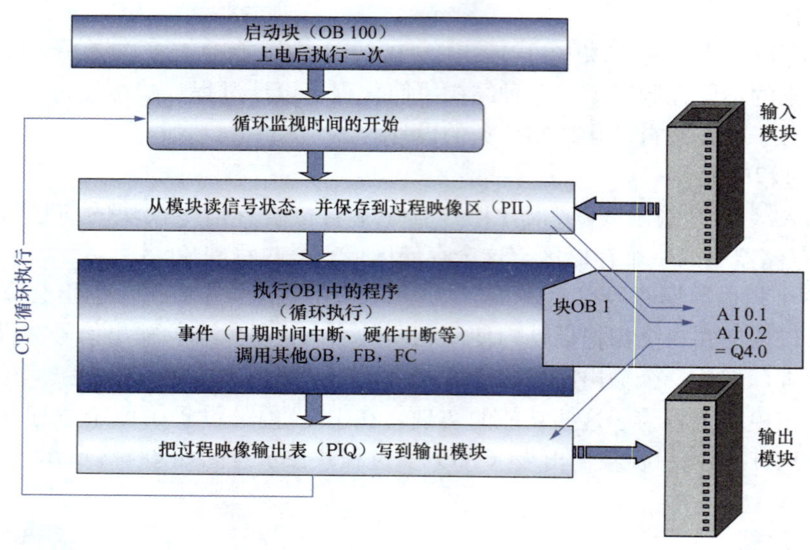

图7-3　循环扫描过程

循环执行的用户程序是PLC正常执行的程序类型，由于操作系统在每次循环都会调用组织块OB1，因此OB1实际上就是用户主程序。

对于一些很少发生或不定时发生的事件，在PLC的CPU中可作为中断源进行处理，并将相应的事件处理过程与特定的组织块相关联。一旦这些特定的事件发生，操作系统就会按照优先级别中断当前正在执行的程序块，然后调用分配给该特定事件的其他组织块。中断处理结束后，操作系统会自动将程序引导到断点处继续执行循环程序。

第二节　数　据　块

对于S7-300/400 PLC，除逻辑块外，用户程序还包括数据，这些数据是所存储的过程状态和信号的信息，所存储的数据在用户程序中进行处理。数据块定义在S7 CPU的存储器中，用户可在存储器中建立一个或多个数据块。每个数据块可大可小，但CPU对数据块数量及数据总量有限制。数据块（DB）可用来存储用户程序中逻辑块的变量数据（如数值）。与临时数据不同，当逻辑块执行结束或数据块关闭时，数据块中的数据保持不变。用户程序可以位、字节、字或双字操作访问数据块中的数据，可以使用符号或绝对地址。

一、数据块的分类

数据块（DB）有三种类型，即共享数据块、背景数据块和用户定义数据块。

共享数据块又称全局数据块。用于存储全局数据，所有逻辑块（OB、FC、FB）都可以访问共享数据块存储的数据。

背景数据块用作“私有存储器区”，即用作功能块（FB）的“存储器”。FB的参数和静态变量安排在它的背景数据块中。背景数据块不是由用户编辑的，而是由编辑器伴随功能块生成的。

用户定义数据块（DB of Type）是以UDT为模板所生成的数据块。创建用户定义数据块（DB of Type）之前，必须先创建一个用户定义数据类型，如UDT1，并在LAD/STL/FBD S7程序编辑器内定义。

利用LAD/STL/FBD S7程序编辑器，或用已经生成的用户定义数据类型可建立共享数据块。

CPU有两种数据块寄存器：DB和DI寄存器。

二、数据块的数据结构

在STEP 7中数据块的数据类型可以采用基本数据类型、复杂数据类型或用户定义数据类型（UDT）。在前面我们已学习过数据类型，下面仅对数据块的数据类型进行介绍。

1. 基本数据类型

基本数据类型根据IEC1131-3定义，长度不超过32位，可利用STEP 7基本指令处理，能完全装入S7处理器的累加器中。基本数据类型包括：

（1）位数据类型：BOOL、BYTE、WORD、DWORD、CHAR。

（2）数字数据类型：INT、DINT、REAL。

（3）定时器类型：S5TIME、TIME、DATE、TIME _ OF _ DAY。

2. 复杂数据类型

复杂数据类型只能结合共享数据块的变量声明使用。复杂数据类型可大于32位，用装入指令不能把复杂数据类型完全装入累加器，一般利用库中的标准块（“IEC” S7程序）处理复杂数据类型。复杂数据类型包括：

（1）时间（DATE _ AND _ TIME）类型。

（2）数组（ARRAY）类型。

（3）结构（STRUCT）类型。

（4）字符串（STRING）类型。

3. 用户定义数据类型（User-Defined dataType，UDT）

STEP 7允许利用数据块编辑器，将基本数据类型和复杂数据类型组合成长度大于32位用户定义数据类型。用户定义数据类型不能存储在PLC中，只能存放在硬盘上的UDT块中。可以用用户定义数据类型作“模板”建立数据块，以节省录入时间。可用于建立结构化数据块、建立包含几个相同单元的矩阵、在带有给定结构的FC和FB中建立局部变量。

【例7-1】 创建用户定义数据类型：UDT1。

创建一个名称为UDT1的用户定义数据类型，数据结构如下：

```
STRUCT
    Speed:INT
    Current:REAL
END_STRUCT
```

可按以下几个步骤完成：

（1）首先在 SIMATIC 管理器中选择 S7 项目的 S7 程序（S7 Program）的块文件夹（Blocks）；然后执行菜单命令 Insert→S7 Block→Data Type，如图 7-4 所示。

（2）在弹出的数据类型属性对话框 Properties-Data Type 内，可设置要建立的 UDT 属性，如 UDT 的名称。设置完毕单击 OK 按钮确认。

（3）在 SIMATIC 管理器的右视窗内，双击新建立的 UDT1 图标，启动 LAD/STL/FBD 编辑器。如图 7-5 所示，在编辑器变量列表的第二行 Address 的下面“0.0”处单击鼠标右键，用快捷命令 Declaration Line after Selection 在当前行下面插入两个空白描述行。

（4）按图 7-5 所示的格式输入两个变量（Speed 和 Current）。最后单元保存按钮保存 UDT1，这样就完成了 UDT1 的创建。

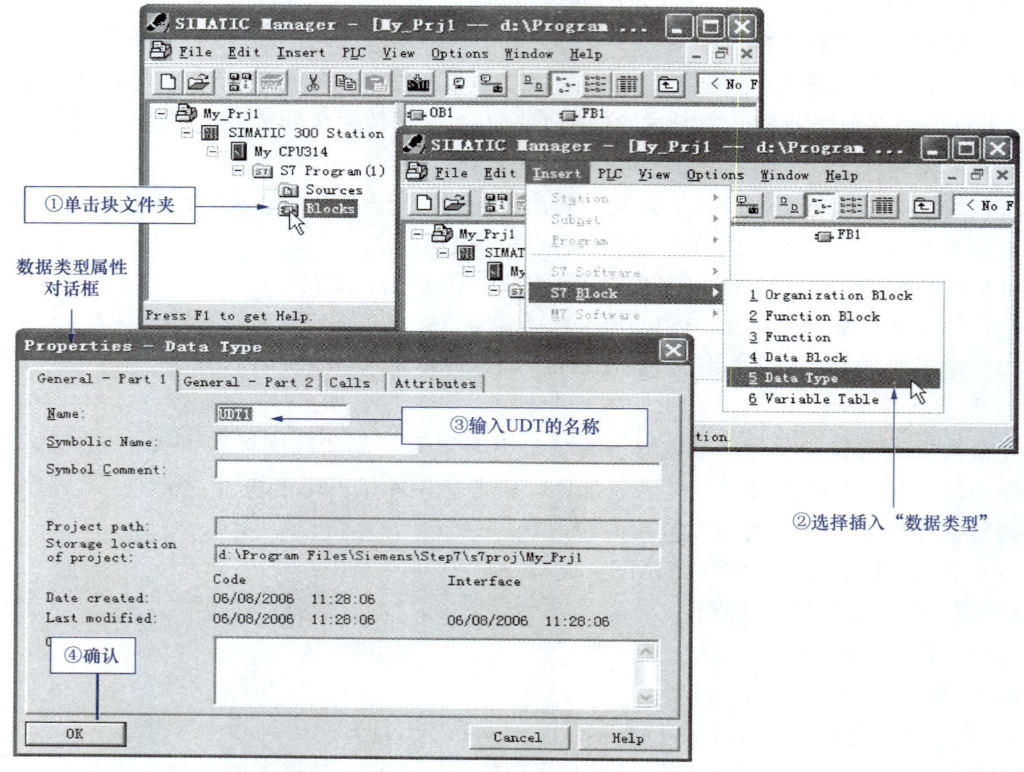

图 7-4　创建用户定义数据类型

编辑窗口内各列的含义如下：

（1）Address（地址），变量所占用的第一个字节地址，存盘时由程序编辑器产生。

（2）Name（名称），单元的符号名。

（3）Type（类型），数据类型，单击鼠标右键，在快捷菜单 Elementary Types 内可选择。可用的数据类型有：BOOL、BYTE、WORD、DWORD、INT、DINT、REAL、S5TIME、TIME、DATE、TIME_OF_DAYT 和 CHAR。

（4）Initial（初始值），为数据单元设定一个默认值。如果不输入，就以 0 为初始值。

（5）Comment（注释），数据单元的说明，为可选项。

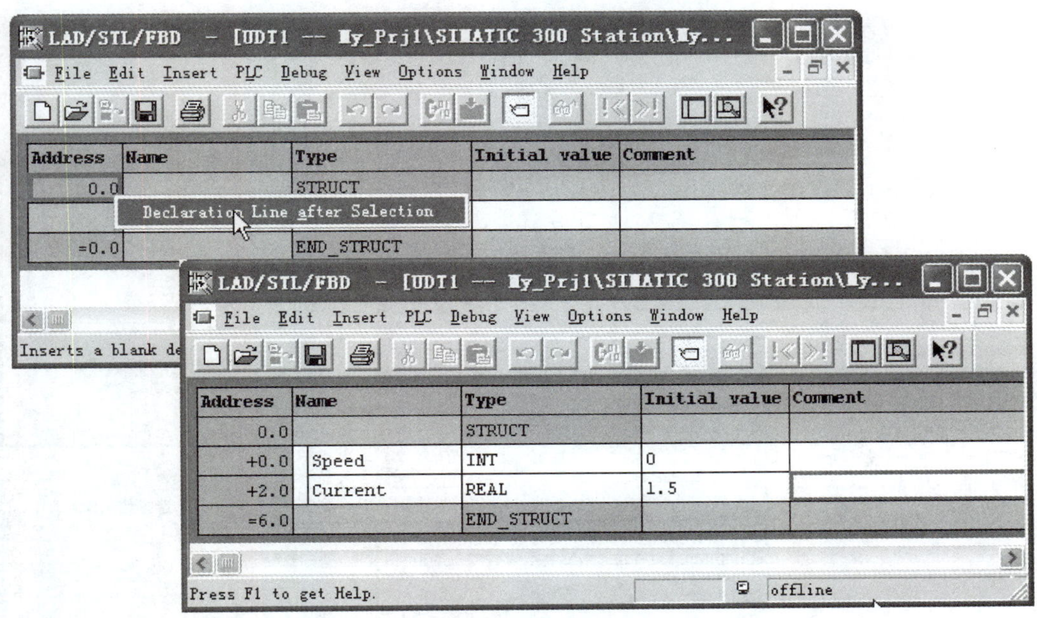

图 7-5 编辑 UDT1

三、建立数据块

在 STEP 7 中，为了避免出现系统错误，在使用数据块之前，必须先建立数据块，并在块中定义变量（包括变量符号名、数据类型以及初始值等）。数据块中变量的顺序及类型决定了数据块的数据结构，变量的数量决定了数据块的大小。数据块建立后，还必须同程序块一起下载到 CPU 中，才能被程序块访问。

1. 建立数据块

假设用 SIMATIC 管理器创建一个名称为 DB1 的共享数据块，具体操作步骤如下：

首先在 SIMATIC 管理器中选择 S7 项目的 S7 程序（S7 Program）的块文件夹（Blocks）；然后执行菜单命令 Insert→S7 Block→DataBlock，如图 7-6 所示。

在弹出的数据属性对话框 Properties-Data Block 内，可设置要建立的数据块属性：

（1）数据块名称（Name），如 DB1、DB2 等。

（2）数据块的符号名（Symbol Name），为可选项。

（3）符号注解（Symbol Comment），为可选项。

（4）数据块的类型：共享数据块（Shared DB）、背景数据块（Instance DB）或用户定义数据块（DB of Type）。

设置完毕后单击 OK 按钮确认。

2. 定义变量并下载数据块

共享数据块建立以后，可以在 S7 的块文件夹（Blocks）内双击数据块图标，启动 LAD/STL/FBD S7 编辑器，并打开数据块。以前面所创建的 DB1 为例，DB1 的原始窗口如图 7-7 所示。

数据块编辑窗口与图 7-5 的 UDT1 的编辑窗口相似，因此可按照相同的方法，输入需要的变量即可。如在图 7-7 中建立了 5 个变量。

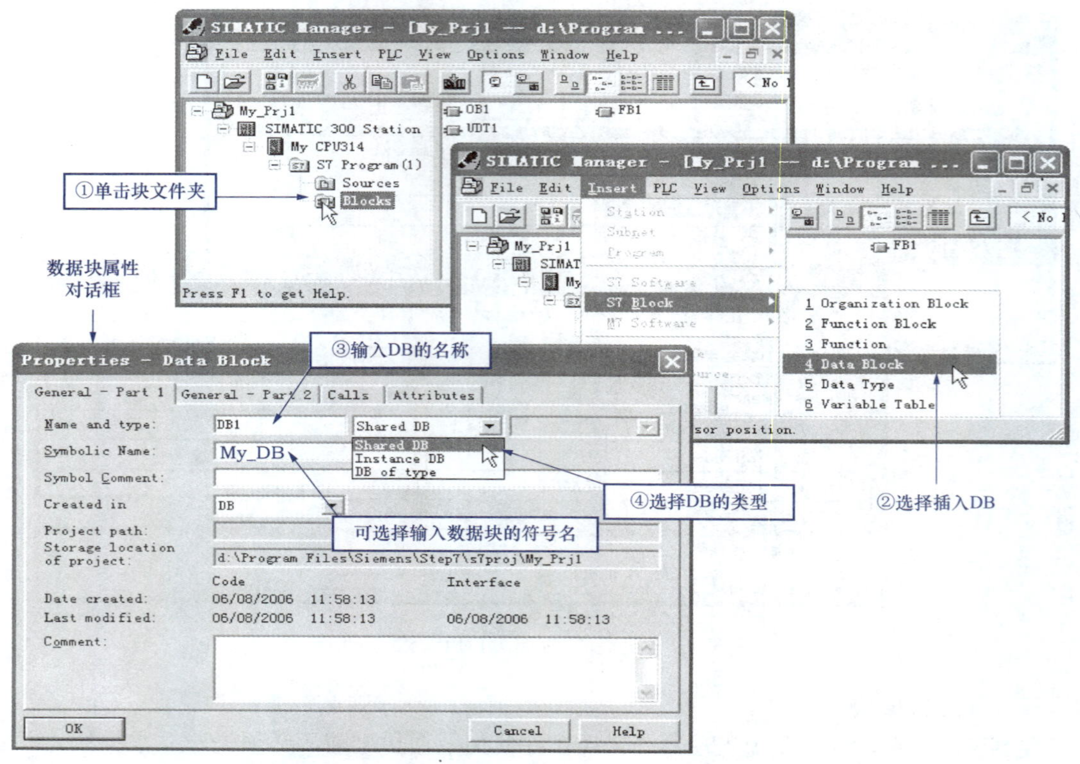

图 7-6　用 SIMATIC 管理器创建数据块

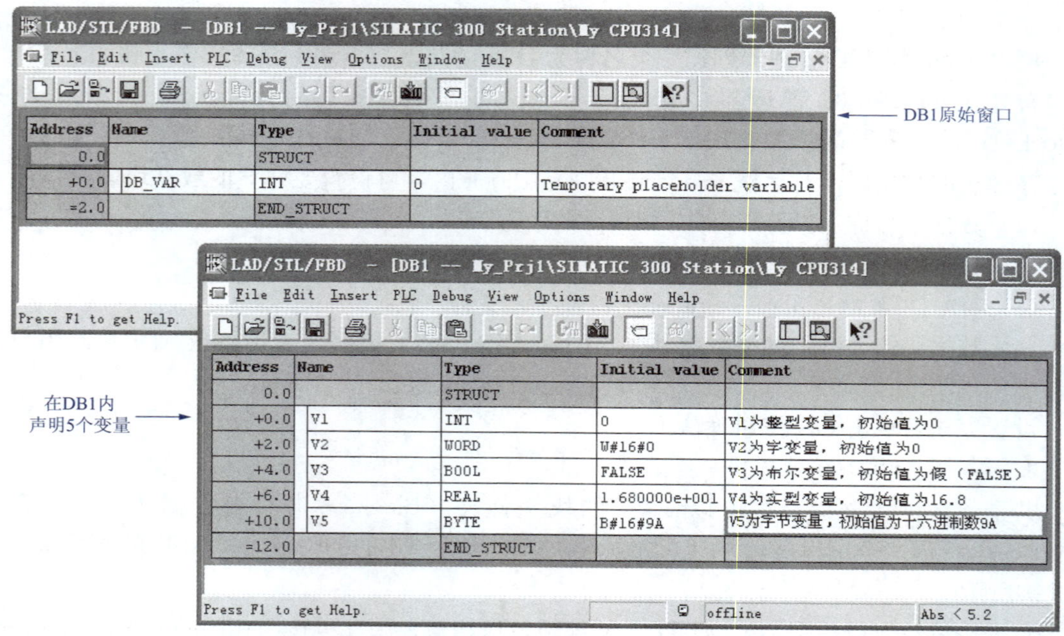

图 7-7　编辑数据块（定义变量）

四、访问数据块

在用户程序中可能存在多个数据块，而每个数据块的数据结构并不完全相同，因此在访问数据块时，必须指明数据块的编号、数据类型与位置。如果访问不存在的数据单元或数据块，而且没有编写错误处理 OB 块，CPU 将进入 STOP 模式。

1. 寻址数据块

数据块中的数据单元按字节寻址，S7-300 的最大块长度是 8kB。可以装载数据字节、数据字、双字。当使用数据字时，需要指定第一个字节地址，如 DBW2。按该地址装入两个字节。使用双字时，按该地址装入 4 个字节，如图7-8 所示。

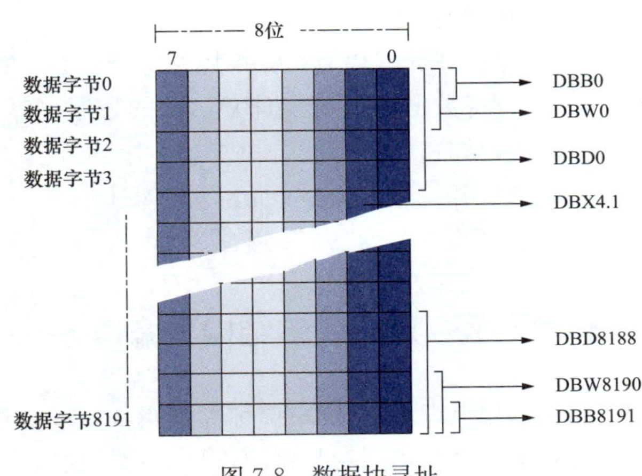

图 7-8 数据块寻址

2. 访问数据块

访问数据块时需要明确数据块的编号和数据块中的数据类型及位置。在 STEP 7 中可以采用传统访问方式，即先打开后访问；也可以采用完全表示的直接访问方式。

（1）先打开后访问。可用指令“OPN DB…”打开共享数据块，或用指令“OPN DI…”打开背景数据块。如果在创建数据块时，给数据块定义了符号名，如 My_DB，也可使用 OPN “My_DB”打开数据块。

如果数据块已经打开，则可用装入 L 或传送 T 指令访问数据块。

【例 7-2】 打开并访问共享数据块。

```
OPN    "My_DB"    //打开数据块 DB1,作为共享数据块
L      DBW2       //将 DB1 的数据字 DBW2 装入累加器 1 的低字中
T      MW0        //将累加器低字中的内容传送到存储字 MW0
T      DBW4       //将累加器 1 低字中的内容传送到 DB1 的数据字 DBW4
OPN    DB2        //打开数据块 DB2,作为共享数据块,同时关闭数据块 DB1
L      DB2        //装入共享数据块 DB2 的长度
L      MD10       //将 MD10 装入累加器
< D               //比较数据块 DB2 的长度是否足够长
JC     ERRO       //如果长度小于存储双字 DM10 中的数值,则跳转到 ERRO
```

【例 7-3】 打开并访问背景数据块。

```
OPN    DB1     //打开数据块 DB1,作为共享数据块
```

```
L      DBW2      //将 DB1 的数据字 DBW2 装入累加器 1 的低字中
T      MW0       //将累加器低字中的内容传送到存储字 MW0
T      DBW4      //将累加器 1 低字中的内容传送到 DB1 的数据字 DBW4
OPN    DI2       //打开数据块 DB2，作为背景数据块
L      DIB2      //将 DB2 的数据字节 DBB2 装入累加器 1 低字的低字节中
T      DIB10     //将累加器 1 低字低字节的内容传送到 DB2 的数据字节 DBB10
```

（2）直接访问数据块。所谓直接访问数据块，就是在指令中同时给出数据块的编号和数据在数据块中的地址。可以用绝对地址，也可以用符号地址直接访问数据块。

用绝对地址直接访问数据块，如：

```
L     DB1.DBW2      //打开数据块 DB1，并装入地址为 2 字数据单元
T     DB1.DBW4      //将数据传送到数据块 DB1 的数据字单元 DBW4
```

用符号地址直接访问数据块，如：

```
L     "My_DB".V1   //打开符号名为"My_DB"的数据块，
                   //并装入名为"V1"的数据单元。
```

第三节 逻辑块的结构与编程

功能（FC）、功能块（FB）和组织块（OB）统称为逻辑块（或程序块）。功能块（FB）有一个数据结构与该功能块的参数完全相同的数据块，称为背景数据块，背景数据块依附于功能块，它随着功能块的调用而打开，随着功能块的结束而关闭。存放在背景数据块中的数据在功能块结束时继续保持。而功能（FC）则不需要背景数据块，功能调用结束后数据不能保持。组织块（OB）是由操作系统直接调用的逻辑块。

一、逻辑块（FC 和 FB）的结构

逻辑块（OB、FB、FC）由变量声明表、代码段及其属性等几部分组成。

1. 局部变量声明表

每个逻辑块前部都有一个变量声明表，称为局部变量声明表。局部变量声明表对当前逻辑块控制程序所使用的局部数据进行声明。

局部数据分为参数和局部变量两大类，局部变量又包括静态变量和临时变量（暂态变量）两种。参数可在调用块和被调用块间传递数据，是逻辑块的接口。静态变量和临时变量是仅供逻辑块本身使用的数据，不能用作不同程序块之间的数据接口，表 7-4 给出了局部数据声明类型。如在逻辑块中不需使用的局部数据类型，可以不必在变量声明表中声明。

表 7-4　　局部数据类型

变量名	类型	说明
输入参数	In	由调用逻辑块的块提供数据，输入给逻辑块的指令
输出参数	Out	向调用逻辑块的块返回参数，即从逻辑块输出结果数据
I/O 参数	In _ Out	参数的值由调用该块的其他块提供，由逻辑块处理修改，然后返回
静态变量	Stat	静态变量存储在背景数据块中，块调用结束后，其内容被保留
状态变量	Temp	临时变量存储在 L 堆栈中，块执行结束变量的值因被其他内容覆盖而丢失

对于功能块（FB），操作系统为参数及静态变量分配的存储空间是背景数据块。这样参数变量在背景数据块中留有运行结果备份。在调用FB时，若没有提供实参，则功能块使用背景数据块中的数值。操作系统在L堆栈中给FB的临时变量分配存储空间。

对于功能（FC），操作系统在L堆栈中给FC的临时变量分配存储空间。由于没有背景数据块，因而FC不能使用静态变量。输入、输出、I/O参数以指向实参的指针形式存储在操作系统为参数传递而保留的额外空间中。

对于组织块（OB）来说，其调用是由操作系统管理的，用户不能参与。因此，OB只有定义在L堆栈中的临时变量。

（1）形参。为保证功能FC和功能块FB对同一类设备控制的通用性，用户在编程时就不能使用设备对应的存储区地址参数（如Q0.0），而要使用这类设备的抽象地址参数。这些抽象参数称为形式参数，简单形参。在调用功能FC或功能块FB时，则将与形参对应的具体设备的实际参数（简称实参）传递给逻辑块，并代替形参，从而实现对具体设备的控制。

形参需要在功能FC和功能块FB的变量声明表中定义，实参在调用功能FC和功能块FB时给出。在逻辑块的不同调用处，可为形参提供不同的实参，但实参的数据类型必须与形参一致。用户程序可定义功能FC和功能块FB的输入值参数和输出值参数，也可定义某个参数为输入/输出值。参数传递可将调用块的信息传递给被调用块，也能把被调用块的运行结果返回给调用块。

（2）静态变量。静态变量PLC运行期间始终被存储。S7将静态变量定义在背景数据块中，当被调用块运行时，能读出或修改它的值。被调用块运行结束后，静态变量保留在数据块中。由于只有功能块FB有关联的背景数据块，因此只能为FB定义静态变量。功能FC不能有静态变量。

（3）临时变量。临时变量是一种在块执行时，用来暂时存储数据的变量，这些临时数据存储在局部数据堆栈中。临时变量可以在组织块OB、功能FC和功能块FB中使用，当块执行的时候它们被用来临时存储数据，当退出该块堆栈重新分配，这些数据就丢失。

2. 逻辑块局部变量的数据类型

在变量声明表中，要明确局部变量的数据类型，这样操作系统才能给变量分配确定的存储空间。局部变量可以是基本数据类型或复式数据类型，也可以是专门用于参数传递的所谓的“参数类型”。参数类型包括定时器、计数器、块的地址或指针等，如表7-5所示。

表7-5　局部变量的数据类型

参数类型	大小	说明
定时器	2Byte	在功能块中定义一个定时器形参，调用时赋予定时器实参
计数器	2Byte	在功能块中定义一个计时器形参，调用时赋予定时器实参
FB、FC、DB、SDB	2Byte	在功能块中定义一个功能块或数据块形参变量，调用时给功能块类或数据块类形参赋予实际的功能块或数据块编号
指针	6Byte	在功能块中定义一个形参，该形参说明的是内存的地址指针。例如，调用时可给形参赋予实参：P#M50.0，以访问内存M50.0
ANY	10Byte	当实参的数据未知时，可以使用该类型

二、逻辑块（FC 和 FB）的编程

在打开一个逻辑块后，所打开的窗口上半部分将包括块的变量列表视窗和变量详细列表视窗，而窗口下半部分包括在实际的块代码进行编辑的指令表，如图 7-9 所示。

对逻辑块编程时需要编辑下列三个部分：

（1）变量声明。分别定义形参、静态变量和临时变量（FC 块中不包括静态变量）；确定各变量的声明类型（Decl.）、变量名（Name）和数据类型（Data Type），还要为变量设置初始值（Initial Value）。如果需要还可为变量注释（Comment）。在增量编程模式下，STEP 7 将自动产生局部变量地址（Address）。

（2）程序段。对将要由 PLC 进行处理的程序进行编程。

（3）块属性。块属性包含了其他附加的信息，例如，由系统输入的时间标志或路径。此外，也可输入相关详细资料。

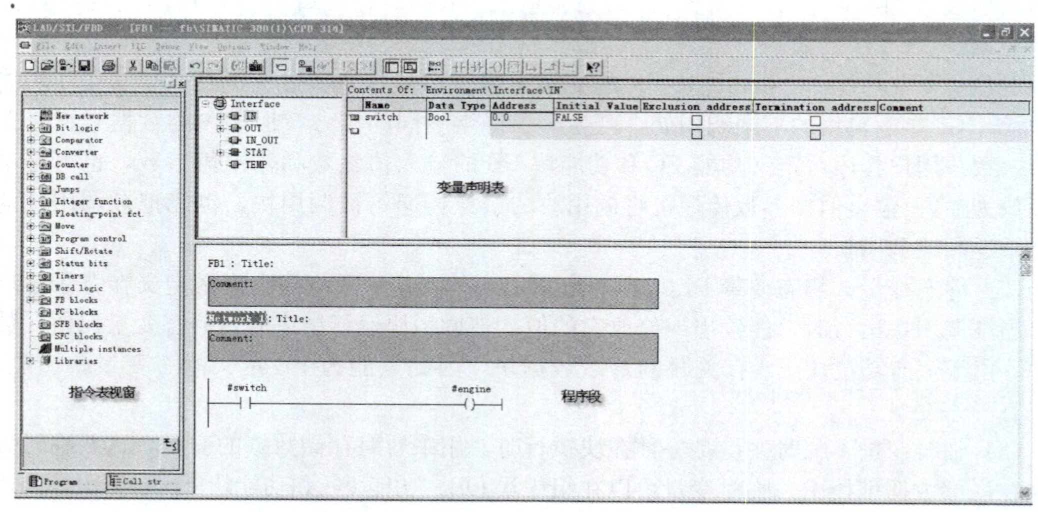

图 7-9　逻辑块编辑器窗口

1. 临时变量的定义和使用

（1）定义临时变量。在使用临时变量之前，必须在块的变量声明表中进行定义，在 temp 行中输入变量名和数据类型，临时变量不能赋初值。

当完成一个 temp 行后，按 Enter 键，一个新的 temp 行添加在其后。L stack 的绝对地址由系统赋值并在 Address 栏中显示。如图 7-10 所示，在功能 FC1 的局部变量声明表内定义了一个临时变量 result。

（2）访问临时变量。在图 7-10 中，Network1 为一个符号寻址访问临时变量的例子。减法指令运算的结果存储在临时变量＃result 中。当然，也可以采用绝对地址来访问临时变量（如 LW0），由于采用绝对地址会使用程序的可读性变差，所以最好不要使用绝对地址。

在引用局部变量时，如果在块的变量声明表中有这个符号名，STEP7 自动在局部变量名之前加一个“＃”号。如果要访问与局部变量重名的全局变量（在符号表内声明），则必须使用双引号（如“name”），否则，编辑器会自动在符号前加“＃”号，当做局部变量使用。因为编辑器在检查全局符号表之前先检查块的变量声明表。

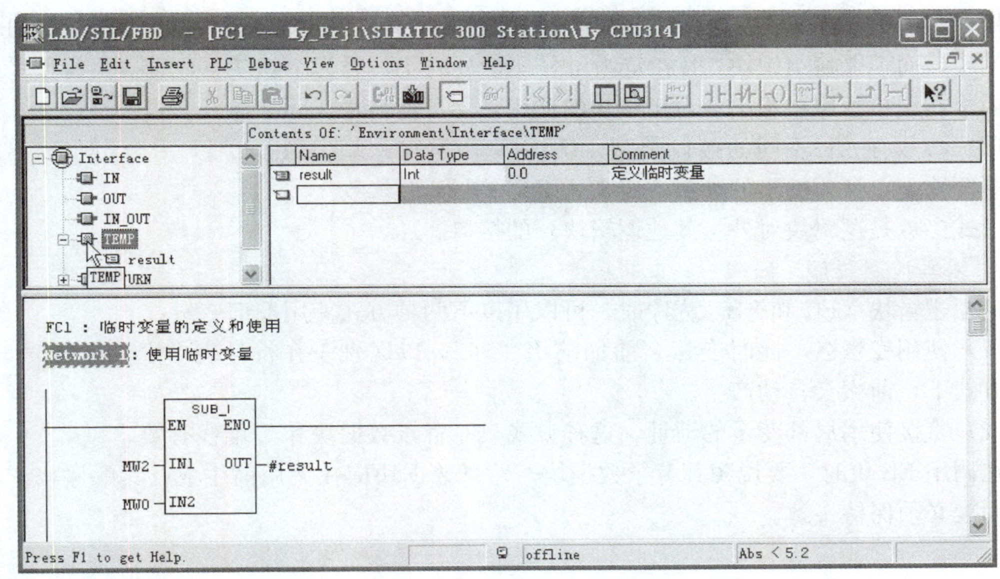

图 7-10　临时变量的定义

2. 定义形式参数

要使同一个逻辑块能够多次重复调用，分别控制工艺过程相同的不同对象，在编写程序之前，必须在变量声明表中定义形式参数，当用户程序调用该块时，要用实际参数给这些参数赋值。具体步骤如下：

(1) 创建或打开一个功能 FC 或功能块 FB。

(2) 如图 7-11 所示，在变量声明表内，首先选择参数接口类型（IN、OUT 或 IN_OUT)，然后输入参数名称（如 Engine_on)，再选择该参数的数据类型，如果需要还可以为每个参数分别加上相关注解。

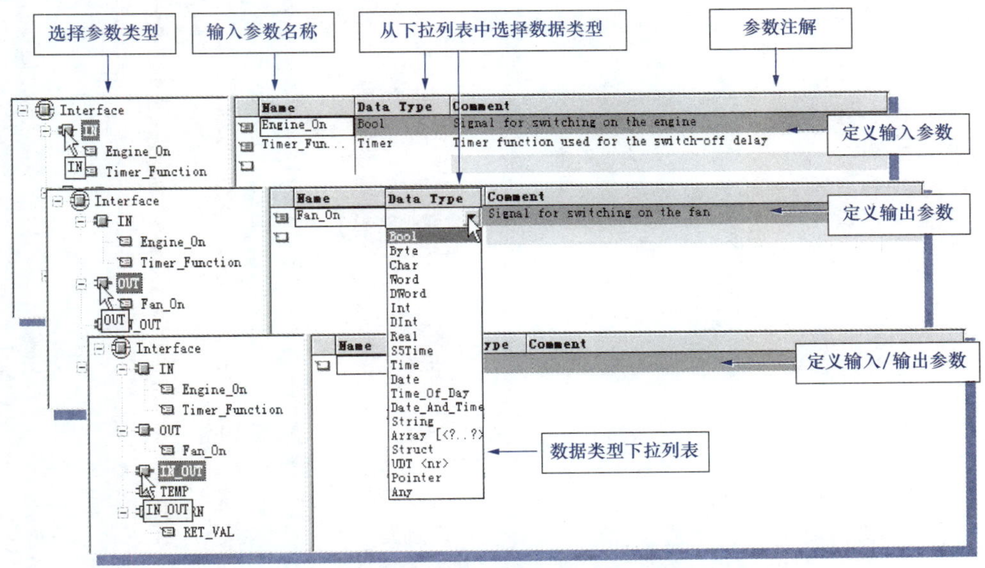

图 7-11　定义形式参数

用户只能为功能 FC 或功能块 FB 定义形式参数，将功能 FC 或功能块 FB 指定为可分配参数的块，而不能将组织块 OB 指定为可分配参数的块，因为组织块 OB 直接由操作系统调用。由于在用户程序中不出现对组织块的调用，不可能传送实际参数。

形式参数有三种不同的接口类型：IN 用来声明输入型参数；OUT 用来声明输出型参数；既要输入，又要输出的参数，定义为 IN_OUT 型参数。

形式参数是逻辑块对外（其他逻辑块）的接口。

3. 编写控制程序

编写逻辑块（FC 和 FB）程序时，可以用以下两种方式使用局部变量：

(1) 使用变量名，此时变量名前加前缀“#”，以区别于在符号表中定义的符号地址。增量方式下，前缀会自动产生。

(2) 直接使用局部变量的地址，这种方式只对背景数据块和 L 堆栈有效。

在调用 FB 块时，要说明其背景数据块。背景数据块应在调用前生成，其顺序格式与变量声明表必须保持一致。

第 8 章

功能FC的编程与应用

第一节　不带参数功能 FC 的编程与应用

所谓不带参数功能（FC），是指在编辑功能（FC）时，在局部变量声明表不进行形式参数的定义，在功能（FC）中直接使用绝对地址完成控制程序的编程。这种方式一般应用于分部式结构的程序编写，每个功能（FC）实现整个控制任务的一部分，不重复调用。

用不带参数功能（FC）进行编程，方便实现分部程序设计。下面以搅拌控制系统程序设计为例，介绍编辑不带参数功能（FC）的方法。

【例 8-1】 搅拌控制系统程序设计。

图 8-1 所示为一搅拌控制系统，由 3 个开关量液位传感器，分别检测液位的高、中和低。现要求对 A、B 两种液体原料按等比例混合，控制要求如下：

按启动按钮后系统自动运行，首先打开进料泵 1，开始加入液料 A→中液位传感器动作后，则关闭进料泵 1，打开进料泵 2，开始加入液料 B→高液位传感器动作后，关闭进料泵 2，起动搅拌器→搅拌 10s 后，关闭搅拌器，开启放料泵→当低液位传感器动作后，延时 5s 后关闭放料泵。按停止按钮，系统应立即停止运行。

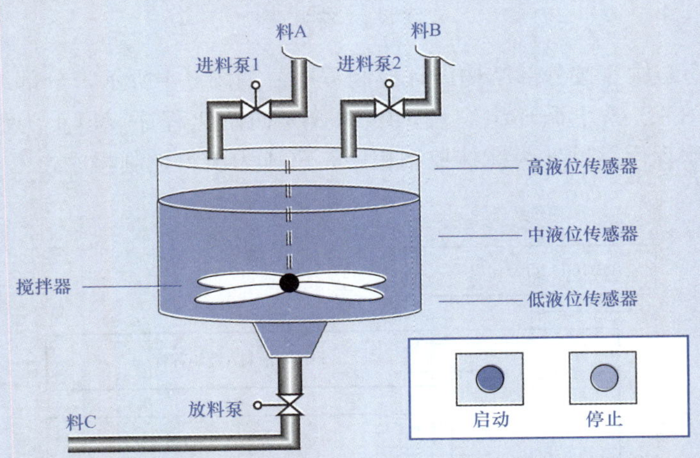

图 8-1　搅拌控制系统

编辑并调用不带参数的功能，具体操作步骤如下：

(1) 创建 S7 项目。创建 S7 项目，并命名为“无参 FC”，项目包含组织块 OB1 和 OB100。

(2) PLC 硬件配置。在“无参 FC”项目内打开“SIMATIC 300 Station”文件夹，打

开硬件配置窗口，如图 8-2 所示，完成硬件配置。

Slot	Module ...	Order number ...	Fi...	MPI address	I address	Q address	Comment
1	PS 307 5A	6ES7 307-1EA00-0AA0					
2	CPU315(1)	6ES7 315-1AF03-0AB0		2			
3							
4	DI32xDC24V	6ES7 321-1BL80-0AA0			0...3		
5	DO32xDC24V/0.5A	6ES7 322-1BL00-0AA0				4...7	
6							

图 8-2 硬件配置

（3）编辑符号表。打开 S7Program 文件夹，双击 Symbols 图标打开符号编辑器，按图 8-3所示编辑符号表。

S7 Program(1) (Symbols) -- 无参FC\SIMATIC 300 Station\CPU315(1)

	Status	Symbol	Address	Data type	Comment
4		中液位检测	I 0.3	BOOL	有液料时为"1"
5		低液位检测	I 0.4	BOOL	有液料时为"1"
6		原始标志	M 0.0	BOOL	表示进料泵、放料泵及搅拌器均处于停机状态。
7		最低液位标志	M 0.1	BOOL	表示液料即将放空
8		进料泵1	Q 4.0	BOOL	"1"有效
9		进料泵2	Q 4.1	BOOL	"1"有效
10		搅拌器M	Q 4.2	BOOL	"1"有效
11		放料泵	Q 4.3	BOOL	"1"有效
12		搅拌定时器	T 1	TIMER	SD定时器，搅拌10s
13		排空定时器	T 2	TIMER	SD定时器，延时5s
14		液料A控制	FC 1	FC 1	液料A进料控制
15		液料B控制	FC 2	FC 2	液料B进料控制
16		搅拌器控制	FC 3	FC 3	搅拌器控制
17		出料控制	FC 4	FC 4	出料泵控制

图 8-3 符号表

（4）规划程序结构。按分部结构设计控制程序。如图 8-4 所示，分部结构的控制程序由 6 个逻辑块构成：OB1 为主循环组织块，OB100 为初始化程序，FC1 为液料 A 控制程序，FC2 为液料 B 控制程序，FC3 为搅拌控制程序，FC4 为出料控制程序。

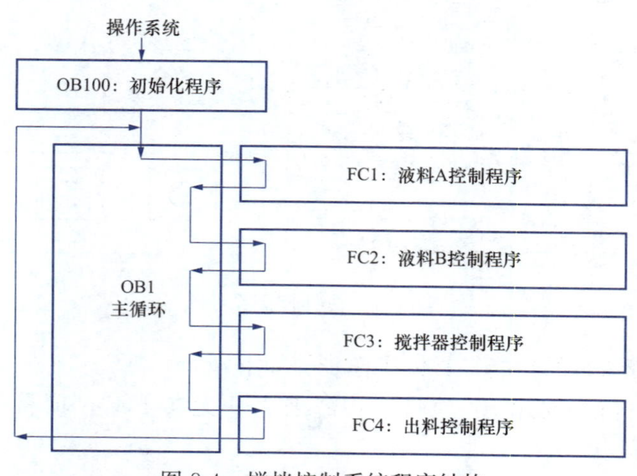

图 8-4 搅拌控制系统程序结构

(5) 编辑功能（FC)。在“无参 FC”项目内选择“Blocks”文件夹，然后反复执行菜单命令 Insert→S7 Block→Function，分别创建 4 个功能（FC)：FC1、FC2、FC3 和 FC4。由于在符号表内已经为 FC1～FC4 定义了符号名，因此在创建 FC 的属性对话框内系统会自动添加符号名。再插入一个组织块 OB100。

在项目内选择 Blocks 文件夹内，依次双击 FC1、FC2、FC3、FC4、OB100，分别打开各块的 S7 程序编辑器，完成下列逻辑块的编辑。

1）编辑 FC1。FC1 实现液料 A 的进料控制，由一个网络组成，控制程序如图 8-5 所示。

2）编辑 FC2。FC2 实现液料 B 进料控制，由一个网络组成，控制程序如图 8-6 所示。

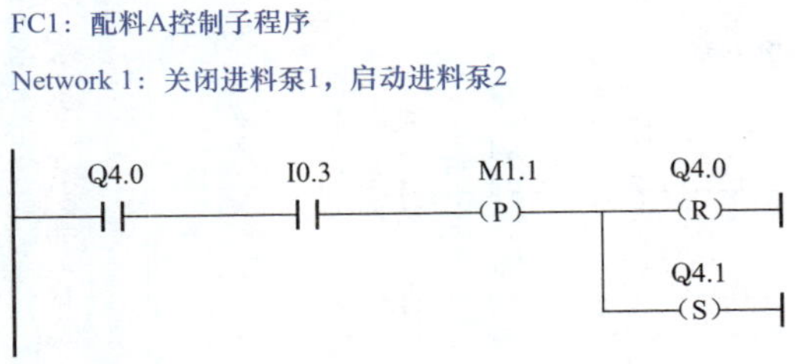

FC1：配料A控制子程序

Network 1：关闭进料泵1，启动进料泵2

Q4.0 I0.3 M1.1 (P) Q4.0 (R) Q4.1 (S)

图 8-5　FC1 程序

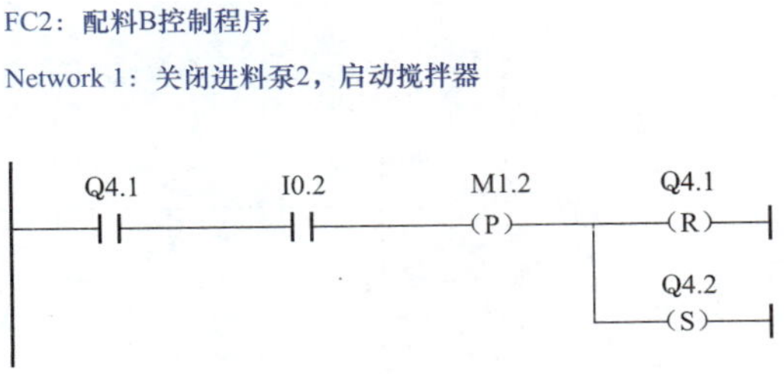

FC2：配料B控制程序

Network 1：关闭进料泵2，启动搅拌器

Q4.1 I0.2 M1.2 (P) Q4.1 (R) Q4.2 (S)

图 8-6　FC2 程序

3）编辑 FC3。FC3 实现搅拌器的控制，由两个网络组成，控制程序如图 8-7 所示。

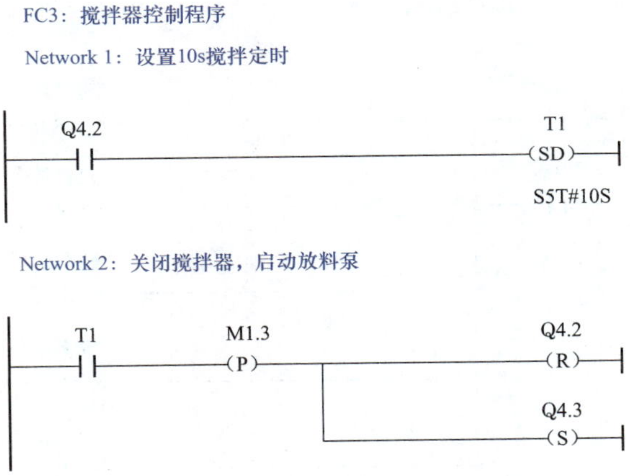

FC3：搅拌器控制程序

Network 1：设置10s搅拌定时

Q4.2 T1 (SD) S5T#10S

Network 2：关闭搅拌器，启动放料泵

T1 M1.3 (P) Q4.2 (R) Q4.3 (S)

图 8-7　FC3 程序

4）编辑 FC4。FC4 实现出料控制，由三个网络组成，程序如图 8-8 所示。

5）编辑 OB100。OB100 为启动组织块，该组织块中的程序在 PLC 起动时执行一次，程序如图 8-9 所示。

(6) 在 OB1 中调用无参功能（FC)。在“无参 FC”项目内选择“Blocks”文件夹，双击图标 OB1，在 S7 程序编辑器内打开 OB1。当 FC1～FC4 编辑完成以后，在程序元素目录的 FC Blocks 目录中就会出现可调用的 FC1、FC2、FC3 和 FC4，在 LAD 和 FBD 语言环境下可以块图的形式调用，如图 8-10 所示。

主循环组织块 OB1 的程序如图 8-11 所示。其中 I0.0 为启动运行信号，I0.2 为高液位检测信号。

FC4：放料控制程序

Network 1：设置最低液位标志

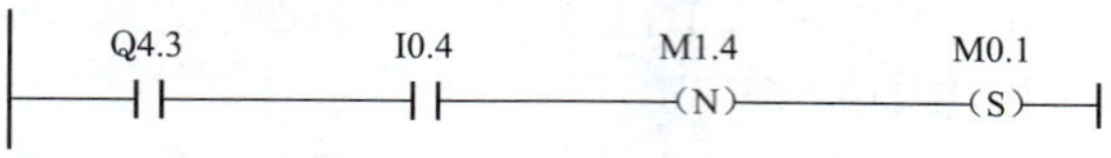

Q4.3
I0.4
M1.4
(N)
M0.1
(S)

Network 2：SD定时器，延时5s

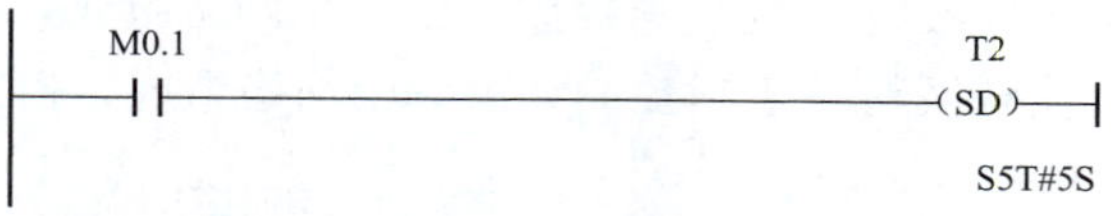

M0.1
T2
(SD)
S5T#5S

Network 3：消除最低液位标志，关闭放料泵

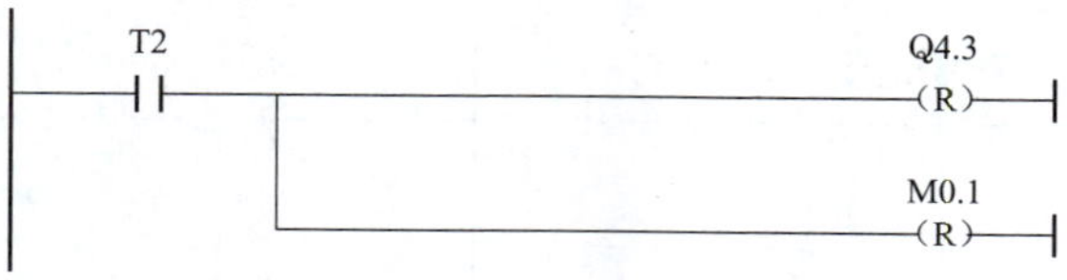

T2
Q4.3
(R)
M0.1
(R)

图 8-8　FC3 程序

OB100：“搅拌控制程序-完全启动复位组织块”

Network 1：初始化所有输出变量

“启动”
“启动”
“进料泵1”
(R)
“进料泵2”
(R)
“搅拌器M”
(R)
“放料泵”
(R)
M4.0
(R)
“最低液位标志”
(R)

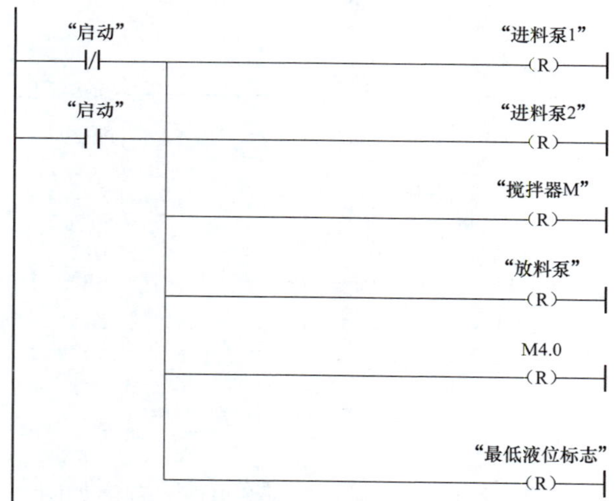

图 8-9　OB100 程序

【例 8-2】 手动/自动方式编程。

手动/自动控制三只灯，控制要求如下：

(1) 三只灯可进行手动、自动控制，手/自动由 I0.0 进行切换；

(2) 三只灯分别可用三个开关进行手动控制。三只灯分别由 Q0.0～Q0.2 驱动。用 I0.1 手动控制 Q0.0，I0.2 手动控制 Q0.1，I0.3 手动控制 Q0.2。

(3) 自动控制时，三只灯实现每隔 1s 轮流点亮，并循环。

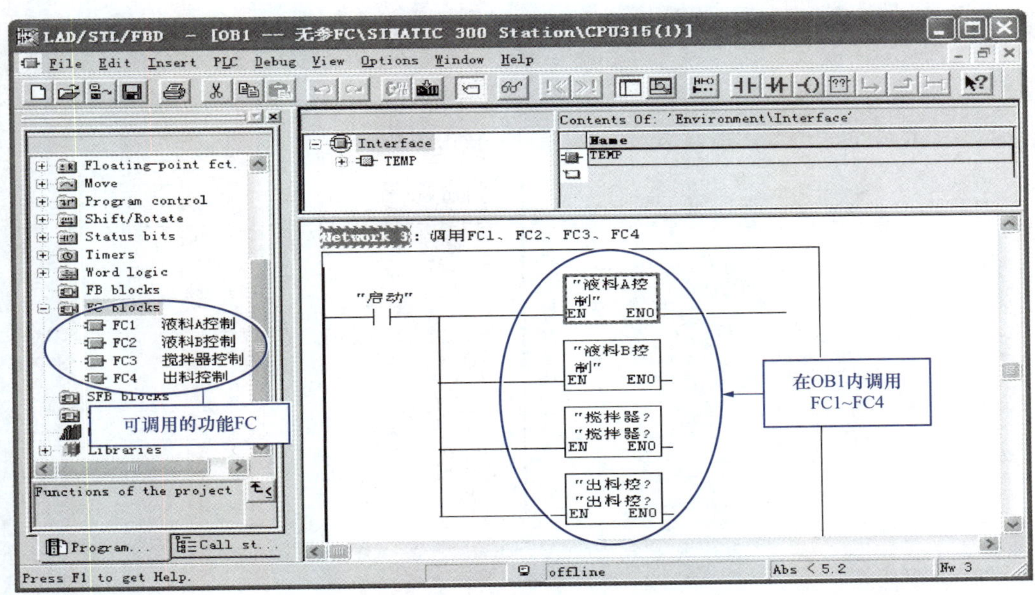

图 8-10 调用 FC1～FC4

OB1：“分部式结构的搅拌器控制程序-主循环组织块”

Network 1：设置原始标志

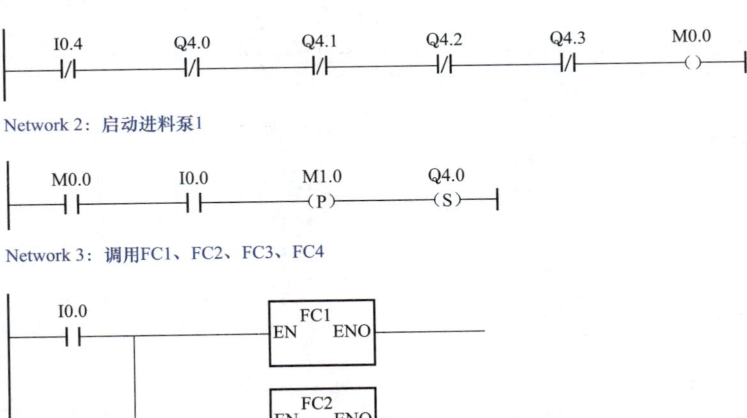

图 8-11 OB1 程序

编程思路：建立两个不带参数的功能 FC1 和 FC2。在 FC1 中编写手动控制的子程序，在 FC2 中编写自动控制的子程序。然后在主循环组织块 OB1 中根据 I0.0 的状态去调用 FC1 或 FC2，从而实现手动与自动控制。

FC1 程序如图 8-12 所示，FC2 的程序如图 8-13 所示，OB1 的程序如图 8-14 所示。

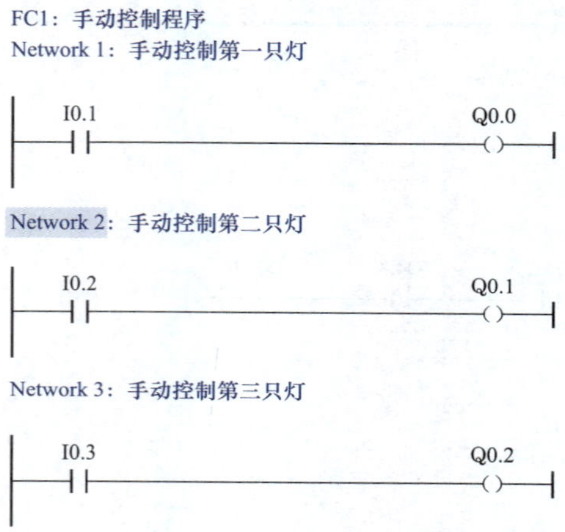

FC1：手动控制程序

Network 1：手动控制第一只灯

I0.1 Q0.0

Network 2：手动控制第二只灯

I0.2 Q0.1

Network 3：手动控制第三只灯

I0.3 Q0.2

图 8-12　FC1 程序

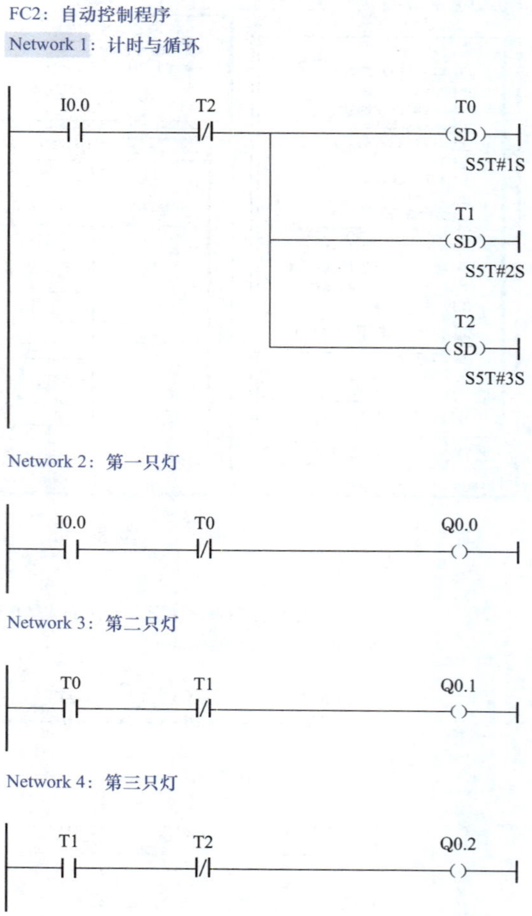

FC2：自动控制程序

Network 1：计时与循环

I0.0 T2 T0 SD S5T#1S

T1 SD S5T#2S

T2 SD S5T#3S

Network 2：第一只灯

I0.0 T0 Q0.0

Network 3：第二只灯

T0 T1 Q0.1

Network 4：第三只灯

T1 T2 Q0.2

图 8-13　FC2 程序

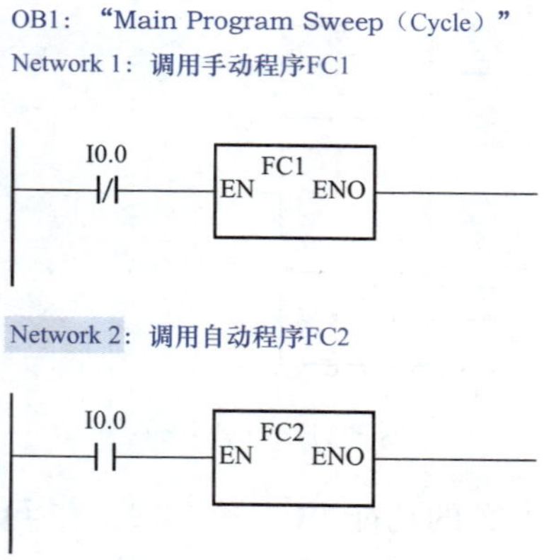

OB1："Main Program Sweep（Cycle）"

Network 1：调用手动程序FC1

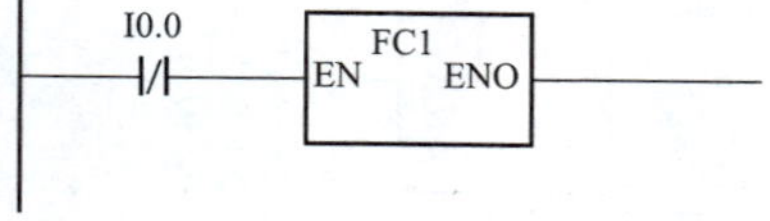

Network 2：调用自动程序FC2

I0.0 FC2 EN ENO

图 8-14　OB1 程序

第二节 带参数功能 FC 的编程与应用

所谓带参功能（FC），是指编辑功能（FC）时，在局部变量声明表内定义了形式参数，在功能（FC）中使用了符号地址完成控制程序的编程，以便在其他块中能重复调用有参功能（FC）。这种方式一般应用于结构化程序编写。它具有以下优点：

（1）程序只需生成一次，显著地减少了编程时间。

（2）该块只在用户存储器中保存一次，降低了存储器的用量。

（3）该块可以被程序任意次调用，每次使用不同的地址。该块采用形式参数编程，当用户程序调用该块时，要用实际参数赋值给形式参数。

下面以多级分频器控制程序的设计为例，介绍带参数 FC 的编程与应用。

【例 8-3】 多级分频器控制程序设计。

本例在功能 FC1 中编写二分频器控制程序，然后在 OB1 中通过调用 FC1 实现多级分频器的功能。多级分频器的时序关系如图 8-15 所示。其中 I0.0 为多级分频器的脉冲输入端；Q4.0～Q4.3 分别为 2、4、8、16 分频的脉冲输出端；Q4.4～Q4.7 分别为 2、4、8、16 分频指示灯驱动输出端。

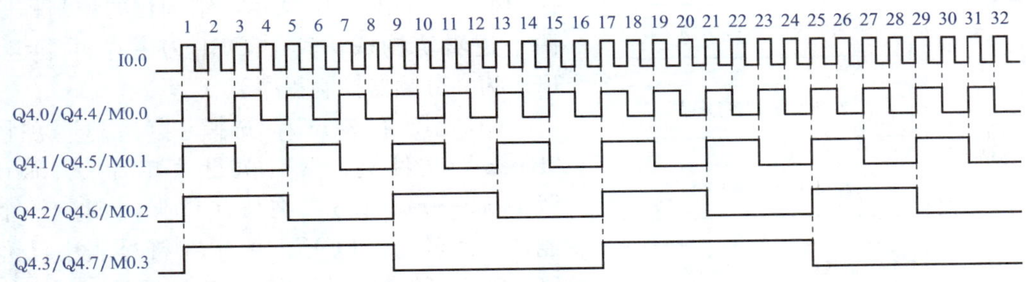

图 8-15 多级分频时序图

编辑并调用带参数的功能，具体操作步骤如下：

（1）创建多级分频器的 S7 项目。使用菜单 File→“New Project” Wizard 创建多级分频器的 S7 项目，并命名为“有参 FC”。

（2）硬件配置。打开“SIMATIC 300 Station”文件夹，双击硬件配置图标打开硬件配置窗口，并按图 8-16 所示完成硬件配置。

Slot	Module ...	Order number ...	Fi...	MPI address	I address	Q address	Comment
1	PS 307 5A	6ES7 307-1EA00-0AA0					
2	CPU315(1)	6ES7 315-1AF03-0AB0		2			
3							
4	DI32xDC24V	6ES7 321-1BL80-0AA0			0...3		
5	DO32xDC24V/0.5A	6ES7 322-1BL00-0AA0				4...7	
6							

图 8-16 硬件配置

（3）编写符号表。打开项目内的 S7 Program 文件夹，双击 Symbols 图标打开符号编辑器，按图 8-17 所示编辑符号表。

	Status	Symbol	Address	Data type	Comment
1		二分频器	FC 1	FC 1	对输入信号二分频
2		In_Port	I 0.0	BOOL	脉冲信号输入端
3		F_P2	M 0.0	BOOL	2分频器上升沿检测标志
4		F_P4	M 0.1	BOOL	4分频器上升沿检测标志
5		F_P8	M 0.2	BOOL	8分频器上升沿检测标志
6		F_P16	M 0.3	BOOL	16分频器上升沿检测标志
7		Cycle Execution	OB 1	OB 1	主循环组织块
8		Out_Port2	Q 4.0	BOOL	2分频器脉冲信号输出端
9		Out_Port4	Q 4.1	BOOL	4分频器脉冲信号输出端
10		Out_Port8	Q 4.2	BOOL	8分频器脉冲信号输出端
11		Out_Port16	Q 4.3	BOOL	16分频器脉冲信号输出端
12		LED2	Q 4.4	BOOL	2分频信号指示灯
13		LED4	Q 4.5	BOOL	4分频信号指示灯
14		LED8	Q 4.6	BOOL	8分频信号指示灯
15		LED16	Q 4.7	BOOL	16分频信号指示灯

图 8-17　多级分频器符号表

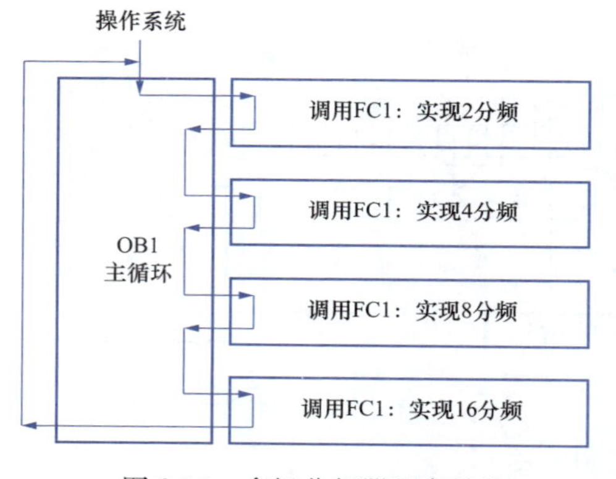

图 8-18　多级分频器程序结构

（4）规划程序结构。按结构化编程方式设计控制程序。如图 8-18 所示，结构化的控制程序由两个逻辑块构成，其中 OB1 为主循环组织块，FC1 为二分频器控制程序。

（5）创建有参 FC1。选择“有参 FC”项目的“Blocks”文件夹，然后执行菜单命令 Insert→S7 Block→Function，在块文件夹内创建一个功能，并命名为“FC1”。由于在符号表中已经对 FC1 定义了符号，所以在 FC1 的属性对话框内系统自动将符号名命名为“二分频器”。

1）编辑 FC1 的变量声明表。在 FC1 的变量声明表内，声明 4 个参数，如表 8-1 所示。

表 8-1　FC1 变量声明表

接口类型	变量名	数据类型	注释
In	S_IN	BOOL	脉冲输入信号
Out	S_OUT	BOOL	脉冲输出信号
Out	LED	BOOL	输出状态指示
In_Out	F_P	BOOL	上跳沿检测标志

2）编辑 FC1 的控制程序。二分频器的时序如图 8-19 所示。分析二分频器的时序图可以看到，输入信号每出现一个上升沿，输出便改变一次状态，据此可采用上跳沿检测指令实现。

双击图标 FC1 打开 FC1 编辑窗口，编写二分频器的控制程序，如图 8-20 所示。

如果输入信号 S_IN 出现上升沿，则对 S_OUT 取反，然后将 S_OUT 的信号状态送

LED显示；否则，程序直接跳转到LP1，将S_OUT的信号状态送LED显示。

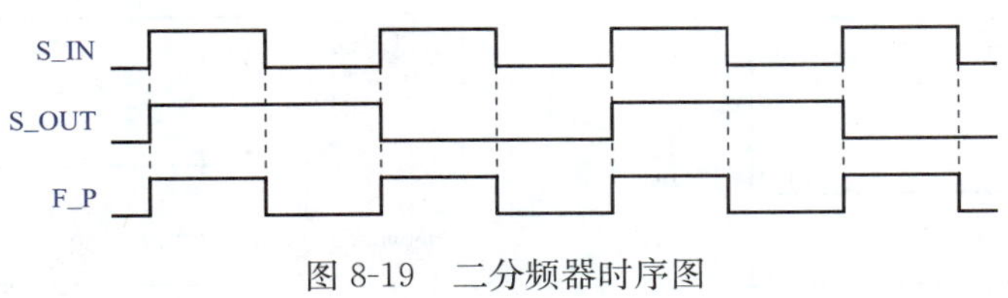

图8-19 二分频器时序图

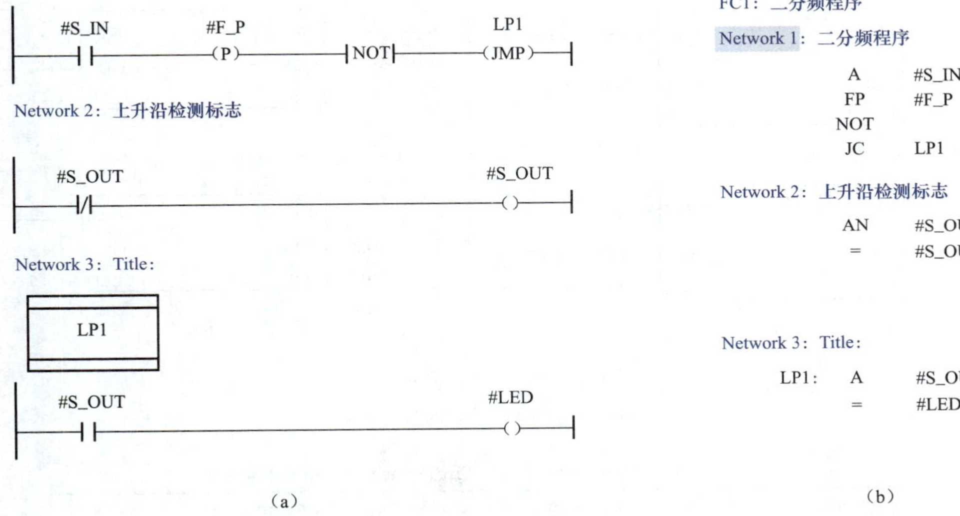

图8-20 FC1控制程序

(a) 梯形图；(b) 语句表

(6) 在OB1中调用带参数功能。在项目的Blocks文件夹内，双击图标 FC1 打开OB1编辑窗口。由于在符号表中为FC1定义了一个符号名"二分频器"，因此可采用符号地址或绝对地址两种方式来调用FC1，OB1的控制程序如图8-21所示，图8-21（a）为符号寻址格式，图8-21（b）为绝对地址寻址格式。

【例8-4】 用FC编程实现以下数学公式 $y=(x+200)\times 3\div 4$，能在OB1主程序中对该FC多次调用。

首先新建一个FC1，在FC1中实现以上计算功能。需要定义 x、y、a 三个变量。其中变量 x 为IN型的变量，y 为OUT型的变量，a 为临进变量，数据类型都为INT。变量声明表如图8-22所示。然后在FC1中编写程序如图8-23所示。

主程序OB1如图8-24所示，在主程序中对FC1进行了两次调用，第一次调用实现把MW0的数据作为 x，送入FC1中计算得到的结果写入MW2中。第二次调用实现把MW10的数据作为 x，送入FC1中计算得到的结果写入MW12中。

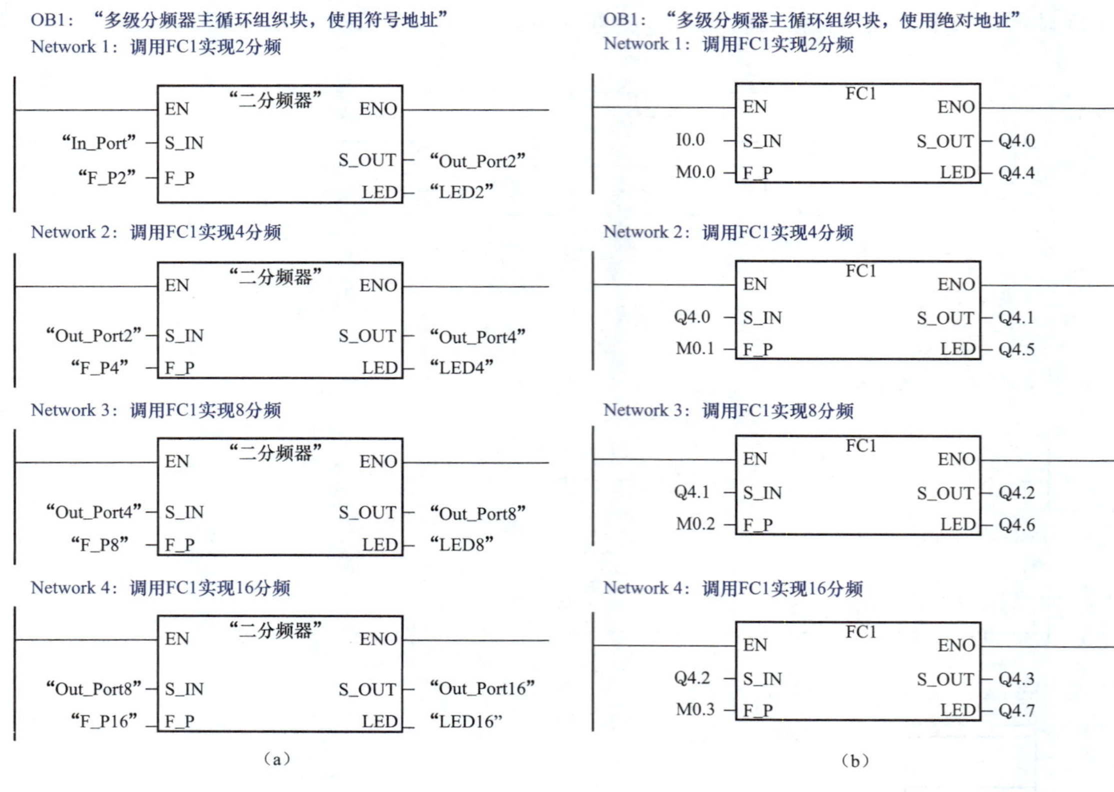

图 8-21　OB1 程序

(a) 符号寻址格式；(b) 绝对地址格式

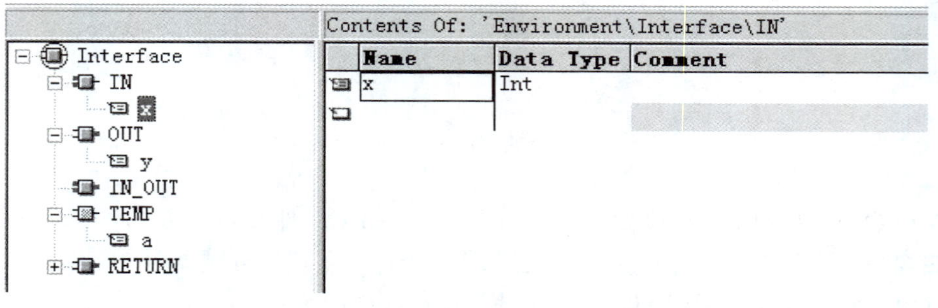

图 8-22　变量声明表

【例 8-5】 基于 S7-300 PLC 的多机组控制。

电动机组控制要求如下：

(1) 该机组总共有 4 台电动机，每台电动机都要求Y-△降压启动。

(2) 启动时，按下启动按钮，M1 电动机启动，然后每隔 10s 启动一台，最后 M1～M4 四台电动机全部启动。

(3) 停止时实现逆序停止。即按下停止按钮，M4 先停止，过 10s 后 M3 也停止，再过 10s 后 M2 也停止，再过 10s 后 M1 电动机也停止。这样电动机全部停止。

(4) 任一台电动机启动时，控制电源的接触器和Y形接法的接触器接通电源 6s 后，Y形接触器断开，1s 后△接法接触器动作接通。

FC1：编程计算公式

Network 1：加法运算

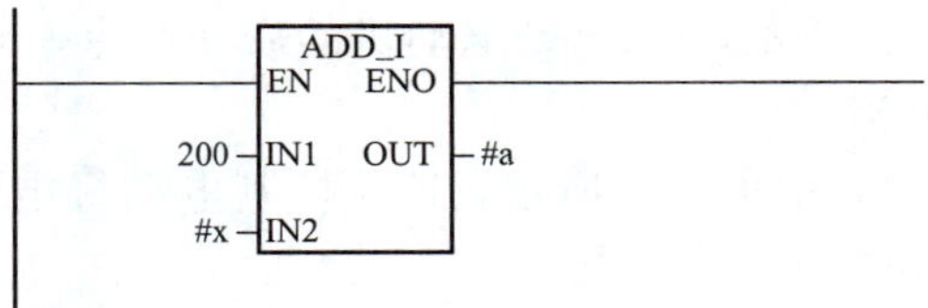

Network 2：乘法运算

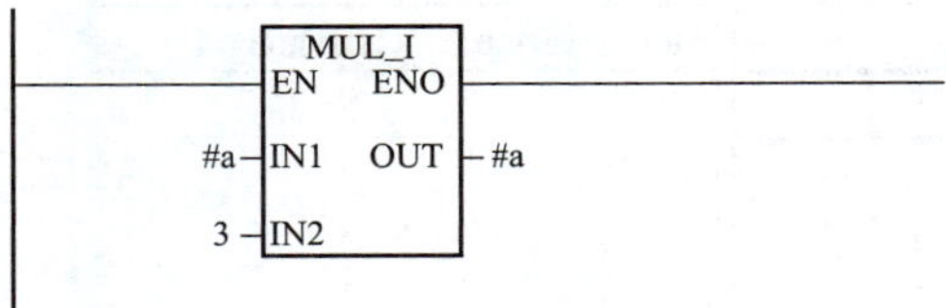

Network 3：除法运算

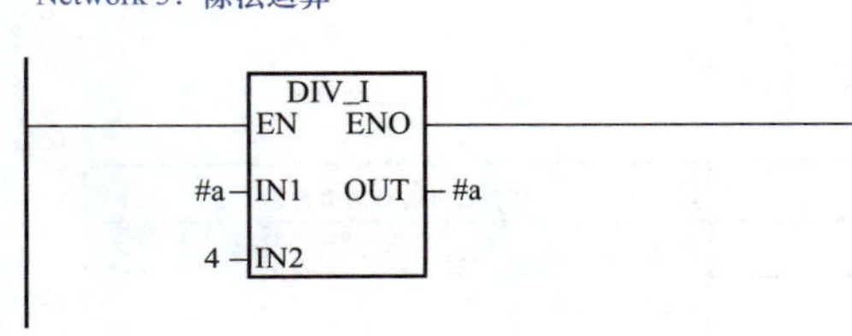

图 8-23　FC1 程序

OB1："Main Program Sweep (Cycle)"

Network 1：第一次调用FC1

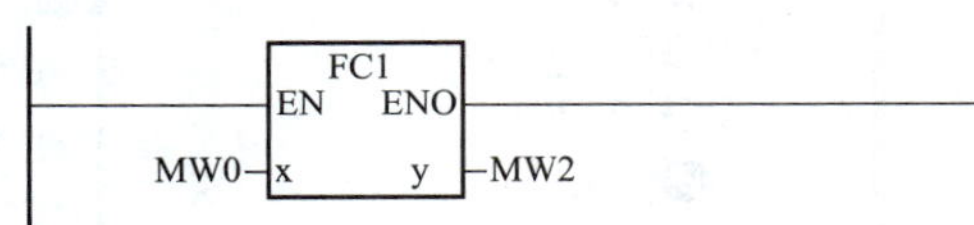

Network 2：第二次调用FC1

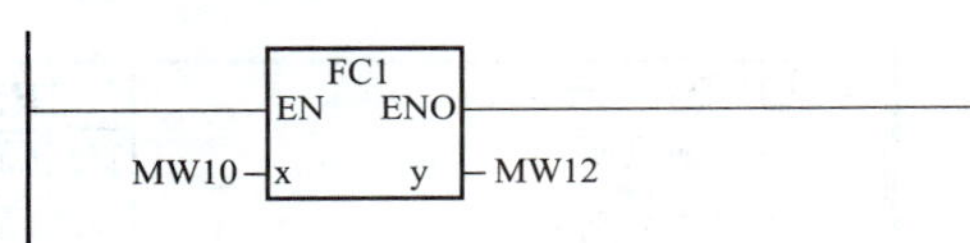

图 8-24　OB1 程序

分析：每台电动机都要求有Y-△降压启动。控制一台电动机要用到三个接触器，其中第一个控制电动机电源，第二个控制电动机绕组Y形接法，第三个控制电动机绕组△接法。所以要控制四台电动机的机组，PLC 总共要控制 12 个接触器。

因为每台电动机的启动过程相同，所以可设计一个 FC 功能来实现电动机的启动。然后在主程序 OB1 中来多次调用 FC，就可以实现对电动机的启动与停止控制。

假设启动按钮接于 I0.0，停止按钮接于 I0.1。各输出点的分配如表 8-2 所示。

表 8-2　PLC 输出点分配

电动机	被控接触器	分配输出点
M1	控制电源接触器	Q0.0
	控制绕组Y形接法	Q0.1
	控制绕组△形接法	Q0.2
M2	控制电源接触器	Q0.3
	控制绕组Y形接法	Q0.4
	控制绕组△形接法	Q0.5
M3	控制电源接触器	Q0.6
	控制绕组Y形接法	Q0.7
	控制绕组△形接法	Q1.0
M4	控制电源接触器	Q1.1
	控制绕组Y形接法	Q1.2
	控制绕组△形接法	Q1.3

编程步骤：

（1）编辑 FC1 的变量声明表，并编写程序。新建并打开功能 FC1，在变量声明表中定义四个 IN 型的变量，变量名和数据类型如图 8-25 所示，start 是电动机的启动命令，stop 是电动机的停止命令，time1 和 time2 是两个定时器。

建立三个 OUT 型的变量，变量名和数据类型如图 8-26 所示，KM 控制电动机电源，KM1 控制电动机绕组星形接法，KM2 控制电动机绕组三角形接法。

然后编写 FC1 的程序如图 8-27 所示。

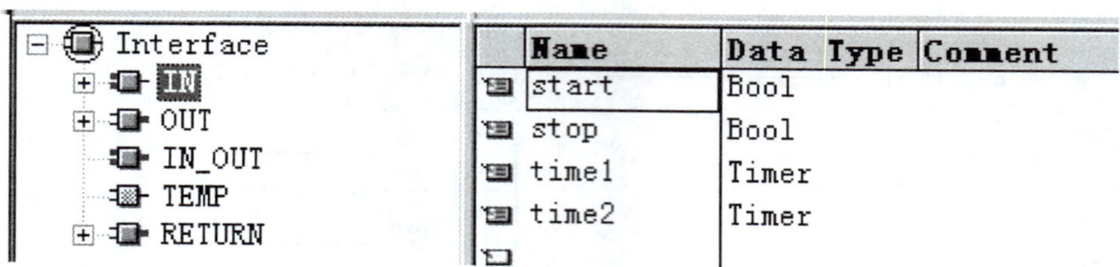

图 8-25　建立 IN 型变量

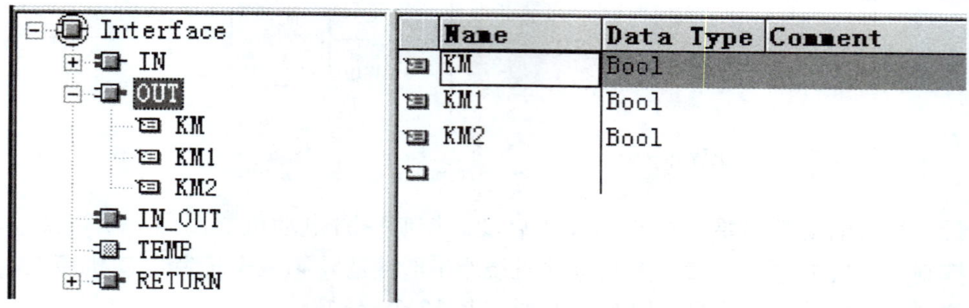

图 8-26　建立三个 OUT 型变量

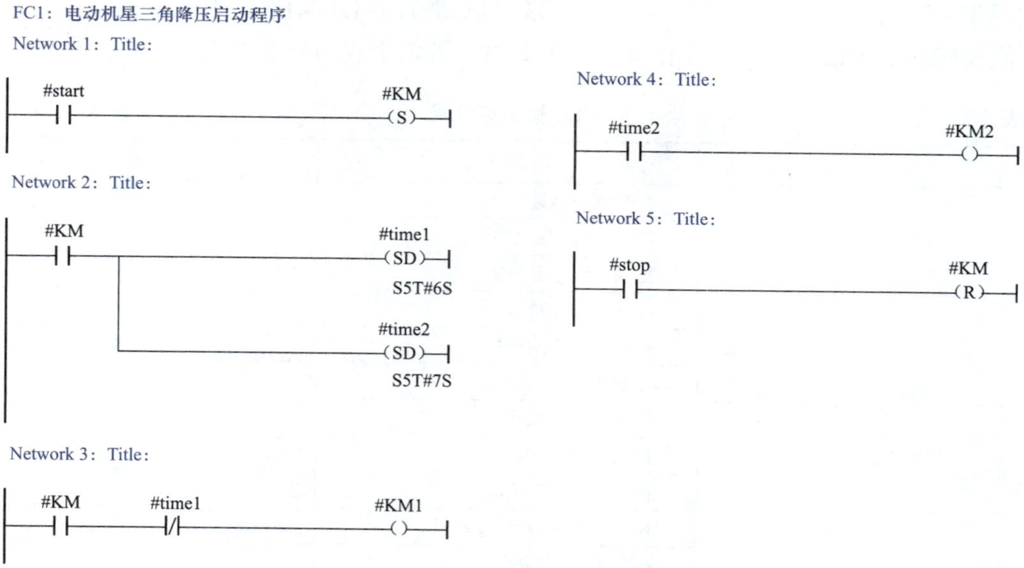

FC1：电动机星三角降压启动程序

Network 1：Title：

#start　#KM (S)

Network 2：Title：

#KM　#time1 (SD) S5T#6S
#time2 (SD) S5T#7S

Network 3：Title：

#KM　#time1　#KM1 ( )

Network 4：Title：

#time2　#KM2 ( )

Network 5：Title：

#stop　#KM (R)

图 8-27　FC1 程序

（2）编写 OB1 主程序。

OB1 程序如图 8-28 所示。

OB1：“Main Program Sweep（Cycle）”

Network 1：启动

I0.0 M0.0 (S)
M0.1 (R)

Network 2：停止

I0.1 M0.1 (S)
M0.0 (R)

Network 3：启动计时

M0.0
T0 (SD) S5T#10S
T1 (SD) S5T#20S
T2 (SD) S5T#30S

Network 4：停止计时

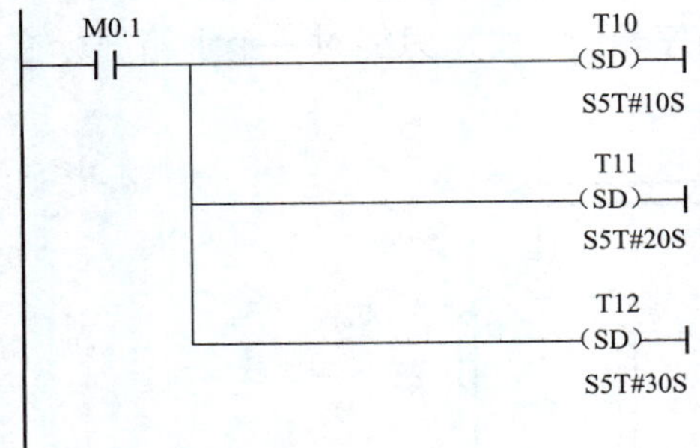

Network 5：M1电动机的控制

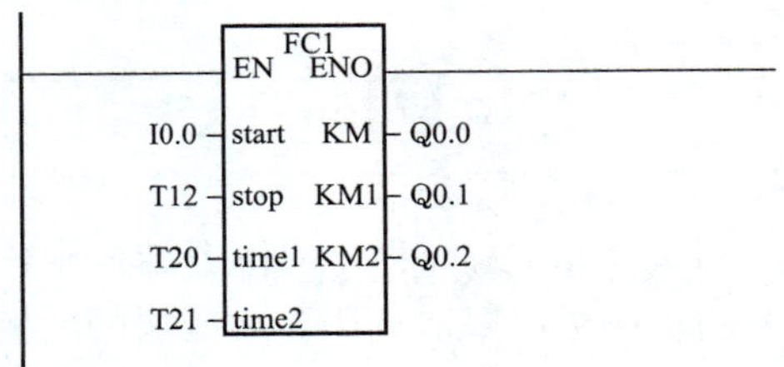

Network 6：M2电动机的控制

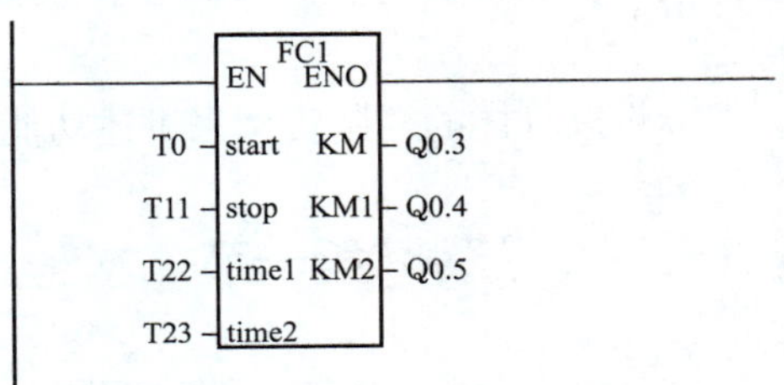

Network 7：M3电动机的控制

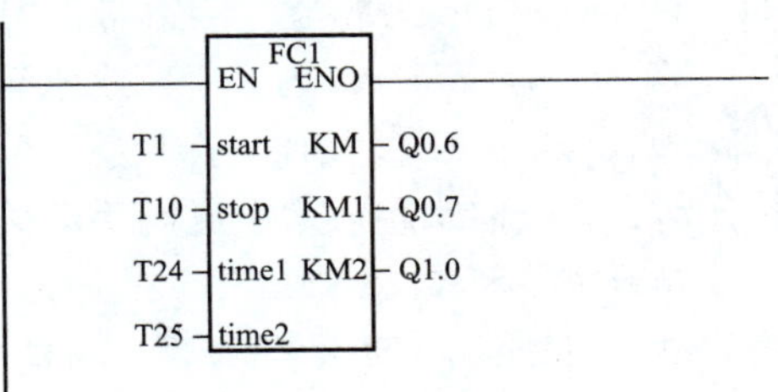

Network 8：M4电动机的控制

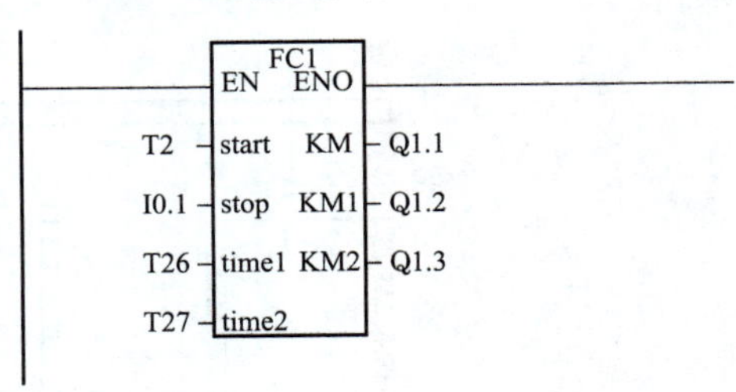

图 8-28 OB1 主程序

第 9 章 功能块FB的编程与应用

功能块（FB）在程序的体系结构中位于组织块之下。它包含程序的一部分，这部分程序在 OB1 中可以多次调用。功能块的所有形参和静态数据都存储在一个单独的、被指定给该功能块的数据块（DB）中，该数据块被称为背景数据块。当调用 FB 时，该背景数据块会自动打开，实际参数的值被存储在背景数据块中；当块退出时，背景数据块中的数据仍然保持。

本节将以具体的控制实例来讲述功能块（FB）的编程与应用。

第一节 水箱水位控制系统程序设计

图 9-1 所示为水箱控制系统示意图。系统有 3 个储水箱，每个水箱有 2 个液位传感器，UH1、UH2、UH3 为高液位传感器，“1”有效；UL1、UL2、UL3 为低液位传感器，“0”有效。Y1、Y3、Y5 分别为 3 个储水水箱进水电磁阀；Y2、Y4、Y6 分别为 3 个储水水箱放水电磁阀。SB1、SB3、SB5 分别为 3 个储水水箱放水电磁阀手动开启按钮；SB2、SB4、SB6 分别为 3 个储水箱放水电磁阀手动关闭按钮。

控制要求：SB1、SB3、SB5 在 PLC 外部操作设定，通过人为的方式，按随机的顺序将水箱放空。只要检测到水箱“空”的信号，系统就自动地向水箱注水，直到检测到水箱“满”信号为止。水箱注水的顺序要与水箱放空的顺序相同，每次只能对一个水箱进行注水操作。

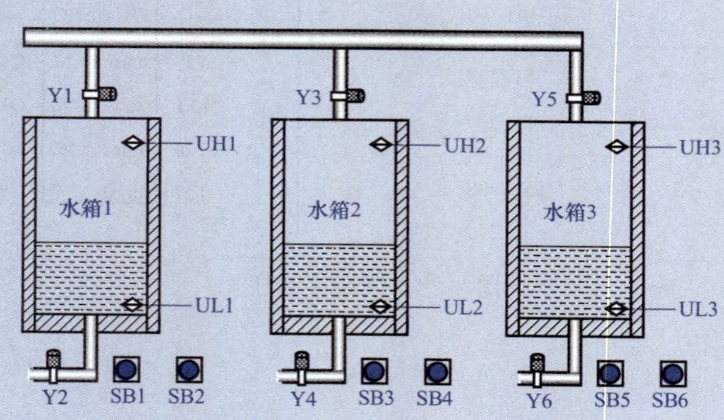

图 9-1 水箱控制系统示意图

编程的具体操作步骤如下：

(1) 创建 S7 项目。使用菜单 File→“New Project Wizard”创建水箱水位控制系统的 S7 项目，并命名为“无静参 FB”，项目包含组织块 OB1 和 OB100。

（2）硬件配置。在“无静参 FB”项目内打开“SIMATIC 300 Station”文件夹，打开硬件配置窗口，并按图 9-2 所示完成硬件配置。

Slot	Module ...	Order number ...	Fi...	MPI address	I address	Q address	Comment
1	PS 307 5A	6ES7 307-1EA00-0AA0					
2	CPU315(1)	6ES7 315-1AF03-0AB0		2			
3							
4	DI32xDC24V	6ES7 321-1BL80-0AA0			0...3		
5	DO32xDC24V/0.5A	6ES7 322-1BL00-0AA0				4...7	
6							

图 9-2　硬件配置

（3）编写符号表。按图 9-3 所示编写符号表。

Symbol Editor - [S7 Program(1) (Symbols) -- 无静参FB\SIMAT...

Symbol Table　Edit　Insert　View　Options　Window　Help

All Symbols

	Status	Symbol	Address		Data type		Comment
1		OB1	OB	1	OB	1	主循环组织块
2		OB100	OB	100	OB	100	启动复位组织块
3		水箱控制	FB	1	FB	1	水箱控制功能块
4		水箱1	DB	1	DB	1	水箱1的数据块
5		水箱2	DB	2	DB	2	水箱2的数据块
6		水箱3	DB	3	DB	3	水箱3的数据块
7		SB1	I	1.0	BOOL		水箱1放水电磁阀手动开启按钮，动合
8		SB2	I	1.1	BOOL		水箱1放水电磁阀手动关闭按钮，动合
9		SB3	I	1.2	BOOL		水箱2放水电磁阀手动开启按钮，动合
10		SB4	I	1.3	BOOL		水箱2放水电磁阀手动关闭按钮，动合
11		SB5	I	1.4	BOOL		水箱3放水电磁阀手动开启按钮，动合
12		SB6	I	1.5	BOOL		水箱3放水电磁阀生动关闭按钮，动合
13		UH1	I	0.1	BOOL		水箱1高液位传感器，水箱满信号
14		UH2	I	0.3	BOOL		水箱2高液位传感器，水箱满信号
15		UH3	I	0.5	BOOL		水箱3高液位传感器，水箱满信号
16		UL1	I	0.0	BOOL		水箱1低液位传感器，放空信号
17		UL2	I	0.2	BOOL		水箱2低液位传感器，放空信号
18		UL3	I	0.4	BOOL		水箱3低液位传感器，放空信号
19		Y1	Q	4.0	BOOL		水箱1进水电磁阀
20		Y2	Q	4.1	BOOL		水箱1放水电磁阀
21		Y3	Q	4.2	BOOL		水箱2进水电磁阀
22		Y4	Q	4.3	BOOL		水箱2放水电磁阀
23		Y5	Q	4.4	BOOL		水箱3进水电磁阀
24		Y6	Q	4.5	BOOL		水箱3放水电磁阀
25							

Press F1 to get Help.　NUM

图 9-3　符号表

（4）规划程序结构。水箱水位控制系统的三个水箱具有相同的操作要求，因此可以由一个功能块（FB）通过赋予不同的实参来实现，程序结构如图 9-4 所示。控制程序由三个逻辑块和三个背景数据块构成，其中 OB1 为主循环组织块，OB100 为初始化程序，FB1 为水箱控制程序，DB1 为水箱 1 数据块，DB2 为水箱 2 数据块，DB3 为水箱 3 数据块。

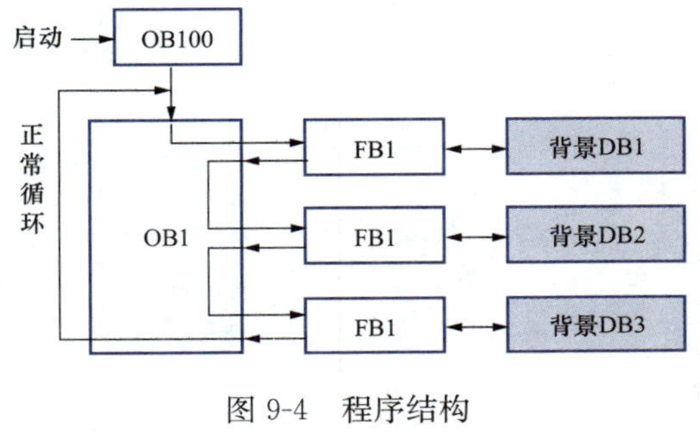

图 9-4　程序结构

（5）编辑功能（FB1）。在“无静参 FB”项目内选择“Blocks”文件夹，执行菜单命令 Insert→S7 Block→Function Block，创建功能块 FB1。由于在符号表内已经为 FB1 定义了符号名，因此在 FB1 的属性对话框内系统会自动添加符号名“水箱控制”。

1）定义局部变量声明表。与功能（FC）不同，在功能块（FB）参数表内还有扩展地址（Exclusion address）和结束地址（Termination address）选项。通过激活该选项，可选择 FB 参数和静态变量的特性，它们只与连接过程诊断有关。本例不激活。

定义局部变量声明表如表 9-1 所示，在表中没有用到静态参数 STAT。

表 9-1　　变量声明表

接口类型	变量名	数据类型	地址	初如值	扩展地址	结束地址	注释
In	UH	BOOL	0.0	FALSE	—	—	高液位传感器，表示水箱满
	UL	BOOL	0.1	FALSE	—	—	低液位传感器，表示水箱空
	SB _ ON	BOOL	0.2	FALSE	—	—	放水电磁阀开户按钮，动合
	SB _ OFF	BOOL	0.3	FALSE	—	—	放水电磁阀关闭按钮，动合
	B _ F	BOOL	0.4	FALSE	—	—	水箱 B 空标志
	C _ F	BOOL	0.5	FALSE	—	—	水箱 C 空标志
	YB _ IN	BOOL	0.6	FALSE	—	—	水箱 B 进水电磁阀
	YC _ IN	BOOL	0.7	FALSE	—	—	水箱 C 进水电磁阀
Out	YA _ IN	BOOL	2.0	FALSE	—	—	当前水箱 A 进水电磁阀
	YA _ OUT	BOOL	2.1	FALSE	—	—	当前水箱 A 放水电磁阀
	A _ F	BOOL	2.2	FALSE	—	—	当前水箱（A）空标志

2）编写 FB1 程序。FB1 程序如图 9-5 所示。

FB1：水箱控制

Network 1：水箱放水控制

#UH　#UL　#SB_OFF　#YA_OUT

#SB_ON

#YA_OUT

Network 2：设置水箱空标志

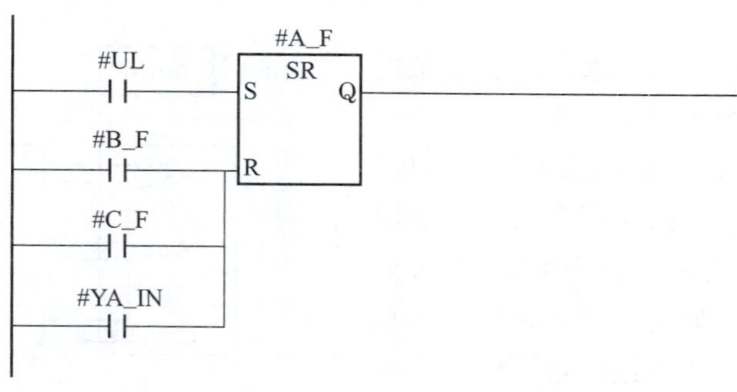

图 9-5　FB1 程序（一）

Network 3：水箱进水控制

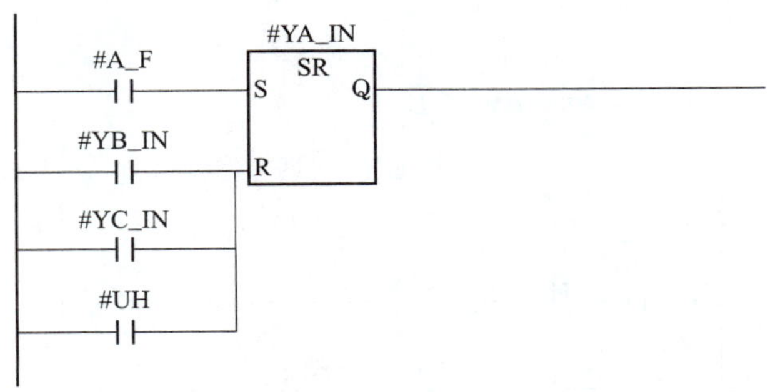

图 9-5 FB1 程序（二）

（6）建立背景数据块 DB1、DB2、DB3。在“无静参 FB”项目内选择“Blocks”文件夹，执行菜单命令 Insert→S7 Block→Data Block，创建与 FB1 相关联的背景数据块 DB1、DB2、DB3。由于该符号表内已经为 DB1、DB2 和 DB3 定义了符号名，因此在 DB1、DB2、DB3 的属性对话框内系统会自动添加符号名“水箱 1”、“水箱 2”和“水箱 3”。

依次打开 DB1、DB2 和 DB3，由于在创建之前，已经完成了 FB1 的变量声明，建立了相应的数据结构，所以在创建 FB1 相关联的数据块时，STEP7 自动完成了数据块的数据结构。图 9-6 所示就是 DB1、DB2、DB3 的数据结构，三个数据块的数据结构完全相同。

DB Param - [DB1 -- 无静参FB\SIMATIC 300 Station\CPU315(1)]

Data block Edit PLC Debug View Window Help

	Address	Declaration	Name	Type	Initial value	Actual value	Comment
1	0.0	in	UH	BOOL	FALSE	FALSE	高液位传感器，表示水箱满
2	0.1	in	UL	BOOL	FALSE	FALSE	低液位传感器，表示水箱空
3	0.2	in	SB_ON	BOOL	FALSE	FALSE	放水电磁阀开启按钮，常开
4	0.3	in	SB_OFF	BOOL	FALSE	FALSE	放水电磁阀关闭按钮，常开
5	2.0	out	YA_IN	BOOL	FALSE	FALSE	当前水箱A进水电磁阀
6	2.1	out	YA_OUT	BOOL	FALSE	FALSE	当前水箱A放水电磁阀
7	2.2	out	YB_IN	BOOL	FALSE	FALSE	水箱B进水电磁阀
8	2.3	out	YC_IN	BOOL	FALSE	FALSE	水箱C进水电磁阀
9	4.0	in_out	A_F	BOOL	FALSE	FALSE	当前水箱（A）空标志
10	4.1	in_out	B_F	BOOL	FALSE	FALSE	水箱B空标志
11	4.2	in_out	C_F	BOOL	FALSE	FALSE	水箱C空标志

Messages

offline

图 9-6 DB1 的数据结构

（7）编辑启动组织块 OB100。在启动组织块 OB100 中，主要完成各输出信号的复位，程序如图 9-7 所示。

（8）在 OB1 中调用功能块（FB）。在 FB1 编辑完成后，在 LAD/STL/FBD S7 程序编辑器的程序元素目录的 FB Blocks 目录中就会出现所有可调用的 FB1，如图 9-8 所示。

OB100: “Complete Restart”

Network 1：对电磁阀复位

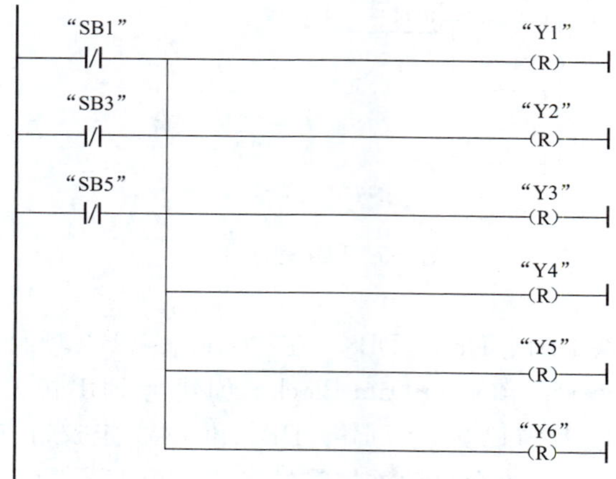

图 9-7　OB100 程序

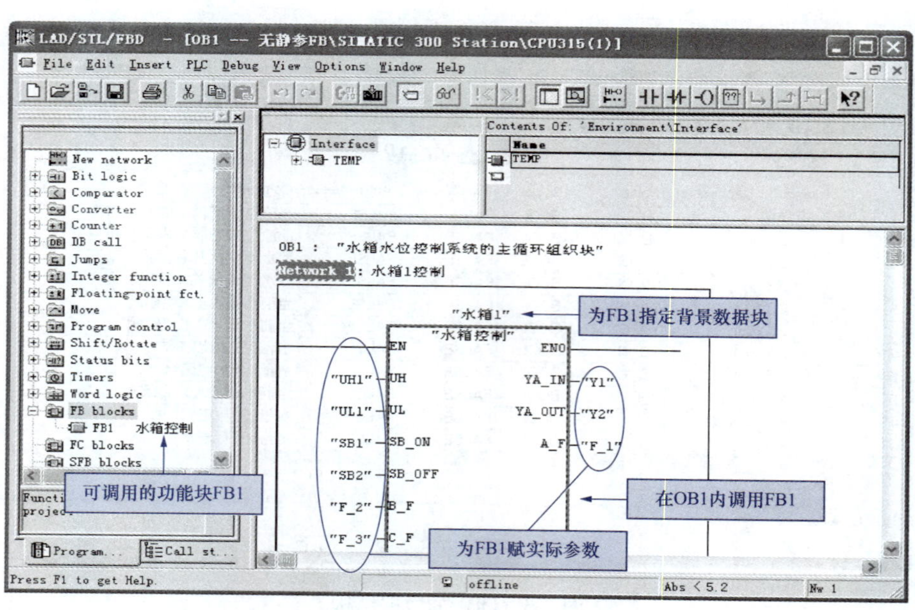

图 9-8　可调用 FB1

OB1 的控制程序如图 9-9 所示，在程序调用了三次 FB1，分别实现对三个水箱的控制。

OB1："水箱水位控制系统的主循环组织块"

Network 1：水箱1控制

Network 3：水箱3控制

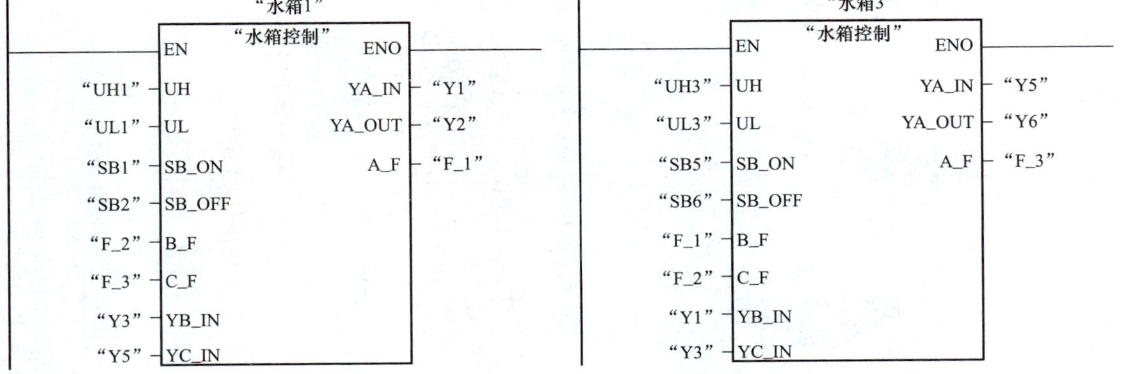

Network 2：水箱2控制

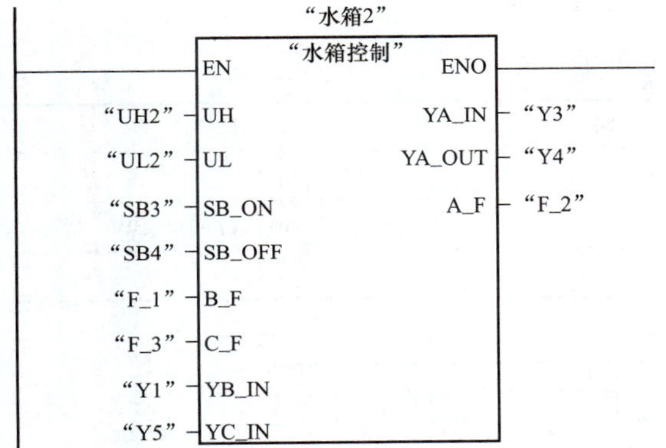

图 9-9　OB1 的控制程序

第二节　交通信号灯控制系统程序设计

在第一节应用中没有用到静态参数。在编辑功能块（FB）时，如果程序中需要特定数据的参数，可以考虑将该特定数据定义为静态参数，并在 FB 的声明表内 STAT 处声明。

下面以交通信号灯控制系统的设计为例，介绍如何编辑和调用有静态参数的功能块。

图 9-10 所示为双干道交通信号灯设置示意图。按一下启动按钮，信号灯系统开始工作，并周而复始地循环动作；按一下停止按钮，所有信号灯都熄灭。信号灯控制的具体要求如表 9-2所示，试编写信号灯控制程序。

根据十字路口交通信号灯的控制要求，可画出信号灯的控制时序图，如图 9-11 所示。

编程的具体操作步骤如下：

（1）创建 S7 项目。使用菜单 File→"New Project" Wizard 创建交通信号灯控制系统的 S7 项目，并命名为"有静参 FB"。项目包含组织块 OB1 和 OB100。

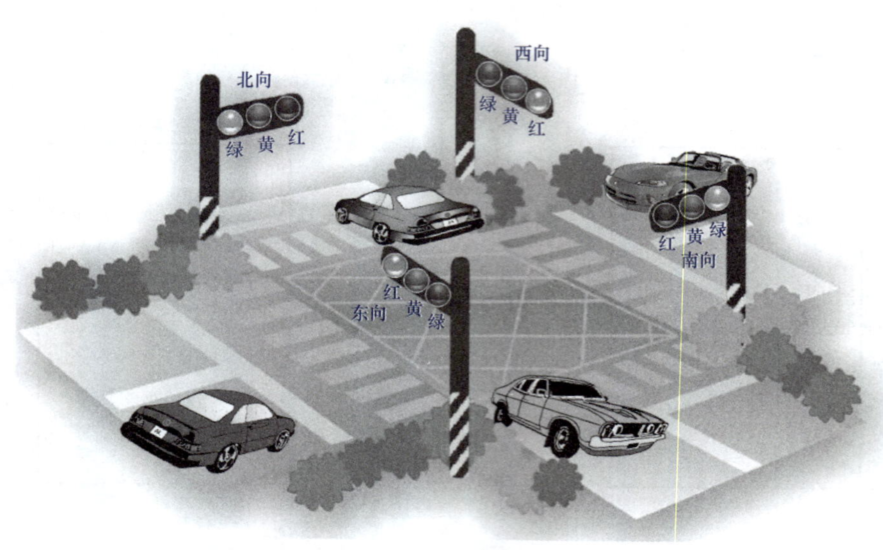

图 9-10 交通信号灯示意图

表 9-2 交通灯控制要求

<table>
<tr><td rowspan="2">南北方向</td><td>信号</td><td>SN _ G 亮</td><td>SN _ G 闪</td><td>SN _ Y 亮</td><td colspan="3">SN _ R 亮</td></tr>
<tr><td>时间</td><td>45s</td><td>3s</td><td>2s</td><td colspan="3">30s</td></tr>
<tr><td rowspan="2">东西方向</td><td>信号</td><td colspan="3">BW _ R 亮</td><td>BW _ G 亮</td><td>BW _ G 闪</td><td>BW _ Y 亮</td></tr>
<tr><td>时间</td><td colspan="3">50s</td><td>25s</td><td>3s</td><td>2s</td></tr>
</table>

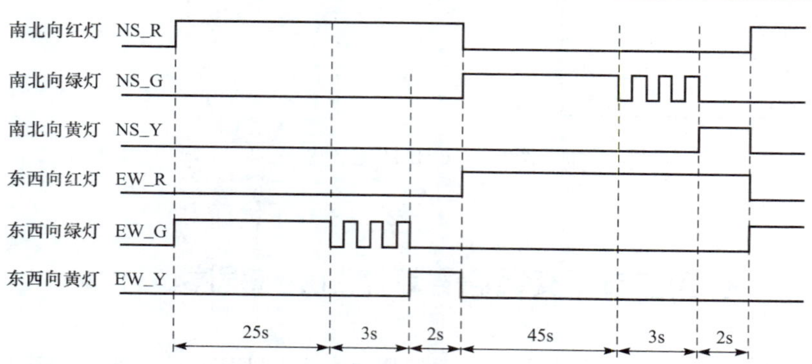

图 9-11 交通灯工作时序图

（2）硬件配置。在"有静参 FB"项目内打开"SIMATIC 300 Station"文件夹，打开硬件配置窗口，并按图 9-12 所示完成硬件配置。

Slot	Module ...	Order number ...	Fi...	MPI address	I address	Q address	Comment
1	PS 307 5A	6ES7 307-1EA00-0AA0					
2	CPU315(1)	6ES7 315-1AF03-0AB0		2			
3							
4	DI32xDC24V	6ES7 321-1BL80-0AA0			0...3		
5	DO32xDC24V/0.5A	6ES7 322-1BL00-0AA0				4...7	
6							

图 9-12 硬件配置

（3）编写符号表。编写符号表如图 9-13 所示。

	Statu	Symbol	Address		Data typ		Comment
1		Complete Restart	OB	100	OB	100	全启动组织块
2		Cycle Execution	OB	1	OB	1	主循环组织块
3		EW_G	Q	4.1	BOOL		东西向绿色信号灯
4		EW_R	Q	4.0	BOOL		东西向红色信号灯
5		EW_Y	Q	4.2	BOOL		东西向黄色信号灯
6		F_1Hz	M	10.5	BOOL		1Hz时钟信号
7		MB10	MB	10	BYTE		CPU时钟存储器
8		SF	M	0.0	BOOL		系统启动标志
9		SN_G	Q	4.4	BOOL		南北向绿色信号灯
10		SN_R	Q	4.3	BOOL		南北向红色信号灯
11		SN_Y	Q	4.5	BOOL		南北向黄色信号灯
12		Start	I	0.0	BOOL		启动按钮
13		Stop	I	0.1	BOOL		停止按钮
14		T_EW_G	T	1	TIMER		东西向绿灯常亮延时定时器
15		T_EW_GF	T	6	TIMER		东西向绿灯闪亮延时定时器
16		T_EW_R	T	0	TIMER		东西向红灯常亮延时定时器
17		T_EW_Y	T	2	TIMER		东西向黄灯常亮延时定时器
18		T_SN-GF	T	7	TIMER		南北向绿灯闪亮延时定时器
19		T_SN_G	T	4	TIMER		南北向绿灯常亮延时定时器
20		T_SN_R	T	3	TIMER		南北向红灯常亮延时定时器
21		T_SN_Y	T	5	TIMER		南北向黄灯常亮延时定时器
22		东西数据	DB	1	FB	1	为东西向红灯及南北向绿黄灯控制提供实参
23		红绿灯	FB	1	FB	1	红绿灯控制无静态参数的FB
24		南北数据	DB	2	FB	1	为南北向红灯及东西向绿黄灯控制提供实参

图 9-13　符号表

（4）规划程序结构。分析交通灯工作时序图可知，东西向和南北向的交通灯具有相似的变化规律，因此可以由一个功能块 FB 通过赋予不同的实参来实现。采用结构化编程，程序结构如图 9-14 所示。

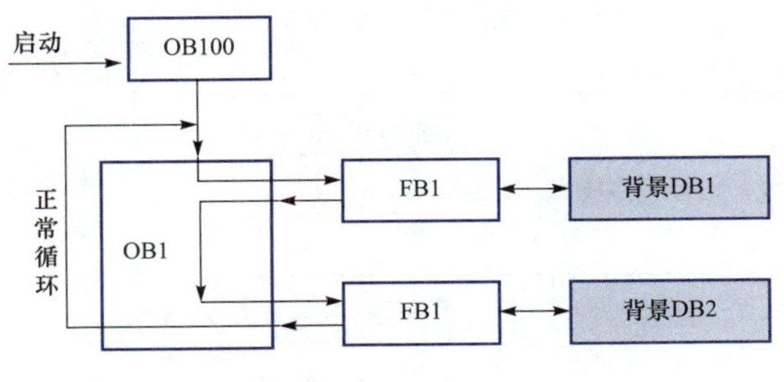

图 9-14　程序结构

（5）编辑功能块（FB）。

1）定义局部变量声明表。按表 9-3 定义局部变量声明表。

表 9-3　　　　**局部变量声明表**

接口类型	变量名	数据类型	地址	初始值	扩展地址	结束地址	注释
In	R_ON	BOOL	0.0	FALSE	—	—	当前方向红灯开始亮标志
	T_R	Timer	2.0	—	—	—	当前方向红色信号灯常亮定时器

续表

接口类型	变量名	数据类型	地址	初始值	扩展地址	结束地址	注释
In	T_G	Timer	4.0	—	—	—	另一方向绿色信号灯常亮定时器
	T_Y	Timer	6.0	—	—	—	另一方向黄色信号灯常亮定时器
In	T_GF	Timer	8.0	—	—	—	另一方向绿色信号灯闪亮定时器
	T_RW	S5Time	10.0	S5T#0MS	—	—	T_R 定时器的初始值
	T_GW	S5Time	12.0	S5T#0MS	—	—	T_G 定时器的初始值
	STOP	BOOL	14.0	S5T#0MS	—	—	停止信号
Out	LED_R	BOOL	10.0	FALSE	—	—	当前方向红色信号灯
	LED_G	BOOL	10.1	FALSE	—	—	另一方向绿色信号灯
	LED_Y	BOOL	10.2	FALSE	—	—	另一方向黄色信号灯
STAT	T_GF_W	S5Time	18.0	S5T#3S	—	—	绿灯闪亮定时器初值
	T_Y_W	S5Time	20.0	S5T#2S	—	—	黄灯常量定时器初值

2）编写 FB1 程序。FB1 程序如图 9-15 所示。

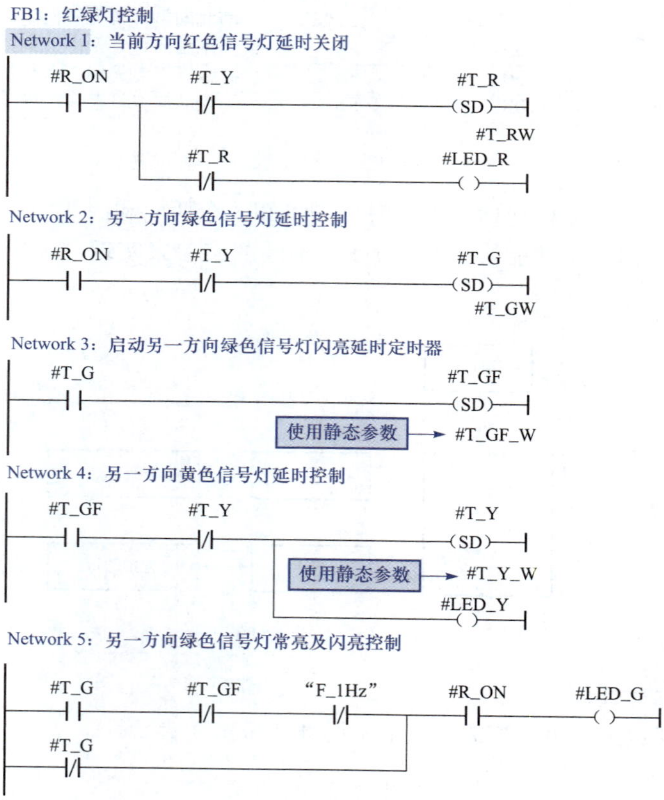

图 9-15　FB1 程序

（6）建立背景数据块（DI）。由于在创建 DB1 和 DB2 之前，已经完成了 FB1 的变量声明，建立了相应的数据结构，所以在创建与 FB1 相关联的 DB1 和 DB2 时，STEP 7 自动完成了数据块的数据结构。DB1 和 DB2 的数据结构完全相同，如图 9-16 所示。

DB2 -- 有静参FB\SIMATIC 300 Station\CPU315(1)

	Address	Declaration	Name	Type	Initial value	Actual value	Comment
1	0.0	in	R_ON	BOOL	FALSE	FALSE	当前方向红灯开始亮标志
2	2.0	in	T_R	TIMER	T 0	T 0	当前方向红色信号灯常亮定时器
3	4.0	in	T_G	TIMER	T 0	T 0	另一方向绿色信号灯常亮定时器
4	6.0	in	T_Y	TIMER	T 0	T 0	另一方向黄色信号灯常亮定时器
5	8.0	in	T_GF	TIMER	T 0	T 0	另一方向绿色信号灯闪亮定时器
6	10.0	in	T_RW	S5TIME	S5T#0MS	S5T#0MS	T_R定时器的初始值
7	12.0	in	T_GW	S5TIME	S5T#0MS	S5T#0MS	T_G定时器的初始值
8	14.0	in	STOP	BOOL	FALSE	FALSE	停止按钮
9	16.0	out	LED_R	BOOL	FALSE	FALSE	当前方向红色信号灯
10	16.1	out	LED_G	BOOL	FALSE	FALSE	另一方向绿色信号灯
11	16.2	out	LED_Y	BOOL	FALSE	FALSE	另一方向黄色信号灯
12	18.0	stat	T_GF_W	S5TIME	S5T#3S	S5T#3S	绿灯闪亮定时器初值
13	20.0	stat	T_Y_W	S5TIME	S5T#2S	S5T#2S	黄灯常量定时器初值

图 9-16 DB1 和 DB2 的数据结构

（7）编辑启动组织块 OB100。启动组织块 OB100 的程序如图 9-17 所示。

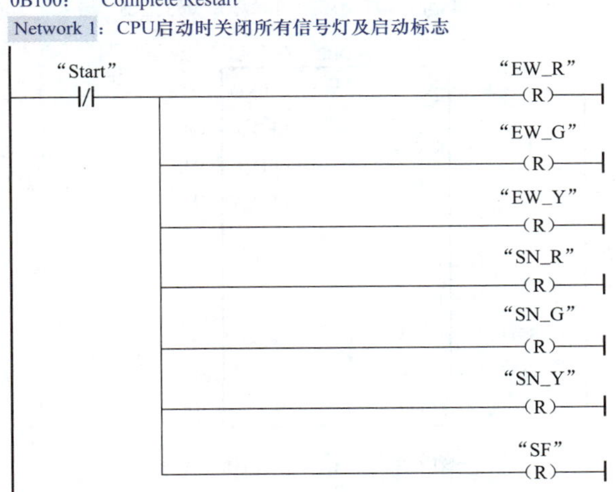

图 9-17 OB100 的程序

（8）在 OB1 中调用功能块（FB）。OB1 的程序如图 9-18 所示。

OB1: “交通信号灯控制系统的主循环组织块”

Network 1: 设置启动标志

M0.0
I0.0
SR
S
Q
I0.1
R

图 9-18 OB1 主程序（一）

Network 2：设置转换定时器

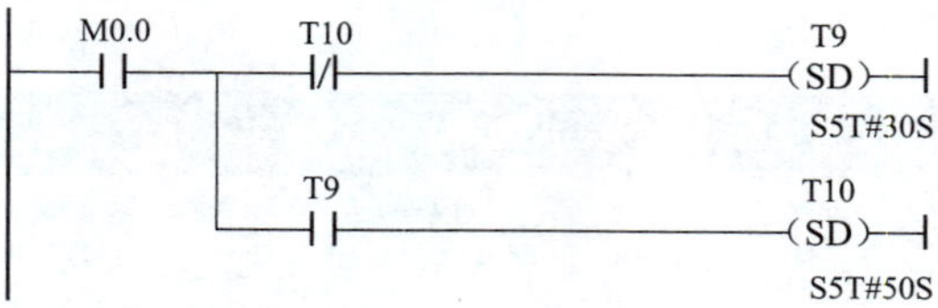

Network 3：东西向红灯及南北向绿灯和黄灯控制

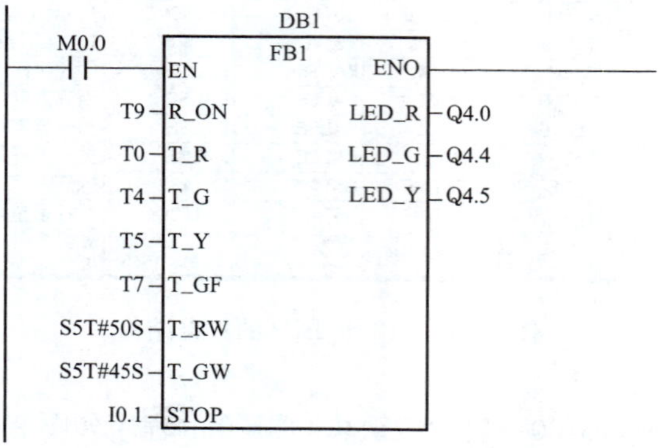

Network 4：南北向红灯及东西向绿灯和黄灯控制

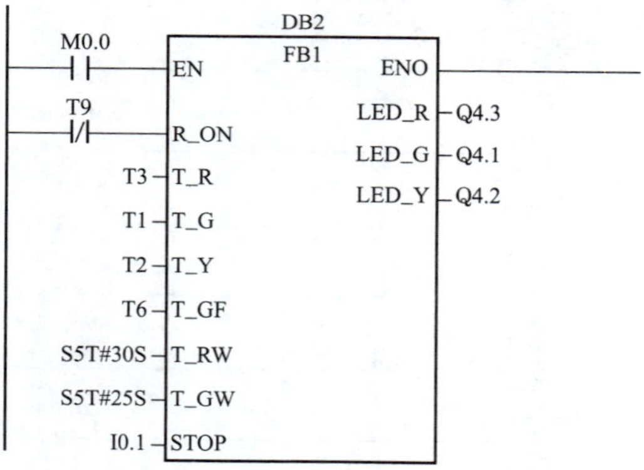

图 9-18　OB1 主程序（二）

【例 9-1】 编程实现 $y=(a+x)\times 3\div 4$ 的算法。其中 a 为常数，初始值分别为 3，它们的值在应用时可根据需要改变。该算法能在程序中多次调用。

编程思路：因 $y=(a+x)\times 3\div 4$ 算法能在程序中多次调用，可采用功能块 FB1 来实现。然后在主程中实现对 FB1 的多次调用，可把常数 a 设置成静态变量，赋初始值分别为 3。

新建项目，进行 PLC 硬件组态。然后新建功能块 FB1，FB1 的变量声明表如表 9-4 所示，其中 a 为静态变量，b 为临时变量。FB1 的程序如图 9-19 所示。主程序 OB1 如图 9-20 所示，在程序中对 FB1 进行了二次调用，Network1 中的程序实现了 $y=(3+x)\times 3\div 4$ 算法，Network3 中的程序实现了 $y=(4+x)\times 3\div 4$ 算法。

表 9-4　　FB1 的变量声明表

接口类型	变量名	数据类型	地址	初始值	扩展地址	结束地址	注释
In	x	Int	0.0	0	—	—	—
Out	y	Int	2.0	0	—	—	—
STAT	a	Int	4.0	3	—	—	—
Temp	b	Int	0.0	0	—	—	—

FB1：

Network 1

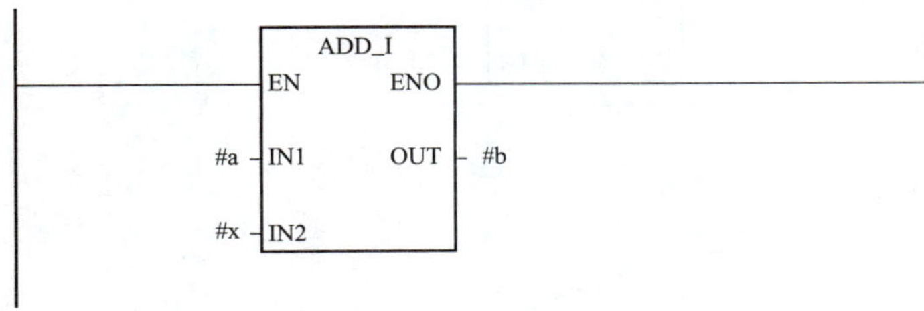

Network 2

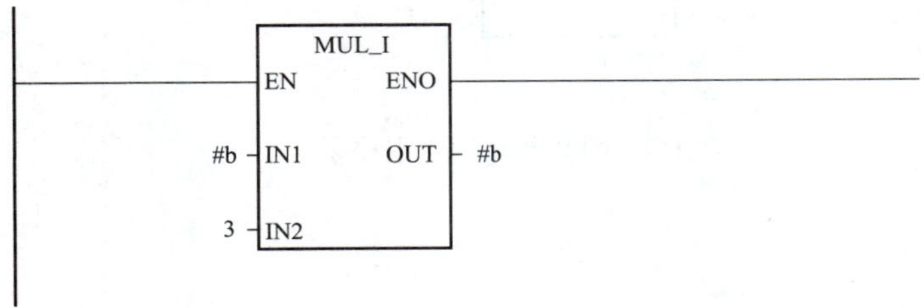

Network 3

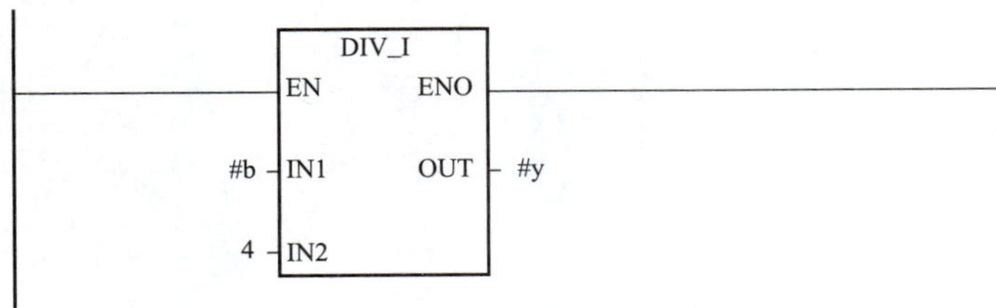

图 9-19　FB1 程序

OB1："Main Program Sweep (Cycle)"

Network 1

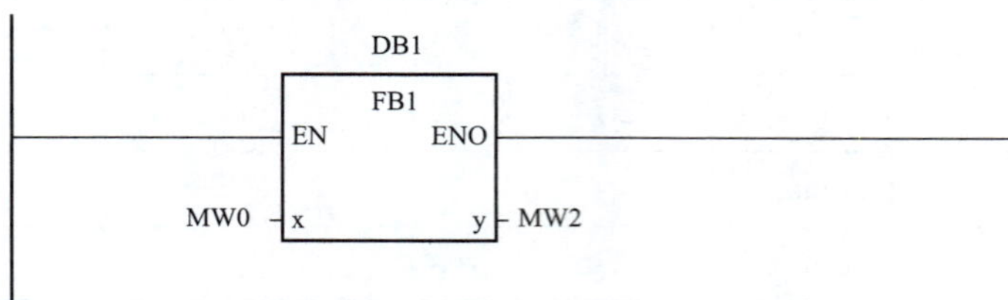

Network 2

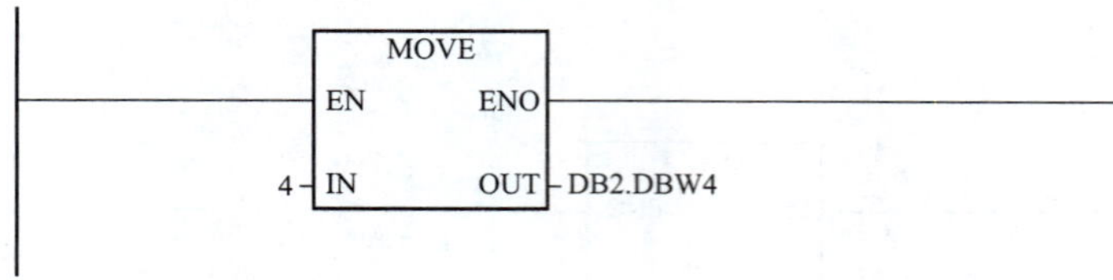

Network 3

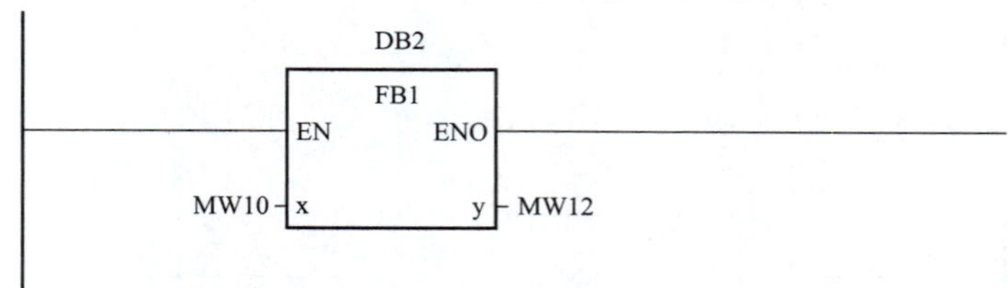

图 9-20 OB1 主程序

第 10 章 多重背景数据块的使用

第一节 多重背景数据块

在前面使用功能块的实例中，当功能块 FB1 在组织块中被调用时，均使用了与 FB1 相关联的背景数据块 DB1、DB2 等。这样 FB1 有多少次调用，就必须配套相应数量的背景数据块。当 FB1 的调用次数较多时，就会占用更多的数据块。使用多重背景数据块可以有效地减少数据块的数量，其编程思路是创建一个比 FB1 级别更高的功能块，如 FB10，对于 FB1 的每一次调用，都将数据存储在 FB10 的背景数据块中。这样就不需要为 FB1 分配任何背景数据块。

第二节 多重背景数据块应用举例

下面以发动机组控制系统为例，介绍如何编辑和使用多重背景数据块。

设某发动机组由一台汽油发动机和一台柴油发动机组成，现要求用 PLC 控制发动机组，使各台发动机的转速稳定在设定的速度上，并控制散热风扇的起动和延时关闭。每台发动机均设置一个启动按钮和一个停止按钮。

项目的编程步骤如下：

（1）创建 S7 项目。使用菜单 File→“New Project” Wizard 创建发动机组控制系统的 S7 项目，并命名为“多重背景”。CPU 选择 CPU 315-2DP，项目包含组织块 OB1。

（2）硬件配置。在“多重背景”项目内打开“SIMATIC 300 Station”文件夹，打开硬件配置窗口，并按图 10-1 所示完成硬件配置。

Slot	Module	Order number	Firmware	MPI address	I address	Q address	Comment
1	PS 307 5A	6ES7 307-1EA00-0AA0					
2	**CPU315-2DP(1)**	**6ES7 315-2AG10-0AB0**	**V2.0**	**2**			
X2	*DP*				*2047**		
3							
4	DI32xDC24V	6ES7 321-1BL80-0AA0			0...3		
5	DO32xDC24V/0.5A	6ES7 322-1BL00-0AA0				4...7	

图 10-1　硬件配置

（3）编辑符号表。编辑符号表如图 10-2 所示。

（4）规划程序结构。程序结构规划如图 10-3 所示。FB10 为上层功能块，它把 FB1 作为其“局部实例”，通过二次调用本地实例，分别实现对汽油机和柴油机的控制。这种调用不占用数据块 DB1 和 DB2，它将每次调用（对于每个调用实例）的数据存储到体系的上层功能块 FB10 的背景数据块 DB10 中。

	Statu	Symbol	Address		Data typ		Comment
1		Automatic_Mode	Q	4.2	BOOL		运行模式
2		Automatic_On	I	0.5	BOOL		自动运行模式控制按钮
3		DE_Actual_Speed	MW	4	INT		柴油发动机的实际转速
4		DE_Failure	I	1.6	BOOL		柴油发动机故障
5		DE_Fan_On	Q	5.6	BOOL		启动柴油发动机风扇的命令
6		DE_Follow_On	T	2	TIMER		柴油发动机风扇的继续运行的时间
7		DE_On	Q	5.4	BOOL		柴油发动机的起动命令
8		DE_Preset_Spe...	Q	5.5	BOOL		显示"已达到柴油发动机的预设转速"
9		Engine	FB	1	FB	1	发动机控制
10		Engine_Data	DB	10	DB	10	FB10的实例数据块
11		Engines	FB	10	FB	10	多重实例的上层功能块
12		Fan	FC	1	FC	1	风扇控制
13		Main_Program	OB	1	OB	1	此块包含用户程序
14		Manual_On	I	0.6	BOOL		手动运行模式控制按钮
15		PE_Actual_Speed	MW	2	INT		汽油发动机的实际转速
16		PE_Failure	I	1.2	BOOL		汽油发动机故障
17		PE_Fan_On	Q	5.2	BOOL		汽油发动机风扇的启动命令
18		PE_Follow_On	T	1	TIMER		汽油发动机风扇的继续运行的时间
19		PE_On	Q	5.0	BOOL		汽油发动机的启动命令
20		PE_Preset_Spe...	Q	5.1	BOOL		显示"已达到汽油发动机的预设转速"
21		S_Data	DB	3	DB	3	共享数据块
22		Switch_Off_DE	I	1.5	BOOL		关闭柴油发动机
23		Switch_Off_PE	I	1.1	BOOL		关闭汽油发动机
24		Switch_On_DE	I	1.4	BOOL		启动柴油发动机
25		Switch_On_PE	I	1.0	BOOL		启动汽油发动机

图 10-2　符号表

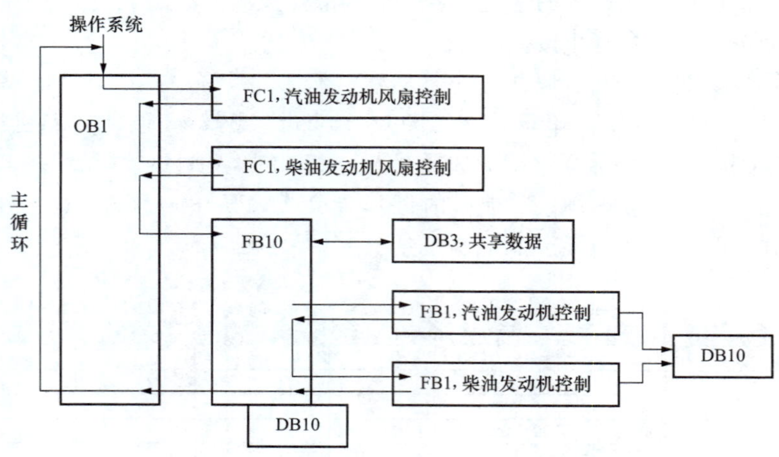

图 10-3　程序结构图

（5）编辑功能（FC）。FC1 用来实现发动机（汽油机或柴油机）的风扇控制，按照控制要求，当发动机启动时，风扇应立即启动；当发动机停机后，风扇应延时关闭。因此 FC1 需要一个发动机启动信号、一个风扇控制信号和一个延时定时器。

1）定义局部变量声明表。局部变量声明表如表 10-1，表中包含 3 个变量，2 个 IN 型变量，1 个 OUT 型变量。

表 10-1　　变量声明表

接口类型	变量名	数据类型	注释
In	Engine _ On	BOOL	发动机的启动信号
In	Timer _ Off	Timer	用于关闭延迟的定时器功能
Out	Fan _ On	BOOL	启动风扇信号

2）编辑 FC1 的控制程序。FC1 所实现的控制要求：发动机启动时风扇启动，当发动机再次关闭后，风扇继续运行 4s，然后停止。定时器采用断电延时定时器，控制程序如图 10-4 所示。

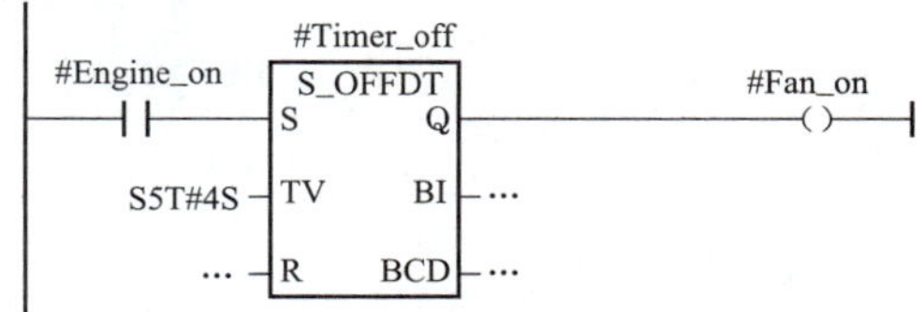

图 10-4　FC1 控制程序

(6) 编辑共享数据块。共享数据块 DB3 可为 FB10 保存发动机（汽油机和柴油机）的实际转速，当发动机转速都达到预设速度时，还可以保存该状态的标志数据。DB3 的数据如图 10-5 所示。

LAD/STL/FBD - [DB3 -- 多重背景\SIMATIC 300 Station\CPU315-2DP(1)]

File Edit Insert PLC Debug View Options Window Help

Address	Name	Type	Initial value	Comment
0.0		STRUCT		
+0.0	PE_Actual_Speed	INT	0	汽油发动机的实际转速
+2.0	DE_Actual_Speed	INT	0	柴油发动机的实际转速
+4.0	Preset_Speed_Reached	BOOL	FALSE	两个发动机都已经到达预置的转速
=6.0		END_STRUCT		

Press F1 to get Help.　offline　Abs < 5.2　Inse

图 10-5　共享数据块 DB3

(7) 编辑功能块 (FB)。在该系统的程序结构内，有 2 个功能块：FB1 和 FB10。FB1 为底层功能块，所以应首先创建并编辑；FB10 为上层功能块，可以调用 FB1。

1）编辑底层功能块 FB1。在项目内创建 FB1，符号名“Engine”。定义功能块 FB1 的变量声明表如表 10-2 所示。

表 10-2　　FB1 的变量声明表

接口类型	变量名	数据类型	地址	初始值	扩展地址	结束地址	注释
IN	Switch _ On	BOOL	0.0	FALSE	—	—	启动发动机
	Switch _ Off	BOOL	0.1	FALSE	—	—	关闭发动机
	Failure	BOOL	0.2	FALSE	—	—	发动机故障，导致发动机关闭
	Actual _ Speed	INT	2.0	0	—	—	发动机的实际转速
OUT	Engine _ On	BOOL	4.0	FALSE	—	—	发动机已开启
	Preset _ Speed _ Reached	BOOL	4.1	FALSE	—	—	达到预置的转速
STAT	Preset _ Speed	INT	6.0	1500	—	—	要求的发动机转速

FB1 主要实现发动机的启停控制及速度监视功能，其控制程序如图 10-6 所示。

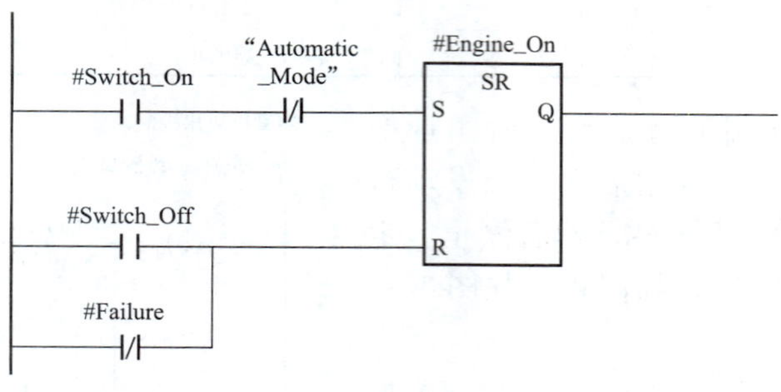

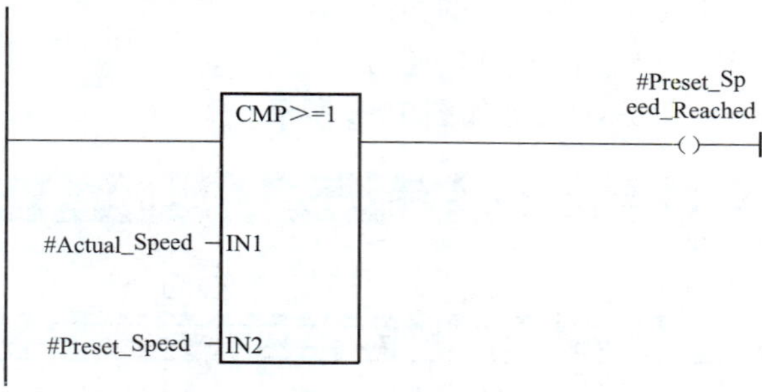

图 10-6　FB1 程序

2）编辑上层功能块 FB10。在项目内创建 FB10，符号名“Engines”。在 FB10 的属性对话框内激活“Multi-instance capable”选项，如图 10-7 所示。

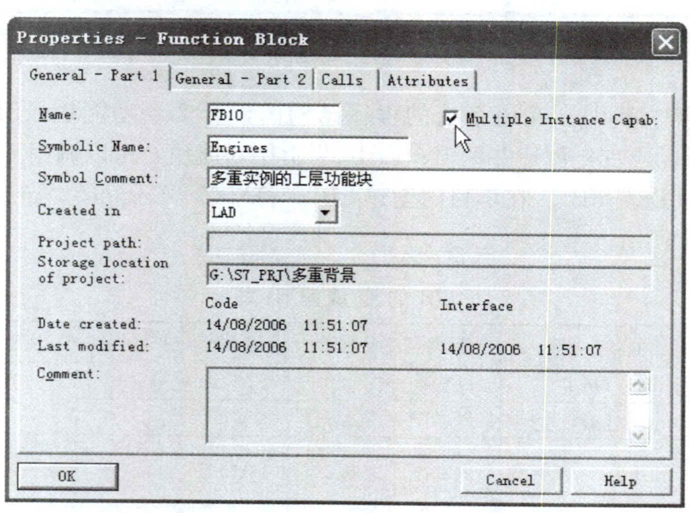

图 10-7　将 FB10 设置成使用多重背景的功能块

要将 FB1 作为 FB10 的一个“局部背景”调用，需要在 FB10 的变量声明表中为 FB1 的调用声明不同名称的静态变量，数据类型为 FB1（或使用符号名“Engine”），如表 10-3 所示。

表 10-3　　　　　　　　　　　　**FB10 的变量声明表**

接口类型	变量名	数据类型	地址	初始值	注释
OUT	Preset_Speed_Reached	BOOL	0.0	FALSE	两个发动机都已经到达预置的转速
STAT	Petrol_Engine	FB1	2.0	—	FB1 “Engine” 的第一个局部实例
	Diesel_Engine	FB1	10.0	—	FB1 “Engine” 的第二个局部实例
TEMP	PE_Preset_Speed_Reached	BOOL	0.0	FALSE	达到预置的转速（汽油发动机）
	DE_Preset_Speed_Reached	BOOL	0.1	FALSE	达到预置的转速（柴油发动机）

在变量声明表内完成 FB1 类型的局部实例：“Petrol_Engine”和“Diesel_Engine”的声明以后，在程序元素目录的“Multiple Instances”目录中就会出现所声明的多重实例，如图 10-8 所示。接下来可在 FB10 的代码区，调用 FB1 的“局部实例”。

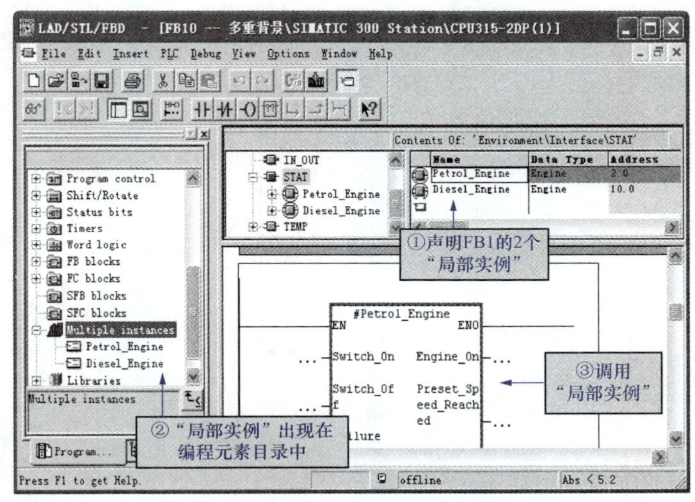

图 10-8　调用局部实例

编写功能块 FB10 的控制程序如图 10-9 所示。调用 FB1 局部实例时，不再使用独立的背景数据块，FB1 的实例数据位于 FB10 的实例数据块 DB10 中。发动机的实际转速可直接从共享数据块中得到，如 DB3.DBW0（符号地址为“S_Data”.PE_Actual_Speed）。

(8) 生成多重背景数据块 DB10。在项目内创建一个与 FB10 相关联的多重背景数据块 DB10，符号名“Engine_Data”。如图 10-10 所示。

(9) 在 OB1 中调用功能（FC）及上层功能块（FB）。OB1 控制程序如图 10-11 所示，Network4 中调用了 FB10。

使用多重背景时应注意以下问题：

(1) 首先应生成需要多次调用的功能块（如例中的 FB1）。

(2) 管理多重背景的功能块（如例中的 FB10）必须设置为有多重背景功能。

(3) 在管理多重背景的功能块的变量声明表中，为被调用的功能块的每一次调用定义一个静态（STAT）变量，以被调用的功能块的名称（如 FB1）作为静态变量的数据类型。

(4) 必须有一个背景数据块（如 DB10）分配给管理多重背景的功能块。背景数据块中的数据是自动生成的。

(5) 多重背景只能声明为静态变量（声明类型为“Stat”）。

FB10: 多重背景

Network 1: 启动汽油发动机

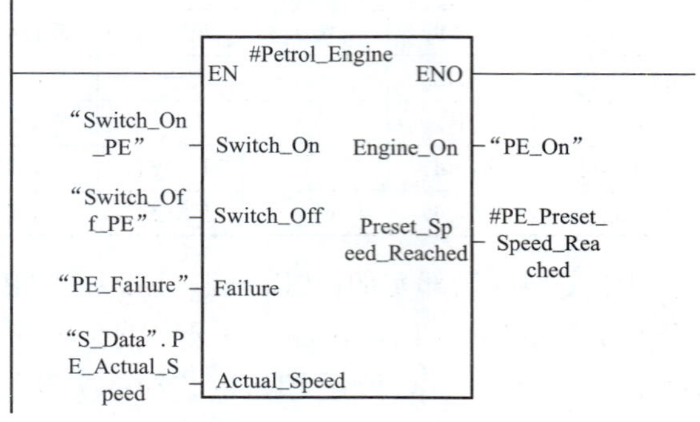

Network 2: 启动柴油发动机

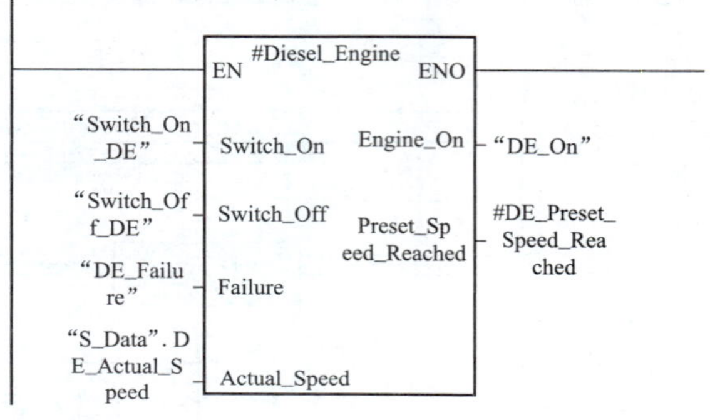

Network 3: 两台发动机均已达到设定转速

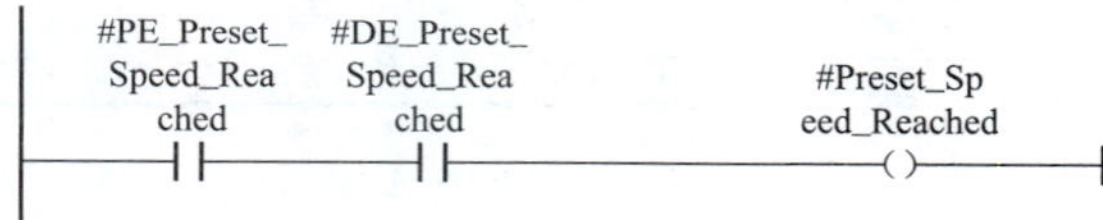

图 10-9　FB10 的控制程序

DB10 -- 多重背景\SIMATIC 300 Station\CPU315-2DP(1)

	Address	Declaration	Name	Type	Initial value	Actual value	Comment
1	0.0	in	Preset_Speed_Reached	BOOL	FALSE	FALSE	两个发动机都已经到达预置的转速
2	2.0	stat:in	Petrol_Engine.Switch_On	BOOL	FALSE	FALSE	启动发动机
3	2.1	stat:in	Petrol_Engine.Switch_Off	BOOL	FALSE	FALSE	关闭发动机
4	2.2	stat:in	Petrol_Engine.Failure	BOOL	FALSE	FALSE	发动机故障，导致发动机关闭
5	4.0	stat:in	Petrol_Engine.Actual_Speed	INT	0	0	发动机的实际转速
6	6.0	stat:out	Petrol_Engine.Engine_On	BOOL	FALSE	FALSE	发动机已开启
7	6.1	stat:out	Petrol_Engine.Preset_Speed_Reached	BOOL	FALSE	FALSE	达到预置的转速
8	8.0	stat	Petrol_Engine.Preset_Speed	INT	1500	1500	要求的发动机转速
9	10.0	stat:in	Diesel_Engine.Switch_On	BOOL	FALSE	FALSE	启动发动机
10	10.1	stat:in	Diesel_Engine.Switch_Off	BOOL	FALSE	FALSE	关闭发动机
11	10.2	stat:in	Diesel_Engine.Failure	BOOL	FALSE	FALSE	发动机故障，导致发动机关闭
12	12.0	stat:in	Diesel_Engine.Actual_Speed	INT	0	0	发动机的实际转速
13	14.0	stat:out	Diesel_Engine.Engine_On	BOOL	FALSE	FALSE	发动机已开启
14	14.1	stat:out	Diesel_Engine.Preset_Speed_Reached	BOOL	FALSE	FALSE	达到预置的转速
15	16.0	stat	Diesel_Engine.Preset_Speed	INT	1500	1500	要求的发动机转速

图 10-10　DB10 的数据结构

OB1: 主循环程序

Network 1: 设置运行模式

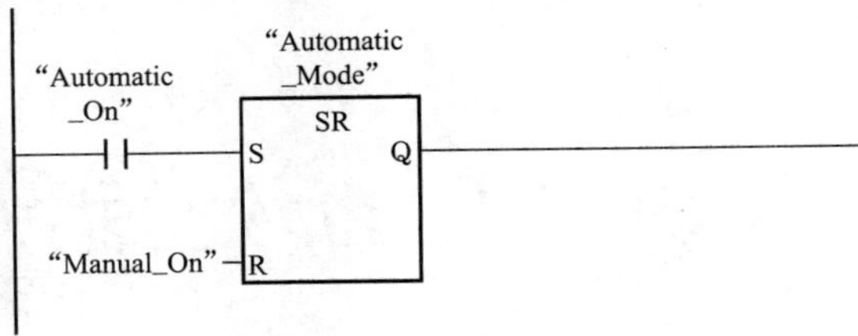

Network 2: 控制汽油发动机风扇

Network 3: 控制柴油发动机风扇

Network 4: 调用上层功能块FB10

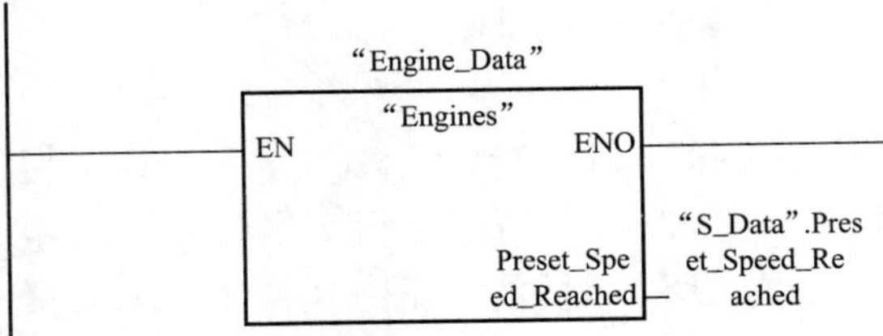

图 10-11 OB1 控制程序

第 11 章 组织块与中断处理

本章主要介绍日期时间中断组织块、延时中断组织块、循环中断组织块和硬件中断组织块的编程。中断处理用来实现对特殊内部事件或外部事件的快速响应。CPU 检测到中断请求时，立即响应中断，调用中断源对应的中断程序（OB）。执行完中断程序后，返回被中断的程序中。

中断源类型主要有：I/O 模块的硬件中断和软件中断，例如，日期时间中断、延时中断、循环中断和编程错误引起的中断等。

第一节 日期时间中断组织块

日期时间中断组织块有 OB10～OB17，共 8 个。CPU318 只能使用 OB10 和 OB11，其余的 S7-300 CPU 只能使用 OB10。S7-400 PLC 可以使用的日期时间中断 OB（OB10～OB17）的个数与 CPU 的型号有关。

日期时间中断可以在某一特定的日期和时间执行一次，也可以从设定的日期时间开始，周期性地重复执行，例如，每分钟、每小时、每天、甚至每年执行一次。可以用 SFC 28～SFC 30 取消、重新设置或激活日期时间中断。

1. 设置和启动日期时间中断

（1）用 SFC 28“SET _ TINT”和 SFC 30“ACT _ TINT”设置和激活日期时间中断。

（2）在硬件组态工具中设置和激活。在 STEP7 中打开硬件组态工具，双击机架中的 CPU 模块所在的行，打开设置 CPU 属性的对话框，单击“Time-Of-Day Interrupts”选项卡，设置启动时间日期中断的日期和时间，选中“Active”（激活）多选框，在“Execution”列表框中选择执行方式，如图 11-1 所示。将硬件组态数据下载到 CPU 中，可以实现日期时间中断的自动启动。

（3）用上述方法设置日期时间中断的参数，但不选择“Active”，而是在用户程中用 SFC 30“ACT _ TINT”激活日期时间中断。

2. 查询日期时间中断

要想查询设置了哪些日期时间中断，以及这些中断什么时间发生，可以调用 SFC 31“QRY _ TINT”查询日期时间中断。SFC 31 输出的状态字节 STATUS 如表 11-1 所示。

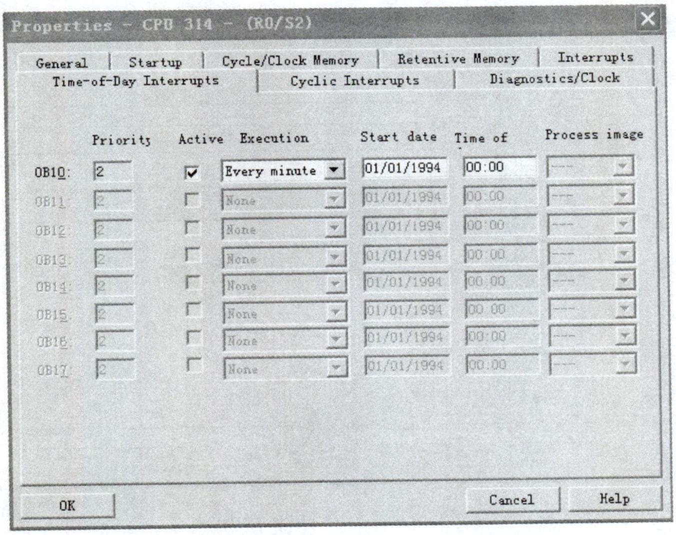

图 11-1　在硬件组态中设置和激活日期时间中断

表 11-1　　　　**SFC31 输出的状态字节 STATUS**

位	取值	意义
0	0	日期时间中断已被激活
1	0	允许新的日期时间中断
2	0	日期时间中断未被激活或时间已过去
3	0	—
4	0	没有装载日期时间中断组织块
5	0	日期时间中断组织块的执行没有被激活的测试功能禁止
6	0	以基准时间为日期时间中断的基准
7	1	以本地时间为日期时间中断的基准

3. 禁止与激活日期时间中断

用 SFC 29“CAN _ TINT”取消（禁止）日期时间中断，用 SFC 28“SET _ TINT”重新设置那些被禁止的日期时间中断，用 SFC 30“ACT _ TINT”重新激活日期时间中断。

在调用 SFC 28 时，如果参数“OB10 _ PERIOD _ EXE”为十六进制数 W＃16＃0000、W＃16＃0201、W＃16＃0401、W＃16＃1001、W＃16＃1201、W＃16＃1401、W＃16＃1801 和 W＃16＃2001，分别表示执行一次、每分钟、每小时、每天、每周、每月、每年和月末执行一次。

【例 11-1】 在 I0.0 的上升沿时启动日期时间中断 OB10，在 I0.1 为 1 时禁止日期时间中断，每次中断使用 MW2 加 1。从 2010 年 2 月 27 日 8 时开始，每分钟中断一次，每次中断 MW2 被加 1。

IEC 功能 D _ TOD _ TD（FC3）用来合并日期和时间，它在程序编程器左边的指令目录与程序库窗口的文件夹 Libraries/Standard Library/IEC Function Blocks 中，如图 11-2 所示。

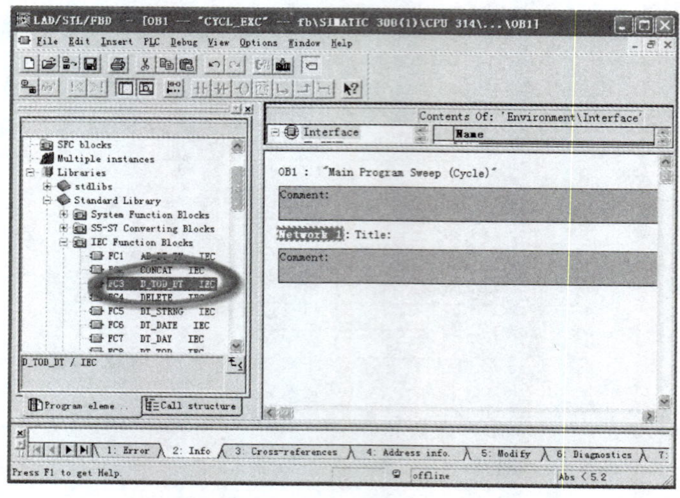

图 11-2　IEC 功能 FC3

在 STEP7 中生成项目，为了便于调用，对日期时间中断的操作都放在功能 FC12 中，在 OB1 中用调用 FC12。在 FC12 中设一个临时变量“OUT_TIME_DATE”，为一个日期时间变量类型。FC12 的程序如图 11-3 所示。

OB1 程序如图 11-4 所示，OB10 的程序如图 11-5 所示。PLCSIM 仿真软件运行。运行时监视 M17.2、M17.4 和 MW2。M17.2 为 1 时表示日期时间中断激活，M17.4 为 1 时表示已装载了日期时间中断组织块 OB10。用 I0.0 激活日期时间中断，M17.2 变为 1 状态，每分钟 MW2 将被加 1。用 I0.1 禁止日期时间中断，M17.2 变为 0，MW2 停止加 1。

FC12：对日期时间中断操作程序

Network 1: 查询OB10的状态

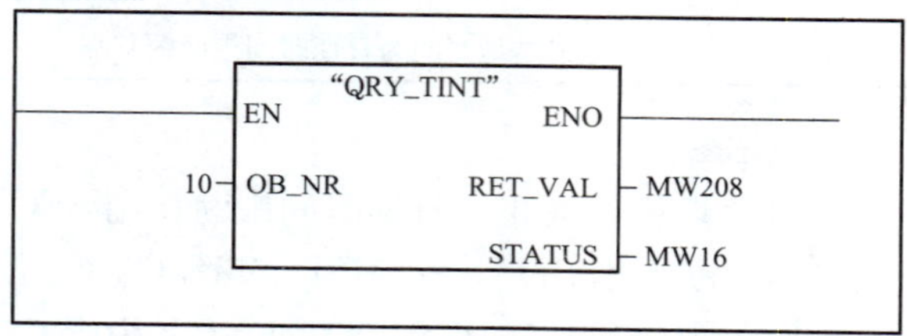

Network 2: 合并日期时间

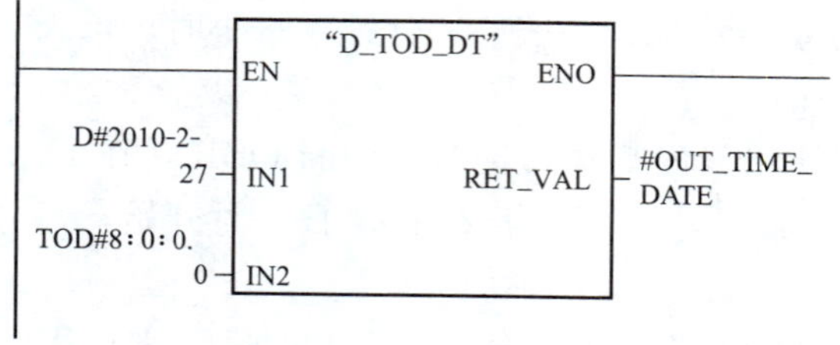

图 11-3　FC12 的程序（一）

Network 3: 在I0.0的上升沿设置和激活日期时间中断

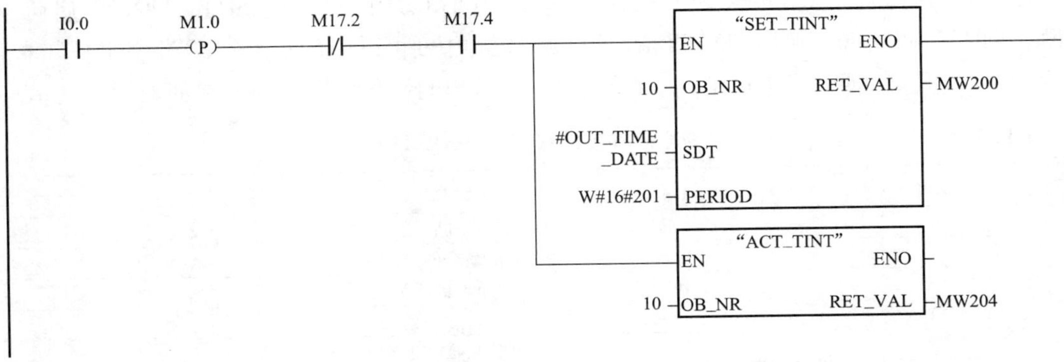

I0.0, M1.0 (P), M17.2, M17.4, "SET_TINT": EN, ENO, 10 OB_NR, RET_VAL MW200, #OUT_TIME_DATE SDT, W#16#201 PERIOD; "ACT_TINT": EN, ENO, 10 OB_NR, RET_VAL MW204

Network 4: 在I0.1的上升沿禁止日期时间中断

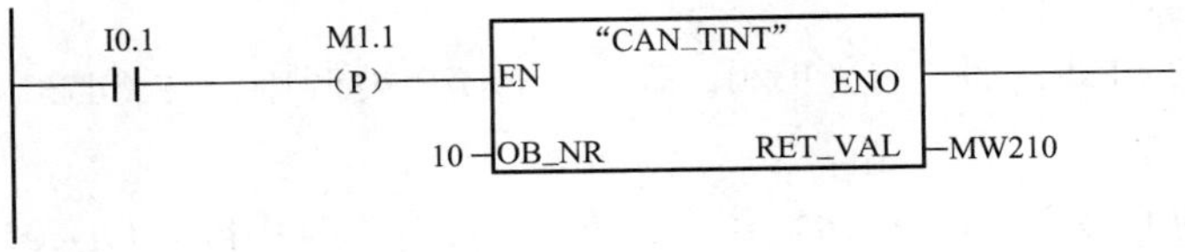

I0.1, M1.1 (P), "CAN_TINT": EN, ENO, 10 OB_NR, RET_VAL MW210

图 11-3　FC12 的程序（二）

OB1: "Main Program Sweep (Cycle)"

Network 1: 调用FC12

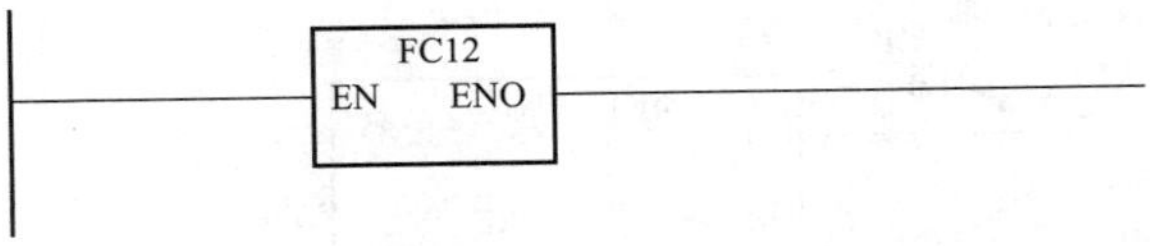

FC12: EN, ENO

图 11-4　OB1 程序

OB10: 每分钟加1的中断程序

Network 1:

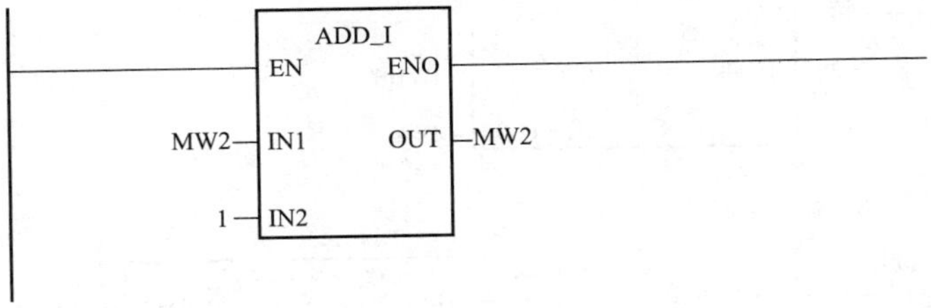

ADD_I: EN, ENO, MW2 IN1, OUT MW2, 1 IN2

图 11-5　OB10 中断程序

第二节　延时中断组织块

PLC 中的普通定时器的工作与扫描工作方式有关，其定时精度受到不断变化的循环周期的影响。使用延时中断可以获得精度较高的延时，延时中断以 ms 为单位定时。

S7 提供了 4 个延时中断 OB（OB20～OB23），CPU 可以使用的延时中断 OB 的个数与 CPU 的型号有关，S7-300 PLC（不含 CPU318）只能使用 OB20。用 SFC 32 “SRT _ DINT” 启动，经过设定的时间触发中断，调用 SFC 32 指定的 OB。延时中断可以用 SFC 33 “CAN _ DINT” 取消。用 SFC 34 “QRY _ DINT” 查询延时中断的状态，它输出的状态字节 STATUS 如表 11-2 所示。

表 11-2　　SFC34 输出的状态字节 STATUS

位	取值	意义
0	0	延时中断已被允许
1	0	未拒绝新的延时中断
2	0	延时中断未被激活或已完成
3	0	—
4	0	没有装载延时中断组织块
5	0	日期时间中断组织块的执行没有被激活的测试功能禁止

【例 11-2】 在主程序 OB1 中实现以下功能：

（1）在 I0.0 的上升沿用 SFC32 启动延时中断 OB20，10s 后 OB20 被调用，在 OB20 中将 Q4.0 置位，并立即输出。

（2）在延时过程中如果 I0.1 由 0 变为 1，在 OB1 中用 SFC33 取消延时中断，OB20 不会再被调用。

（1）I0.2 由 0 变为 1 时 Q4.0 被复位。

OB1 的程序如图 11-6 所示，OB20 的程序如图 11-7 所示。

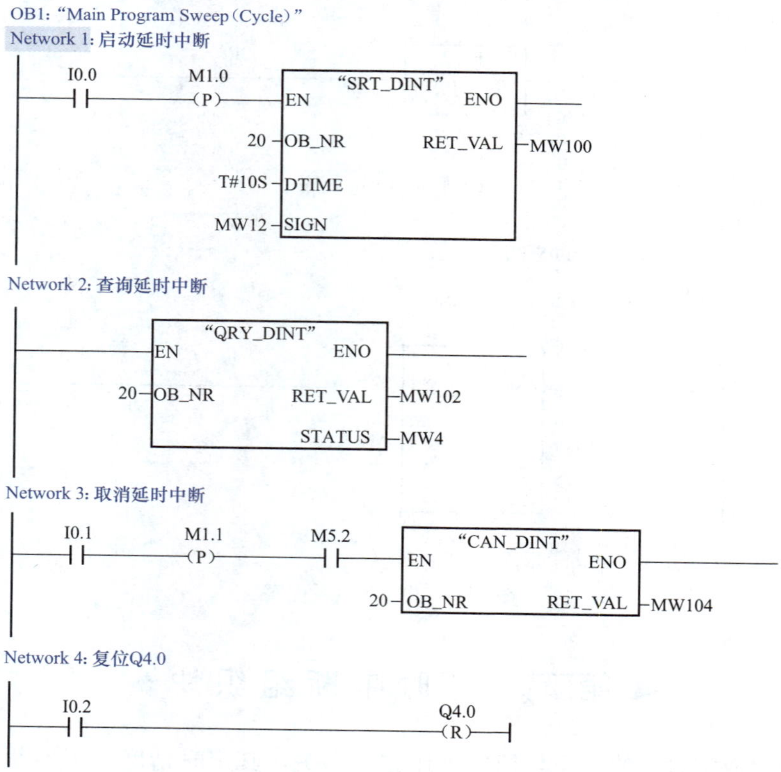

OB1: “Main Program Sweep (Cycle)”

Network 1: 启动延时中断

I0.0　M1.0 (P)　“SRT_DINT”: EN, ENO; 20 – OB_NR, RET_VAL – MW100; T#10S – DTIME; MW12 – SIGN

Network 2: 查询延时中断

“QRY_DINT”: EN, ENO; 20 – OB_NR, RET_VAL – MW102; STATUS – MW4

Network 3: 取消延时中断

I0.1　M1.1 (P)　M5.2　“CAN_DINT”: EN, ENO; 20 – OB_NR, RET_VAL – MW104

Network 4: 复位Q4.0

I0.2　Q4.0 (R)

图 11-6　OB1 程序

可以用PLCSIM仿真软件模拟运行以上的程序。运行时监视M5.2和M5.4。将程序下载到仿真PLC，进行RUN模式，M5.4立即变为1状态，表示OB20已经下载到了CPU中。用I0.0启动延时中断后，M5.2变为1状态，延时时间到时Q4.0变为1状态，M5.2变为0状态。在延时过程中用I0.1禁止OB20延时，M5.2也会变为0状态。

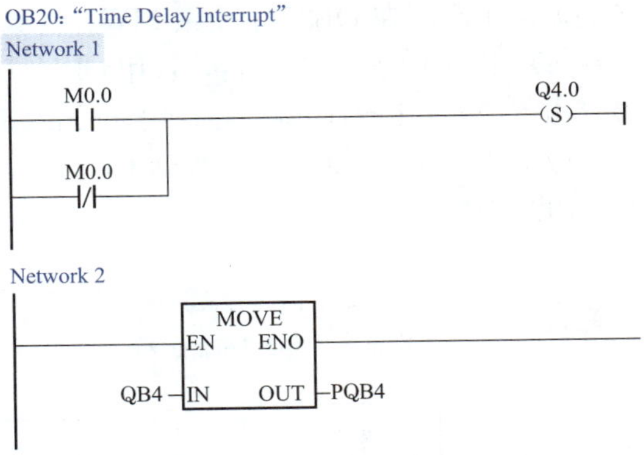

图11-7　OB20程序

第三节　循环中断组织块

循环中断组织块用于按一定时间间隔循环执行中断程序，例如，周期性地定时执行某一段程序，间隔时间从STOP切换到RUN模式时开始计算。

循环中断组织块OB30～OB38默认的时间间隔和中断优先级如表11-3所示。CPU318只能使用OB32和OB35，其余的S7-300 CPU只能使用OB35。S7-400 CPU可以使用的循环中断OB的个数与CPU型号有关。

如果两个OB的时间间隔成整倍数，不同的循环中断OB可以同时请求中断，造成处理循环中断服务程序超过指定的循环时间。为了避免出现这样的错误，用户可以定义一个相位偏移。相位偏移用于在循环时间间隔到达时，延时一定的时间后再执行循环中断。相位偏移时间要小于循环的时间间隔。设OB38和OB37的时间间隔分别为10ms和20ms，它们的相位偏移分别为0ms和3ms。OB38分别在10、20、…、60ms时产生中断，而OB37分别在t=23、43、63ms时产生中断。

可以用SFC 40和SFC 39来激活和禁止循环中断。SFC 40 "EN _ IRT" 是用于激活新的中断和异步错误的系统功能，其参数MODE为0时激活所有的中断和异步错误，为1时激活部分中断和错误，为2时激活指定的OB对应的中断和错误。SFC39 "DIS _ IRT" 是禁止新的中断和异步错误的系统功能，MODE为2时禁止指定的OB对应的中断和错误，MODE必须用十六进制数来设置。

表11-3　循环OB默认的参数

OB号	时间间隔	优先级	OB号	时间间隔	优先级
OB30	5s	7	OB35	100ms	12
OB31	2s	8	OB36	50ms	13
OB32	1s	9	OB37	20ms	14
OB33	500ms	10	OB38	10ms	15
OB34	200ns	11			

【例11-3】　在I0.0的上升沿时启动OB35对应的循环中断，在I0.1的上升沿禁止OB35

对应的循环中断，在 OB35 中使用 MW2 加 1。

在 STEP7 中生成一个项目，选用 CPU312C，在硬件组态工具中打开 CPU 属性的组态窗口，由“Cyclic Interrupts”选项卡可知只能用 OB35，其循环周期值的默认值为 100ms，将它修改为 1000ms，将组态下载到 CPU 中，图 11-8 所示为 OB1 的程序。图 11-9 所示为 OB35 中断程序。

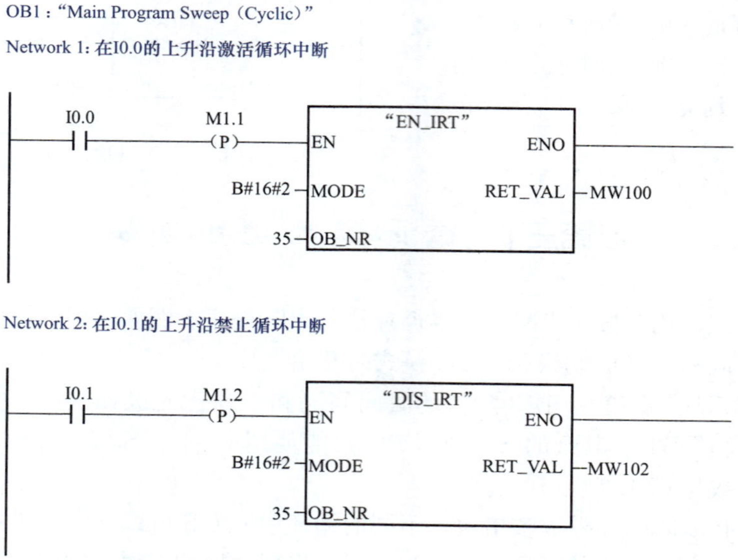

OB1 : “Main Program Sweep (Cyclic)”

Network 1: 在I0.0的上升沿激活循环中断

I0.0 M1.1 (P) “EN_IRT” EN ENO
B#16#2 MODE RET_VAL MW100
35 OB_NR

Network 2: 在I0.1的上升沿禁止循环中断

I0.1 M1.2 (P) “DIS_IRT” EN ENO
B#16#2 MODE RET_VAL MW102
35 OB_NR

图 11-8　OB1 主程序

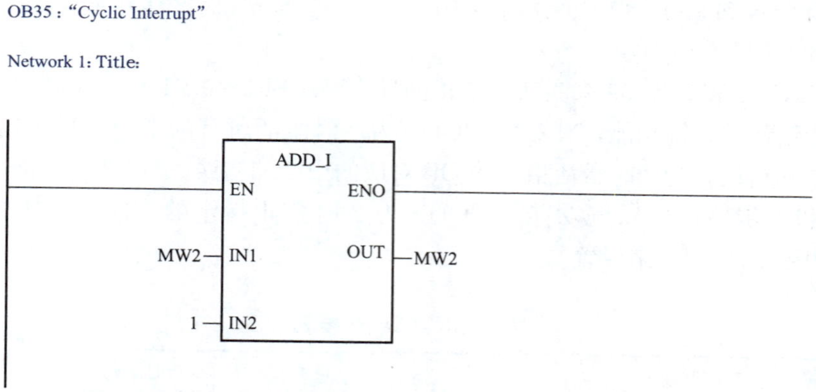

OB35 : “Cyclic Interrupt”

Network 1: Title:

ADD_I EN ENO
MW2 IN1 OUT MW2
1 IN2

图 11-9　OB35 中断程序

可以用 PLCSIM 仿真软件模拟运行上述程序，将程序和硬件组态参数下载到仿真 PLC，进行 RUN 模式后，可以看到每秒钟 MW2 加 1。用鼠标模拟产生 I0.1 的脉冲，循环中断被禁止，MW2 停止加 1。用鼠标模拟产生 I0.0 的脉冲，循环中断被激活，MW2 又开始加 1。

第四节 硬件中断组织块

硬件中断组织块（OB40～OB47）用于快速响应信号模块（SM，即输入/输出模块）、通信处理器（CP）和功能模块（FM）的信号变化。具有中断能力的信号模块将中断信号传送到CPU时，或者当功能模块产生一个中断信号时，将触发硬件中断。

CPU318只能使用OB40和OB41，其余的S7-300 CPU只能使用OB40。S7-400 CPU可以使用的硬件中断OB的个数与CPU的型号有关。

用户可以用STEP7的硬件组态功能来决定信号模块哪一个通道在什么条件下产生硬件中断，将执行哪个硬件中断OB，OB40被默认于执行所有的中断。对于CP和FM，可以在对话框中设置相应的参数来启动OB。

硬件中断被模块触发后，操作系统将自动识别是哪一个槽的模块和模块中哪一个通道产生的硬件中断。硬件中断OB执行完后，将发送通道确认信号。

如果正在处理某一中断事件，又出现了同一模块同一通道产生的完全相同的中断事件，新的中断事件将丢失。如果正在处理某一中断信号时同一模块中其他通道或其他模块产生了中断事件，当前已激活的硬件中断执行完后，再处理暂存的中断。

【例11-4】 CPU 313C-2DP集成的16点数字量输入I124.0～I125.7可以逐点设置中断特性，通过OB40对应的硬件中断，在I124.0的上升沿将CPU集成的数字量输出Q124.0置位，在I124.1的下降沿将Q124.0复位。此外要求在I0.2的上升沿时激活OB40对应的硬件中断，在I0.3的下降沿禁止OB40对应的硬件中断。

在STEP7中生成一个项目，选用CPU313C-2DP，在硬件组态工具中打开CPU属性的组态窗口，由“Interrupts”选项卡可知在硬件中断中，只能使用OB40。双击机架中CPU 313C-2DP内的集成I/O“DI16/DO16”所在行，如图11-10所示。在打开的对话框的“Input”选项卡中，设置在I124.0的上升沿和I124.1的下降沿产生中断，如图11-11所示。

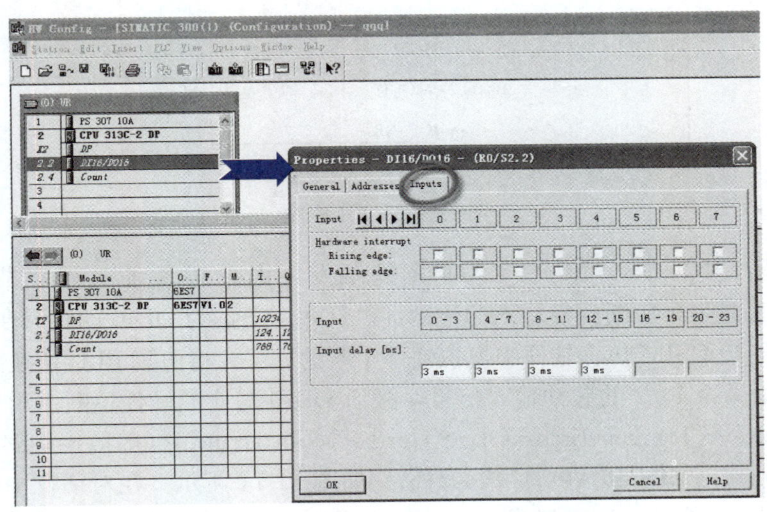

图11-10 打开DI16/DO16属性

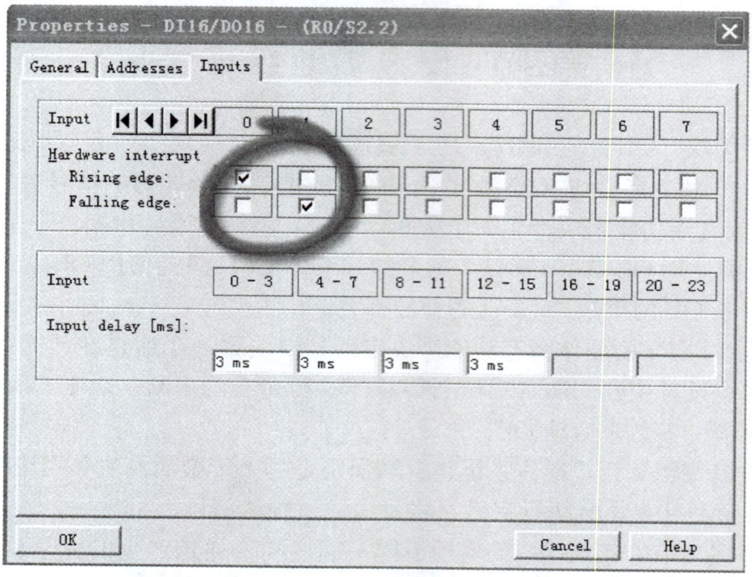

图 11-11　设置中断

图 11-12 所示是 OB1 的程序，图 11-13 所示是 OB40 的程序。

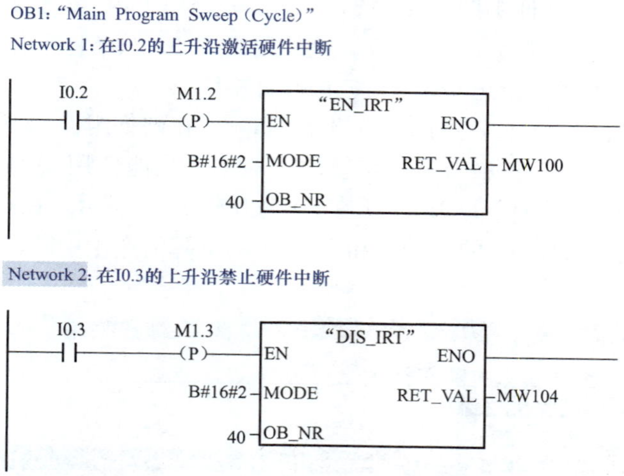

OB1: "Main Program Sweep (Cycle)"

Network 1: 在I0.2的上升沿激活硬件中断

I0.2 　M1.2 (P) 　"EN_IRT" EN ENO; B#16#2 MODE; RET_VAL MW100; 40 OB_NR

Network 2: 在I0.3的上升沿禁止硬件中断

I0.3 　M1.3 (P) 　"DIS_IRT" EN ENO; B#16#2 MODE; RET_VAL MW104; 40 OB_NR

图 11-12　OB1 程序

在 OB40 程序中，OB _ MDL _ ADDR 是触发中断的模块的起始字节地址，OB _ POINT _ ADDR 是发生中断的模块内的位地址。这两个数据为 OB40 的临时变量参数。

下面介绍在 PLCSIM 仿真软件中模拟硬件中断的方法。将仿真 PLC 切换到 RUN 模式，用鼠标模拟产生一个 I0.2 的脉冲输入信号，激活 OB40 对应的硬件中断。用 PLCSIM 的菜单命令"Execute→Trigger Error OB→Hardware Interrupt (OB40～OB47) …"打开"Hardware Interrupt (OB40～OB47)"，对话框如图 11-14 所示。在对话框中输入模块的起始地址和位地址 0。按 Apply 键触发指定的硬件中断，这样就可把 Q124.0 置位为 1。将位改为 1，单击 Apply 键又使 Q124.0 复位为 0。

OB40: “Hardware Interrupt”

Network 1: 把发生中断的模块地址写入到MW10

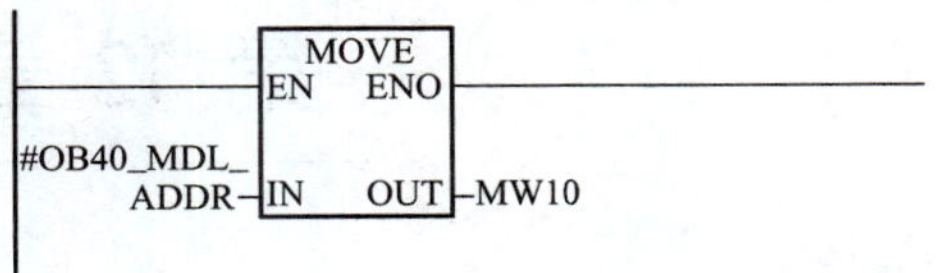

Network 2: 若发生中断的模块地址等于124，则M0.0输出为1

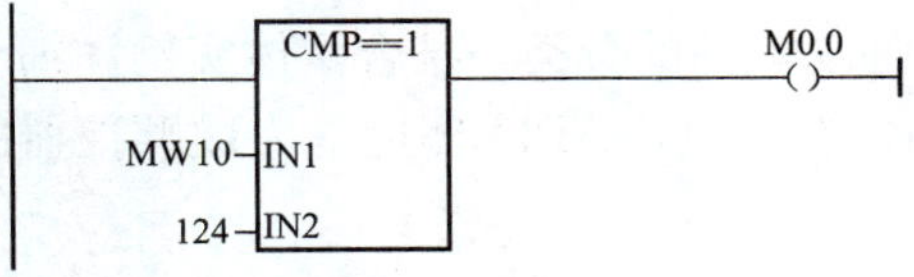

Network 3: 把发生中断的模块地址中的位写入到MW12

MOVE
EN ENO
#OB40_POINT_ADDR
IN
OUT
MW12

Network 4: 若为第0位引起的中断，则M0.1输出为1

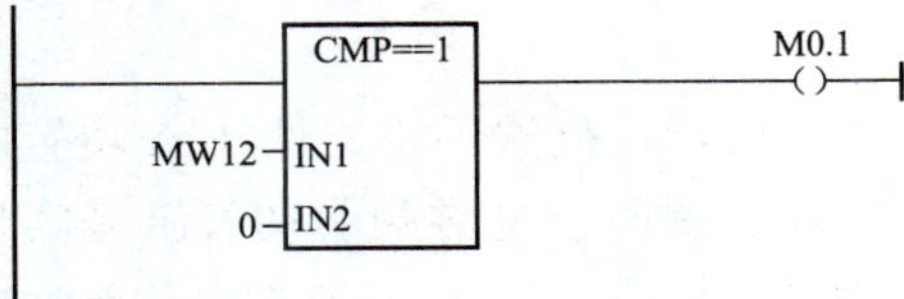

Network 5: 若为第1位引起的中断，则M0.1输出为1

CMP==I
M0.2
MW12
IN1
1
IN2

Network 6: 若为I124.0引起的中断，则把Q124.0置位

M0.0
M0.1
Q124.0
S

Network 7: 若为I124.1引起的中断，则把Q124.0置位

M0.0
M0.2
Q124.0
R

图 11-13　OB40 程序

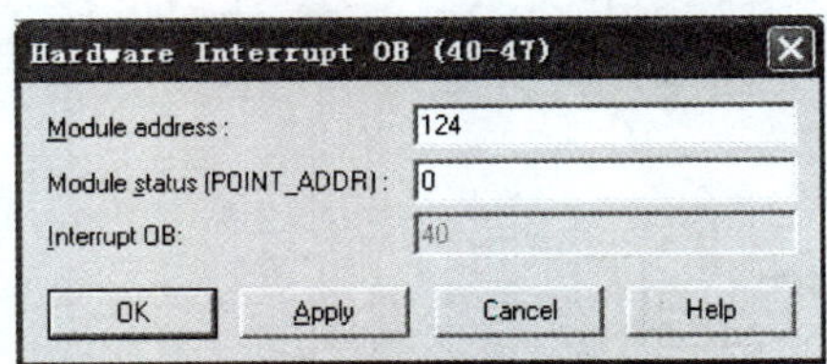
Hardware Interrupt OB (40-47)

Module address: 124

Module status (POINT_ADDR): 0

Interrupt OB: 40

OK　Apply　Cancel　Help

图 11-14　硬件中断的模拟

单击 OK 键将执行与 Apply 键同样的操作，同时退出对话框。

第 12 章

顺序控制与S7 GRAPH编程

本章介绍顺序控制的概念、顺控系统的结构及顺序功能图的分类，结合具体实例详细分析顺序功能图的设计方法和设计步骤，最后介绍了如何在 S7 GRAPH 环境下完成顺控器的设计及调试。

第一节 顺序控制与功能图基本概念

顺序功能图（Sequential Function Chart，SFC）是 IEC 标准编程语言，用于编制复杂的顺控程序，很容易被初学者接受，对于有经验的电气程师，也会大大提高工作效率。

一、顺序控制

所谓顺序控制，就是按照生产工艺预先规定的流程，使生产过程中各执行机构自动有序地进行操作，以实现生产有序地工作。

例如，简单机械手的自动控制，工作示意图如图 12-1 所示，机械手将工件从 A 位置向 B 位置移送。机械手的上升、下降与左移、右移都是由双线圈两位电磁阀驱动气缸来实现的。抓手对物件的松开、夹紧是由一个单线圈两位电磁阀驱动气缸完成，只有在电磁阀通电时抓手才能夹紧。该机械手工作原点在左上方，按下降（步 S1)、夹紧（步 S2)、上升（步 S3)、右移（步 S4)、下降（步 S5)、松开（步 S6)、上升（步 S7)、左移（步 S8）的顺序依次运行。这就是一个典型的顺序控制。

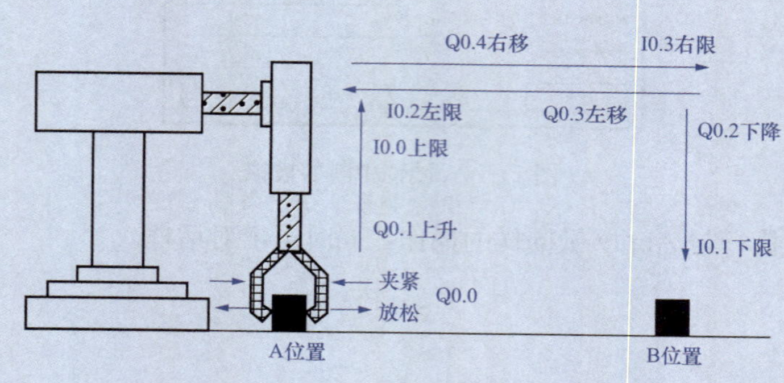

图 12-1 机械手顺序控制

从以上描述可看出，顺序控制由一系列步（S）或功能组成，这些步或功能按顺序由转换条件激活。顺序控制在生产流水线上的控制应用非常广泛。

二、顺序控制系统的结构

如图 12-2 所示，一个完整的顺序控制系统包括 4 个部分：方式选择、顺序器、命令输出、故障信号和运行信号。

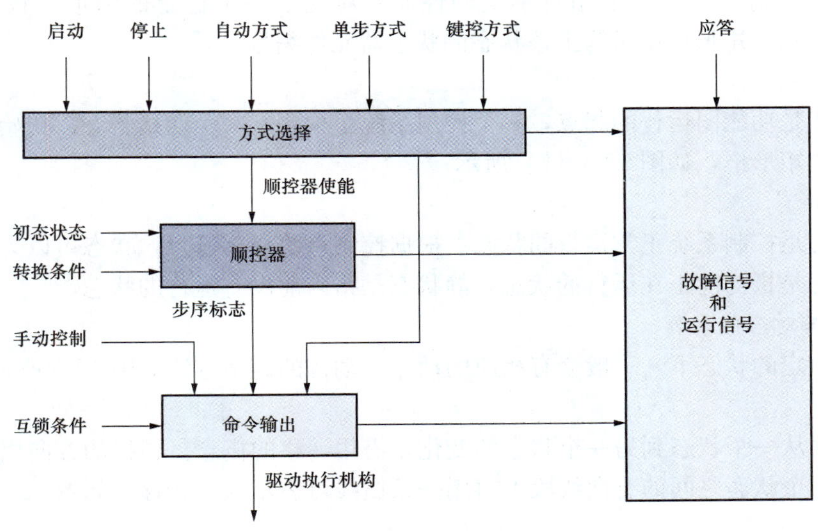

图 12-2 顺序控制系统结构图

1. 方式选择

在方式选择部分主要处理各种运行方式的条件和切换信号。运行方式在操作台上通过选择开关或按钮进行设置和显示，典型的操作台如图 12-3 所示。基本运行方式如下：

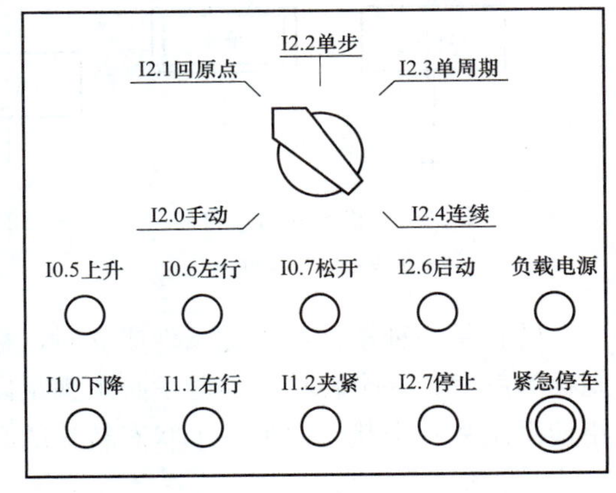

图 12-3 操作台示意图

(1) 自动方式。在该方式下，系统将按照顺控器中确定的控制顺序，自动执行各控制环节的功能，一旦系统启动后就不再需要操作人员的干预，但可以响应停止和急停操作。

(2) 单步方式。在该方式下，系统依据控制按钮，在操作人员的控制下，一步一步地完成整个系统的功能。

(3) 手动方式。在该方式下，各执行机构动作需要由手动控制实现。

2. 顺控器

顺控器是顺序控制系统的核心，是实现按时间、顺序控制工业生产过程的一个控制装置。

3. 命令输出

命令输出部分主要实现控制系统各控制步骤的具体功能，如驱动执行机构等。

4. 故障信号和状态信号

故障信号和状态信号部分主要处理控制系统运行过程听故障及状态信号。如当前系统工作于哪种方式，正执行到在哪一步等。

三、功能图的基本概念

状态具有控制系统中一个相对不变的性质，对应于一个稳定的情形。状态的符号如图 12-4（a)所示。矩形框中可写上该状态的状态器元件编号。

1. 初始状态

初始状态是功能图运行的起点，一个控制系统至少要有一个初始状态。初始状态的图形符号为双线的矩形框，如图 12-4（b）所示。

2. 工作状态

工作状态是控制系统正常运行的状态。根据控制系统是否运行，状态可以为动态和静态两种。动状态是指当前正在运行的状态，静状态是指当前没有运行的状态。

3. 与状态对应的动作

在每个稳定的状态下，一般会有相应的动作。动作的表示方法如图 12-5 所示。

4. 转移

为了说明从一个状态到另一个状态的变化，需用转移的概念。转移的方向用一条有向线段来表示，两个状态之间的有向线段上再用一条横线可表示这一转移，如图 12-6 所示。

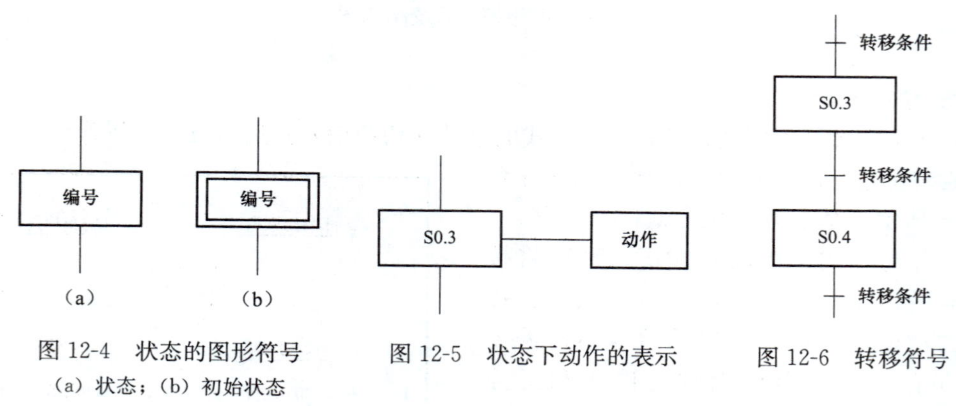

图 12-4 状态的图形符号
（a）状态；（b）初始状态

图 12-5 状态下动作的表示

图 12-6 转移符号

转移是一种条件，当此条件成立时，称为转移使能。该转移如果能够使状态发生转移，则称为触发。一个转移能够触发必须满足以下条件：状态为动状态及转移使能。转移条件是指使系统从一个状态向另一个状态转移的必要条件。

第二节 顺控器设计举例

顺序控制功能图主要有三种基本类型：单流程、选择性分支流程和并行分支流程。下面以单流程为例来进行控制器的设计。

【例 12-1】 交通信号灯控制系统设计。

图 12-7 所示为交通灯示意图，元件分配如表 12-1 所示。

1. 控制说明

信号灯的动作受总开关控制，按一下启动按钮，信号灯系统开始工作，工作流程如图 12-8 所示。

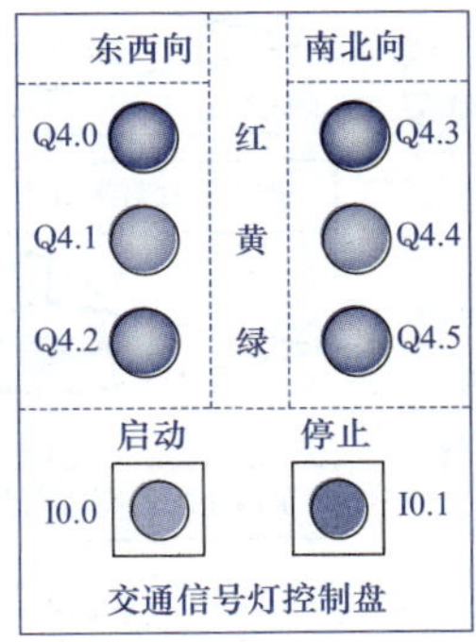

图 12-7　交通灯示意图

表 12-1　　**交通灯控制系统 I/O 分配**

编程元件	元件地址	符号	传感器/执行器	说明
数字量输入 32×24V（DC）	I0.0	Start	常开按钮	启动按钮
	I0.1	Stop	常开按钮	停止按钮
数字量输出 32×24V（DC）	Q4.0	EW _ R	信号灯	东西向红灯
	Q4.1	EW _ Y	信号灯	东西向黄灯
	Q4.2	EW _ G	信号灯	东西向绿灯
	Q4.3	SN _ R	信号灯	南北向红灯
	Q4.4	SN _ Y	信号灯	南北向黄灯
	Q4.5	SN _ G	信号灯	南北向绿灯

2. 顺序功能图

分析信号灯的变化规律，可将工作过程分成 4 个依设定时间而顺序循环执行的状态：S2、S3、S4 和 S5，另设一个初始状态 S1。由于控制比较简单，可用单流程实现，如图 12-9 所示。

编写程序时，可将顺序功能图放置在一个功能块（FB）中，而将停止作用的部分程序放置在另一个功能（FC）或功能块（FB）中。这样在系统启动运行期间，只要停止按钮（Stop）被按动，立即将所有状态 S2～S5 复位，并返回到待命状态 S1。

在待命状态下，只要按动启动按钮（Start），系统即开始按顺序功能图所描述的过程循环执行。

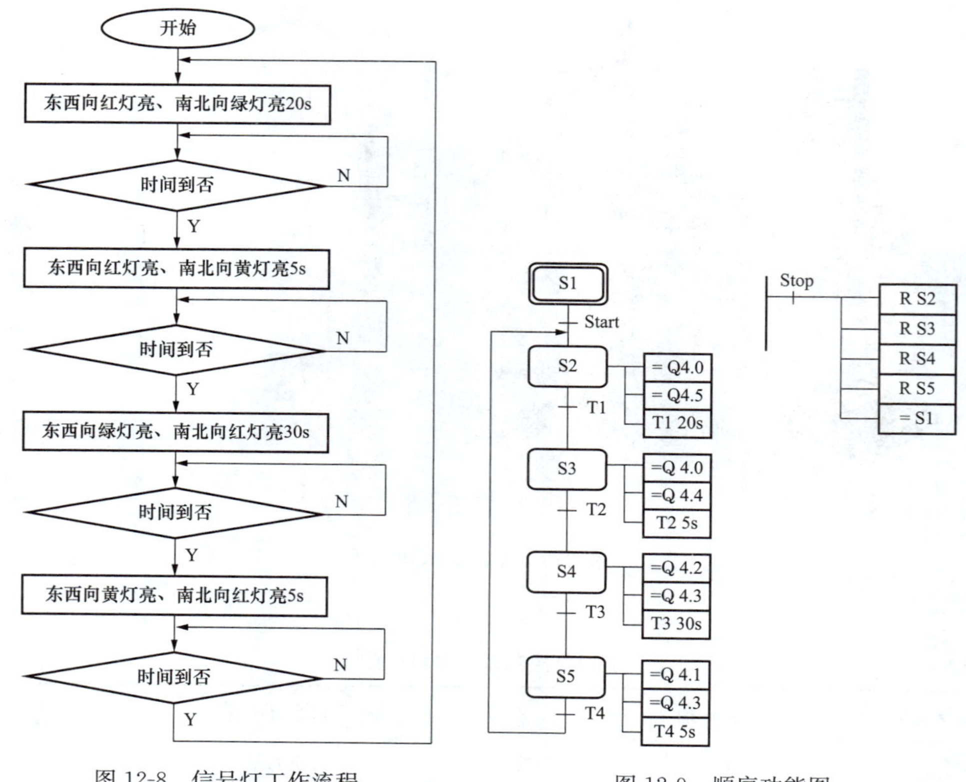

图 12-8　信号灯工作流程

图 12-9　顺序功能图

第三节　S7 GRAPH 的编程与应用

利用 S7 GRAPH 编程语言，可以清楚快速地组织和编写 S7 PLC 系统的顺序控制程序。它根据功能将控制任务分解为若干步，其顺序用图形方式显示出来并且可形成图形和文本方式的文件。可非常方便地实现全局、单页或单步显示及互锁控制和监视条件的图形分离。

在每一步中要执行相应的动作并且根据条件决定是否转换为下一步。它们的定义、互锁或监视功能用 STEP 7 的编程语言 LAD 或 FBD 来实现。

下在结合第二节中介绍的交通灯控制系统，介绍 S7 GRAPH 编辑功能图的方法。

一、创建 S7 GRAPH 项目

1. 创建 S7 项目

打开 SIMATIC Manager，然后执行菜单命令 File→New 创建一个项目，并命名为“信号灯 Graph”。

2. 硬件配置

选择“信号灯 Graph”项目下的“SIMATIC 300 Station”文件夹，进入硬件组态窗口按图 12-10 所示完成硬件配置，最后编译保存并下载到 CPU。

3. 编辑符号表

编辑符号表如图 12-11 所示。

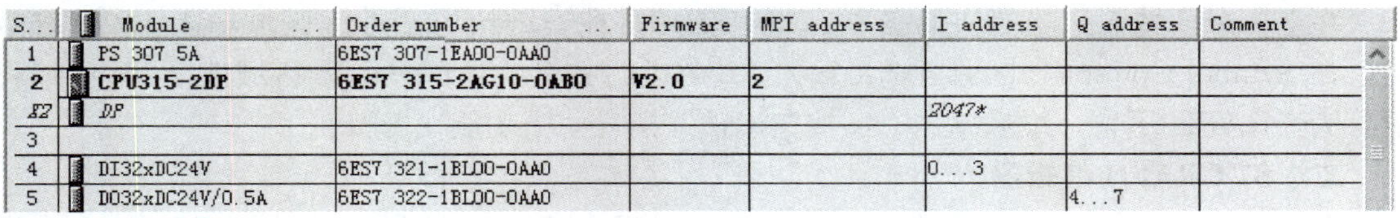

S...	Module	Order number	Firmware	MPI address	I address	Q address	Comment
1	PS 307 5A	6ES7 307-1EA00-0AA0					
2	CPU315-2DP	6ES7 315-2AG10-0AB0	V2.0	2			
X2	DP				2047*		
3							
4	DI32xDC24V	6ES7 321-1BL00-0AA0			0...3		
5	DO32xDC24V/0.5A	6ES7 322-1BL00-0AA0				4...7	

图 12-10　硬件配置

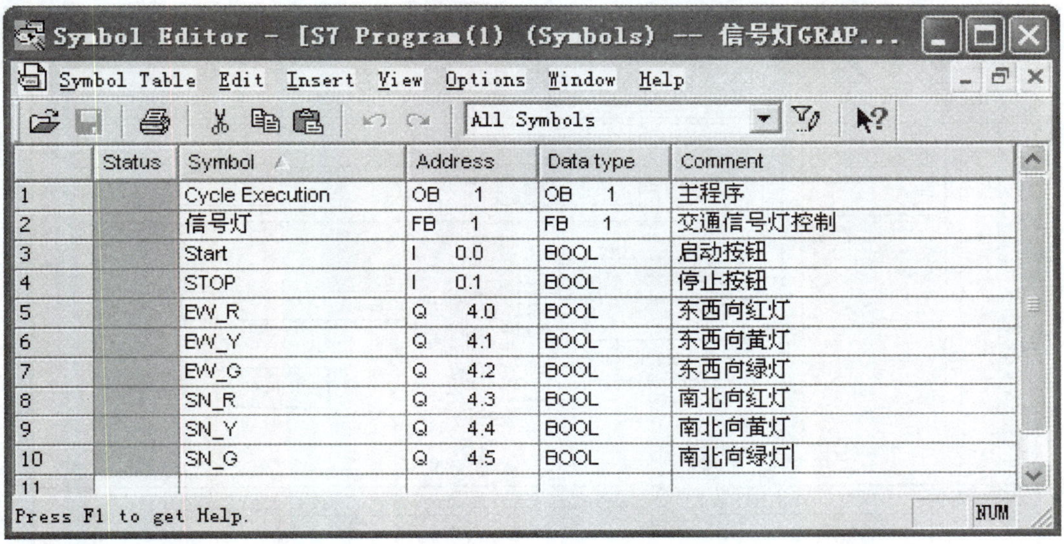

Symbol Editor - [S7 Program(1) (Symbols) -- 信号灯GRAP...

Symbol Table　Edit　Insert　View　Options　Window　Help

All Symbols

	Status	Symbol	Address	Data type	Comment
1		Cycle Execution	OB 1	OB 1	主程序
2		信号灯	FB 1	FB 1	交通信号灯控制
3		Start	I 0.0	BOOL	启动按钮
4		STOP	I 0.1	BOOL	停止按钮
5		EW_R	Q 4.0	BOOL	东西向红灯
6		EW_Y	Q 4.1	BOOL	东西向黄灯
7		EW_G	Q 4.2	BOOL	东西向绿灯
8		SN_R	Q 4.3	BOOL	南北向红灯
9		SN_Y	Q 4.4	BOOL	南北向黄灯
10		SN_G	Q 4.5	BOOL	南北向绿灯
11					

Press F1 to get Help.　NUM

图 12-11　符号表

4. 插入 S7 GRAPH 功能块（FB）

在 SIMATIC 管理器窗口内点击项目下的 Blocks 文件夹，然后执行菜单命令 Insert→S7 Block→Function Block，弹出 FB 属性对话框，如图 12-12 所示。

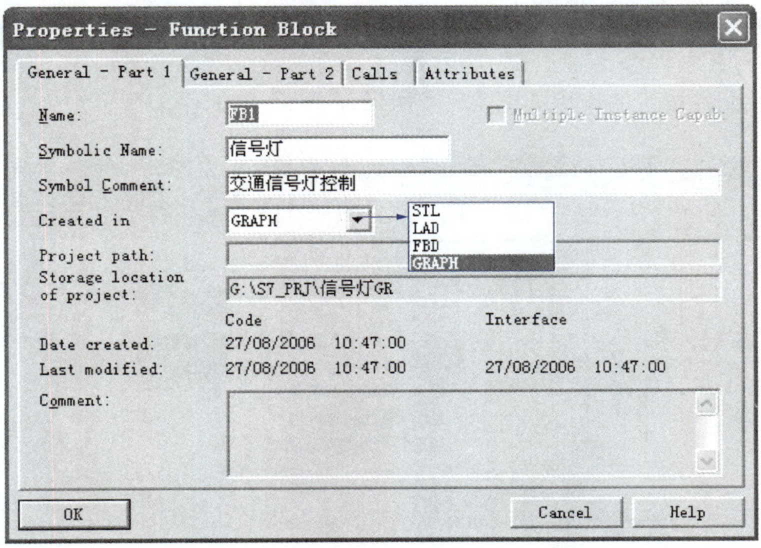

Properties - Function Block

General - Part 1　General - Part 2　Calls　Attributes

Name: FB1　Multiple Instance Capab:

Symbolic Name: 信号灯

Symbol Comment: 交通信号灯控制

Created in: GRAPH　STL LAD FBD GRAPH

Project path:

Storage location of project: G:\S7_PRJ\信号灯GR

Code　Interface

Date created: 27/08/2006 10:47:00

Last modified: 27/08/2006 10:47:00　27/08/2006 10:47:00

Comment:

OK　Cancel　Help

图 12-12　FB 属性对话框

在 Name 区域输入功能块的名称，如“FB1”；在 Symbolic Name 区域输入 FB 的符号名；在 Symbol Comment 区域可选择输入 FB 的说明文字。在 Create in 区域选择 FB 的编程语言为 GRAPH 语言。最后单击 OK 按钮确认并插入一个功能块 FB1。

二、S7 GRAPH 编辑器

在 Blocks 文件夹中打开功能块 FB1，打开 S7 GRAPH 编辑器。编辑器为 FB1 自动生成了第一步“S1 Step1”和第一个转换“T1 Trans1”，如图 12-13 所示。

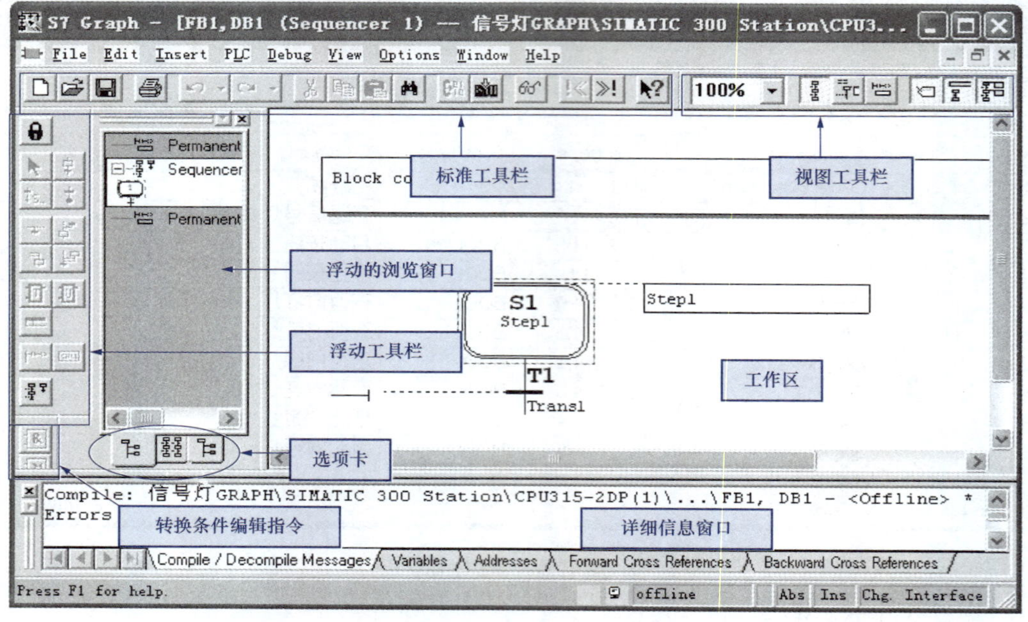

图 12-13 S7 GRAPH 编辑器

S7 GRAPH 编辑器由生成和编辑程序的工作区、标准工具栏、视窗工具栏、浮动工具栏、详细信息窗口和浮动的浏览窗口（Overview Window）等组成。

1. 视窗工具栏

视窗工具栏上各按钮的作用如图 12-14 所示。

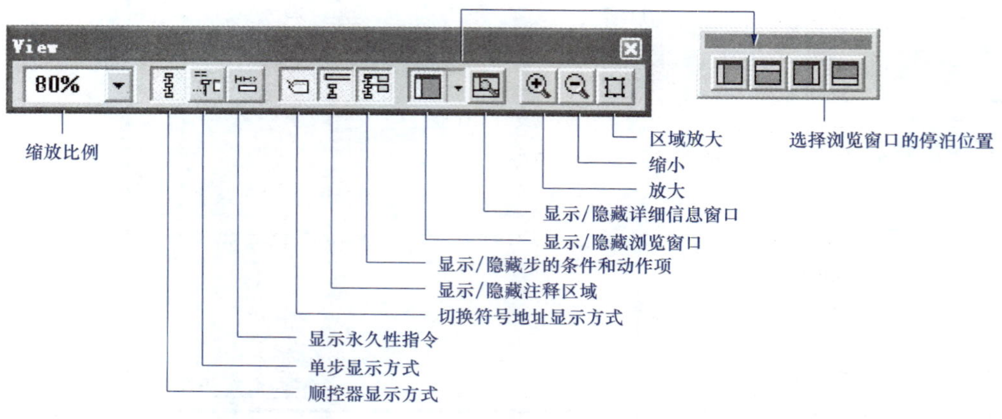

图 12-14 视窗工具栏

2. Sequencer 浮动工具栏

Sequencer 浮动工具栏上各按钮的作用如图 12-15 所示。

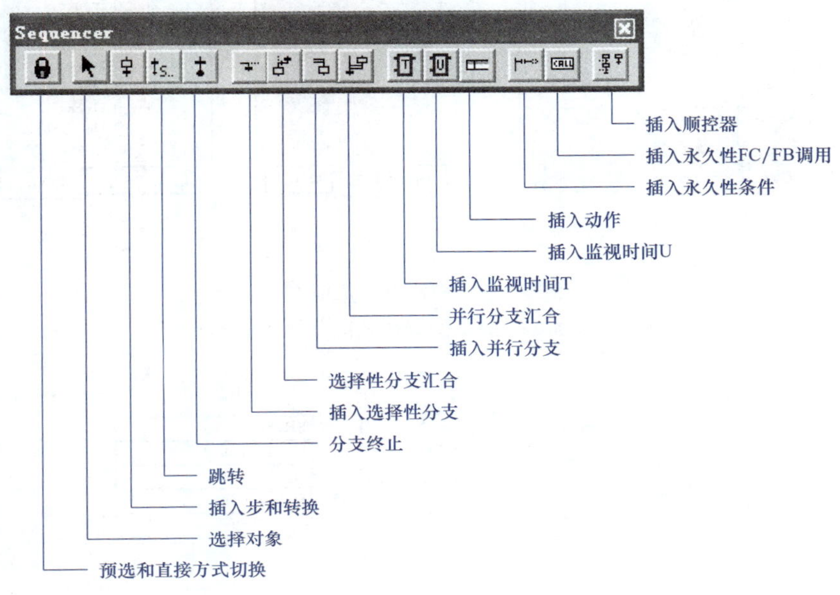

图 12-15 Sequencer 浮动工具栏

3. 转换条件编辑工具栏

转换条件编辑工具栏上各按钮的作用如图 12-16 所示。

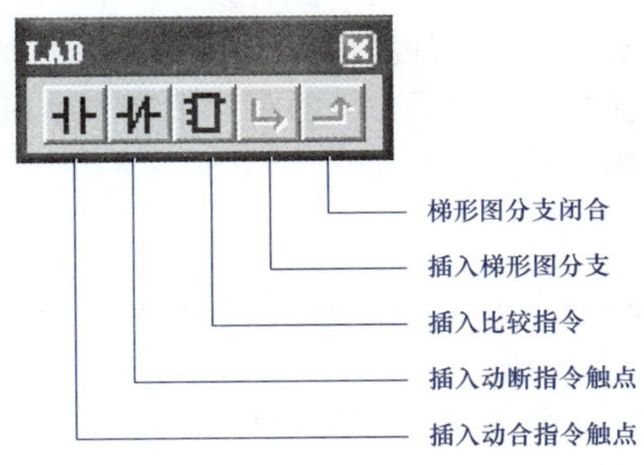

图 12-16 转换条件编辑工具栏

4. 浏览窗口

单击标准工具栏上的按钮可显示或隐藏左视窗。左视窗有三个选项卡：图形选项卡（Graphic）、顺控器选项卡（Sequence）和变量选项卡（Variables），如图 12-17 所示。

在图形选项卡内可浏览正在编辑的顺控器的结构，图形选项卡由顺控器之前的永久性指令（Permanent instructions before sequencer）、顺控器（Sequencer）和顺控器之后的永久性指令三部分组成。

在顺控器选项卡内可浏览多个顺控器的结构，当一个功能块内有多个顺控器时，可使用该选项卡。

在变量选项卡内可浏览编程时可能用到的各种基本元素。在该选项卡可以编辑和修改现有的变量，也可以定义新的变量。可以删除，但不能编辑系统变量。

5. 步与步的动作命令

顺控器的步由步序、步名、转换编号、转换名、转换条件和步的动作等组成，如图 12-18 所示。

步的动作行由命令和地址组成，右边的方框为操作数地址，左边的方框用来写入命令，

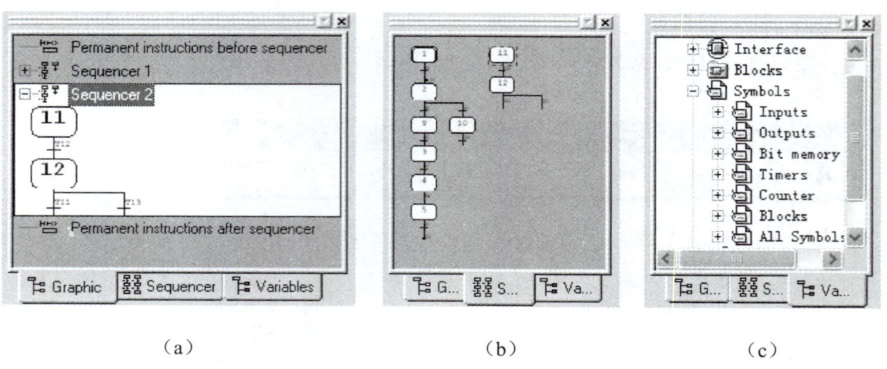

（a）　　（b）　　（c）

图 12-17　浏览窗口选项卡

（a）图形选项卡；（b）顺控器选项卡；（c）变量选项卡

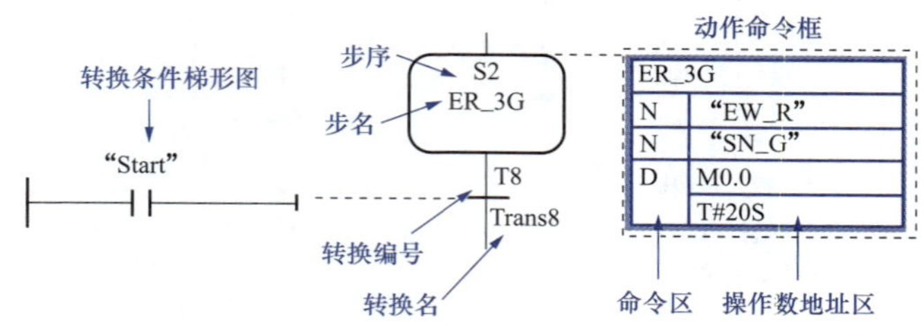

图 12-18　步的组成

动作中可以有定时器、计数器和算术运算。

（1）标准动作。对标准动作可以设置互锁（在命令的后面加“C”），仅在步处于活动状态和互锁条件满足时，有互锁的动作才被执行。没有互锁的动作在步处于活动状态时就会被执行。标准动作中的命令如表 12-2 所示，表中的 Q、I、M、D 均为位地址，括号中的内容用于有互锁的动作。

表 12-2　　标准动作中的命令

命令	地址类型	说明
N（或 NC）	Q、I、M、D	只要步为活动步（且互锁条件满足），动作对应的地址为 1 状态，无锁存功能
S（或 SC）	Q、I、M、D	置位：只要步为活动步（且互锁条件满足），该地址被置为 1 并保持为 1 状态
R（或 RC）	Q、I、M、D	复位：只要步为活动步（且互锁条件满足），该地址被置为 0 并保持为 0 状态
D（或 DC）	Q、I、M、D	延迟：（如果互锁条件满足），步变为活动步 n 秒后，如果步仍然是活动的，该地址被置 1 状态，无锁存功能
	T#（常数）	有延迟的动作的下一行为时间常数
L（或 LC）	Q、I、M、D	脉冲限制：步为活动步（且互锁条件满足），该地址在 n 秒内为 ON 状态，无锁存功能
	T#（常数）	有脉冲限制的动作的下一行为时间常数
CALL、（或 CALC）	FC、FB、SFC、SFB	块调用：只要步为活动步（且互锁条件满足），指定的块被调用

(2) 与事件有关的动作。动作可以与事件结合，事件是指步、监控信号、互锁信号的状态变化、信息（Message）的确认（Acknowledgment）或记录（Registration）信号被置位，事件的意义如表12-3所示。

命令只能在事件发生的那个循环周期执行。

表12-3　控制动作中的事件

事件	事件的意义	事件	事件的意义
S1	步变为活动步	S0	步变为非活动步
V1	发生监控错误（有干扰）	V0	监控错误消失（无干扰）
L1	互锁条件解除	L0	互锁条件变为1
A1	信息被确认	R1	在输入信号（REG_EF/REG_S）的上升沿，记录信号被置位

除了命令D（延迟）和L（脉冲限制）外，其他命令都可以与事件进行逻辑组合。

在检测到事件，并且互锁条件被激活（对于有互锁的命令NC、RC、SC和CALLC）在下一个循环内，使用N（NC）命令的动作为"1"状态，使用R（RC）命令的动作被置位一次，使用S（SC）命令的动作被复位一次。使用CALL（CALLC）命令的动作的块被调用一次。

(3) ON命令与OFF命令。用ON命令或OFF命令可以使命令所在步之外的其他步变为活动步或非活动步。

ON命令或OFF命令取决于"步"事件，即该事件决定了该步变为活动步或变为非活动步的时间，这两个命令可以与互锁条件组合，即可使用命令ONC和OFFC。

指定的事件发生时，可以将指定的步变为活动步或非活动步。如果命令OFF的地址标识符为S_ALL，将除了命令"OFF"所在的步之外其他的步变为非活动步。

在图12-19中的步S8变为活动步后，各动作按下述方式执行：

1) 一旦S8变为活动步和互锁条件满足，指令"S1 RC"使输出Q2.1复位为0并保持为0。

2) 一旦监控错误发生（出现V1事件），除了动作中的命令"V1 OFF"所在的步S8，其他的活动步变为非活动步。

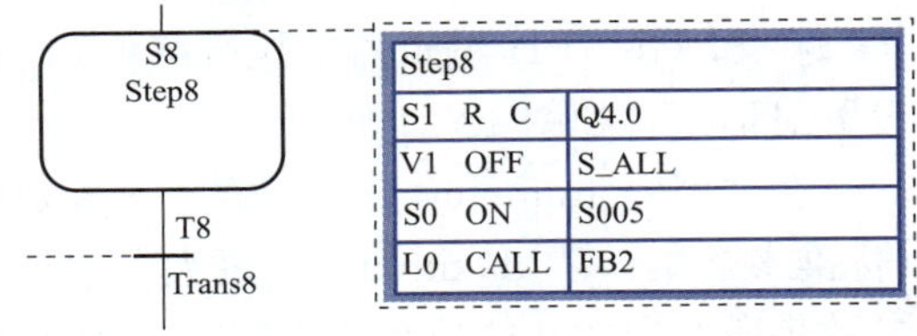

图12-19　步的动作

3) S8变为非活动步时（出现事件S0），将步S5变为活动步。只要互锁条件满足（出现L0事件），就调用指定的功能块FB2。

(4) 动作中的计数器。动作中的计数器的执行与指定的事件有关。互锁功能可以用于计数器，对于有互锁功能的计数器，只有在互锁条件满足和指定的事件出现时，动作中的计数器才会计数。计数值为0时计数器位为"0"，计数值非0时计数器位为"1"。

事件发生时，计数器指令CS将初值装入计数器。CS指令下面一行是要装入的计数器的初值，它可以由IW、QW、MW、LW、DBW、BIW来提供，或用常数C#0～C#999的形式给出。

事件发生时，CU、CD、CR指令使计数值分别加1、减1或将计数值复位为0。计数器命令与互锁组合时，命令后面要加上“C”。

（5）动作中的定时器。动作中的定时器与计数器的使用方法类似，事件出现时定时器被执行。互锁功能也可以用于定时器。

1）TL 命令为扩展的脉冲定时器命令，该命令的下面一行是定时器的定时时间“time”，定时器位没有闭锁功能。定时器的定时时间可以由字元件来提供，也可用 S5 时间格式，如 S5T＃5S。

2）TD 命令用来实现定时器位有闭锁功能的延迟。一旦事件发生定时器即被启动。互锁条件 C 仅仅在定时器被启动的那一时刻起作用。定时器被启动后将继续定时，而与互锁条件和步的活动性无关。在 time 指定的时间内，定时器位为 0。定时时间到时，定时器位变为 1。

3）TR 是复位定时器命令，一旦事件发生定时器立即停止定时，定时器位与定时值被复位为“0”。

在图 12-20 中，步 S3 变为活动步时，事件 S1 使计数器 C4 的值加 1。C4 可以用来计数步 S3 变为活动步的次数。只要步 S3 变为活动步，事件 S1 使用 MW0 的值加 1。S3 变为活动步后 T3 开始定时，T3 的位为 0 状态，5s 后 T3 的定时器位变为 1 状态。

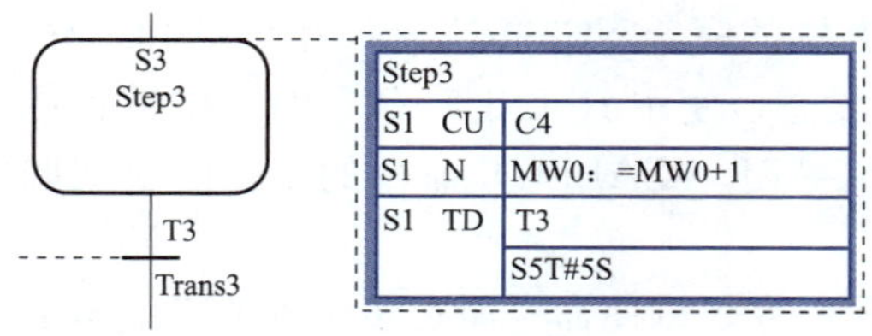

图 12-20 步的动作

（6）顺序控制器中的条件。

1）转换条件：转换中的条件使用顺序控制器从一步转换到下一步。

2）互锁条件：如果互锁条件的逻辑满足，受互锁控制的动作被执行。

3）监控条件：如果监控条件的逻辑运算满足，表示有干扰事件 V1 发生。顺序控制器不会转换到下一步，保持当前步为活动步。如果监控条件的逻辑运算不满足，表示没有干扰，如果转换条件满足，转换到下一步。只有活动步被监控。

6. 设置 S7 GRAPH 功能块的参数集

在 S7 GRAPH 编辑器中执行菜单 Option→Block Setting，打开 S7 GRAPH 功能块参数设置对话框，如图 12-21 所示。

在“FB Parameters”区域有 4 个参数集选项：“Minimun”（最小参数集）、“Standard”（标准参数集）、“Maximum”（最大参数集）、“User-defined”（用户自定义参数集）。不同的参数集所对应的功能块图符不同。常用参数的含义如表 12-4 所示。

三、编辑 S7 GRAPH 功能块（FB）

1. 规划顺序功能图

（1）插入“步及步的转换”。在 S7 GRAPH 编辑器内，用鼠标点中 S1 的转换（S1 下面的十字），然后连续单击 4 次“步和转换”的插入工具图标，在 S1 的下面插入 4 个步及每步的转换，插入过程中系统自动为新插入的步及转换分配连续序号（S2～S5、T2～T5）。

注意：T1～T5 是转换 Trans1～Trans5 的缩写。

（2）插入“跳转”。用鼠标点中 S5 的转换（S5 下面的十字），然后单击步的“跳转”工具图标，此时在 T5 的下面出现一个向下的箭头，并显示“S 编号输入栏”，如图 12-22 所示。

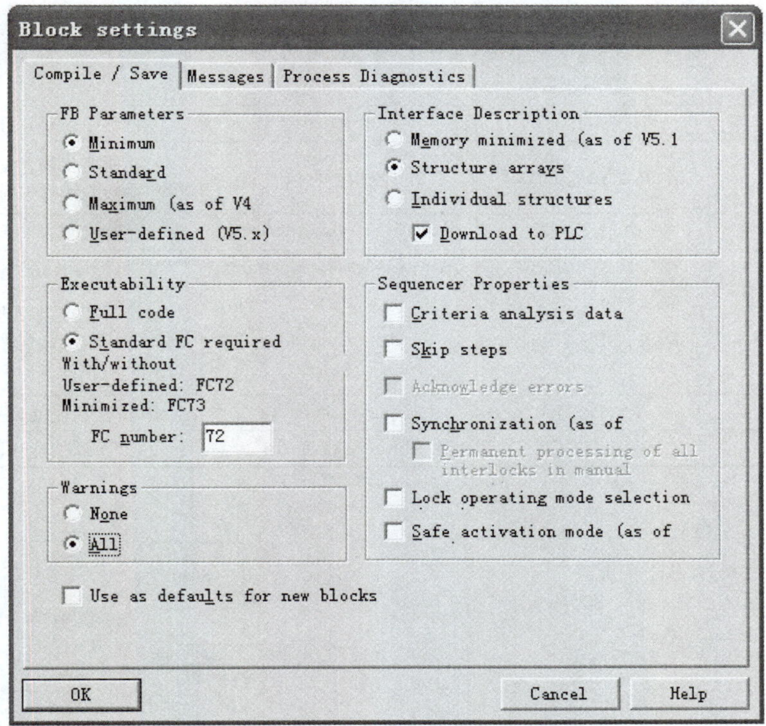

图 12-21 设置 FB 参数集

表 12-4 **GRAPH 的 FB 常用参数**

FB 参数（上升沿有效）	内部变量（静态数据区名称）	顺序控制器（S7-GRAPH 名称）	含义
ACK _ EF	MOP. ACK	Acknowledge	故障信息得到确认
INIT _ SQ	MOP. INIT	Initialize	激活初始步（顺控器复位）
OFF _ SQ	MOP. OFF	Disable	停止顺控器，例如使所有步失效
SW _ AUTO	MOP. AUTO	Automatic（Auto）	模式选择：自动模式
SW _ MAN	MOP. MAN	Manual mode（MAN）	模式选择：手动模式
SW _ TAP	MOP. TAP	Inching mode（TAP）	模式选择：单步调节
SW _ TOP	MOP. TOP	Automatic or switch to next（TOP）	模式选择：自动或切换到下一个
S _ SEL	—	Step number	选择，激活/去使能在手动模式 S _ ON/S _ OFF 在 S _ NO 步数
S _ ON	—	Activate	手动模式：激活步显示
S _ OFF	—	Deactivate	手动模式：去使能步显示
T _ PUSH	MOP. T _ PUSH	Continue	单步调节模式：如果传送条件满足，上升沿可以触发连续程序的传送
SQ _ FLAGS. ERROR	—	Error display：Interlock	错误显示：“互锁”
SQ _ FLAGS. FAULT	—	Error display：Supervision	错误显示：“监视”
EN _ SSKIP	MOP. SSKIP	Skip steps	激活步的跳转
EN _ ACKREQ	MOP. ACKREQ	Acknowledge errors	使能确认需求

续表

FB 参数 （上升沿有效）	内部变量 （静态数据区名称）	顺序控制器 （S7-GRAPH 名称）	含义
HALT_SQ	MOP. HALT	Stop seqencer	停止程序顺序并且重新激活
HALT_TM	MOP. TMS_HALT	Stop timers	停止所有步的激活运行时间和块运行和重新激活临界时间
—	MOP. IL_PERM	Always process interlocks	“执行互锁”
—	MOP. T_PERM	Always processtransitions	“执行程序传送”
ZERO_OP	MOP. OPS_ZERO	Actions active	复位所有在激活步 N，D，L 操作到 0，在激活或不激活操作数中不执行 CALL 操作
EN_IL	MOP. SUP	Supervision active	复位/重新使能步互锁
EN_SV	MOP. LOCK	Interlocks active	复位/重新使能步监视

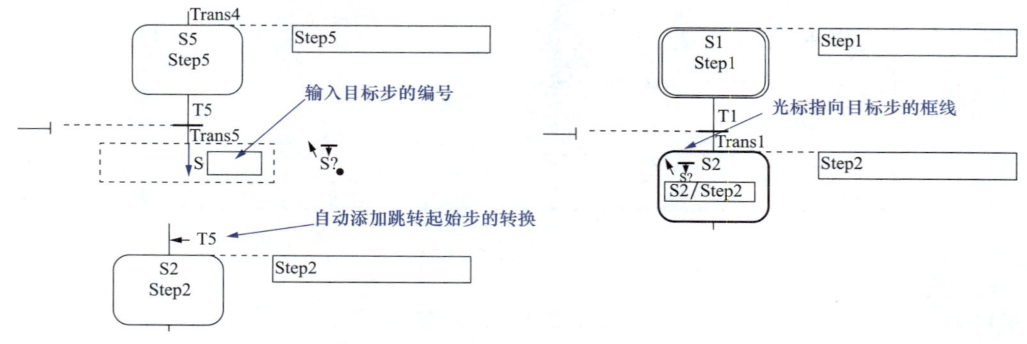

图 12-22　插入跳转

在“S 编号输入栏”内可以直接输入要跳转的目标步的编号，如要跳到 S2 步，则可输入数字“2”。也可以将鼠标直接指向目标步的框线，单击鼠标完成设置。设置完成自动在目标步 S2 的上面添加一个左向箭头，箭头的尾部标有起始跳转位置的转换，如 T5。这样就形成了单流程循环。如图 12-23 所示。

2. 编辑步的名称

表示步的方框内有步的编号（如 S1）和步的名称（如 Step1），点击相应项可以进行修改，不能用汉字作步和转换的名称。

将步 S1～S5 的名称依次改为“Initial（初始化）”、“ER_SG（东西向红灯-南北向绿灯）”“ER_SY（东西向红灯-南北向黄灯）”、“EG_SR（东西向绿灯-南北向红灯）”、“EY_SR（东西向黄灯-南北向红灯）”。如图 12-23 所示。

3. 动作的编辑

执行菜单命令 View→Display with→Conditions Actions，可以显示或隐藏各步的动作和转换条件，用鼠标右键单击步右边的动作框线，在弹出的菜单中执行命令 Insert New Object → Action，可插入一个空的动作行，也可以单击动作行工具插入动作行。

（1）用鼠标点击 S2 的动作框线，然后单击动作行工具，插入 3 个动作行；在第一行动作行中输入命令“N Q4.0”（Q4.0 对应的符号名为 EW_R）；在第二行动作行中输入命令

"N Q4.5"（Q4.5对应的符号名为SN _ G）；在第三个动作行中输入命令"D"后回车，会自动变成两行，在其中的第一行中输入位地址，如M0.0，然后回车；在其中的第二行内输入时间常数，如T＃20S（表示延时20s），然后回车。如图12-24所示。

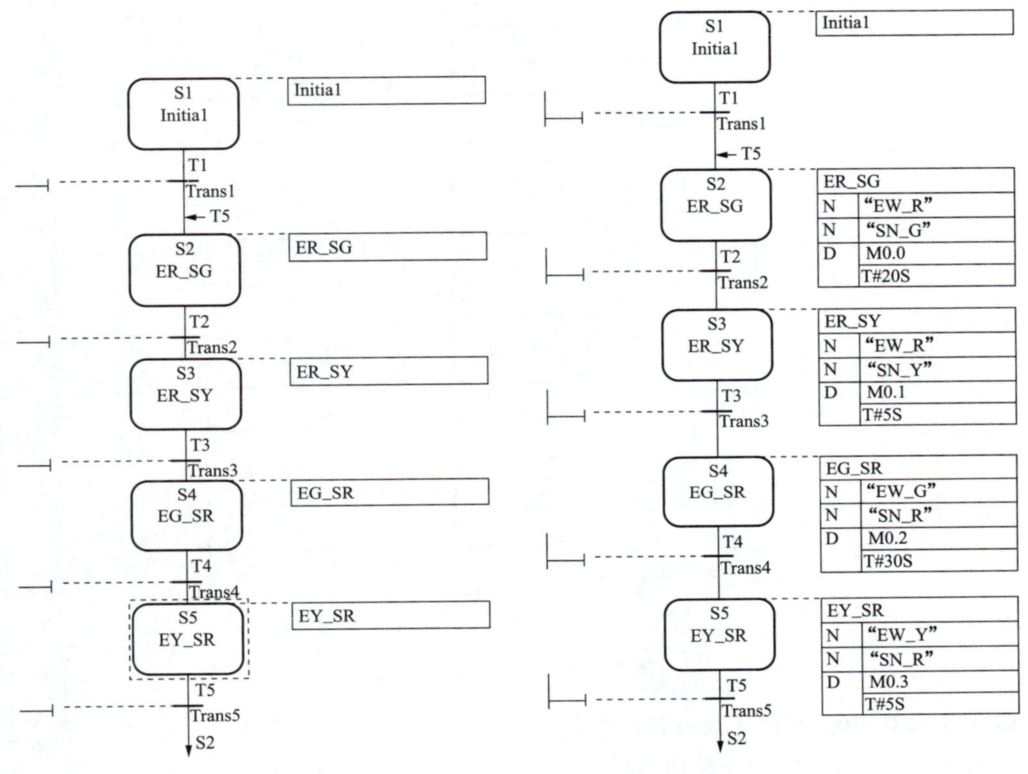

图12-23 编辑步、转换及跳转　　图12-24 编辑动作命令

M0.0是步S2和S3之间的转换条件，相当于定时器延时时间到时，M0.0的动合触点闭合，程序从步S2转换到S3。

(2) 按以上操作方法，完成如图12-24中S3～S5的动作命令输入。由于前面在符号表中已经对所用到的地址定义了符号名，所以当输入完绝对地址后，系统默认用符号地址显示。也可切换到绝对地址显示。

4. 编程转换条件

转换条件可以用梯形图或功能块图来编辑，用菜单View →LAD或View→FBD命令可切换转换条件的编程语言，下面介绍用梯形图来编辑转换条件。

点击转换名右边与虚线相连的转换条件，在窗口最左边的工具条中点击动合触点、动断触点或方框形的比较器（相当于一个触点），可对转换条件进行编程，编辑方法同梯形图语言。

按图12-25所示编辑转换条件，并完成整个顺序功能图的编辑。

最后单击按钮保存并编译所做的编辑。若编译能通过，系统将自动在当前项目的Blocks文件夹下创建与该功能块（FB1）对应的背景数据块（如DB1）。

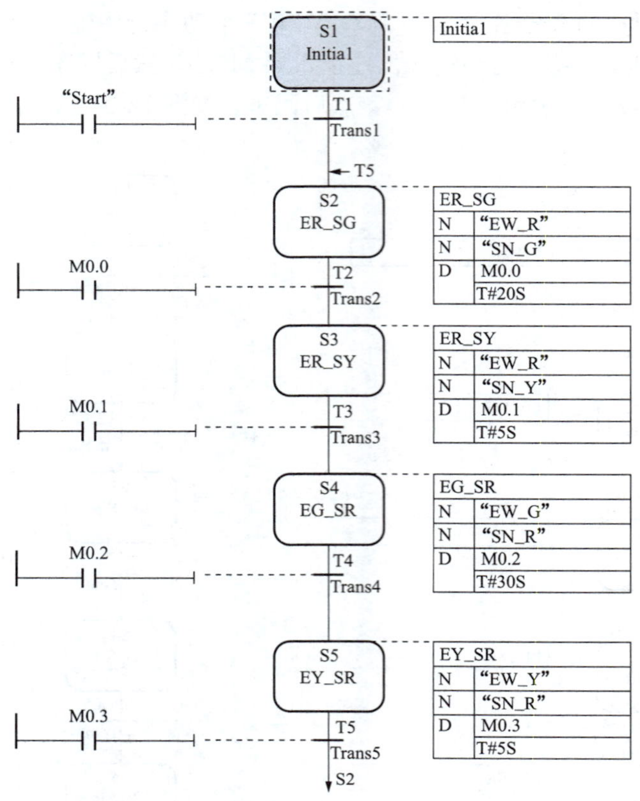

图 12-25　整个顺序功能图

四、在 OB1 中调用 S7 GRAPH 功能块

1. 设置 S7 GRAPH 功能块的参数集

在 S7 GRAPH 编辑器中执行菜单命令 Option→Block Setting，打开 S7 GRAPH 功能块参数设置对话框，本例将 FB 设置为标准参数集。其他采用默认值，设置完毕保存 FB1。

2. 调用 S7 GRAPH 功能块

打开 OB1，将编程语言选择为梯形图。

打开编辑器左侧浏览窗口中的"FB Blocks"文件夹，双击其中的 FB1 图标，在 OB1 的 Nework 1 中调用顺序功能图程序 FB1，在模块的上方输入 FB1 的背景功能块 DB1 的名称。

在"INIT _ SQ"端口上输入"Start"，也就是用启动按钮激活顺控器的初始部 S1；在"OFF _ SQ"端口上输入"Stop"，也就是用停止按钮关闭顺控器。最后用菜单命令 File→save 保存 OB1。

3. 用 S7-PLCSIM 仿真软件调试 S7 GRAPH 程序

使用 S7-PLCSIM 仿真软件调试 S7 GRAPH 程序的步骤如下：

（1）点击 SIMATIC 管理器工具条中的按钮，或执行菜单命令 Options→Simulate Modules，打开 S7-PLCSIM 窗口。

（2）在 S7-PLCSIM 窗口中单击 CPU 视窗中的 STOP 框，令仿真 PLC 处于 Stop 模式。

（3）在 SIMATIC 管理器中，把 PLC 的硬件组态和 OB1、FB1、DB1 下载到仿真 PLC 中。

（4）点击仿真器工具条中输入变量按钮，插入字节型输入变量，并将字节地址修改为

0，显示方式为 Bits（位）方式。点击输出变量按钮，插入字节型输出变量，并将字节地址修改为 4，显示方式为 Bits（位）方式。

（5）打开 FB1，监控按钮将 FB1 显示状态切换到监控模式。将仿真 CPU 模式切换到 RUN 或 RUN-P 模式，点选 I0.0，可看到 Q4.0～Q4.5 按顺序功能图设定的时间顺序点亮，如图 12-26 所示。

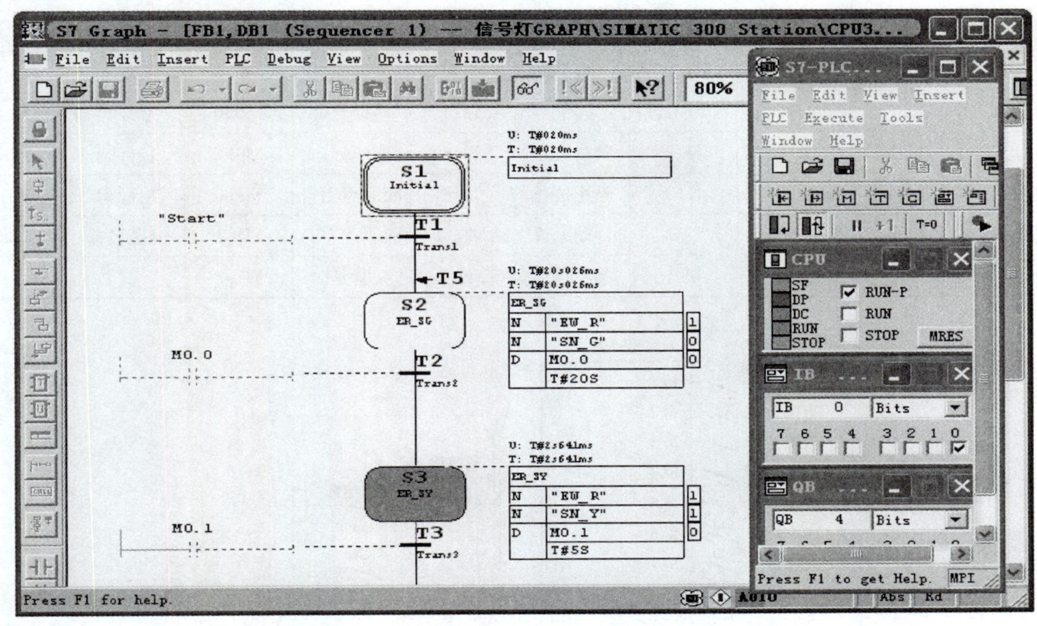

图 12-26　使用 PLCSIM 调试顺序功能图

第四节　多种工作方式系统的顺序控制编程

下面以简易机械手控制为例，介绍多种工作方式的系统如何实现顺控编程。机械手如图 12-27所示，实现把工件从 A 点搬到 B 点。操作盘如图 12-28 所示，可以实现手动控制、回原点控制、单步控制、单周期自动控制和连续自动控制。

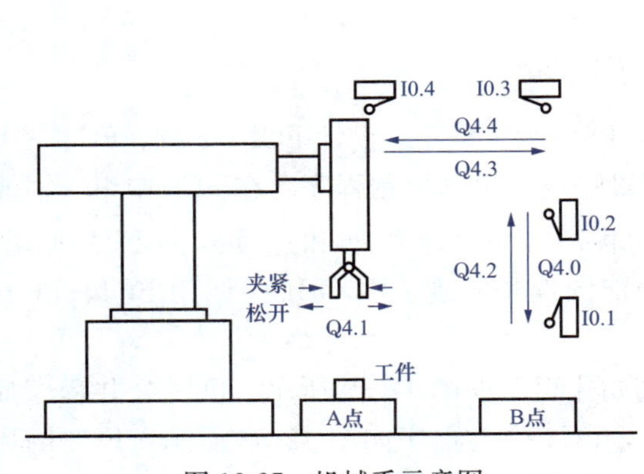

图 12-27　机械手示意图

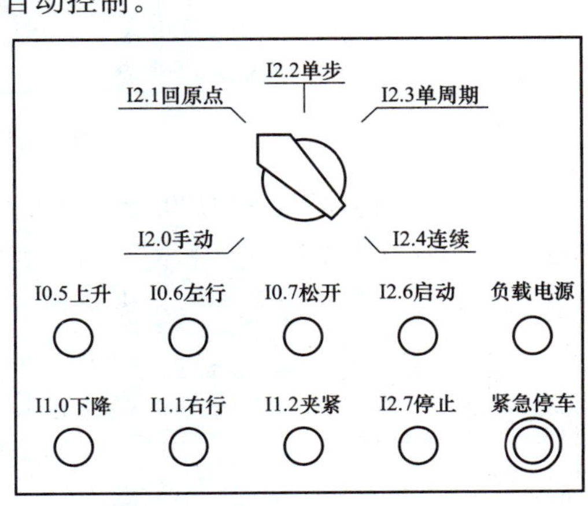

图 12-28　机械手操作盘

编辑符号表如表 12-5 所示，相应地对各 I/O 点进行了分配定义。PLC 的接线图如图 12-29 所示。

表 12-5　　　　符　号　表

符号	地址	符号	地址	符号	地址	符号	地址	符号	地址
自动数据块	DB1	松开按钮	I0.7	单步	I2.2	自动方式	M0.3	下降阀	Q4.0
下限位	I0.1	下降按钮	I1.0	单周期	I2.3	原点条件	M0.5	夹紧阀	Q4.1
上限位	I0.2	右行按钮	I1.1	连续	I2.4	转换允许	M0.6	上升阀	Q4.2
右限位	I0.3	夹紧按钮	I1.2	启动按钮	I2.6	连续标志	M0.7	右行阀	Q4.3
左限位	I0.4	确认故障	I1.3	停止按钮	I2.7	回原点上升	M1.0	左行阀	Q4.4
上升按钮	I0.5	手动	I2.0	自动允许	M0.0	回原点左行	M1.1	错误报警	Q4.5
左行按钮	I0.6	回原点	I2.1	单周连续	M0.2	夹紧延时	M1.2		

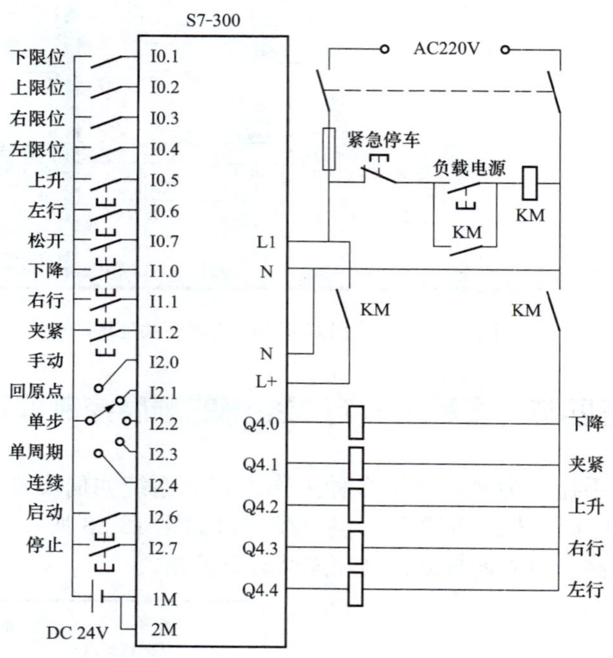

图 12-29　PLC 接线图

整个程序结构如下：OB100 为初始化程序，OB1 为主程序。设计 FC1、FC2、FC3 三个功能。在功能 FC1 中编写公用程序。在功能 FC2 中编写手动控制程序。在 FC3 中编写回原点程序。自动程序（包括单周期和连续）由 FB1 实现，FB1 由顺序功能图编程实现。在 OB1 中调用 FC1、FC2、FC3 和 FB1。

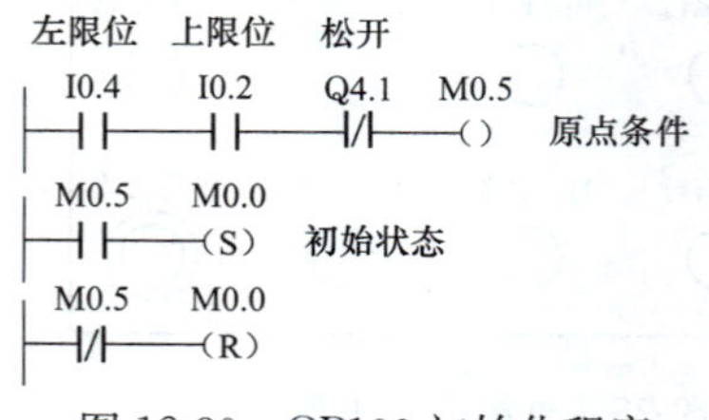

图 12-30　OB100 初始化程序

OB100 初始化程序如图 12-30 所示，FC1 公共程序如图 12-31 所示，FC2 手动程序如图 12-32 所示，FC3 回原点程序如图 12-33 所示，OB1 主程序如图 12-34 所示。

FC1：公用程序

Network 1：原点条件

Network 2："自动允许"为1时将自动程序FB1中的初始步置为活动步

Network 3：非连续方式时清连续标志M0.7

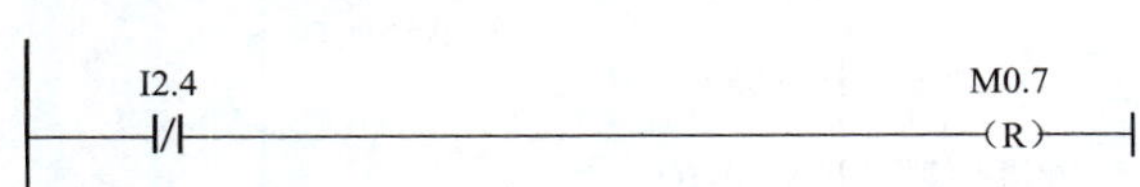

Network 4：单周期与连续方式标志

Network 5：自动方式标志，包括连续、单周期、单步

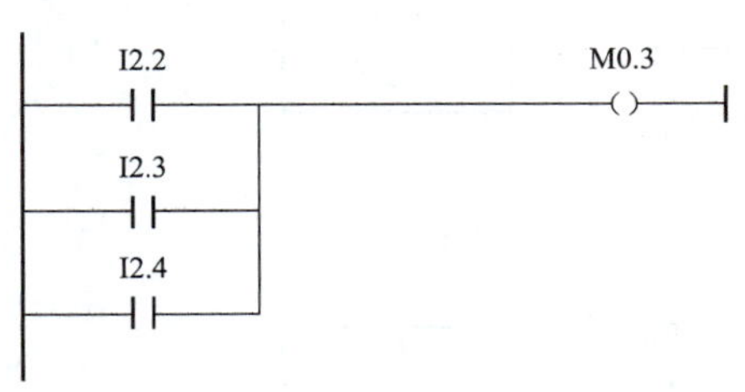

图 12-31　FC1 公用程序

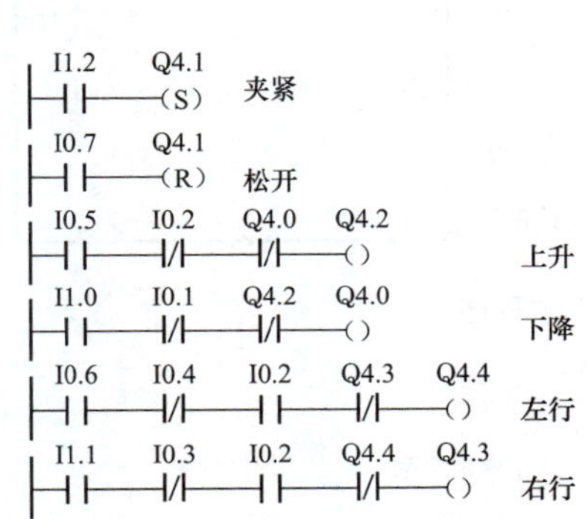

图 12-32　FC2 手动程序

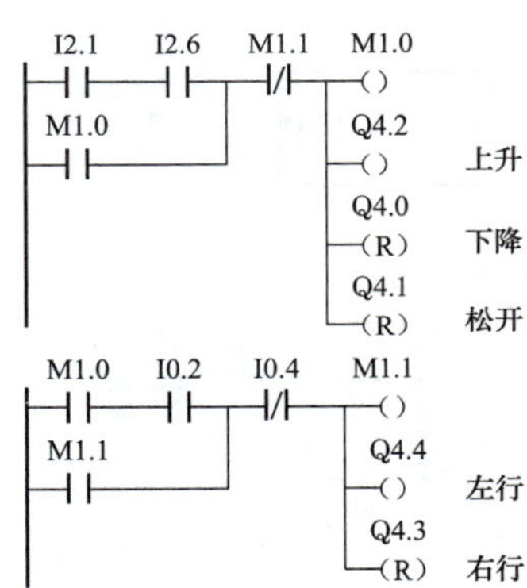

图 12-33　FC3 回原点

S7 Graph FB 的参数有许多，下面介绍图中使用的参数。

（1）连续、单周期或单步时"自动方式"M0.3 为 1，调用 FB1。

（2）参数 INIT_SQ（"自动允许"M0.0）为 1：原点条件满足，激活初始步，复位顺序控制器。

（3）参数 OFF_SQ 为 1（"自动允许"M0.0=0）：复位顺序控制器，所有的步变为不活动步。

（4）参数 ACK_EF（"确认故障"I1.3）为 1：确认错误和故障，强制切换到下一步。

（5）参数 SW_AUTO（"单周连续"M0.2）为 1：切换到自动模式。

（6）参数 SW_TAP（"单步"I2.2）为 1：切换到 Inching（单步）模式。

（7）参数 T_PUSH（"启动按钮"I2.6）：条件满足并且在 T_PUSH 的上升沿时，转换实现。

（8）参数 ERR_FLT（"错误报警"Q4.5）为 1：组故障。

连续标志 M0.7 的控制电路放在 FB1 的顺序控制器之前的永久性指令中，如图 12-35 所示。

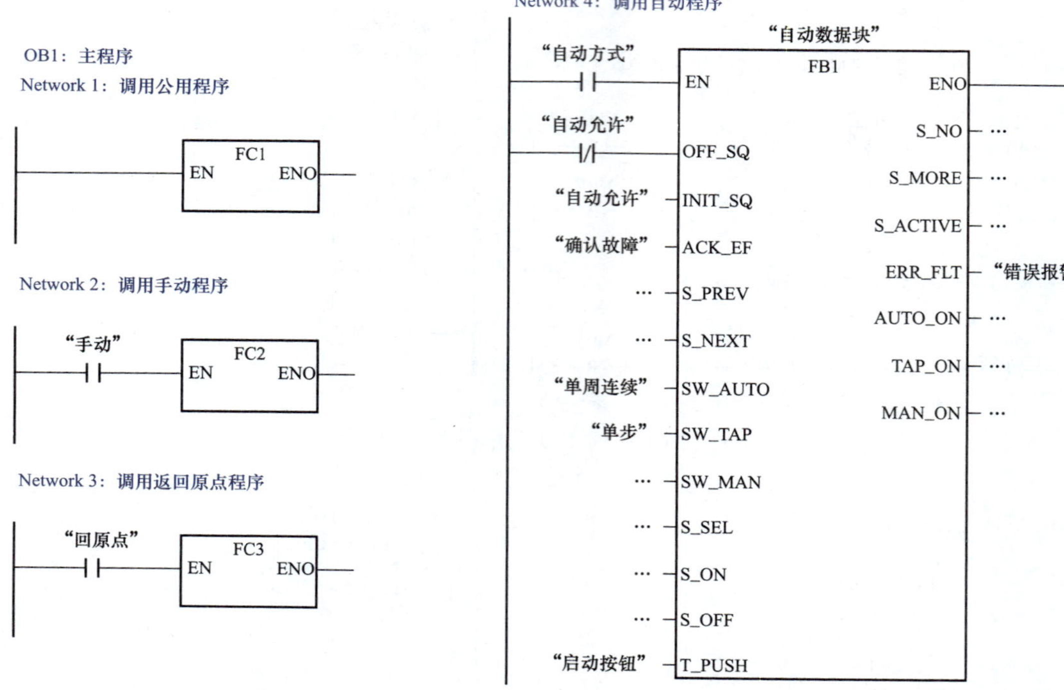

图 12-34　OB1 主程序

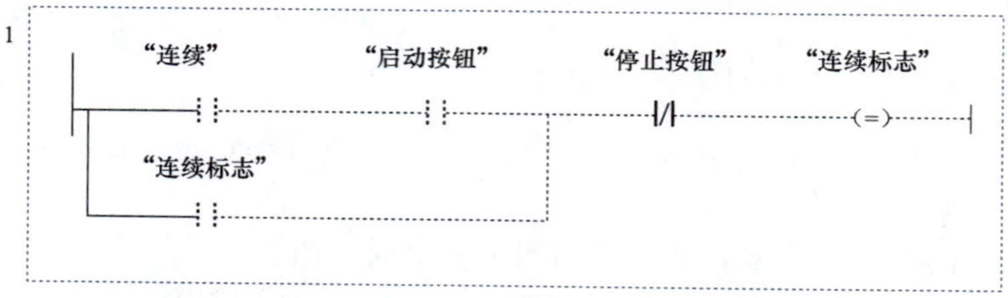

图 12-35　顺序控制器之前的永久性指令

FB1 是自动程序（单步、单周期、连续），GRAPH 状态图如图 12-36 所示。单步 I2.2=SW _ TAP=1 时有单步功能。单周连续 M0.2=SW _ AUTO=1 时顺序控制器正常运行。在顺序控制器中，用永久性指令中的 M0.7（连续标志）区分单周期和连续模式。

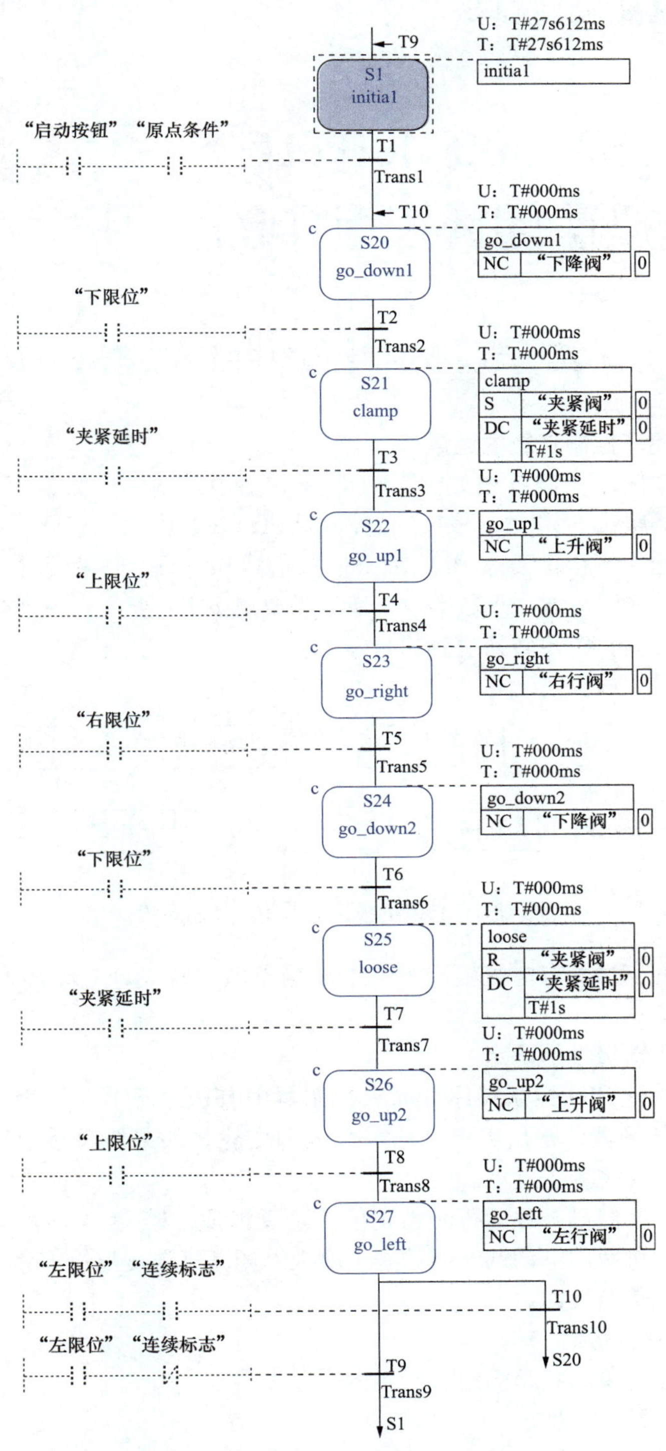

图 12-36　GRAPH 状态图

第 13 章

S7-300/400 PLC 在模拟量闭环控制中的应用

第一节 闭环控制与 PID 调节器

一、模拟量单闭环控制系统的组成

典型的模拟量单闭环控制系统如图 13-1 所示，图中，$sp(n)$ 为模拟量设定值，$pv(n)$ 为检测值。误差 $ev(n)=sp(n)-pv(n)$。被控制量 $c(t)$（如压力、温度、流量等）是连续变化的模拟量。大多数执行机构要求 PLC 输出模拟信号 $mv(t)$，测量元件检测的值一般也为模拟量，而 PLC 的 CPU 只能处理数字量，所以需要对 $p(n)$ 要进行 A/D 转换送入 PLC 中，PLC 也要对 $mv(t)$ 进行 D/A 转换送到执行器中。

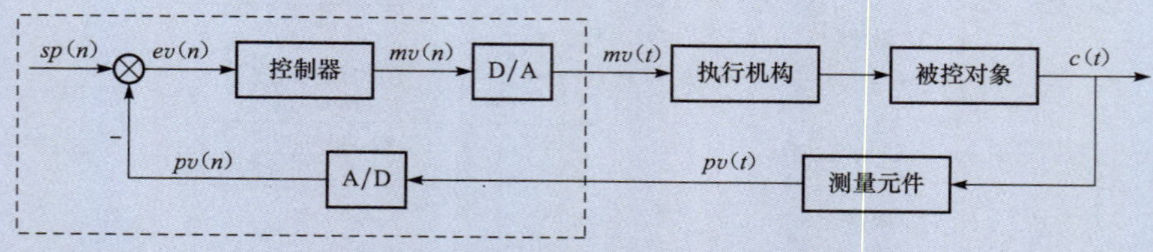

图 13-1　典型的模拟量单闭环控制系统

作为测量元件的变送器有电流输出型和电压输出型，S7-300/400 PLC 的模拟量输入模块最大传输距离为 200m。

二、闭环控制反馈极性的确定

在开环状态下运行 PID 控制程序。如果控制器中有积分环节，因为反馈被断开了，不能消除误差，D/A 转换器的输出电压会向一个方向变化。如果假设接上执行机构，能减小误差，则为负反馈，反之为正反馈。

以温度控制为例，假设开环运行时给定值大于反馈值，若 D/A 转换器的输出值不断增大，如果形成闭环，将使用电动调节阀的开度增大，闭环后温度反馈值将会增大，使误差减小，由此可判定系统是负反馈。

三、PID 控制器的优点

（1）不需要被控对象的数学模型。

（2）结构简单，容易实现。

（3）有较强的灵活性和适应性。根据被控对象的具体情况，可采用 PID 控制器的多种变化和改进的控制方式，如 PI、PD、带死区的 PID 等。

（4）使用方便。现在很多 PLC 都提供具有 PID 控制功能的产品，使用简单方便。

四、PID控制器的数字化

模拟量PID控制器的输出表达式为

$$mv(t)=K_{\mathrm{p}}\left[ev(t)+\frac{1}{T_{\mathrm{I}}}\int ev(t)dt+T_{\mathrm{D}}\frac{dev(t)}{dt}\right]+M$$

需要较好的动态品质和较高的稳态精度时，可以选用PI；控制对象的惯性滞后较大时，应选择PID控制方式。

五、死区特性在PID控制中的应用

在控制系统中，某些执行机构如果频繁动作，会导致小幅振荡，造成严重的机械磨损。从控制要求来说，很多系统又允许被控量在一定范围内存在误差。带死区的PID控制器（见图13-2）能防止执行机构的频繁动作。

当死区非线性环节的输入量［即误差$ev(n)$］的绝对值小于设定值B时，死区非线性的输出量（即PID控制器的输入量）为0，这时PID控制器的输出分量中，比例部分和微分部分为0，积分部分保持不变，因此PID的输出保持不变，PID控制器不起调节作用，系统处于开环状态。当误差的绝对值超过设定值时，开始正常的PID控制。

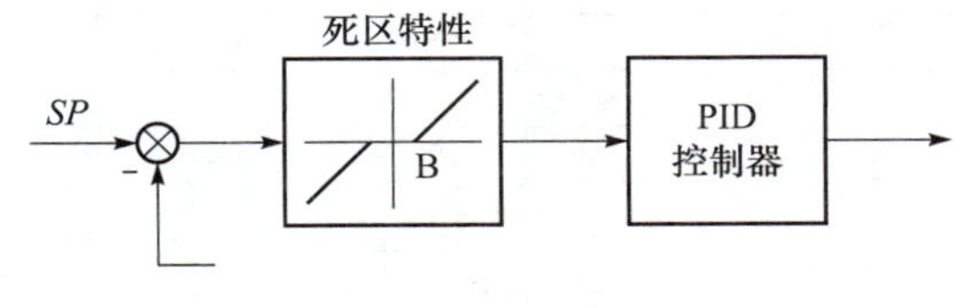

图13-2　PID的死区特性

第二节　基于S7-300 PLC的模糊控制

一、模糊控制

PID调节技术在过程控制中应用非常广泛，但对于一些非线性的、大滞后的模拟量控制，控制效果可能不是很好。模糊控制在此方面的效果非常好。

模糊控制是根据被控量偏差和偏差的变化率，通过查表，来确定输出调节量。模糊表中的数据可根据模糊数学的隶属度函数或根据经验数得到，本节重点介绍如何查表程序如何在PLC中实现。模糊控制的控制原理框图如图13-3所示。

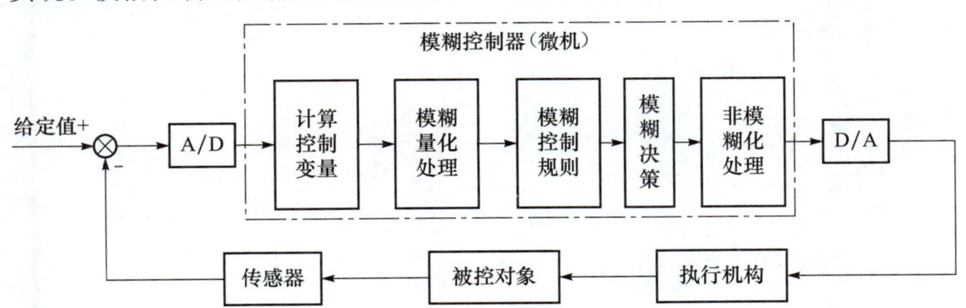

图13-3　模糊控制的控制原理图

下面以一个温度控制为例，来介绍在PLC上如何实现模糊控制。假设温度控制的范围是0～+220℃。

二、模糊化与模糊查询

首先要把温度的偏差e（即设定值减检测值）和偏差的变化率ec进行标准化处理，按表13-1进行转换。

表 13-1　　　　温度范围与标准值对应表

温度范围（℃）	−20～20	20～60	60～100	100～140	140～180	180～220	≥220
标准值	0	1	2	3	4	5	6
温度范围（℃）	−60～−20	−100～−60	−140～−100	−180～−140	−200～−180	≤−200	
标准值	−1	−2	−3	−4	−5	−6	

把偏差和偏差的变化率进行去模糊转换后，按表 13-2 进行查询，得到相应的输出调节量。

表 13-2　　　　输出调节量查询表

ec \ e	−6	−5	−4	−3	−2	−1	0	+1	+2	+3	+4	+5	+6
−6	−7	−7	−7	−7	−7	−7	−7	−4	−3	−1	0	0	0
−5	−7	−7	−7	−6	−6	−6	−6	−3	−2	−1	0	0	0
−4	−6	−6	−6	−5	−5	−5	−5	−3	−1	−1	0	0	0
−3	−6	−5	−5	−4	−4	−4	−4	−2	−1	0	1	1	1
−2	−6	−4	−4	−4	−4	−4	−4	−1	0	0	1	1	1
−1	−5	−4	−4	−3	−3	−3	−1	0	0	0	1	2	3
0	−4	−4	−3	−1	−1	−1	0	1	1	1	2	3	3
1	−2	−2	−2	−1	0	0	1	2	2	2	3	3	4
2	−2	−2	−1	−1	0	1	3	3	3	3	3	3	5
3	−1	−1	−1	0	1	2	4	4	4	4	5	5	6
4	0	0	0	1	1	3	5	5	5	5	6	6	6
5	0	0	0	1	2	3	6	6	6	6	7	7	7
6	0	0	0	1	3	4	7	7	7	7	7	7	7

三、PLC 程序

1. 硬件组态

硬件组态如图 13-4 所示，包括电源模块、CPU、DI/DO 及 AI2/AO2 模块。

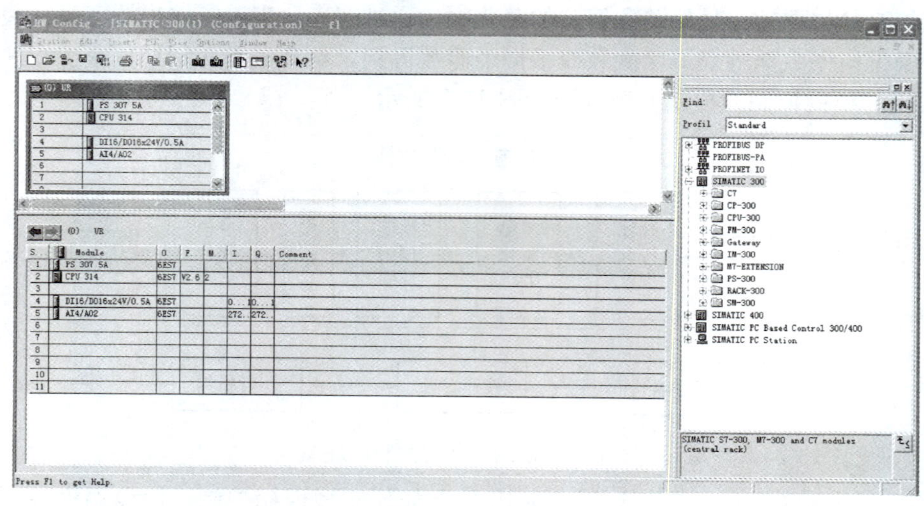

图 13-4　硬件组态

2. 程序结构与符号表

程序中需编写 OB1 主程序，FC1 功能及调用 FC105，另外建立数据块 DB1 用来存储查询表中的数据，如图 13-5 所示。

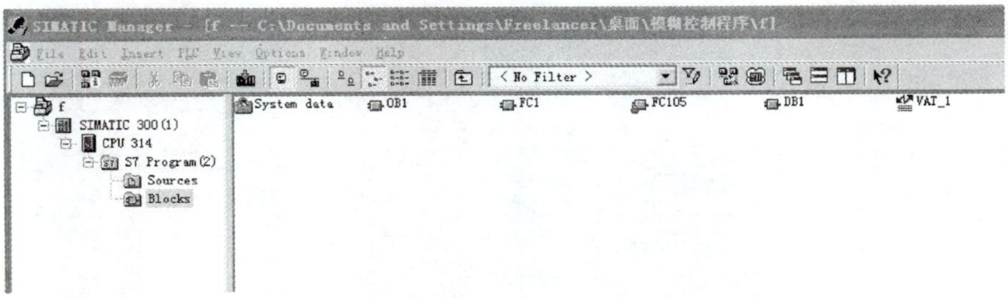

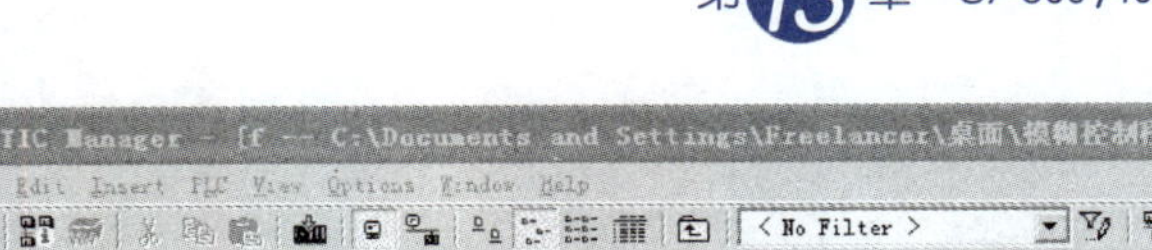

图 13-5　建立数据块 DB1

对本程序中用到的主要的数据做一个符号表，如图 13-6 所示。

S7 Program(2) (Symbols) -- f\SIMATIC 300(1)\CPU 314

	Statu	Symbol	Address		Data typ		Comment
1		SCALE	FC	105	FC	105	Scaling Values
2		VAT_1	VAT	1			
3		检测输入	PIW	270	WORD		范围为0~27648
4		设定值	MD	100	REAL		范围为0~100度
5		检测工程值	MD	110	REAL		范围为0~100度
6		偏差	MD	120	REAL		
7		偏差变化率	MD	140	REAL		
8		模糊表查询结果	MW	180	WORD		范围为-6~+6
9		调节量输出	PQW	272	WORD		范围为0~27648
10							

图 13-6　符号表

3. DB1 组态

DB1 用于存储模糊查询表中的所有数据，新建 DB1 为共享数据块，并在 DB1 中建立一个 13×13 的二维数组，并把查询表中的初作为初始值输入其中，如图 13-7 所示。

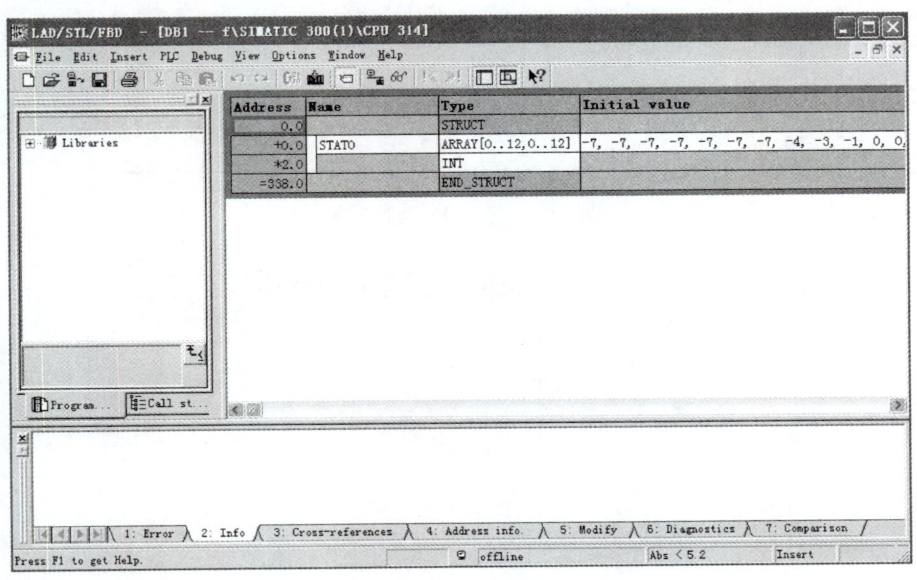

图 13-7　建立二维数组

图 13-8 所示是把 DB1 中的数据展开显示的状况。

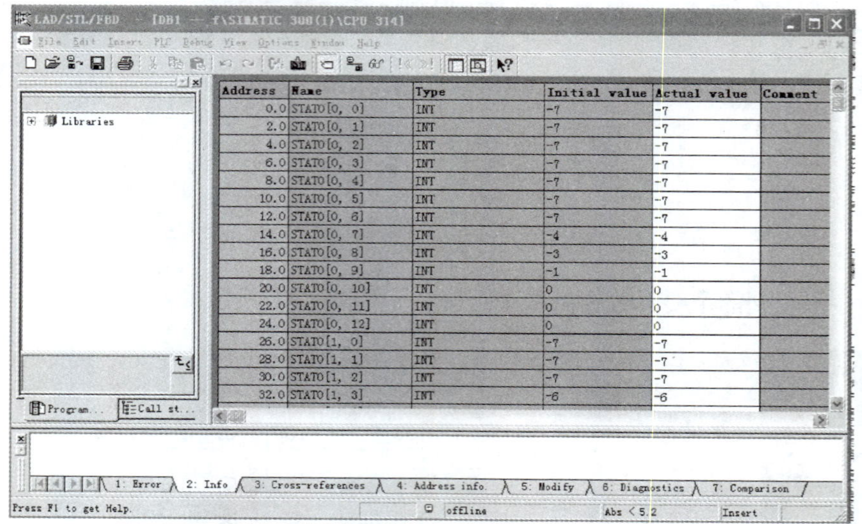

图 13-8　把 DB1 中的数据展开显示图

4. 编写 FC1 程序

FC1 用于对偏差和偏差变化率进行模糊标准化，首先把其变量声明表中定义 IN 和 OUT 型接口变量，如图 13-9 和图 13-10 所示。

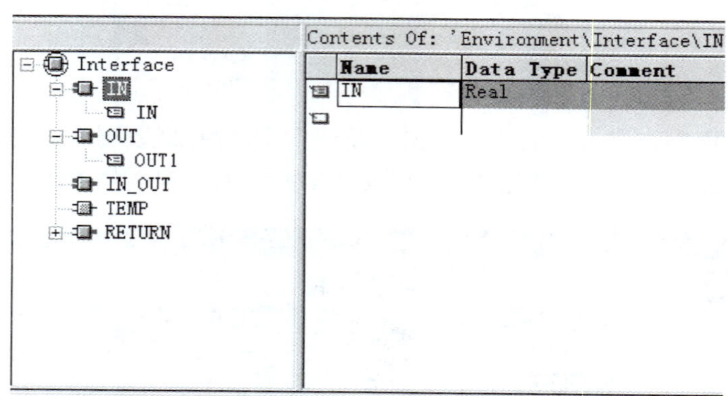

图 13-9　定义 IN 接口变量

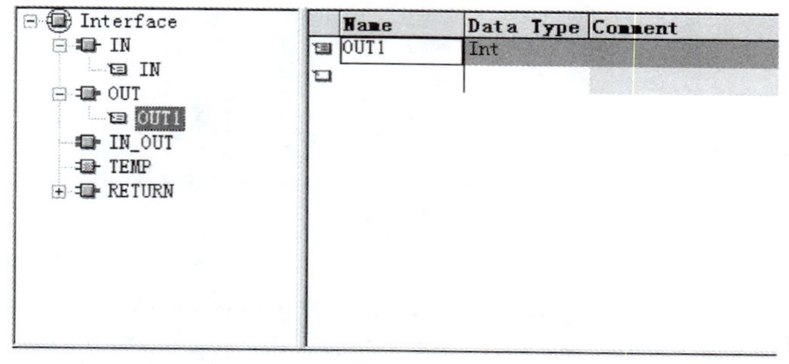

图 13-10　定义 OUT 接口变量

FC1 程序如图 13-11 所示。

FC1：Title：

Network 1：Title：

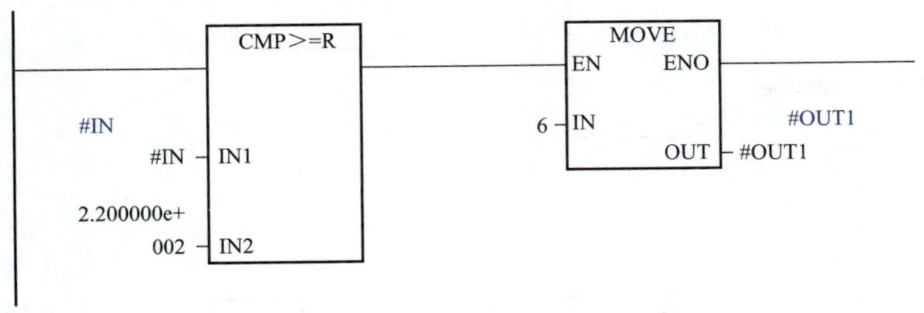

Network 2：Title：

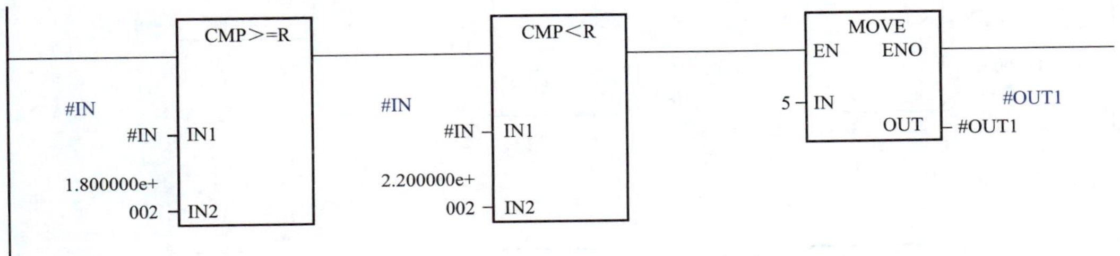

Network 3：Title：

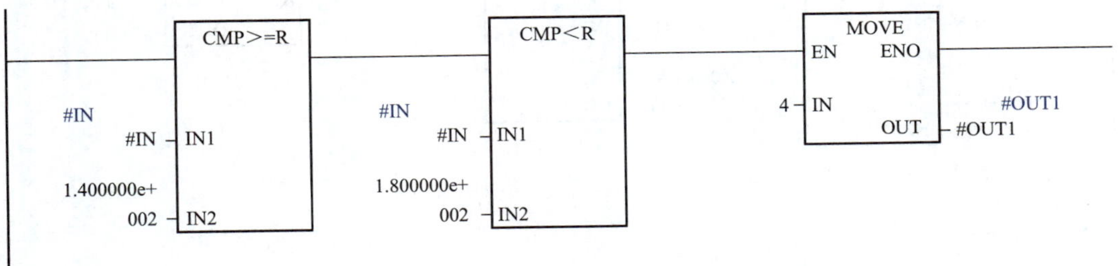

Network 4：Title：

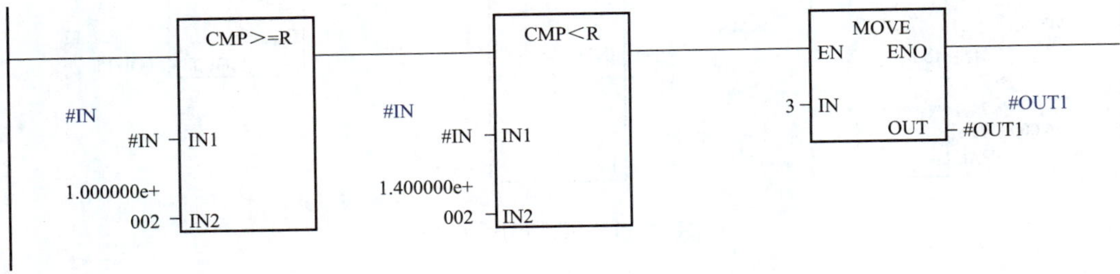

图 13-11 FC1 程序（一）

Network 5: Title:

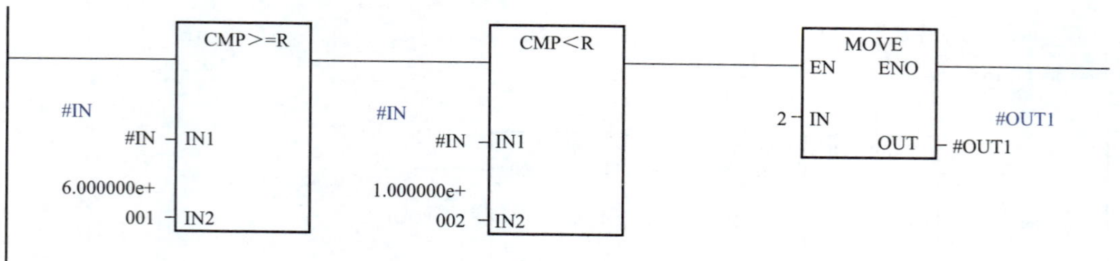

Network 6: Title:

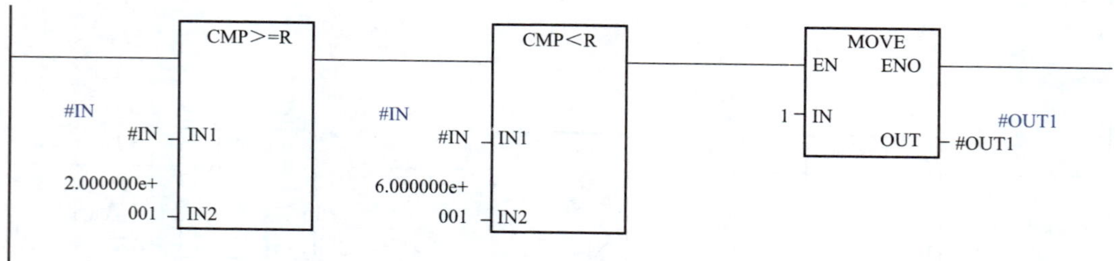

Network 7: Title:

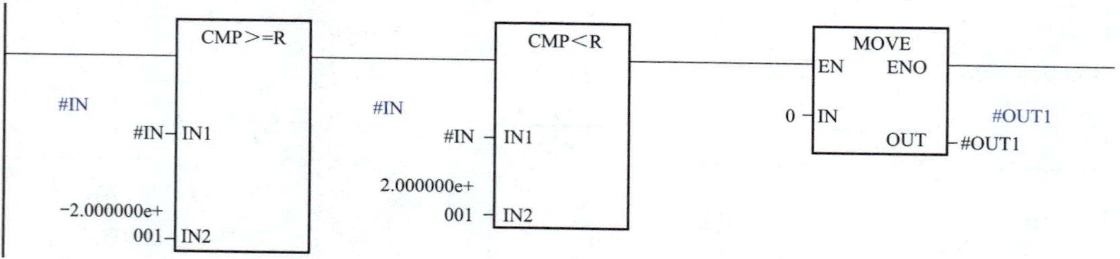

Network 8: Title:

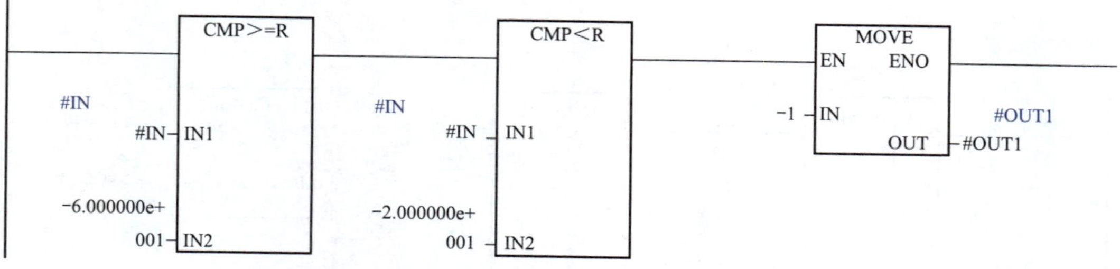

图 13-11 FC1 程序（二）

Network 9：Title：

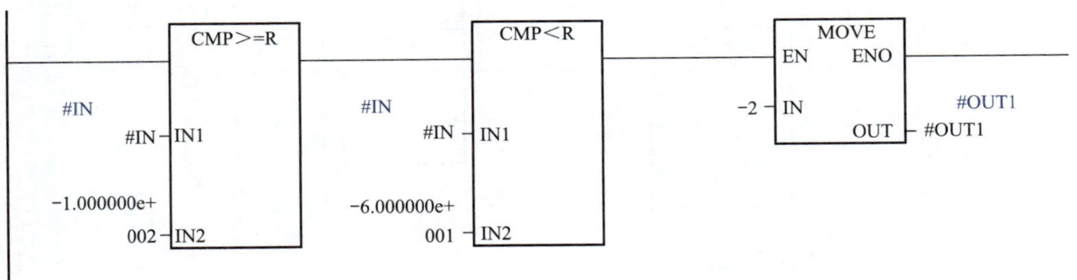

Network 10：Title：

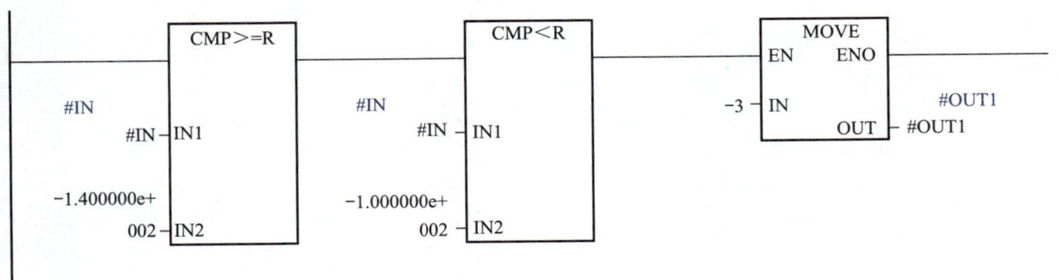

Network 11：Title：

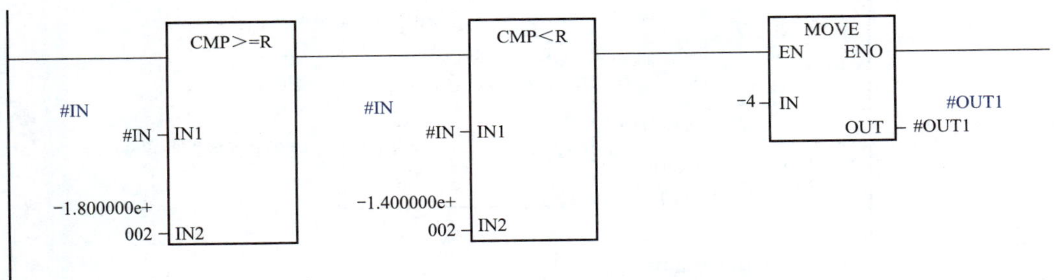

Network 12：Title：

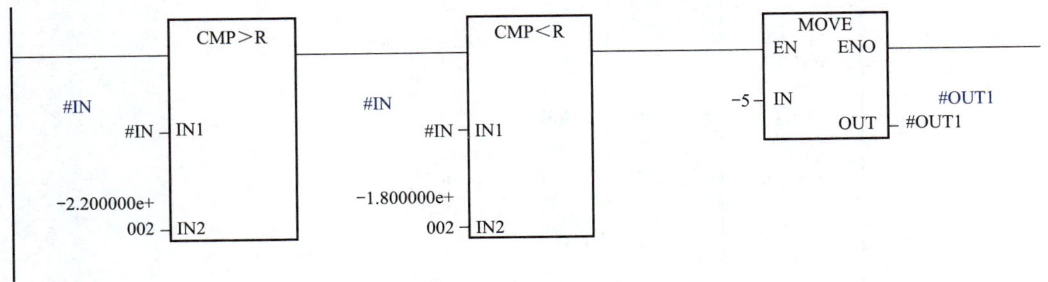

图 13-11 FC1 程序（三）

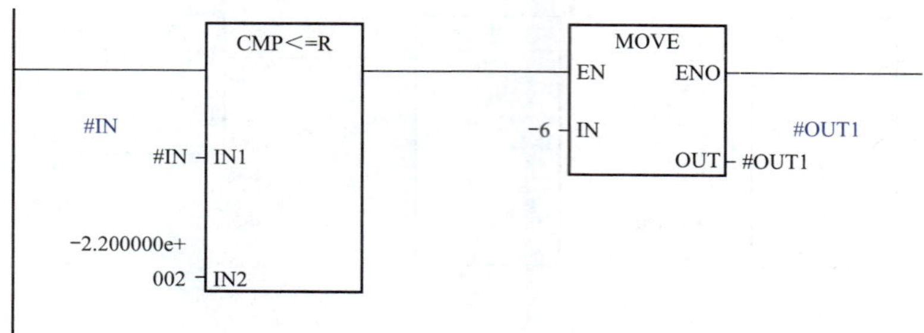

图 13-11　FC1 程序（四）

5. OB1 主程序

OB1 主程序如图 13-12 所示。

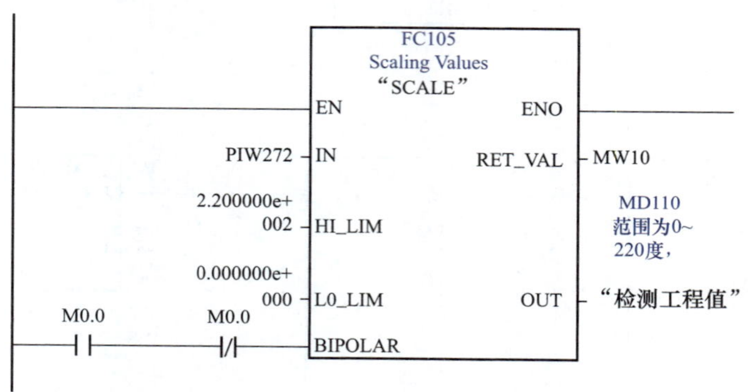

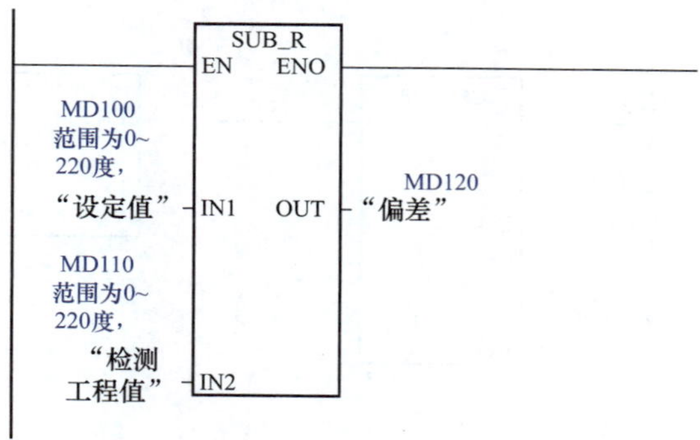

图 13-12　OB1 主程序（一）

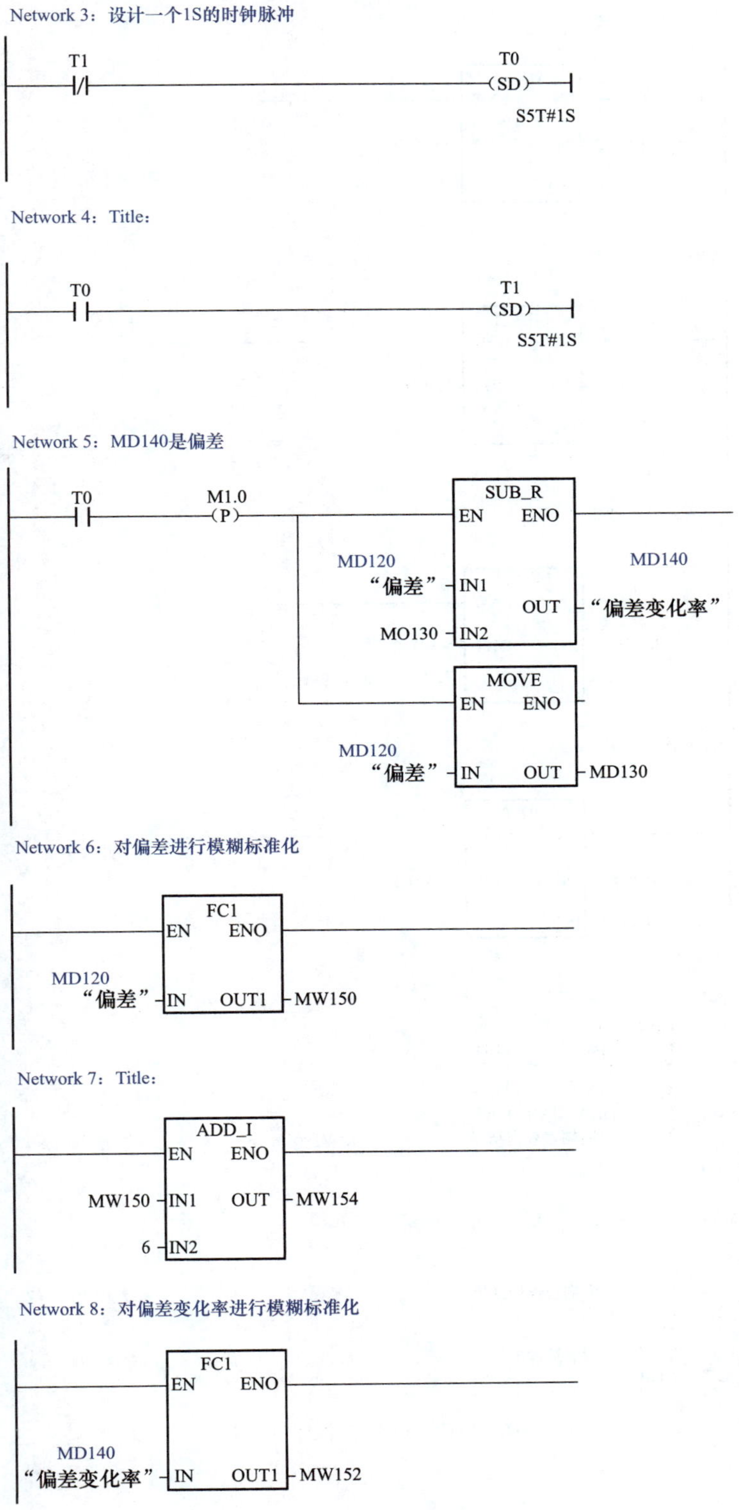

Network 3：设计一个1S的时钟脉冲

Network 4：Title:

Network 5：MD140是偏差

Network 6：对偏差进行模糊标准化

Network 7：Title:

Network 8：对偏差变化率进行模糊标准化

图 13-12 OB1 主程序（二）

Network 9：Title：

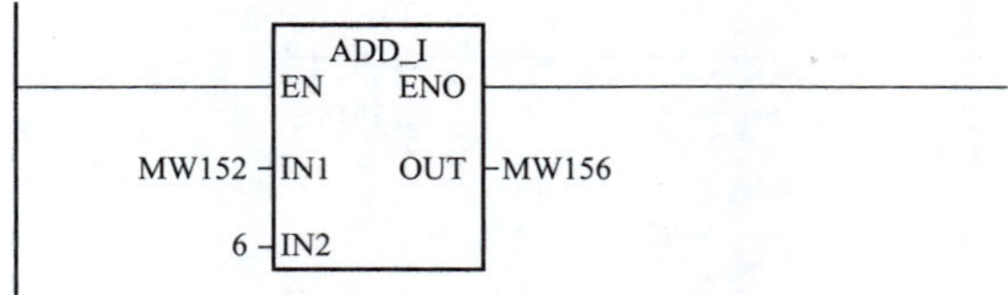

Network 10：Title：

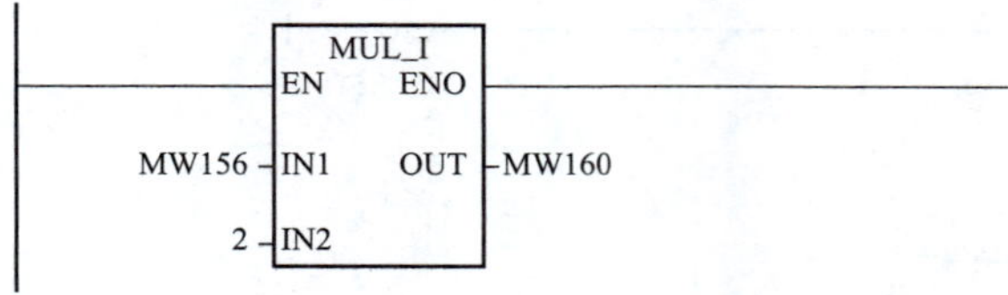

Network 11：Title：

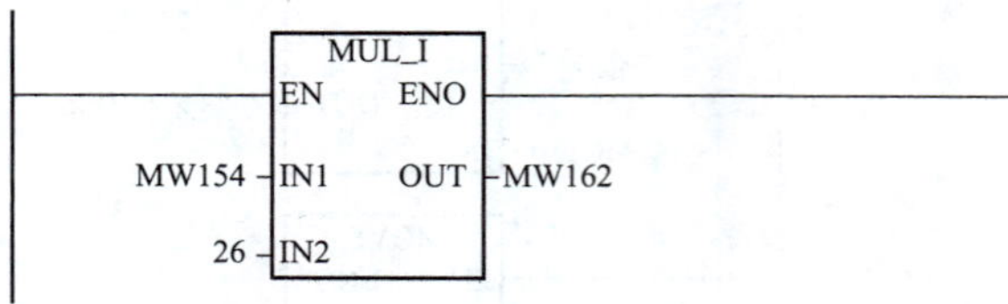

Network 12：Title：

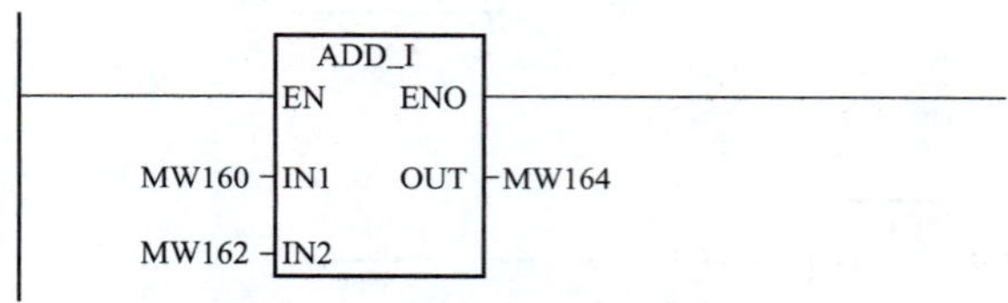

Network 13：查表程序

```
OPN   DB          1
L     MW          164
SLD   3
T     MD          170
L     DBW  [MD 170]
T     “模糊表查询结果”          MW180          --范围为-7~+7
```

Network 14：查表后，把MW180化成0~27648的范围

```
L     “模糊表查询结果”          MW180          --范围为-7~+7
L     3950
*I
T     “调节量输出”              PQW272         --范围为0~27648
NOP   0
```

图 13-12　OB1 主程序（三）

◀ 第三节 功 能 块 FB41 ▶

S7-300/400 PLC 为用户提供了功能强大、使用方便的模拟量闭环控制功能来实现 PID 控制。功能块 SFB41～SFB43 用于 CPU31x 的闭环控制。SFB41“CONT _ T”用于连续 PID 控制，SFB 42“CONT _ S”(步进控制器)用开关量输出信号控制积分型执行机构，电动调节阀用伺服电动机的正转和反转来控制阀门的打开和关闭，基于 PI 控制算法。SFB 43“PULSEGEN”(脉冲发生器)与连续控制器“CONT _ C”一起使用，构建脉冲宽度调制的二级(two step)或三级(three step)PID 控制器。

另外，安装了标准 PID 控制(Standard PID Control)软件包后，文件夹“\ Libraries \ Standard Libraries”中的 FB41～FB43 用于 PID 控制，FB58 和 FB59 用于 PID 温度控制。FB41～FB43 与 SFB41～SFB43 兼容。

本节主要介绍 FB41 连续控制功能块。

一、设定值与过程变量的处理

1. 设定值的输入

设定值的输入如图 13-13 所示，浮点数格式的设定值(setpoint)用变量 SP _ INT(内部设定值)输入。

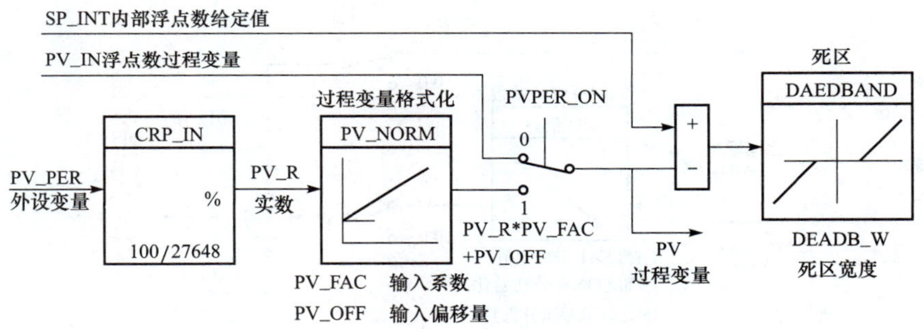

图 13-13 SFB41 设定值与过程变量的处理

2. 过程变量的输入

可以用以下两种方式输入过程变量(即反馈值)：

(1) 用 PV _ IN(过程输入变量)输入浮点格式的过程变量，此时开关量 PVPER _ ON(外围设备过程变量)应用 0 状态。

(2) PVPER _ ON(外围设备过程变量)输入外围设备(I/O)格式的过程变量，即用模拟量输入模块产生的数字值作为 PID 控制的过程变量，此时开关量 PVPER _ ON 应为 1 状态。

3. 外部设备过程变量转换为浮点数

外部设备(即模拟量输入模块)正常范围的最大输出值(100.0%)为 27648，功能 CRP _ IN 将外围设备输入值转换为－100%～＋100%之间的浮点数格式的数值，CPR _ IN 的输出(以%为单位)计算公式如下：

$$PV\_R = PV\_PER \times 100/27648$$

4. 外部设备过程变量的标准化

PV _ NORM 功能用下面的公式将 CRP _ IN 的输出 PV _ R 格式化：

$$PV\_NORM 的输出 = PV\_R \times PV\_FAC + PV\_OFF$$

式中，PV _ FAC 为过程变量的系数，默认值为 1.0；PV _ OFF 为过程变量的偏移量，默认值为 0.0。它们用来调节过程输入的范围。

如果设定值有物理意义，实际值（即反馈值）也可以转换为物理值。

二、PID 控制算法

1. 误差的计算与处理

用浮点数格式设定值 SP _ INT 减去转换为浮点数格式的过程变量 PV（即反馈值），便得到负反馈的误差。为了抑制由于控制器输出量的量化造成的连续的较小的振荡，用死区（Dead Band）非线性对误差进行处理。死区的宽度由参数 DEAD _ W 来定义，如果 DEAD _ W 设为 0，表示死区被关闭。

2. 控制器的结构

SFB41 采用位置式 PID 算法，由比例运算、积分运算和微分运算三部分并联，可以单独激活或取消它们，因此可将控制器组态为 P、PI、PD、PID 控制器。ID 控制器很少使用。引入扰动量 DISV 可以实现前馈控制。图 13-14 所示为控制器的结构图，图中 GAIN 为比例部分的增益或比例系数，TI 和 TD 分别为积分时间常数和微分时间常数。

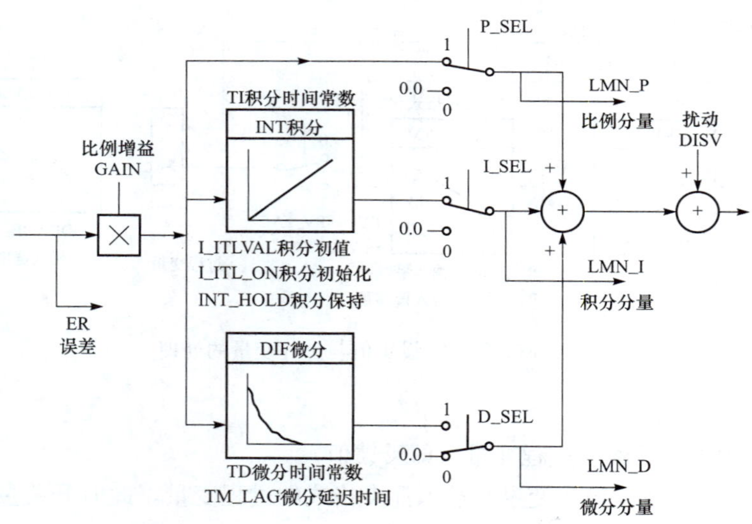

图 13-14　PID 控制器的结构图

P _ SEL：BOOL，比例选择位：该位 ON 时，选择 P（比例）控制有效；默认值为 1。

I _ SEL：BOOL，积分选择位；该位 ON 时，选择 I（积分）控制有效；默认值为 1。

D _ SEL：BOOL，微分选择位，该位 ON 时，选择 D（微分）控制有效；默认值为 0。

LMN _ P：REAL，PID 输出中 P 的分量（可用于在调试过程中观察效果）。

LMN _ I：REAL，PID 输出中 I 的分量（可用于在调试过程中观察效果）。

LMN _ D：REAL，PID 输出中 D 的分量（可用于在调试过程中观察效果）。

SFB“CONT _ C”有一个初始化程序，在输入参数 COM _ RST（完全重新启动）设置为1时该程序被执行。在初始化过程中，如果I _ ITL _ ON（积分作用初始化）为1状态，将输入I _ ITLVAL作为积分器的初始值。INT _ HOLD为1时积分操作保持，积分输出被冻结。

三、控制器输出值的处理

控制器输出值处理包括手动/自动模式的选择、输出限幅、输出量的格式化处理以及输出量转换为外围设备（I/O）格式。结构图如图13-15所示。

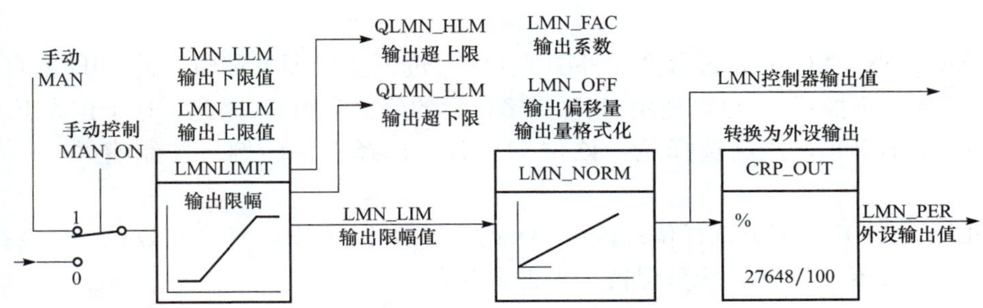

图13-15 控制器输出处理

1. 手动模式

参数MAN _ ON（手动值ON）为1时是手动模式，为0时是自动模式。在手动模式中，控制变量（即控制器的输出值）被手动选值的值MAN（手动值）代替。

在手动模式时如果令微分项为0，将积分部分（INT）设置为LMN - LMN _ P - DISV，可以保证手动到自动的无扰切换，即切换时控制器的输出值不会突变，DISV为扰动输入变量。

2. 输出限幅

LMNLIMIT（输出量限幅）功能用于将控制器输出值限幅。LMNLIMIT功能的输入量超出控制器输出值的上极限LMN _ HLM时，信号位QLMN _ HLM（输出超出上限）变为1状态；小于下极限值LMN _ LLM时，信号位QLMN _ LLM（输出超出下限）变为1状态。

3. 输出量的格式化处理

LMN _ NORM（输出量格式化）功能用下述公式来将功能LMNLIMIT的输出量QLMN _ LIM格式化：

$$LMN = LMN\_LIM \times LMN\_FAC + LMN\_OFF$$

式中，LMN是格式化后浮点数格式的控制输出值；LMN _ FAC为输出量的系数，默认值为1.0；LMN _ OFF为输出量的偏移量，默认值为0.0。它们用来调节控制器输出量的范围。

4. 输出量转换为外围设备（I/O）格式

控制器输出值如果要送给模拟量输出模块中的D/A转换器，需要用功能“CPR _ OUT”转换为外围设备（I/O）格式的变量LMN _ PER。转换公式如下：

$$LMN\_PER = LMN \times 27648/100$$

四、SFB41 的参数

1. 输入参数

COM _ RST：BOOL，重新启动 PID；当该位 TURE 时，PID 执行重启动功能，复位 PID 内部参数到默认值；通常在系统重启动时执行一个扫描周期，或在 PID 进入饱和状态需要退出时用这个位。

MAN _ ON：BOOL，手动值 ON；当该位为 TURE 时，PID 功能块直接将 MAN 的值输出到 LMN，这可以在 SFB41 或 FB41 框图中看到；也就是说，这个位是 PID 的手动/自动切换位。

PEPER _ ON：BOOL，过程变量外围值 ON；过程变量即反馈量，此 PID 可直接使用过程变量 PIW（不推荐），也可使用 PIW 规格化后的值（常用），因此，这个位为 FALSE。

P _ SEL：BOOL，比例选择位：该位 ON 时，选择 P（比例）控制有效；一般选择有效。

I _ SEL：BOOL，积分选择位；该位 ON 时，选择 I（积分）控制有效；一般选择有效。

INT _ HOLD：BOOL，积分保持，不去设置它。

I _ ITL _ ON：BOOL，积分初值有效，I-ITLVAL（积分初值）变量和这个位对应，当此位 ON 时，则使用 I-ITLVAL 变量积分初值。一般当发现 PID 功能的积分值增长比较慢或系统反应不够时可以考虑使用积分初值。

D _ SEL：BOOL，微分选择位，该位 ON 时，选择 D（微分）控制有效；一般的控制系统不用。

CYCLE：TIME，PID 采样周期，一般设为 200ms。

SP _ INT：REAL，PID 的给定值。

PV _ IN：REAL，PID 的反馈值（也称过程变量）。

PV _ PER：WORD，未经规格化的反馈值，由 PEPER-ON 选择有效（不推荐）。

MAN：REAL，手动值，由 MAN-ON 选择有效。

GAIN：REAL，比例增益。

TI：TIME，积分时间。

TD：TIME，微分时间。

DEADB _ W：REAL，死区宽度；如果输出在平衡点附近微小幅度振荡，可以考虑用死区来降低灵敏度。

LMN _ HLM：REAL，PID 上极限，一般是 100%。

LMN _ LLM：REAL，PID 下极限；一般为 0%，如果需要双极性调节，则需设置为 −100%（正负 10V 输出就是典型的双极性输出，此时需要设置 −100%）。

PV _ FAC：REAL，过程变量比例因子。

PV _ OFF：REAL，过程变量偏置值（OFFSET）。

LMN _ FAC：REAL，PID 输出值比例因子。

LMN _ OFF：REAL，PID 输出值偏置值（OFFSET）。

I _ ITLVAL：REAL，PID 的积分初值；有 I-ITL-ON 选择有效。

DISV：REAL，允许的扰动量，前馈控制加入，一般不设置。

2. 常用输出参数

LMN：REAL，PID 输出。

LMN _ P：REAL，PID 输出中 P 的分量（可用于在调试过程中观察效果）。

LMN _ I：REAL，PID 输出中 I 的分量（可用于在调试过程中观察效果）。

LMN _ D：REAL，PID 输出中 D 的分量（可用于在调试过程中观察效果）。

第四节　恒液位控制系统的编程与设计

一、控制要求

有一水箱可向外部用户供水，用户用水量不稳定，有时大有时少。水箱进水可由水泵泵入，现需对水箱中水位进行恒液位控制，并可在 0～150mm（最大值数据可根据水箱高度确定）范围内进行调节。如设定水箱水位值为 100mm 时，则不管水箱的出水量如何，调节进水量，都要求水箱水位能保持在 100mm 位置，如出水量少，则要控制进水量也少，如出水量大，则要控制进水量也大。水箱示意图如图 13-16 所示。

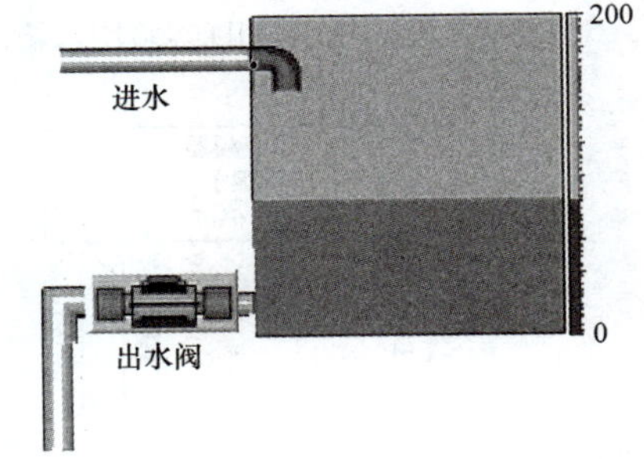

图 13-16　水箱示意图

二、控制思路

因为液位高度与水箱底部的水压成正比，故可用一个压力传感器来检测水箱底部压力，从而确定液位高度。要控制水位恒定，需用 PID 算法对水位进行自动调节。把压力传感器检测到的水位信号 4～20mA 送入至 S7-300PLC 中，在 PLC 中对设定值与检测值的偏差进行 PID 运算，运算结果输出去调节水泵电机的转速，从而调节进水量。

水泵电动机的转速可由变频器来进行调速。

三、硬件选型

（1）PLC 及其模块选型。PLC 可选用 S7-300（CPU 314 IFM），314IFM 自身带有 4 路模拟量输入和 2 路模拟量输出。

（2）变频器选型。为了能调节水泵电动机转速从而调节进水量，特选择西门子 G110 的变频器。

（3）水箱对象设备，如图 13-17 所示。

四、电路连接

1. 主电路接线

主电路接线如图 13-18 所示。PLC 和 G110 变频器需用交流 220V 电源。

2. PLC 输入/输出信号接线

PLC 输入/输出信号接线如图 13-19 所示，主要包括 PLC 与传感器和 PLC 与执行器的接线。

五、程序用到的 FC 与 FB

程序中除用到 SFB41（或 FB41）来实现 PID 控制功能以外，还用到 FC105 和 FC106。FC105 的功能是实现把传感器经 A/D 转换后的数据转换成工程数据。FC106 的功能是把 PID 运算输出的转化为将要进行 D/A 转换的数据。

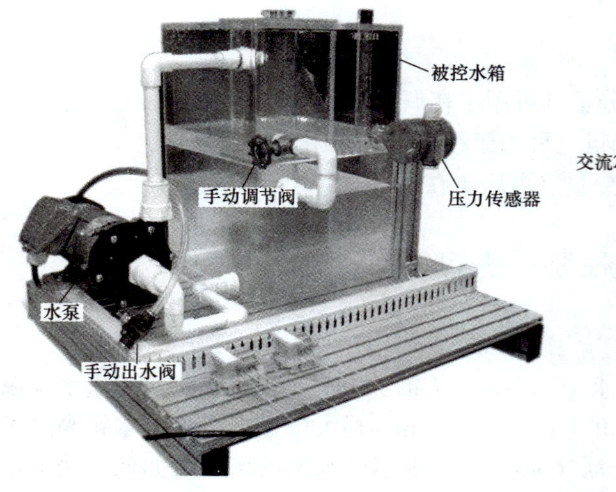

图 13-17　PID 实验用水箱设备

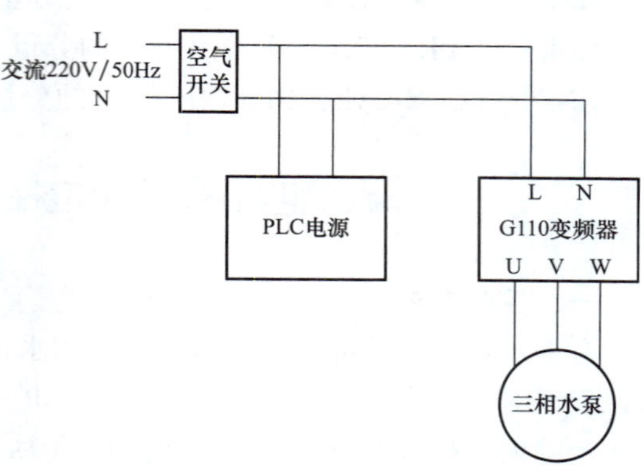

图 13-18　主电路接线图

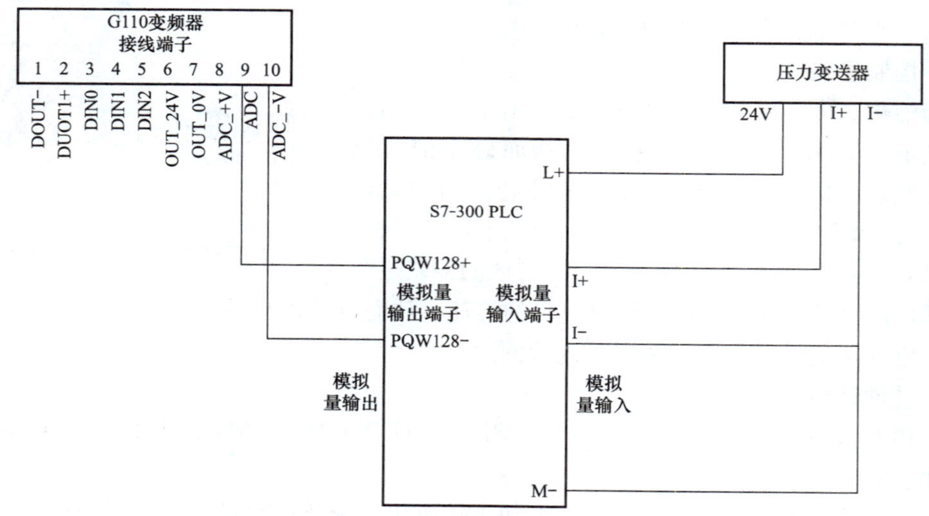

图 13-19　PLC 的接线

1. FC105

FC105（SCALE 功能）如图 13-20 所示，SCALE 功能接受一个整型值（IN），并将其转换为以工程单位表示的介于下限和上限（LO _ LIM 和 HI _ LIM）之间的实型值。将结果写入 OUT。

FC105 的数值换算公式为

$$OUT = (IN - K1)/(K2 - K1) \times (HI\_LIM - LO\_LIM) + LO\_LIM$$

对双极性，输入值范围为－27648～27648，对应 K1＝－27648，K2＝＋27648，对单极性，输入值范围为 0～27648，对应 K1＝0，K2＝＋27648。如果输入整型值大于 K2，输出（OUT）将钳位于 HI _ LIM，并返回一个错误。如果输入整型值小于 K1，输出将钳位于 LO _ LIM，并返回一个错误。

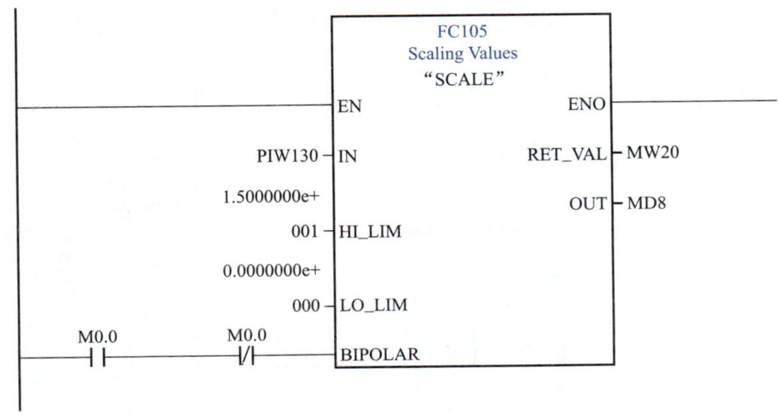

图 13-20 FC105

通过设置 LO_LIM>HI_LIM 可获得反向标定。使用反向转换时，输出值将随输入值的增加而减小。

FC105 的各参数如表 13-3 所示。

表 13-3 FC105 参 数

参数	I/O 类型	数据类型	存储区	描述
EN	输入	BOOL	I、Q、M、D、L	使能输入端，信号状态为 1 时激活该功能
ENO	输出	BOOL	I、Q、M、D、L	如果该功能的执行无错误，该使能输出端信号状态为 1
IN	输入	INT	I、Q、M、D、L、P、常数	欲转换为以工程单位表示的实型值的输入值
HI_LIM	输入	REAL	I、Q、M、D、L、P、常数	以工程单位表示的上限值
LO_LIM	输入	REAL	I、Q、M、D、L、P 常数	以工程单位表示的下限值
BIPOLAR	输入	BOOL	I、Q、M、D、L	信号状态为 1 表示输入值为双极性。信号状态 0 表示输入值为单极性
OUT	输出	REAL	I、Q、M、D、L、P	转换的结果
RET_VAL	输出	WORD	I、Q、M、D、L、P	如果该指令的执行没有错误，将返回值 W#16#0000。对于 W#16#0000 以外的其他值，参见“错误信息”

2. FC106

FC106（UNSCALE 功能）如图 13-21 所示。FC106（UNSCALE 功能）接收一个以工程单位表示，且标定于下限和上限（LO_LIM 和 HI_LIM）之间的实型输入值（IN），并将其转换为一个整型值，将结果写入 OUT。

UNSCALE 功能使用以下等式：

$$OUT = (IN - LO\_LIM)/(HI\_LIM - LO\_LIM) \times (K2 - K1) + K1$$

并根据输入值是 BIPOLAR 还是 UNIPOLAR，设置常数 K1 和 K2。

BIPOLAR：假定输出整型值介于−27648～27648 之间，因此，K1=−27648.0，K2=+27648.0。

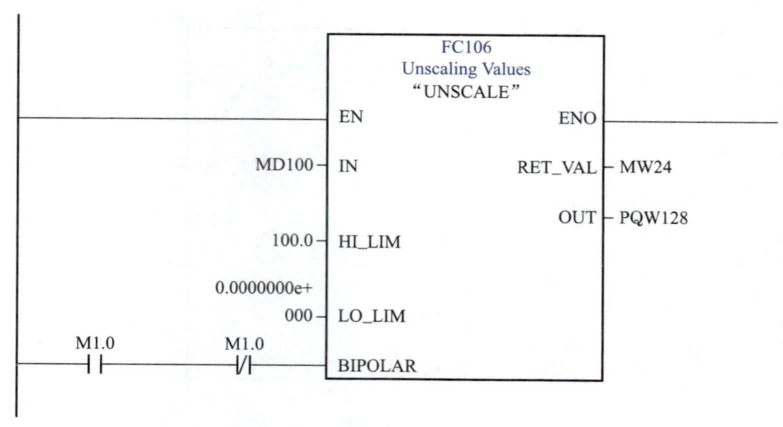

图 13-21　FC106 功能

UNIPOLAR：假定输出整型值介于 0～27648 之间，因此，K1=0.0，K2=+27648.0。

如果输入值超出 LO _ LIM 和 HI _ LIM 范围，输出（OUT）将钳位于距其类型（BIPOLAR 或 UNIPOLAR）的指定范围的下限或上限较近的一方，并返回一个错误。FC106 的各参数如表 13-4 所示。

表 13-4　　FC106　参　数

参数	I/O 类型	数据类型	存储区	描述
EN	输入	BOOL	I、Q、M、D、L	使能输入端，信号状态为 1 时激活该功能
ENO	输出	BOOL	I、Q、M、D、L	如果该功能的执行无错误，该使能输出端信号状态为 1
IN	输入	INT	I、Q、M、D、L、P、常数	欲转换为以工程单位表示的实型值的输入值
HI _ LIM	输入	REAL	I、Q、M、D、L、P、常数	以工程单位表示的上限值
LO _ LIM	输入	REAL	I、Q、M、D、L、P 常数	以工程单位表示的下限值
BIPOLAR	输入	BOOL	I、Q、M、D、L	信号状态为 1 表示输入值为双极性。信号状态 0 表示输入值为单极性
OUT	输出	REAL	I、Q、M、D、L、P	转换的结果
RET _ VAL	输出	WORD	I、Q、M、D、L、P	如果该指令的执行没有错误，将返回值 W#16#0000。对于 W#16#0000 以外的其他值，参见“错误信息”

六、PLC 编程

1. PLC 的软元件分配

模拟量输入：PIW130。

模拟量输出：PQW128。

MD8：实际液位值。

M50.0：PID 手自动切换。

MD60：设定液位值。

MD100：PID 输出值。

2. PLC 程序

编写 PLC 主程序 OB1 如图 13-22 所示。

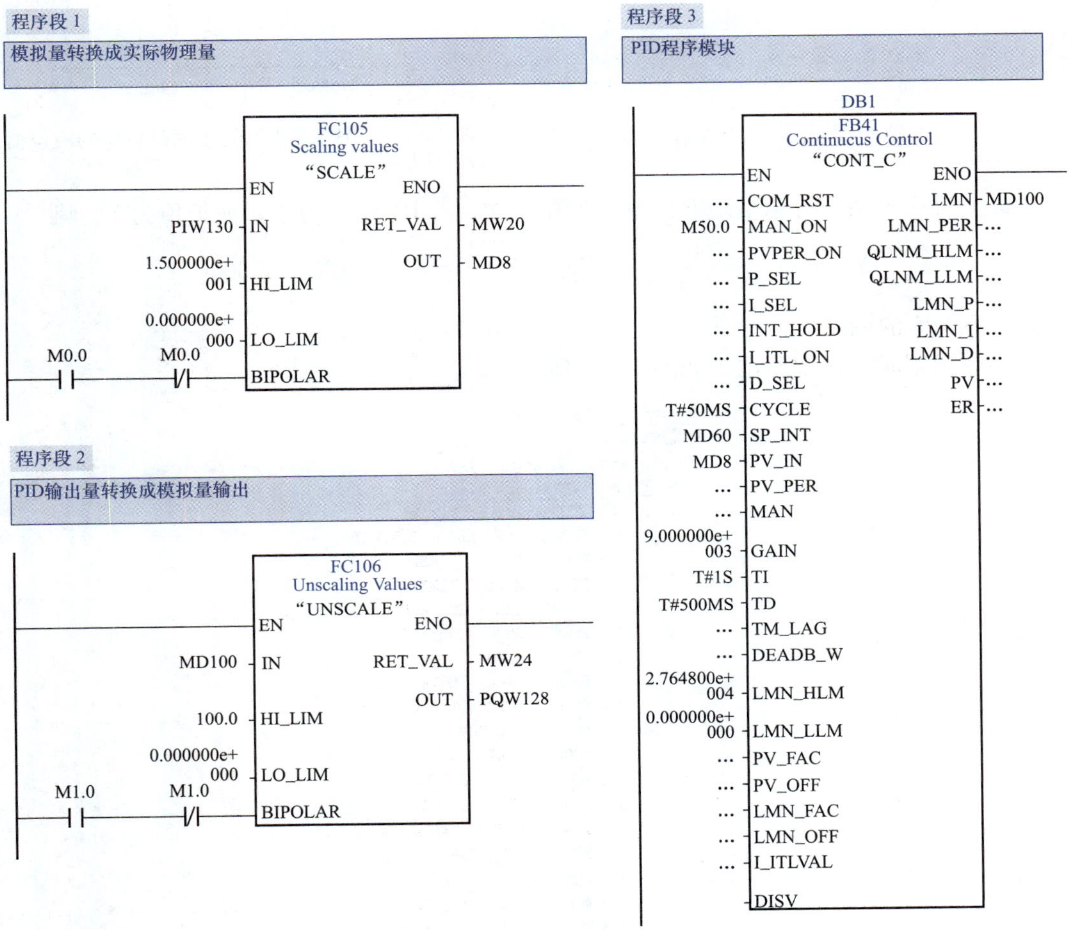

程序段 1

模拟量转换成实际物理量

FC105
Scaling values
"SCALE"
EN　ENO
PIW130 - IN　RET_VAL - MW20
OUT - MD8
1.500000e+001 - HI_LIM
0.000000e+000 - LO_LIM
M0.0　M0.0 - BIPOLAR

程序段 2

PID输出量转换成模拟量输出

FC106
Unscaling Values
"UNSCALE"
EN　ENO
MD100 - IN　RET_VAL - MW24
OUT - PQW128
100.0 - HI_LIM
0.000000e+000 - LO_LIM
M1.0　M1.0 - BIPOLAR

程序段 3

PID程序模块

DB1
FB41
Continucus Control
"CONT_C"
EN　ENO
... - COM_RST　LMN - MD100
M50.0 - MAN_ON　LMN_PER - ...
... - PVPER_ON　QLNM_HLM - ...
... - P_SEL　QLNM_LLM - ...
... - I_SEL　LMN_P - ...
... - INT_HOLD　LMN_I - ...
... - I_ITL_ON　LMN_D - ...
... - D_SEL　PV - ...
T#50MS - CYCLE　ER - ...
MD60 - SP_INT
MD8 - PV_IN
... - PV_PER
... - MAN
9.000000e+003 - GAIN
T#1S - TI
T#500MS - TD
... - TM_LAG
... - DEADB_W
2.764800e+004 - LMN_HLM
0.000000e+000 - LMN_LLM
... - PV_FAC
... - PV_OFF
... - LMN_FAC
... - LMN_OFF
... - I_ITLVAL
DISV

图 13-22　PLC 控制程序

第五节　模拟量数据检测

假如用一个压力传感器检测液位，压力传感器输出，分别对应液位值是 0～400mm。要求在 PLC 能把液位值直接读出来。那么这里存在一个模拟量数据检测后转换的问题。

一、A/D 转换

模拟量送入 PLC 的信号假如是 4～20mA，则该信号进行 A/D 转换后，在 PLC 中的 PIW 上对应产生的数据如图 13-23 所示。

以上的关系是一个线性的对应关系，从 PIW 中产生的数据对应的被测量的液位值如图 13-24 所示。

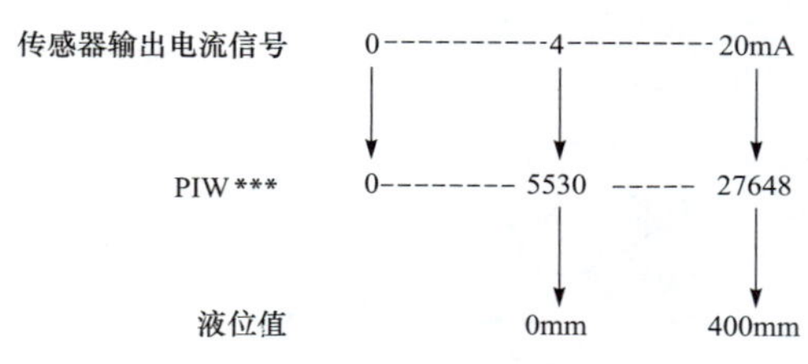

图 13-23　AD 轮换后的数据

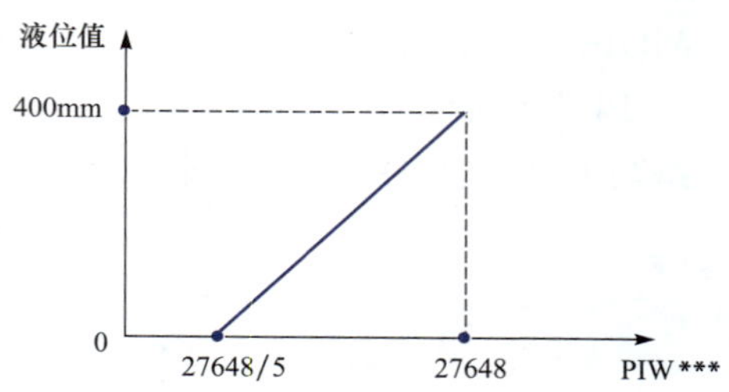

图 13-24　PIW 中产生的数据及对应的液位值

从以上对应关系中可总结出液位值的计算公式，若 PIW*** 为 X，液位值为 Y，则

$$Y = \frac{400}{27648 - 27648/5}(X - 5530) = \frac{500}{27648}(X - 5530)$$

二、FC105 的调用

FC105 调用时在库中的位置如图 13-25 所示。

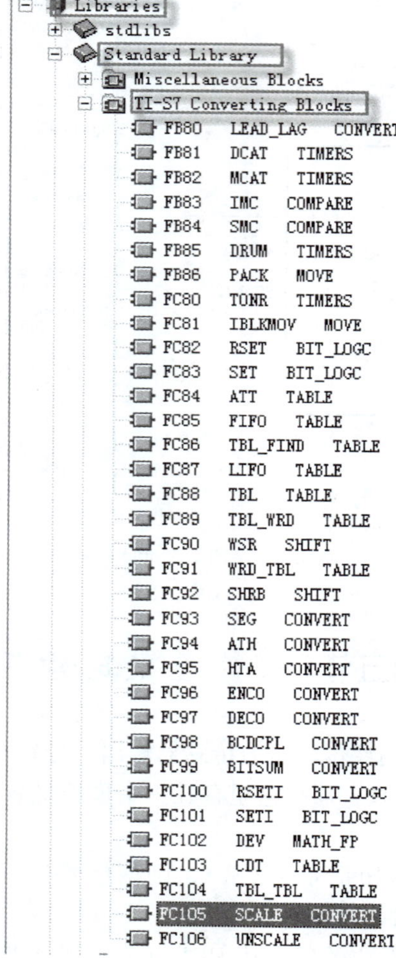

图 13-25　FC105 在库中的位置

FC105 的程序如图 13-36 所示。

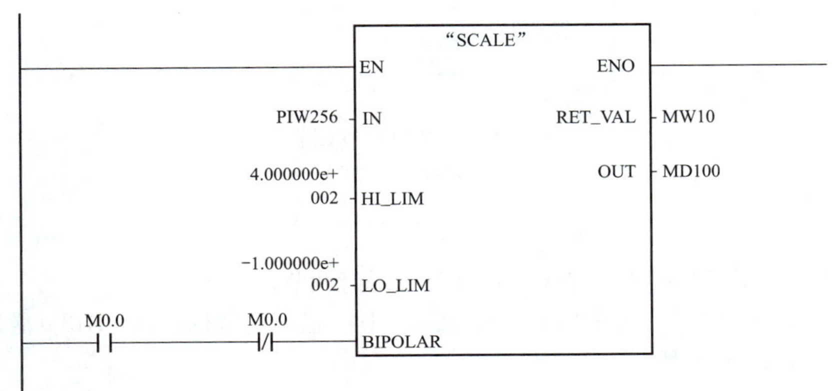

图 13-26　FC105 程序

在 FC105 中 LO-LIM 值的设定需要根据图 13-27 中直线与 Y 轴交点的纵坐标来确定，图中为－100。

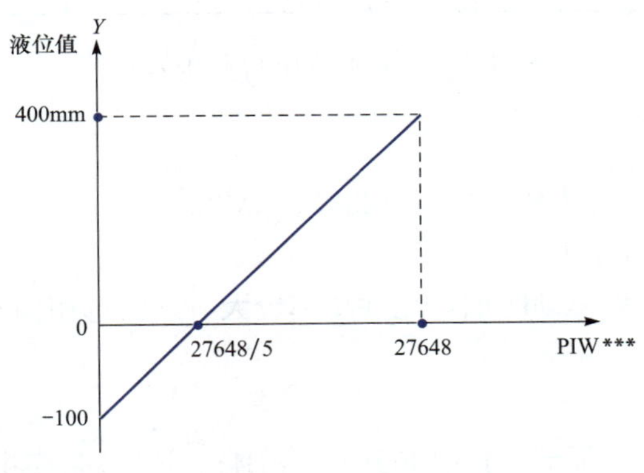

图 13-27　LO-LIM 值的设定

第六节　基于 PWM 的温度 PID 调节

一、PWM 温度调节原理

有些加热设备，没有用到模拟量来调节温度，而是用控制加热通断的方式来实现。固定一个周期时间 T，如图 13-28 所示，去调节接通加热的时间 t，则可以达到温度控制的目的。如当 $t=0$ 时，则不加热；当 $t=T$ 时，则为满负荷持续加热。以上就是 PWM 温度调节的原理。

二、温度控制要求

一加热片，工作电压为 DC 24V，持续加热温度最高可达 120℃。现用一热电偶检测并把信号送温度变送器转换成 4～20mA 的信号，再送至 PLC。温度变送器的检测量程为 0～150℃。现要控制加热片的温度在 0～120℃范围内可调。

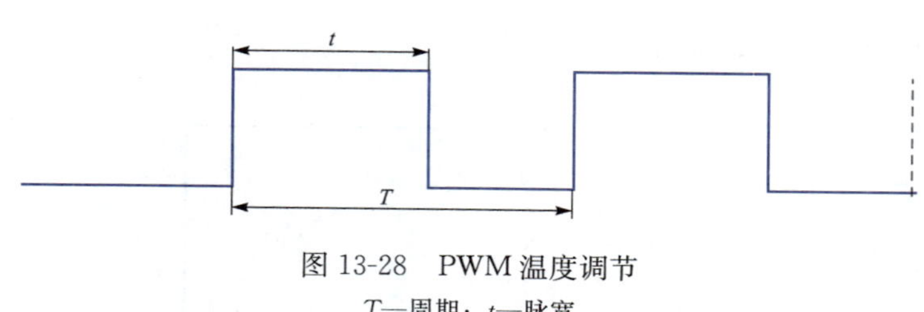

图 13-28　PWM 温度调节

T—周期；t—脉宽

分析：

（1）温度调节用 PWM 调节方式，并用 PID 进行调节；

（2）PID 调节在 PLC 中可采用 FB41，再把 FB41 输出的数据送到 FB43（脉冲宽度）调制脉冲宽度。如图 13-29 所示。

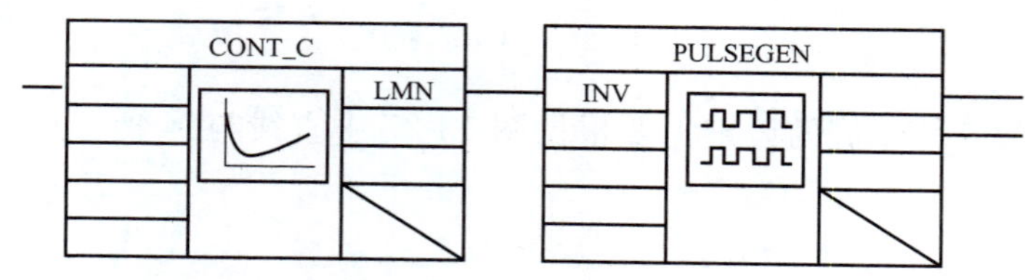

图 13-29　PID 调节在 PLC 中的应用

三、硬件选型

（1）PLC 模块：PS307、CPU313、SM331、SM323。

（2）温度检测元件：PT100。

（3）固态继电器。如果驱动的加热元件功率较大，则需选用固态继电器来进行较高频率的通断控制。

四、程序编写

OB1 主程序如图 13-30 所示，其中 FC105、FB41、FB43 是库中调用的块。

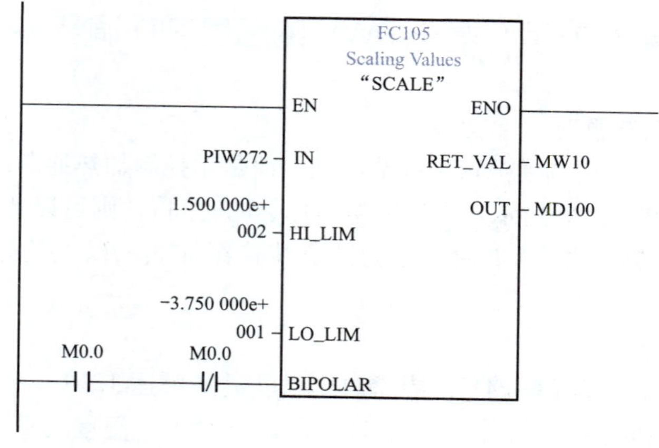

图 13-30　OB1 主程序（一）

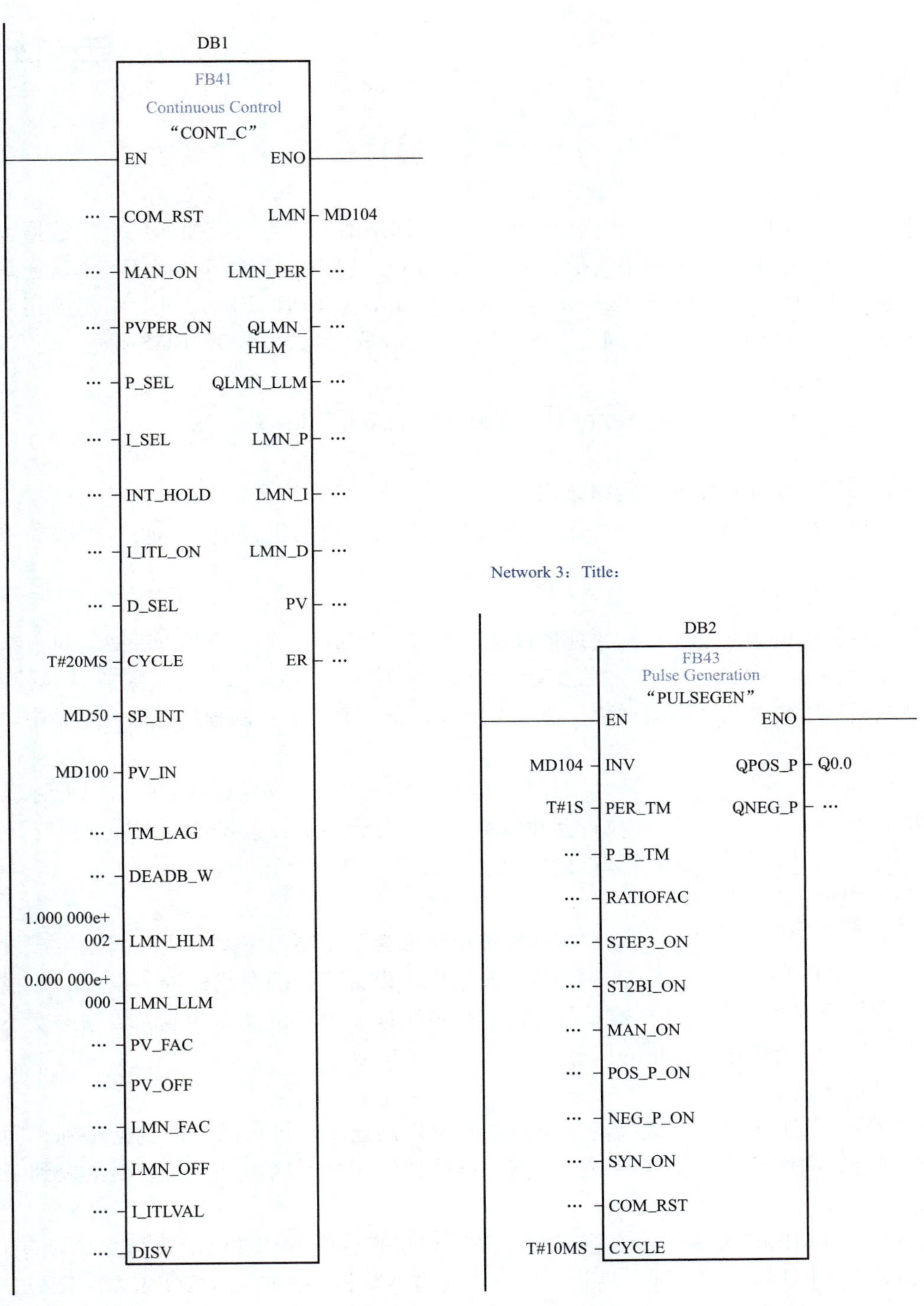

图 13-30 OB1 主程序（二）

图 13-30 OB1 主程序（三）

第 14 章 西门子PLC通信技术

本章主要介绍西门子 MPI 网络、PROFIBUS 网络的组建方法，如何用全局数据包通信方式实现 PLC 之间的 MPI 网络通信、如何实现 PLC 之间的 PROFIBUS-DP 主从通信、如何组态远程 I/O 站，介绍 CP342-5 分别作为主站和从站的 PROFIBUS-DP 组态应用，最后介绍 S7-300/400 PLC 与 S7-200 PLC 和 MM440 变频器之间的 PROFIBUS 通信。

第一节 西门子 PLC 网络

一、工厂自动化系统典型网络结构

一个典型的工厂自动化系统一般是三层网络结构：现场设备层、车间监控层和工厂管理层。

1. 现场设备层

现场设备层的主要功能是连接现场设备，例如，分布式 I/O、传感器、驱动器、执行机构和开关设备等，完成现场设备控制及设备间连锁控制。主站（PLC、PC 或其他控制器）负责总线通信管理及与从站的通信。总线上所有设备生产工艺控制程序存储在主站中，并由主站执行。

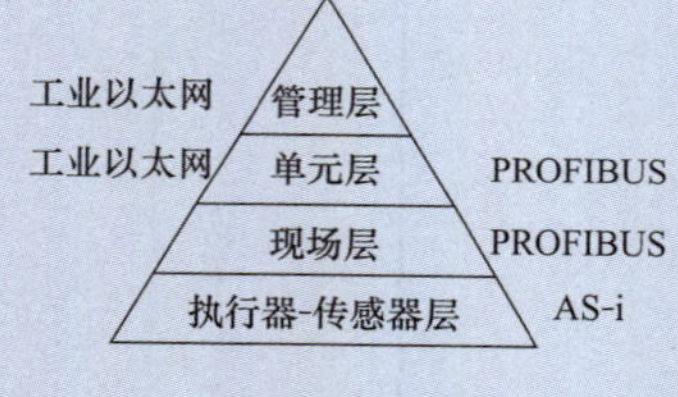

图 14-1　SIMATIC NET 网络系统图

西门子的 SIMATIC NET 网络系统如图 14-1 所示，它将执行器和传感器单独分为一层，主要使用 AS-i（执行器-传感器接口）网络。

2. 车间监控层

车间监控层又称为单元层，用来完成车间主生产设备之间的连接，包括生产设备状态的在线监控、设备故障报警及维护等。还有生产统计、生产调度等功能。传输速度不是最重要的，但是应能传送大容量的信息。

3. 工厂管理层

车间操作员工作站通过集线器与车间办公管理网连接，将车间生产数据送到车间管理层。车间管理网作为工厂主网的一个子网，连接到厂区骨干网，将车间数据集成到工厂管理层。

S7-300/400 PLC 有很强的通信功能，CPU 模块集成有 MPI 和 DP 通信接口，有 PROFIBUS-DP 和工业以太网的通信模块，以及点对点通信模块。通过 PROFIBUS-DP 或 AS-i 现场总线，CPU 与分布式 I/O 模块之间可以周期性地自动交换数据。在自动化系统之间，PLC 与计算机和 HMI 站之间，均可交换数据。

二、西门子 PLC 网络

西门子 PLC 网络结构图如图 14-2 所示，西门子 PLC 网络有：MPI 网络、工业以太网（Industrial Ethernet）、工业现场总线（PROFIBUS）、点到点连接（PtP）和 AS-i 网络。

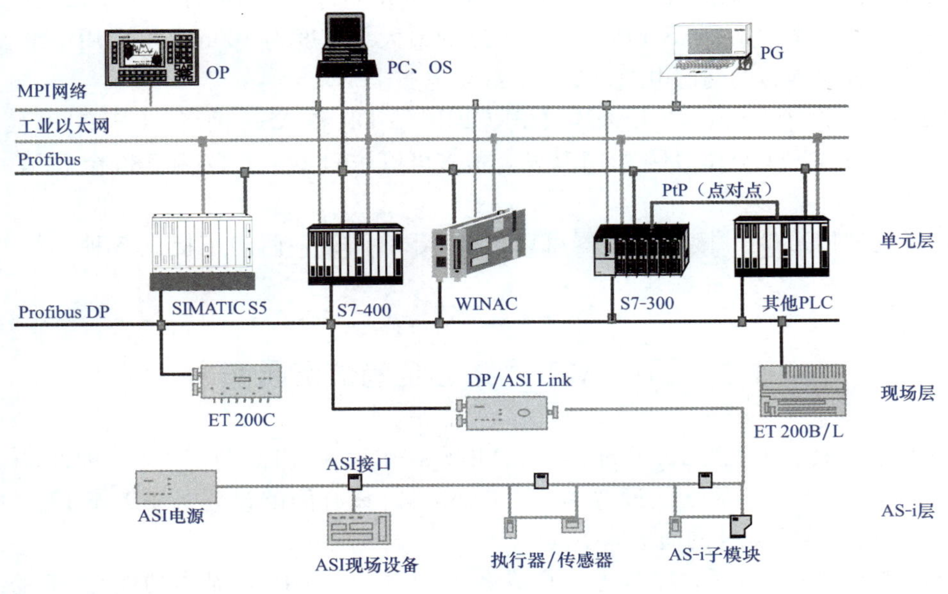

图 14-2 西门子 PLC 网络

1. 通过多点接口（MPI）协议的数据通信

MPI 是多点接口（Multi Point Interface）的简称，MPI 的物理层是 RS-485，通过 MPI 能同时连接运行 STEP 7 的编程器、计算机、人机界面（HMI）及其他 SIMATIC S7、M7 和 C7。通过 MPI 接口实现全局数据（GD）服务，周期性地相互进行数据交换。

2. PROFIBUS

PROFIBUS 用于车间级监控和现场层的通信系统，具有开放性。PROFIBUS-DP 与分布式 I/O 最多可以与 127 个网络上的节点进行数据交换。网络中最多可以串接 10 个中继器来延长通信距离。使用光纤作通信介质，通信距离可达 90km。

3. 工业以太网

西门子的工业以太网符合 IEEE 802.3 国际标准，通过网关来连接远程网络。10M/100Mbit/s，最多 1024 个网络节点，网络的最大范围为 150km。

采用交换式局域网，每个网段都能达到网络的整体性能和数据传输速率，电气交换模块与光纤交换模块将网络划分为若干个网段，在多个网段中可以同时传输多个报文。本地数据通信在本网段进行，只有指定的数据包可以超出本地网段的范围。

全双工模式使一个站能同时发送和接收数据，不会发生冲突。传输速率到 20Mbit/s 和 200Mbit/s。可以构建环形冗余工业以太网。最大的网络重构时间为 0.3s。

4. 点对点连接

点对点连接（Point-to-Point Connections）可以连接 S7 PLC 和其他串口设备。使用 CP 340，CP 341、CP 440、CP 441 通信处理模块或 CPU 31xC-2PtP 集成的通信接口。接口

有 20mA（TTY）、RS-232C 和 RS-422A/RS-485。通信协议有 ASCII 驱动器、3964（R）和 RK 512（只适用于部分 CPU）。

5. 通过 AS-i 网络的过程通信

AS-i 是执行器—传感器接口（Actuator Sensor Interface）的简称，位于最底层。AS-i 每个网段只能有一个主站。AS-i 所有分支电路的最大总长度为 100m，可以用中继器延长。可以用屏蔽的或非屏蔽的两芯电缆，支持总线供电。

DP/AS-i 网关（Gateway）用来连接 PROFIBUS-DP 和 AS-i 网络。CP 342-2 最多可以连接 62 个数字量或 31 个模拟量 AS-i 从站，最多可以访问 248 个 DI 和 186 个 DO，可以处理模拟量值。

西门子的“LOGO!”微型控制器可以接入 AS-i 网络，西门子提供各种各样的 AS-i 产品。

第二节　MPI 网络与全局数据通信

MPI 网络的通信速率为 19.2kbit/s～12Mbit/s，S7-200 PLC 只能选择 19.2kbit/s 的通信速率，S7-300 PLC 通常默认设置为 187.5kbit/s，只有能够设置为 PROFIBUS 接口的 MPI 网络才支持 12Mbit/s 的通信速率。

在 SIMATIC S7/M7/C7 PLC 上都集成有 MPI 接口，MPI 的基本功能是 S7 的编程接口，还可以进行 S7-300/400 PLC 之间，S7-300/400 PLC 与 S7-200 PLC 之间的小数据量的通信，是应用广泛、经济、不用做连接组态的通信方式。

接入到 MPI 网的设备称为一个节点，不分段的 MPI 网（无 RS-485 中继器的 MPI 网）最多可以有 32 个网络节点。仅用 MPI 构成的网络，称为 MPI 网。MPI 网上的每个节点都有一个网络地址，称为 MPI 地址。节点地址号不能大于给出的最高 MPI 地址。S7 设备在出厂时对一些装置给出了默认的 MPI 地址，如表 14-1 所示。

表 14-1　　MPI 网络设备的缺省地址

节点（MPI 设备）	缺省 MPI 地址	最高 MPI 地址
PG/PC	0	15
OP/TP	1	15
CPU	2	15

一、MPI 网络组建

1. 网络结构

用 STEP 7 软件包中的 Configuration 功能为每个网络节点分配一个 MPI 地址和最高地址，最好标在节点外壳上；然后对 PG、OP、CPU、CP、FM 等包括的所有节点进行地址排序，连接时需在 MPI 网的第一个及最后一个节点接入通信终端匹配电阻。往 MPI 网添加一个新节点时，应该切断 MPI 网的电源。

MPI 网络示意图如图 14-3 所示，图中分支虚线表示只在启动或维护时才接到 MPI 网的 PG 或 OP。为了适应网络系统的变化，可以为一台维护用的 PG 预留 MPI 地址为 0，为一个维护用的 OP 预留地址 1。

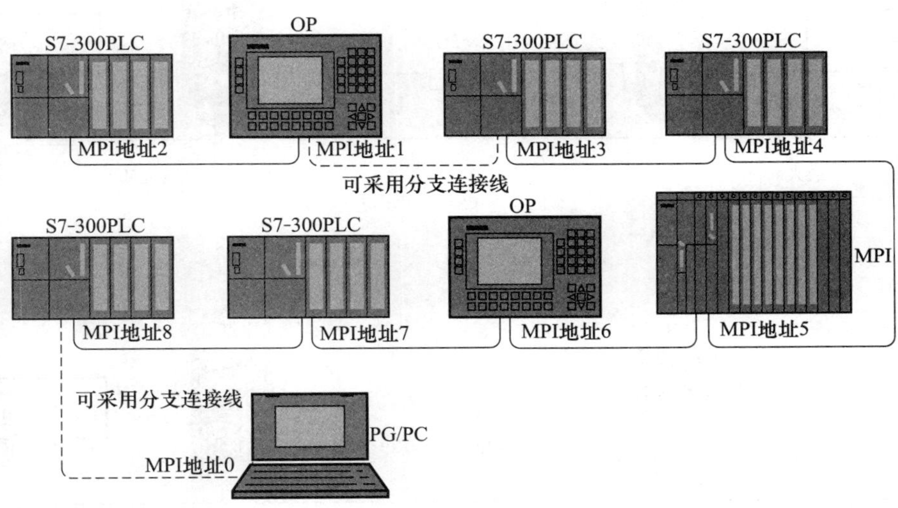

图 14-3 MPI 网络示意图

2. MPI 网络连接器

连接 MPI 网络时常用到两个网络部件：网络连接器和网络中继器。网络连接器采用 PROFIBUS RS-485 总线连接器，连接器插头分两种，一种带 PG 接口，一种不带 PG 接口，如图 14-4 所示。为了保证网络通信质量，总线连接器或中继器上都设计了终端匹配电阻。组建通信网络时，在网络拓朴分支的末端节点需要接入浪涌匹配电阻。

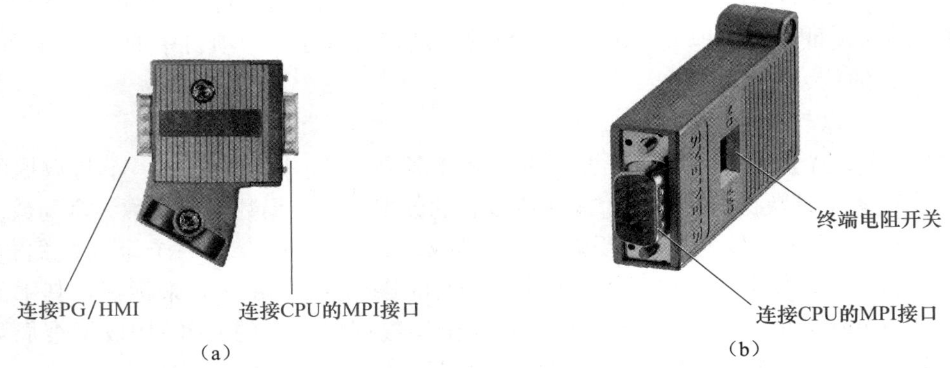

图 14-4 MPI 网络连接器

(a) 具有 PG 接口的标准连接器；(b) 无 PG 接口的连接器

3. 网络中继器

对于 MPI 网络，节点间的连接距离是有限制的，从第一个节点到最后一个节点最长距离仅为 50m，对于一个要求较大区域的信号传输或分散控制的系统，采用两个中继器可以将两个节点的距离增大到 1000m，通过 OLM 光纤可扩展到 100km 以上，但两个节点之间不应再有其他节点，如图 14-5 所示。

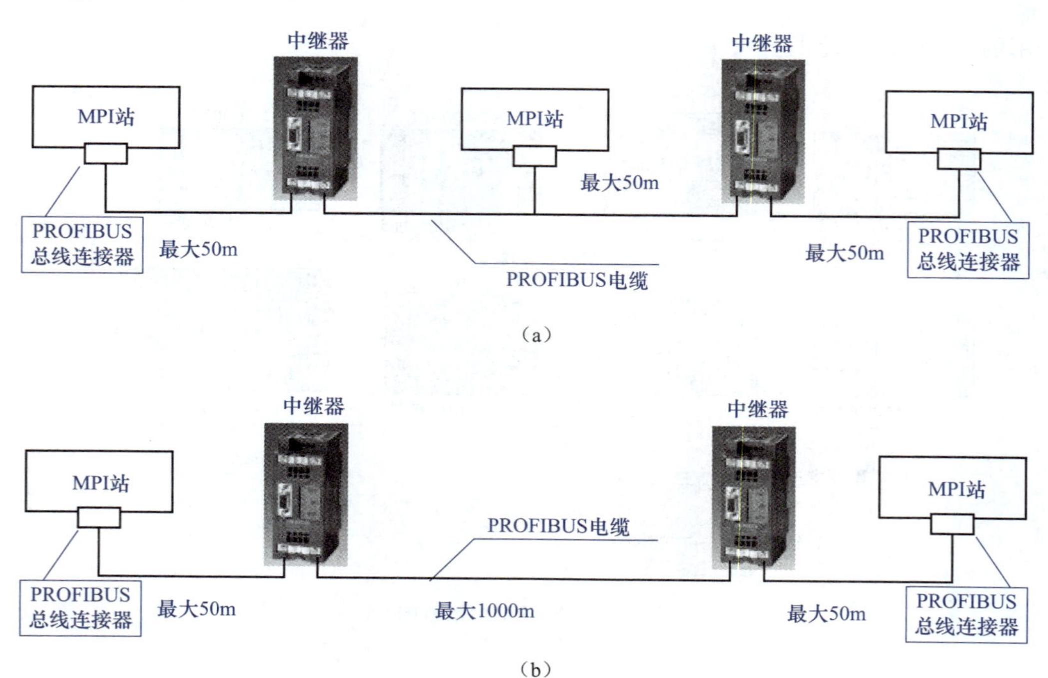

(a)

(b)

图 14-5 利用中继器延长网络连接距离

(a) 短距离通信；(b) 长距离通信

二、全局数据包通信方式

全局数据（GD）通信方式以 MPI 网为基础而设计的。在 S7 中，利用全局数据可以建立分布式 PLC 间的通信联系，不需要在用户程序中编写任何语句。S7 程序中的 FB、FC、OB 都能用绝对地址或符号地址来访问全局数据。最多可以在一个项目中的 15 个 CPU 之间建立全局数据通信。

1. GD 通信原理

在 MPI 分支网上实现全局数据共享的两个或多个 CPU 中，至少有一个是数据的发送方，有一个或多个是数据的接收方。发送或接收的数据称为全局数据，或称为全局数。具有相同 Sender/Receiver（发送者/接受者）的全局数据，可以集合成一个全局数据包（GD Packet）一起发送。每个数据包用数据包号码（GD Packet Number）来标识，其中的变量用变量号码（Variable Number）来标识。参与全局数据包交换的 CPU 构成了全局数据环（GD Circle）。每个全局数据环用数据环号码来标识（GD Circle Number）。

例如，GD 2. 1. 3 表示 2 号全局数据环，1 号全局数据包中的 3 号数据。

在 PLC 操作系统的作用下，发送 CPU 在它的一个扫描循环结束时发送全局数据，接收 CPU 在它的一个扫描循环开始时接收 GD。这样，发送全局数据包中的数据，对于接收方来说是“透明的”。也就是说，发送全局数据包中的信号状态会自动影响接收数据包；接收方对接收数据包的访问，相当于对发送数据包的访问。

2. GD 通信的数据结构

全局数据可以由位、字节、字、双字或相关数组组成，它们被称为全局数据的元素。一个全局数据包由一个或几个 GD 元素组成，最多不能超过 24B。在全局数据包中，相关数组、双字、字、字节、位等元素的字节数如表14-2所示。

表14-2 GD元素的字节数

数据类型	类型所占存储字节数	在GD中类型设置的最大数量
相关数组	字节数＋两个头部说明字节	一个相关的22个字节数组
单独的双字	6B	4个单独的双字
单独的字	4B	6个单独的双字
单独的字节	3B	8个单独的双字
单独的位	3B	8个单独的双字

3. 全局数据环

全局数据环中的每个CPU可以发送数据到另一个CPU或从另一个CPU接收。全局数据环有以下两种：

（1）环内包含2个以上的CPU，其中一个发送数据包，其他的CPU接收数据；

（2）环内只有2个CPU，每个CPU可既发送数据又接收数据。

S7-300 PLC的每个CPU可以参与最多4个不同的数据环，在一个MPI网上最多可以有15个CPU通过全局通信来交换数据。

其实，MPI网络进行GD通信的内在方式有两种：一种是一对一方式，当GD环中仅有两个CPU时，可以采用类全双工点对点方式，不能有其他CPU参与，只有两者独享；另一种为一对多（最多4个）广播方式，一个发送，其他接收。

4. GD通信应用

应用GD通信，就要在CPU中定义全局数据块，这一过程也称为全局数据通信组态。在对全局数据进行组态前，需要先执行下列任务：

（1）定义项目和CPU程序名。

（2）用PG单独配置项目中的每个CPU，确定其分支网络号、MPI地址、最大MPI地址等参数。

在用STEP 7开发软件包进行GD通信组态时，由系统菜单“Options”中的“Define Global Data”程序进行GD表组态。具体组态步骤如下：

（1）在GD空表中输入参与GD通信的CPU代号；

（2）为每个CPU定义并输入全局数据，指定发送GD；

（3）第一次存储并编译全局数据表，检查输入信息语法是否为正确数据类型，是否一致；

（4）设定扫描速率，定义GD通信状态双字；

（5）第二次存储并编译全局数据表。

三、项目组态举例

通过MPI可实现S7 PLC之间的三种通信方式：全局数据包通信、无组态连接通信和组态连接通信。下面以全局数据包通信为例来介绍MPI网络的组态。

【例4-1】 S7-300 PLC之间全局数据通信。

要求通过MPI网络配置，实现两个CPU 315-2DP之间的全局数据通信。

组态步骤如下：

1. 生成 MPI 硬件工作站

打开 STEP 7，首先执行菜单命令 File→New... 创建一个 S7 项目，并命名为“全局数据”。选中“全局数据”项目名，然后执行菜单命令 Insert→Station→SIMATIC 300 Station，在此项目下插入两个 S7-300 的 PLC 站，分别重命名为 MPI _ Station _ 1 和 MPI _ Station _ 2。如图 14-6 所示。

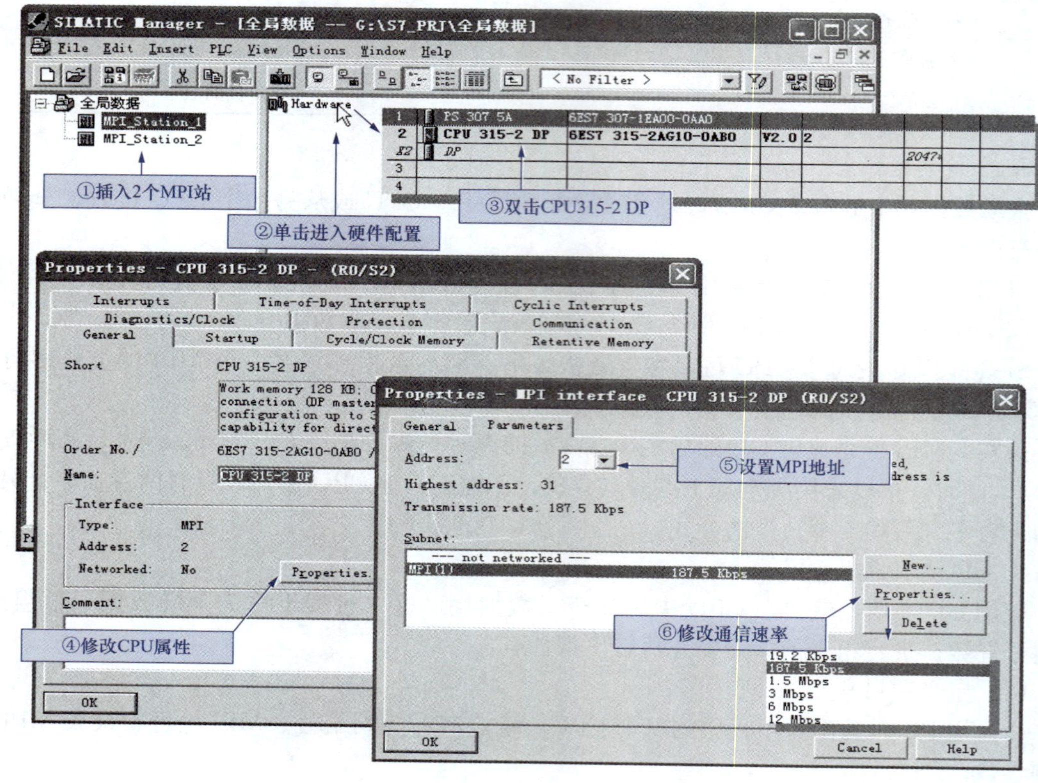

图 14-6 组态画面

2. 设置 MPI 地址

按图 14-6 完成 2 个 PLC 站的硬件组态，配置 MPI 地址和通信速率，在本例中 MPI 地址分别设置为 2 号和 4 号，通信速率为 187.5kbit/s。完成后单击 OK 按钮，保存并编译硬件组态。最后将硬件组态数据下载到相应的 CPU。

3. 连接网络

用 PROFIBUS 电缆连接 MPI 节点。接着就可以与所有 CPU 建立在线连接。可以用 SIMATIC 管理器中“Accessible Nodes”功能来测试它。

4. 生成全局数据表

单击工具图标，打开“NetPro”窗口，如图 14-7 所示。在“NetPro”窗口中用右键单击 MPI 网络线，在弹出的窗口中执行执行菜单命令“Options→Define Global Data（定义全局数据）”命令，进入全局数据组态画面，如图 14-8 所示。

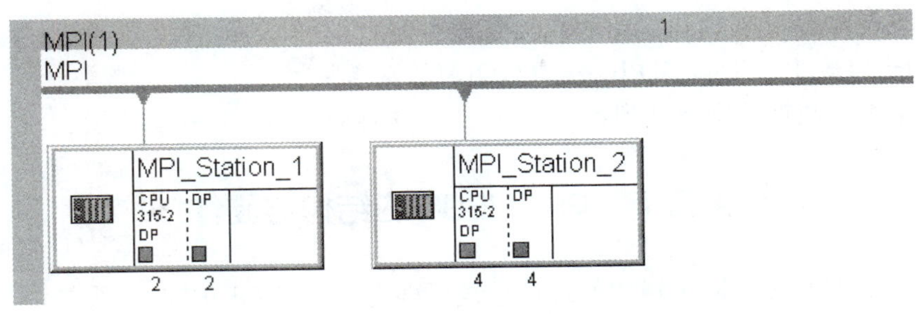

图 14-7 NetPro 窗口

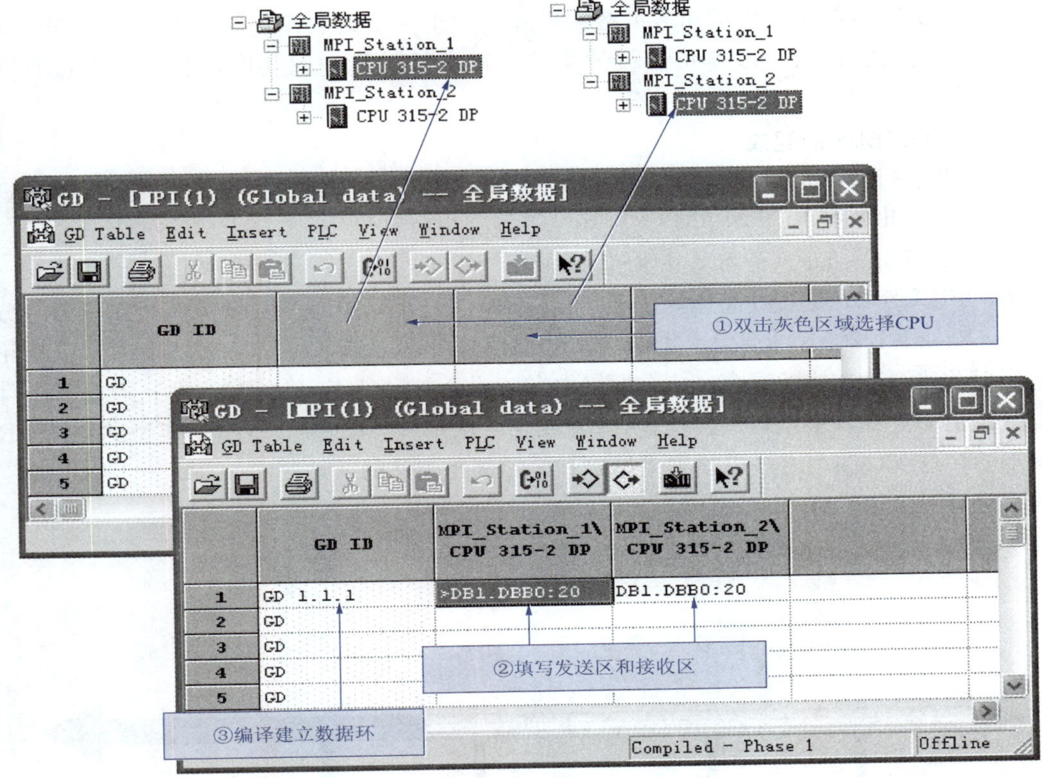

图 14-8 全局数据组态

双击 GD ID 右边的灰色区域，从弹出的对话框内选择需要通信的 CPU。CU 栏共有 15 列，意味着最多可以有 15 个 CPU 参与信信。

在每个 CPU 栏底下填上数据的发送区和接收区，如 MPI _ Station _ 1 站发送区为 DB1. DBB0～DB1. DBB19，可以填写为 DB1. DBB0：20，然后单击工具按钮<>，选择 MPI _ Station _ 1 站为发送站。

而 MPI _ Station _ 2 站的接收区为 DB1. DBB0～DB1. DBB19，可以填写为 DB1. DBB0：20，并自动设为接收区。

地址区可以为 DB、M、I、Q 区，对于 S7-300 最大长度为 22B，S7-400 最大为 54B。发送区与接收区的长度要一致，该例中通信区为 20B。

单击工具按钮，对所作的组态执行编译存盘，编译以后，每行通信区都会自动产生GD ID号，图14-8中产生的GD ID号为GD1.1.1。

最后，把组态数据分别下载到各个CPU中，这样数据就可以相互交换。

第三节　PROFIBUS的结构与硬件

PROFIBUS是目前国际上通用的现场总线标准之一，PROFIBUS总线是1987年由西门子公司等13家企业和5家研究机构联合开发，1999年PROFIBUS成为国际标准IEC 61158的组成部分，2001年批准成为中国的行业标准JB/T 10308.3—2001。

PROFIBUS支持主从模式和多主多从模式。对于多主站的模式，在主站之间按令牌传递决定对总线的控制权，取得控制权的主站可以向从站发送、获取信息，实现点对点的通信。

一、PROFIBUS的组成

PROFIBUS协议包括三个主要部分：PROFIBUS-DP（分布式外部设备）、PROFIBUS-PA（过程自动化）和PROFIBUS-FMS（现场总线报文规范）。

1. PROFIBUS-DP（分布式外部设备）

PROFIBUS-DP是一种高速低成本数据传输，用于自动化系统中单元级控制设备与分布式I/O（例如ET 200）的通信。主站之间的通信为令牌方式，主站与从站之间为主从轮询方式，以及这两种方式的混合。一个网络中有若干个被动节点（从站），而它的逻辑令牌只含有一个主动令牌（主站），这样的网络为纯主—从系统。图14-9所示为典型的主从PROFIBUS-DP总线，图中有一个站为主站，其他站都是主站的从站。

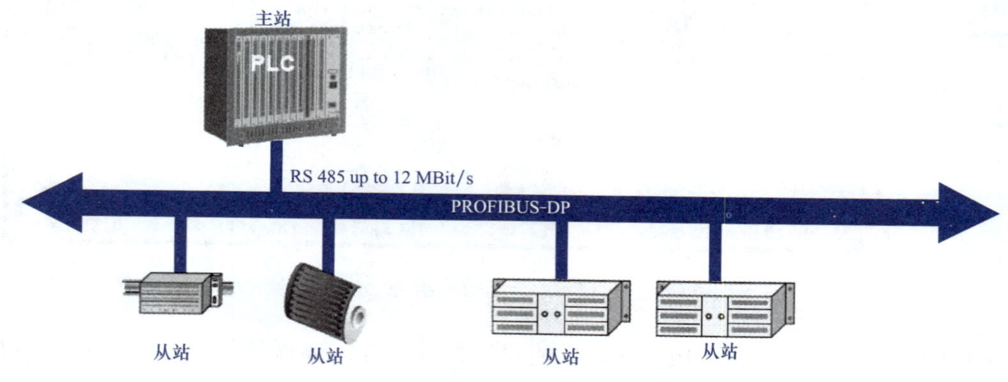

图14-9　典型的主从PROFIBUS-DP总线

2. PROFIBUS-PA（过程自动化）

PROFIBUS-PA用于过程自动化的现场传感器和执行器的低速数据传输，使用扩展的PROFIBUS-DP协议。传输技术采用IEC 1158-2标准，可以用于防爆区域的传感器和执行器与中央控制系统的通信。使用屏蔽双绞线电缆，由总线提供电源。

典型的PROFIBUS-PA系统配置如图14-10所示。

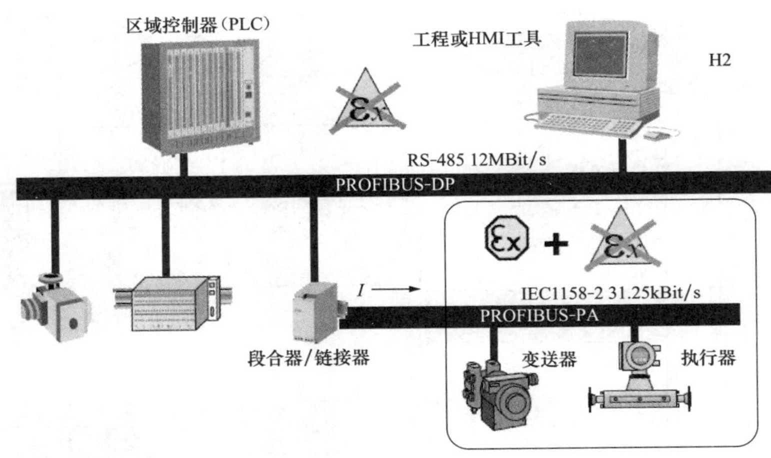

图 14-10　典型 PROFIBUS-PA 系统配置

3. PROFIBUS-FMS（现场总线报文规范）

PROFIBUS-FMS 可用于车间级监控网络，FMS 提供大量的通信服务，用以完成中等级传输速度进行的循环和非循环的通信服务。对于 FMS 而言，它考虑的主要是系统功能而不是系统响应时间。

如图 14-11 所示，一个典型的 PROFIBUS-FMS 系统由各种智能自动化单元组成，如 PC、PLC、HMI 等。

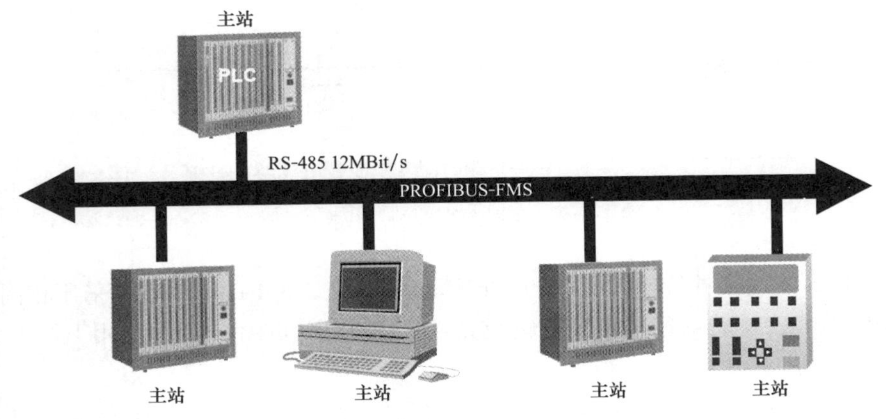

图 14-11　典型的 PROFIBUS-FMS 系统

二、PROFIBUS 协议结构

PROFIBUS 协议结构以 ISO/OSI 参考模型为基础，其协议结构如图 14-12 所示，第 1 层为物理层，定义了物理的传输特性；第 2 层为数据链路层；第 3～6 层 PROFIBUS 未使用；第 7 层为应用层，定义了应用的功能。

PROFIBUS-DP 是高效、快速的通信协议，它使用了第 1 层与第 2 层及用户接口，第 3～7 层未使用。这种简化的结构确保了 DP 快速、高效的数据传输。

三、传输技术

PROFIBUS 总线使用两端有终端的总线拓扑结构，如图 14-13 所示。

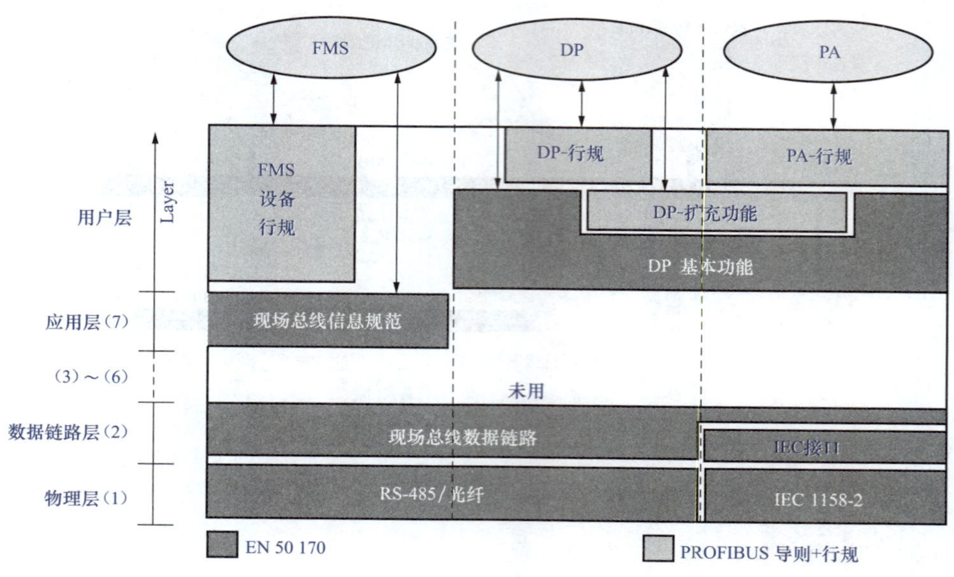

图 14-12　协议结构图

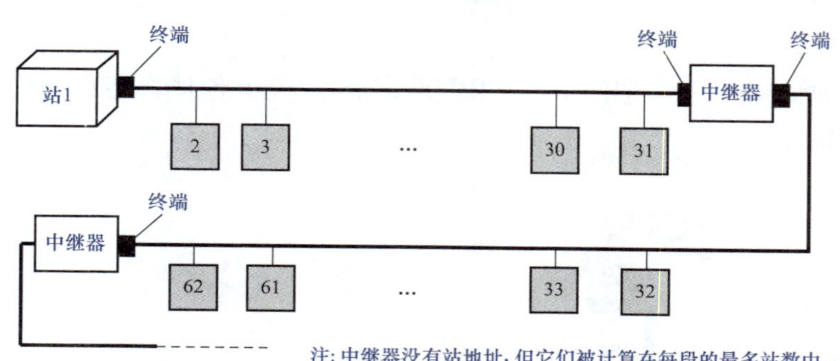

图 14-13　两端有终端的总线拓扑结构

PROFIBUS 使用三种传输技术：PROFIBUS DP 和 PROFIBUS FMS 采用相同的传输技术，可使用 RS-485 屏蔽双绞线电缆传输或光纤传输；PROFIBUS PA 采用 IEC 1158-2 传输技术。

DP 和 FMS 使用相同的传输技术和统一的总线存取协议，可以在同一根电缆上同时运行。

DP/FMS 符合 EIA RS-485 标准（也称为 H2），采用屏蔽或非屏蔽双绞线电缆，9.6 kbit/s～12M bit/s。一个总线段最多 32 个站，带中继器最多 127 个站。传输距离与传输速率有关，3～12Mbit/s 时为 100m，9.6～93.75kbit/s 时为 1200m。

另外，为了适应强度很高的电磁干扰环境或使用高速远距离传输，PROFIBUS 可使用光纤传输技术。

四、PROFIBUS 总线连接器

PROFIBUS 总线连接器是用于连接 PROFIBUS 站与电缆实现信号传输，带有内置终端电阻，如图 14-14 所示。

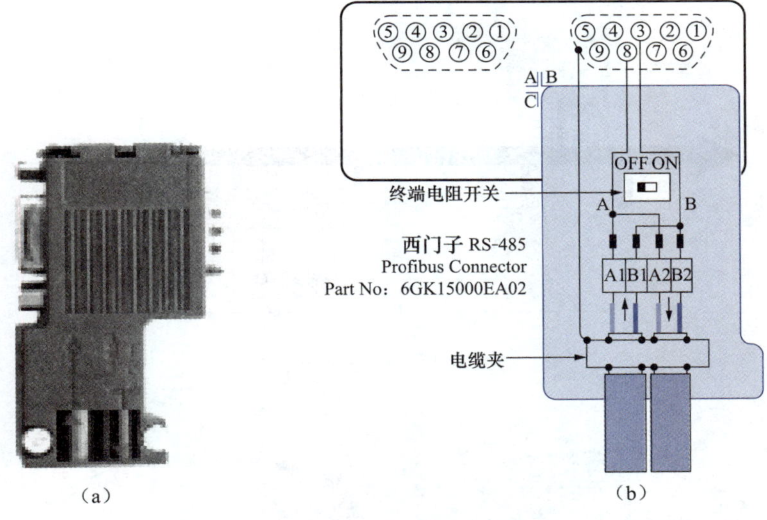

图 14-14　PROFIBUS 总线连接器

(a) 外形图；(b) 内部结构

五、PROFIBUS 介质存取协议

1. PROFIBUS 介质存取协议

PROFIBUS 通信规程采用了统一的介质存取协议，此协议由 OSI 参考模型的第 2 层来实现。PROFIBUS 介质存取协议如下：

(1) 在主站间通信时，必须保证在正确的时间间隔内，每个主站都有足够的时间来完成它的通信任务。

(2) 在 PLC 与从站间通信时，必须快速、简捷地完成循环，实时地进行数据传输。为此，PROFIBUS 提供了两种基本的介质存取控制，即令牌传递方式和主从轮循方式。

令牌传递方式可以保证每个主站在事先规定的时间间隔内都能获得总线的控制权。令牌是一种特殊的报文，它在主站之间传递着总线控制权，每个主站均能按次序获得一次令牌，传递的次序是按地址的升序进行的。主从轮循方式允许主站在获得总线控制权时可以与从站进行通信，每个主站均可以向从站发送或获得信息。

2. PROFIBUS 系统配置

使用上述的介质存取方式，PROFIBUS 可以实现以下三种系统配置：纯主—从系统(单主站)、纯主—主系统（多主站）和两种配置的组合系统（多主—多从）。

(1) 纯主—从系统（单主站）。单主系统可实现最短的总线循环时间。以 PROFIBUS-DP 系统为例，一个单主系统由一个 DP-1 类主站和 1 到最多 125 个 DP-从站组成，典型系统如图 14-15 所示。

3. 纯主—主系统（多主站）

若干个主站可以用读功能访问一个从站。以 PROFIBUS-DP 系统为例，多主系统由多个主设备（1 类或 2 类）和 1 到最多 124 个 DP—从设备组成。典型系统如图 14-16 所示。

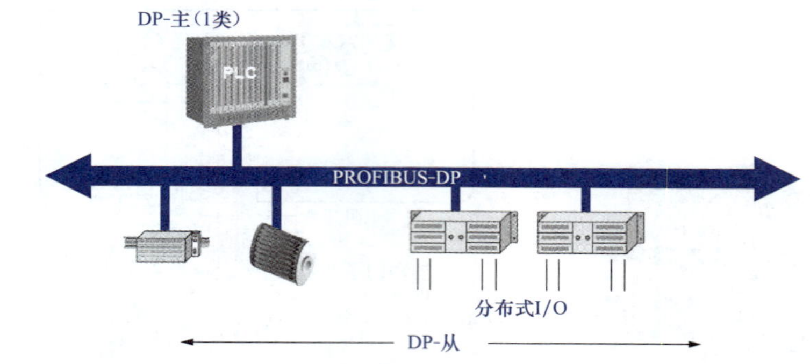

图 14-15　单主站系统

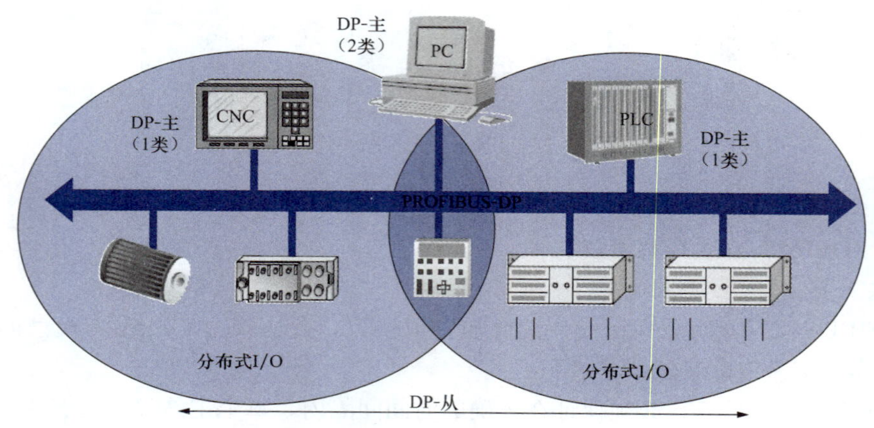

图 14-16　多主站系统

4．两种配置的组合系统（多主—多从）

图 14-17 所示为一个由 3 个主站和 7 个从站构成的 PROFIBUS 系统结构的示意图。由图 14-17 可看出，3 个主站构成了一个令牌传递的逻辑环，在这个环中，令牌按照系统确定的地址升序从一个主站传递给下一个主站。当一个主站得到了令牌后，它就能在一定的时间间隔内执行该主站的任务，可以按主从关系与所有从站通信，也可按主主关系与所有主站通信。

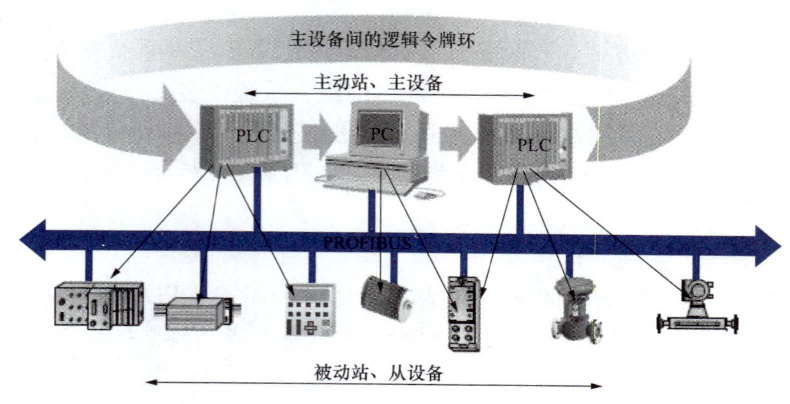

图 14-17　多主—多从系统

六、PROFIBUS-DP 设备分类

PROFIBUS-DP 在整个 PROFIBUS 应用中，应用最多、最广泛，可以连接不同厂商符合 PROFIBUS-DP 协议的设备。PROFIBUS-DP 定义了三种设备类型：

1. DP-1 类主设备

DP-1 类主设备（DPM1）可构成 DP-1 类主站。这类设备是一种在给定的信息循环中与分布式站点（DP 从站）交换信息，并对总线通信进行控制和管理的控制器。典型设备如 PLC、CNC 或 PC 等。

2. DP-2 类主设备

DP-2 类主设备（DPM1）可构成 DP-2 类主站。它是 DP 网络中的编程、诊断和管理设备。DPM2 除了具有 1 类主站的功能外，可以读取 DP 从站的输入/输出数据和当前的组态数据，可以给 DP 从站分配新的总线地址。如 PC、OP、TP 等。

3. DP-从站备

DP-从设备可构成 DP 从站。这类设备是 DP 系统中直接连接 I/O 信号的外围设备。典型 DP-从设备有分布式 I/O、ET200、变频器、驱动器、阀、操作面板等。根据它们的用途和配置，可将 SIMATIC S7 的 DP 从站设备分为以下几种：

（1）分布式 I/O（非智能型 I/O）由主站统一编址，如 ET 200。

（2）PLC 智能 DP 从站：PLC（智能型 I/O）做从站。存储器中有一片特定区域作为与主站通信的共享数据区。

（3）具有 PROFIBUS-DP 接口的其他现场设备。

在 DP 网络中，一个从站如果只能被一个主站所控制，那么这个主站是这个从站的 1 类主站；如果网络上还有编程器和操作面板控制从站，这个编程器和操作面板是这个从站的 2 类主站。另外一种情况，在多主网络中，一个从站只有一个 1 类主站，1 类主站可以对从站执行发送和接收数据操作，其他主站只能可选择地接收从站发给 1 类主站的数据，这样的主站也是这个从站的 2 类主站，它不直接控制该从站。

各种站的基本功能如图 14-18 所示。

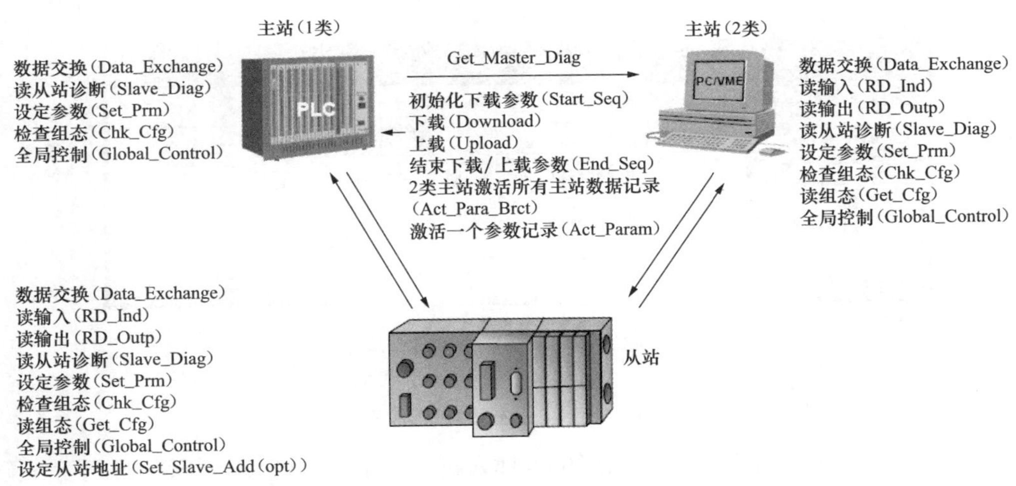

图 14-18 PROFIBUS-DP 基本功能

第四节　CPU31x-2DP之间的DP主从通信

CPU31x-2DP是指集成有PROFIBUS-DP接口的S7-300 CPU，如CPU313C-2DP、CPU315-2DP等。下面以两个CPU315-2DP之间的主从通信为例介绍连接智能从站的方法。该方法同样适用于CPU31x-2DP与CPU41x-2DP之间的PROFIBUS-DP通信连接。

一、PROFIBUS-DP系统结构

PROFIBUS-DP系统结构如图14-19所示。系统由一个DP主站和一个智能DP从站构成。

（1）DP主站：由CPU315-2DP（6ES7 315-2AG10-0AB0）和SM374构成。

（2）DP从站：由CPU315-2DP（6ES7 315-2AG10-0AB0）和SM374构成。

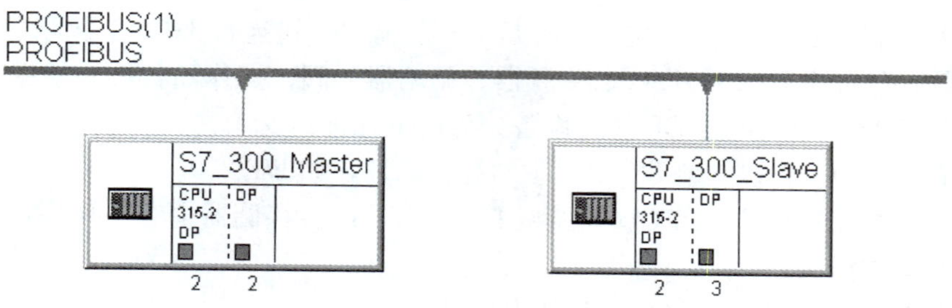

图14-19　PROFIBUS-DP系统结构

二、组态智能从站

在对两个CPU主—从通信组态配置时，原则上要先组态从站。

1. 新建S7项目

打开SIMATIC Manage，创建一个新项目，并命名为“双集成DP通信”。插入2个S7-300站，分别命名为S7-300 _ Master和S7 _ 300 _ Slave，如图14-20所示。

图14-20　创建S7-300主站与从站

2. 硬件组态

进入硬件组态窗口，按硬件安装次序依次插入机架、电源、CPU和SM323等完成硬件组态，硬件组态如图14-21所示。

S...	Module	Order number	F...	M...	I...	Q...	Comment
1	PS 307 5A	6ES7 307-1EA00-0AA0					
2	**CPU 315-2 DP**	**6ES7 315-2AG10-0AB0**	**V2.0**	2			
X2	*DP*				*2047**		
3							
4	DI8/DO8x24V/0.5A	6ES7 323-1BH00-0AA0			0	0	
5							

图 14-21　硬件组态

在插入 CPU 时会同时弹出 PROFIBUS 接口组态窗口。也可以在插入 CPU 后，双击 DP 插槽，打开 DP 属性窗口，单击“Properties…”按钮进行 PROFIBUS 接口组态窗口。单击“New…”按钮新建 PROFIBUS 网络，分配 PROFIBUS 站地址，本例设为 3 号站。单击“Properties…”按钮组态网络属性，选择 Network setting 选项卡进行网络参数设置，如波特率、行规。本例波特率为 1.5Mbit/s，行规选择为 DP，如图 14-22 所示。

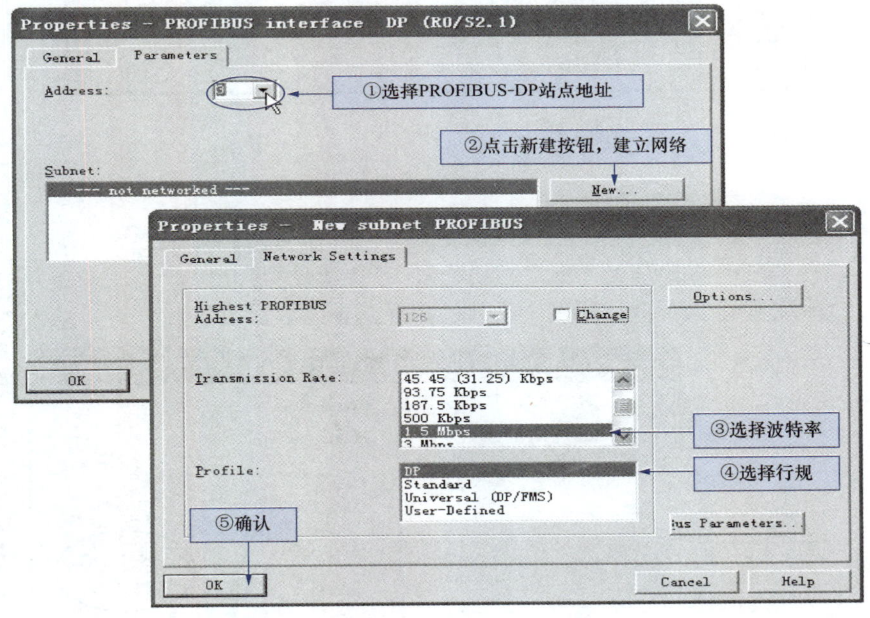

图 14-22　组态从站网络属性

3. DP 模式选择

选中 PROFIBUS 网络，然后单击“Properties…”按钮进入 DP 属性对话框，如图 14-23 所示。选择“Operating Mode”标签，激活“DP slave”操作模式。如果“Test，commissioning，routing”选项被激活，则意味着这个接口既可以作为 DP 从站，同时还可以通过这个接口监控程序。

4. 定义从站通信接口区

在 DP 属性对话框中，选择“Configuration”标签，打开 I/O 通信接口区属性设置窗口，单击按钮新建一行通信接口区，如图 14-24 所示，可以看到当前组态模式为 Master-slave configuration。注意此时只能对本地（从站）进行通信数据区的配置。

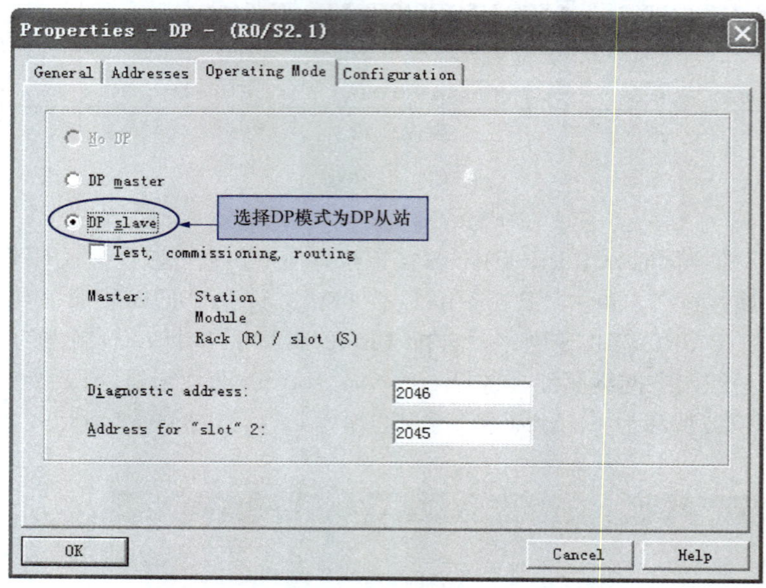

图 14-23　设置 DP 模式

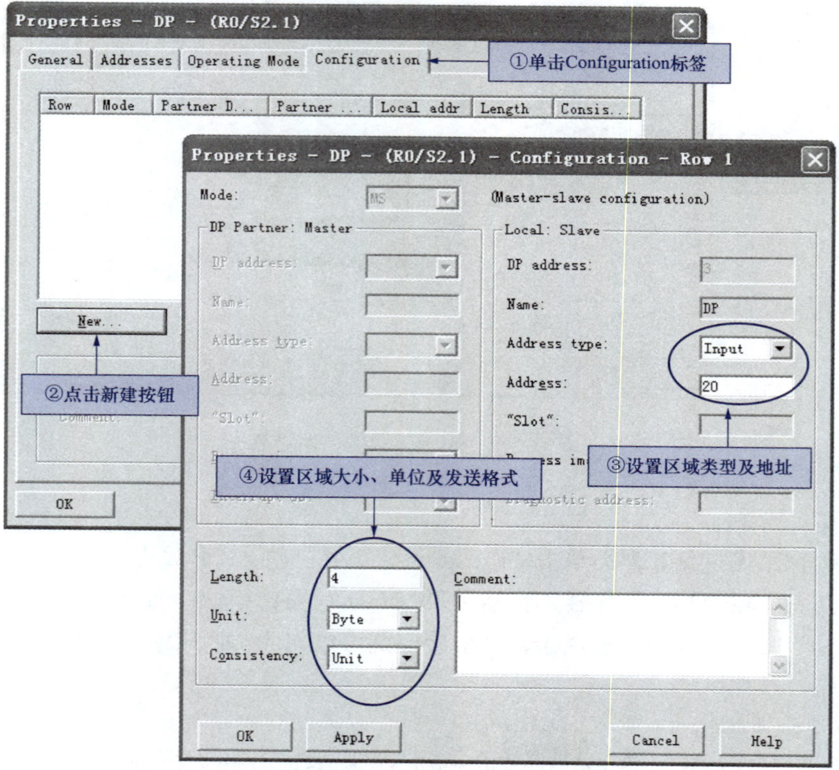

图 14-24　通信接口区设置

（1）在 Address type 区域选择通信数据操作类型，Input 对应输入区，Output 对应输出区。

（2）在 Address 区域设置通信数据区的起地址，本例设置为 20。

（3）在 Length 区域设置通信区域的大小，最多 32 个字节，本例设置为 4。

（4）在 Unit 区域选择是按字节（Byte）还是按字（Word）来通信，本例选择“Byte”。

（5）在 Consistency 选择 Unit，则按在“Unit”区域中设置的数据格式发送，即按字节或字发送；选择 ALL 打包发送，每包最多 32 个字节，通信数据大于 4 个字节时，应用 SFC14、SFC15。

设置完成后单击“Apply”按钮确认。同样可根据实际通信数据建立若干行，但最大不能超过 244 个字节。本例分别创建一个输入区和一个输出区，长度为 4 个字节，设置完成后可以 Configuration 窗口中看到这两个通信接口区，如图 14-25 所示。

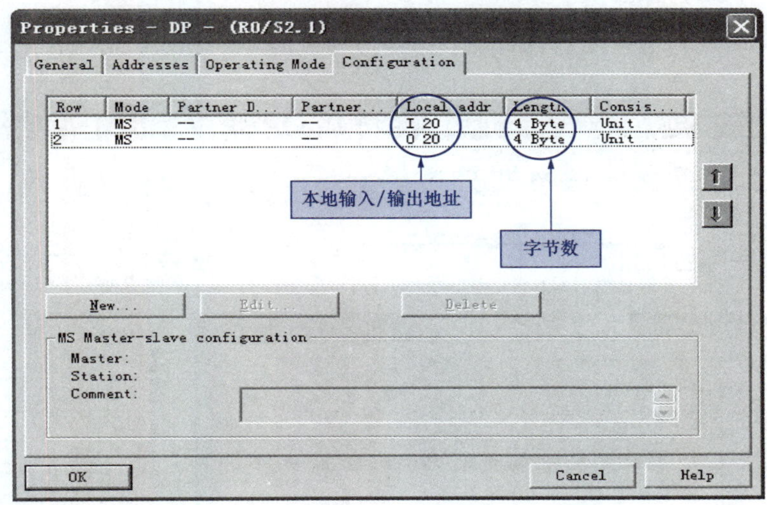

图 14-25 从站通信接口区

三、组态主站

完成从站组态后，就可以对主站进行组态，基本过程与从站相同。在完成基本硬件组态后对 DP 接口参数进行设置，本例中将主站地址设为 2，并选择与从站相同的 PROFIBUS 网络“PROFIBUS（1）”。波特率以及行规与从站设置应相同。

然后在 DP 属性设置对话框中，切换到 Operating Mode 选项卡，选择 DP Master 操作模式，如图 14-26 所示。

四、连接从站

在硬件组态（HW Config）窗口中，打开硬件目录，在 PROFIBUS DP 下选择 Configured Stations 文件夹，将 CPU31x 拖到主站系统 DP 接口的 PROFIBUS 总线上，这时会同时弹出 DP 从站连接属性对话框，选择所要连接的从站后，单击“Connect”按钮确认，如图 14-27 所示。如果有多个从站存在时，要一一连接。

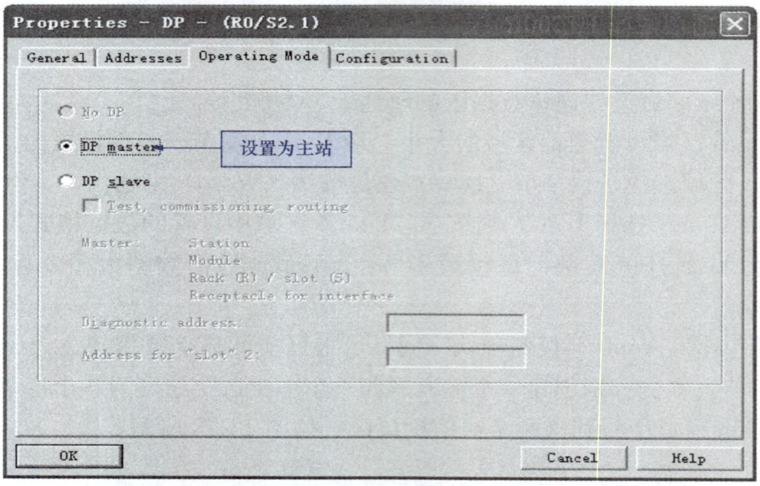

Properties - DP - (R0/S2.1)
General
Addresses
Operating Mode
Configuration
No DP
DP master
设置为主站
DP slave
Test, commissioning, routing
Master:
Station
Module
Rack (R) / slot (S)
Receptacle for interface
Diagnostic address:
Address for "slot" 2:
OK
Cancel
Help

图 14-26　设置主站 DP 模式

HW Config - [S7_300_Master (Configuration) -- 双集成DP通信]
Station
Edit
Insert
PLC
View
Options
Window
Help
(0) UR
PS 307
CPU 31
DP
DI8/DO8
PROFIBUS(1): DP master system (1)
②拖放CPU 31x到该线上，
直到光标变为+号
Find:
Profil
Standard
PROFIBUS DP
Additional Field Devices
CiR-Object
Closed-Loop Controller
Configured Stations
CPU 31x
CPU 41x
①拖放CPU 31x
X-BM 147 / CPU
DP VO slaves
DP slave properties
General
Connection
Configuration
Configured Slave Controllers
Configured slave controllers can be connected to the PROFIBUS master.
Select a slave and click "Connect":
Slave
PROFIBUS
Address
in Station
Slot
CPU 315...
PROFIBUS(1)
3
S7_300_Slave
0/2/1
③点击建立
Connect
Active Connection
<No Connection>
Disconnect
OK
Cancel
Help

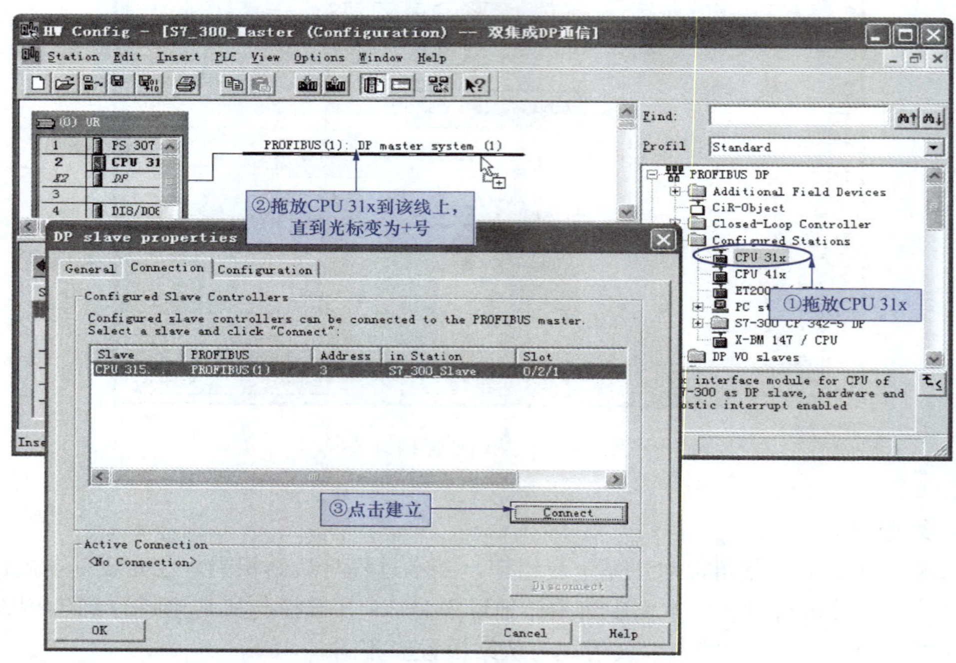

图 14-27　连接 DP 从站

五、编辑通信接口区

连接完成后，单击 Configuration 选项卡，设置主站的通信接口区：从站的输出区与主站的输入区相对应，从站的输入区与主站的输出区相对应，如图 14-28 所示。本例中分别设置一个 Input 和一个 Output，长度均为 4 个字节。其中，主站的输出区 QB10～QB13 与从站的输入区 IB20～IB23 相对应；主站的输入区 IB10～IB13 与从站的输出区 QB20～QB23 相对应，如图 14-29 所示。

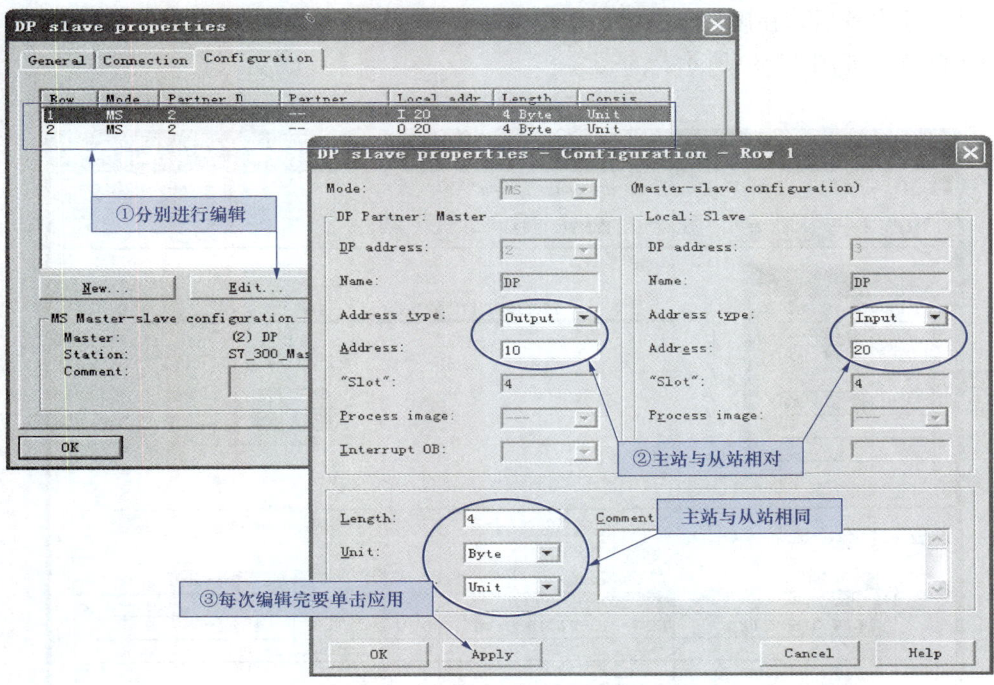

图 14-28 编辑通信接口区

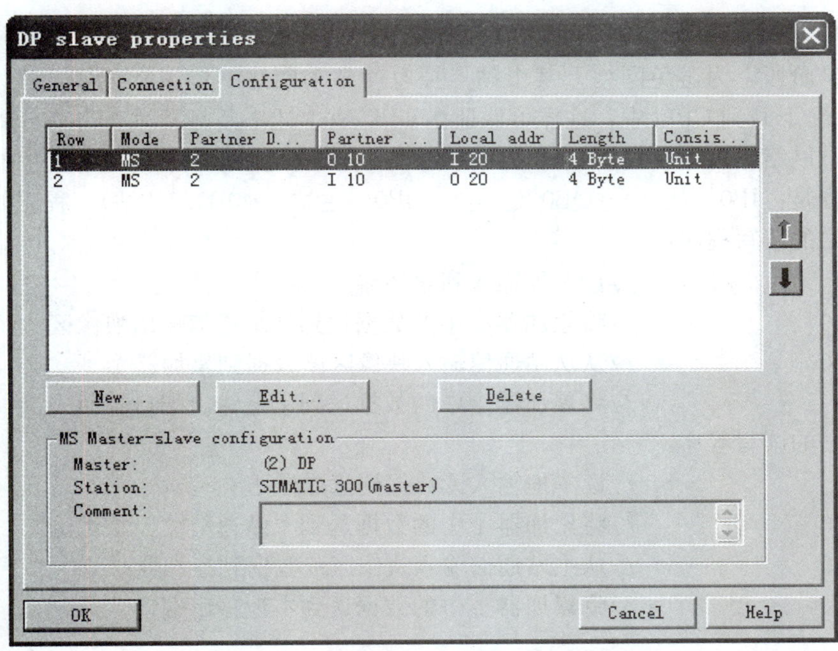

图 14-29 通信数据区

确认上述设置后，在硬件组态窗口中，单击按钮编译并存盘，编译无误后即完成主从通信组态配置，如图 14-30 所示。

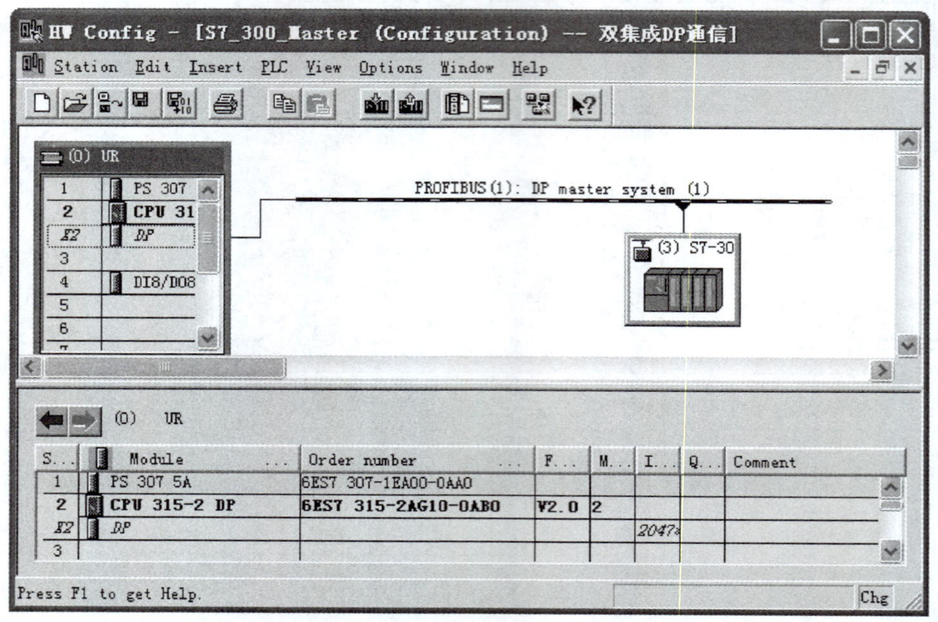

图 14-30　完成网络组态

六、编程

编程调试阶段，为避免网络上某个站点掉电使整个网络不能正常工作，建议将 OB82、OB86、OB122 下载到 CPU 中，这样可保证在 CPU 有上述中断触发时，CPU 仍能运行。

为了调试网络，可以在主站和从站的 OB1 中分别编写读和写的程序。从对方读取数据。控制操作过程是：IB0（从站）→QB0（主站）；IB0（主站）→QB0（从站）。程序如下所示。

（1）从站的读写程序：

```
L  IB0          //读本地输入到累加器 1
T  QB20         //将累加器 1 中的数据送到从站通信输出映像区
L  IB20         //从从站通信输入映像区读数据到累加器 1
T  QB0          //将累加器 1 中的数据送到本地输出端口
```

（2）主站的读写程序：

```
L  IB0          //读本地输入读数据到累加器 1
T  QB10         //将累加器 1 中的数据送到主站通信输出映像区
L  IB10         //从主站通信输入映像区读数据到累加器 1
T  QB0          //将累加器 1 中的数据送到本地输出端口
```

第五节　CPU31x-2DP 通过 DP 接口连接远程 I/O 站

ET200 系列是远程 I/O 站，ET 200B 自带 I/O 点，适合在远程站点 I/O 点数不太多的情况下使用；ET 200M需要由接口模块通过机架组态标准I/O模块，适合在远程站点I/O点数较多的情况下使用。

下面举例介绍如何配置远程I/O，建立远程I/O与CPU31x-2DP的连接。所介绍的方法同样适用于CPU41x-2DP与远程I/O站的通信连接。

一、PROFIBUS-DP系统结构

PROFIBUS-DP系统由一个主站、一个远程I/O从站和一个远程现场模块从站构成。系统结构图如图14-31所示。

（1）DP主站：选择一个集成DP接口的CPU315-2DP、一个数字量输入模块DI32×DC 24V/0.5A、一个数字量输出模块DO32×DC 24V/0.5A、一个模拟量输入/输出模块AI4/AO4×14/12Bit。

（2）远程现场从站：选择一个B-8DI/8DO DP数字量输入/输出ET200B模块。

（3）远程I/O从站：选择一个ET 200M接口模块IM 153-2、一个数字量输入/输出模块DI8/DO8×24V/0.5A、一个模拟量输入/输出模块AI2×12bit、AO2×12bit。

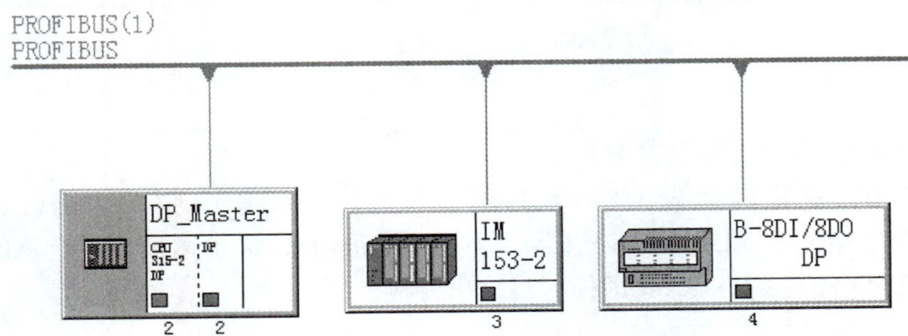

图14-31 PROFIBUS-DP系统结构

二、组态DP主站

1. 新建S7项目

启动STEP 7，创建S7项目，并命名为“DP _ ET200”。

2. 插入S7-300工作站

在项目内插入S7-300工作站，并命名为“DP _ Master”。

3. 硬件组态

进入硬件配置窗口，按硬件安装次序依次插入机架Rail、电源PS 307 5A、CPU315-2DP、DI32×DC 24V/0.5A、DO32×DC 24V/0.5A、AI4/AO4×14/12Bit等。

4. 设置PROFIBUS

插入CPU315-2DP的同时会弹出PROFIBUS组态界面，组态PROFIBUS站地址，本例设为2。然后新建PROFIBUS子网，保持默认名称PROFIBUS（1）。切换到“Network Settings”标签，设置波特率和行规，本例波特率设为1.5Mbit/s，行规选择DP。

单击OK按钮，返回硬件组态窗口，并将已组态完成的DP主站显示在上面的视窗中，如图14-32所示。

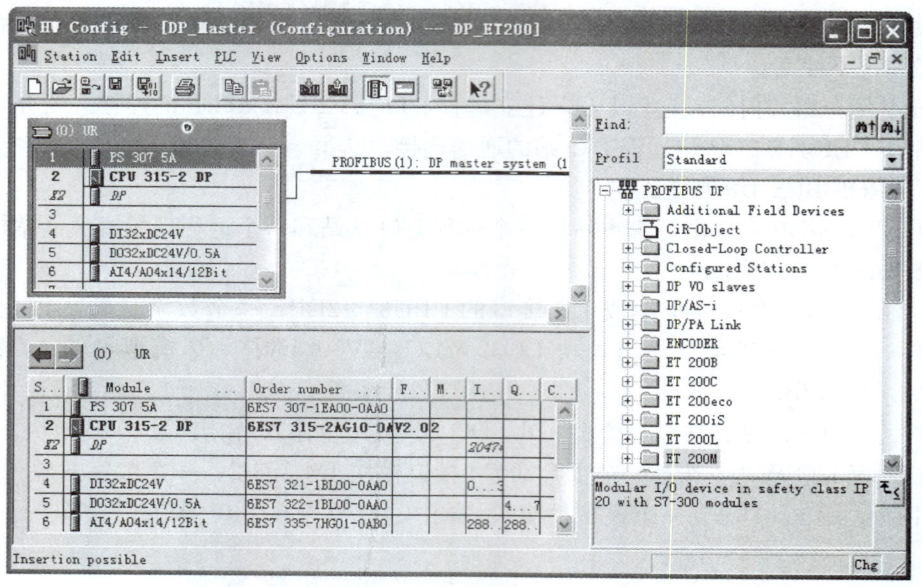

图 14-32　DP 主站系统

三、组态远程 I/O 从站 ET200M

ET200M 是模块化的远程 I/O，可以组态机架，并配置标准 I/O 模板。本例将在 ET200M 机架上组态一个 DI8/DO8×24V/0.5A 数字量输入/输出模板、一个 AI2×12bit 模拟量输入模板和一个 AO2×12bit 的模拟量输出模板。

1. 组态 ET 200M 的接口模块 IM 153-2

在硬件配置窗口内，打开硬件目录，从“PROFIBUS-DP”子目录下找到“ET 200M”子目录，选择接口模块 IM 153-2，并将其拖放到“PROFIBUS (1)：DP master system”线上，鼠标变为+号后释放，自动弹出 IM 153-2 属性窗口。

IM 153-2 硬件模块上有一个拨码开关，可设定硬件站点地址，在属性窗口内所定义的站点地址必须与 IM 153-2 模块上所设定的硬件站点地址相同，本例将站点地址设为 3。其他保持默认值，即波特率为 1.5Mbit/s，行规选择 DP。完成后的 PROFIBUS 系统如图 14-33 所示。

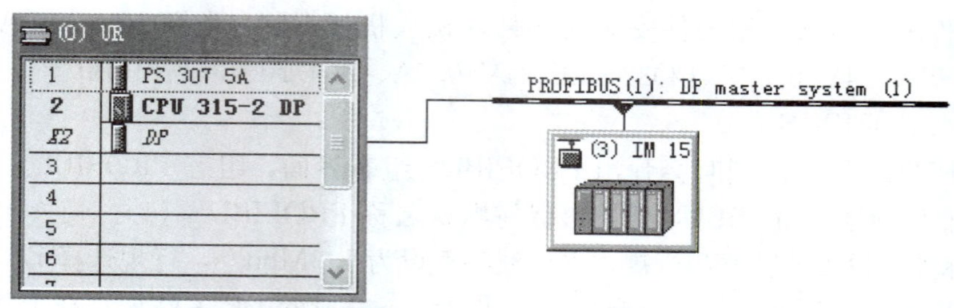

图 14-33　PROFIBUS 系统图

2. 组态 ET 200M 上的 I/O 模块

在 PROFIBUS 系统图上单击 IM 153-2 图标，在下面的视窗中显示 IM 153-2 机架。然后按照与中央机架完全相同的组态方法，从第 4 个插槽开始，依次将接口模块 IM 153-2 目录下的 DI8/DO8×24V/0.5A、AI2×12Bit 和 AO2×12Bit 插入 IM 153-2 的机架，如图 14-34 所示。

远程 I/O 站点的 I/O 地址区不能与主站及其他远程 I/O 站的地址重叠，组态时系统会自动分配 I/O 地址。如果需要，在 IM 153-2 机架插槽内，双击 I/O 模块可以更改模块地址，本例保持默认值。单击“编译与保存”按钮，编译并保存组态数据。

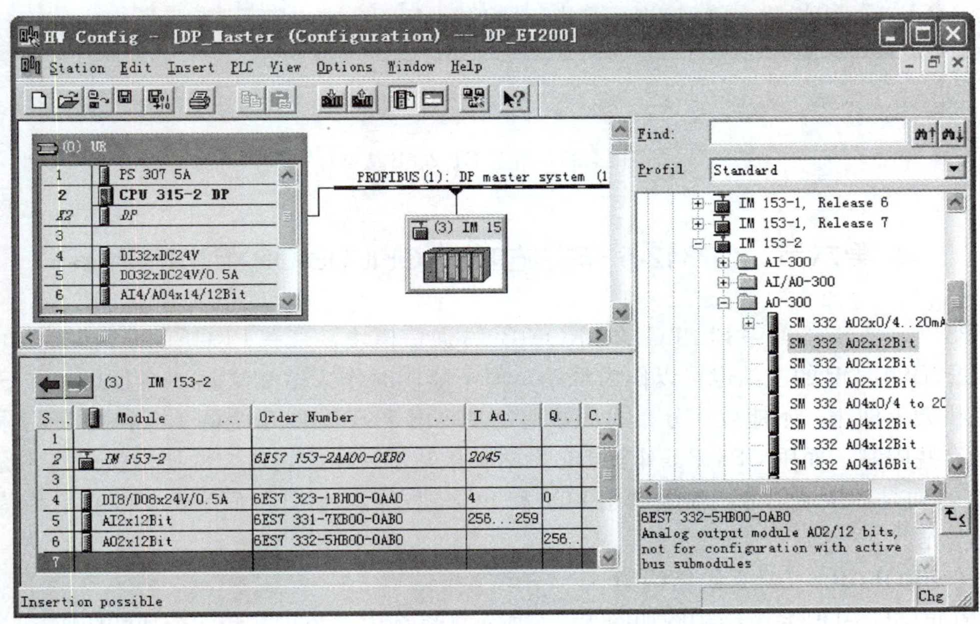

图 14-34 组态 ET200M 从站

四、组态远程现场模块 ET200B

ET200B 为远程现场模块，有多种标准型号。本例组态一个 B-8DI/8DO DP 数字量输入/输出 ET200B 模块。

在硬件组态窗口内，打开硬件目录，从“PROFIBUS-DP”子目录下找到“ET 200B”子目录，选择 B-8DI/8DO DP，并将其拖放到“PROFIBUS (1)：DP master system”线上，鼠标变为＋号后释放，自动弹出的 B-8DI/8DO DP 属性窗口。设置 PROFIBUS 站点地址为 4，波特率为 1.5Mbit/s，行规选择 DP。完成后的 PROFIBUS 系统如图 14-35 所示。

组态完成后单击“编译与保存”按钮，编译并保存组态数据。

若有更多的从站（包括智能从站），可以在 PROFIBUS 系统上继续添加，所能支持的从站个数与 CPU 类型有关。

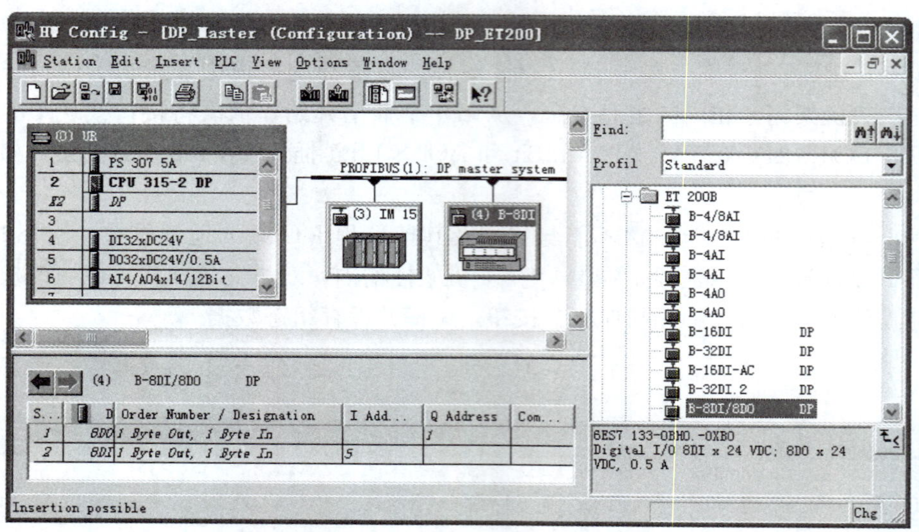

图 14-35 组态 ET 200B 从站

第六节 CP342-5 作主站的 PROFIBUS-DP 组态应用

CP342-5 是 S7-300 系列 PLC 的 PROFIBUS 通信模块，带有 PROFIBUS 接口，可以作为 PROFIBUS-DP 的主站也可以作为从站，但不能同时作主站和从站，而且只能在 S7-300 的中央机架上使用，不能放在分布式从站上使用。由于 S7-300 系统的 I 区和 Q 区有限，通信时会有些限制。而用 CP342-5 作为 DP 主站和从站不一样，它对应的通信接口区不是 I 区和 Q 区，而是虚拟通信区，需要调用 FC1 和 FC2 建立接口区，下面举例 CP342-5 作为主站的使用方法。

一、PROFIBUS-DP 系统结构图

PROFIBUS-DP 系统结构图如图 14-36 所示。系统由一个主站和一个从站构成。

（1）DP 主站：CP342-5 和 CPU315-2DP。

（2）DP 从站：选用 ET 200M。

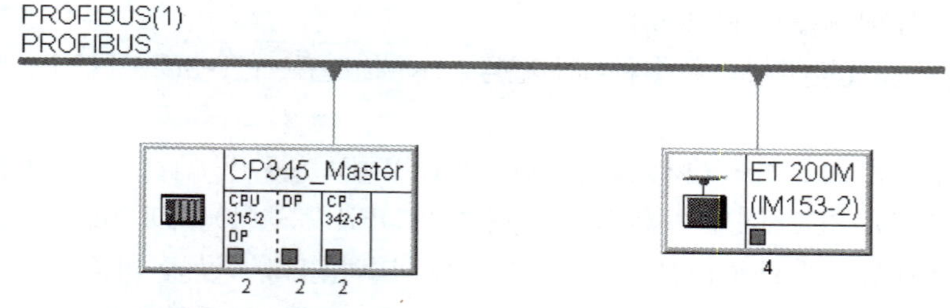

图 14-36 PROFIBUS-DP 系统结构

二、组态 DP 主站

1. 新建 S7 项目

启动 STEP 7，创建 S7 项目，并命名为“CP342-5 主站”。

2. 插入 S7-300 工作站

插入 S7-300 工作站，并命名为“CP345 _ Master”。

3. 硬件组态

进入硬件配置窗口。按硬件安装次序依次插入机架 Rail、电源 PS307 5A、CPU315-2DP、CP342-5 等。

插入 CPU315-2DP 的同时弹出 PROFIBUS 组态界面，可组态 PROFIBUS 站地址。由于本例将 CP342-5 作为 DP 主站，所以对 CPU315-2DP 不需做任何修改，直接单击 OK 按钮即可。

4. 设置 PROFIBUS 属性

插入 CP342-5 的同时也会弹出 PROFIBUS 组态界面，本例将 CP342-5 作为主站，可将 DP 站点地址设为 2（默认值），然后新建 PROFIBUS 子网，保持默认名称 PROFIBUS（1）。切换到“Network Settings”标签，设置波特率和行规，本例波特率设为 1.5Mbit/s，行规选择 DP。单击 OK 按钮，返回硬件组态窗口。

在机架上双击 CP342-5，弹出 CP342-5 属性对话框中，切换到“Operating Mode”标签，选择“DP master”模式，如图 14-37 所示，其他保持默认值。单击 OK 按钮，完成 DP 主站的组态，返回硬件组态窗口，如图 14-38 所示。

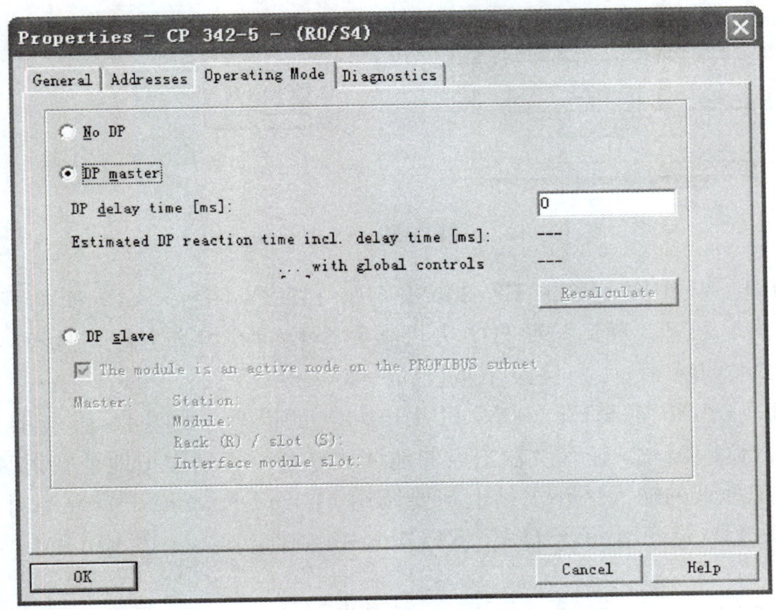

图 14-37 将 CP342-5 设置为 DP 主站

三、组态 DP 从站

在硬件配置窗口内，打开硬件目录，打开“PROFIBUS-DP”→“DP V0 Slaves”→“ET 200M”子目录，选择接口模块 ET 200M（IM 153-2），并将其拖放到“PROFIBUS（1）：DP master system”线上，鼠标变为+号后释放，自动弹出的 IM 153-2 属性窗口。选择 DP 站点地址为 4，其他保持默认值。单击 OK 按钮，返回硬件组态窗口。完成后的 PROFIBUS 系统如图 14-39 所示。

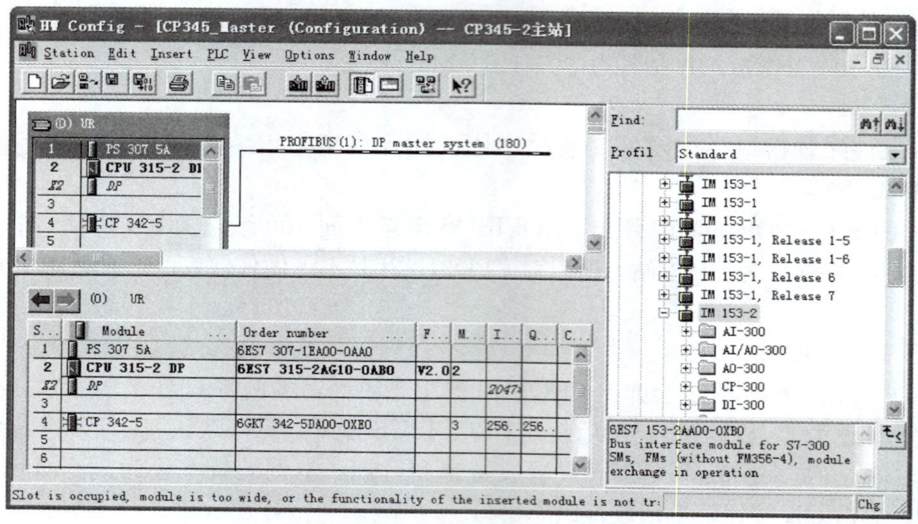

图 14-38　完成 DP 主站组态

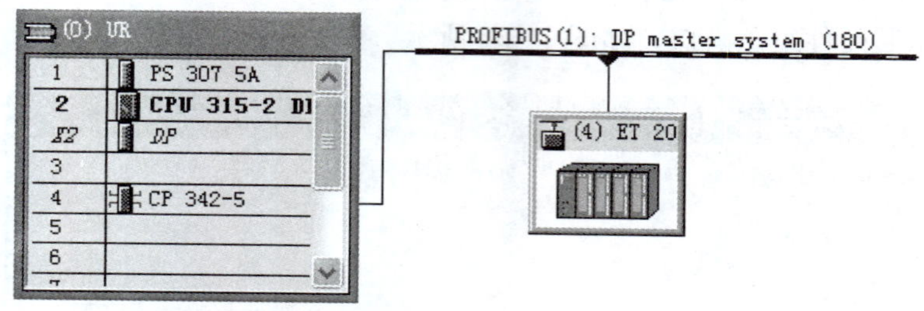

图 14-39　PROFIBUS-DP 系统结构

在 PROFIBUS 系统图上单击 ET 200M（IM 153-2）图标，在下面的视窗中显示 ET 200M（IM 153-2）机架。然后按照与中央机架完全相同的组态方法，从第 4 个插槽开始，依次将 ET 200M（IM 153-2）目录下的 16DI 模块 6ES7 321-1BH01-0AA0 和 16DO 模块 6ES7 322-1BH01-0AA0 插入 ET 200M（IM 153-2）的机架，如图 14-40 所示。

ET 200M（IM 153-2）输入及输出点的地址从 0 开始，是虚拟地址映射区，而不占用 I 区和 Q 区，虚拟地址的输入区在主站上与要调用 FC1（DP _ SEND）一一对应，虚拟地址的输出区在主站上与要调用 FC2（DP _ RECV）一一对应。

四、编程

在 OB1 中调用 FC1 和 FC2，FC1 和 FC2 在元件目录的 Libraries→SIMATIC _ NET _ CP→CP 300 子目录内，具体程序如图 14-41 所示。FC1 和 FC2 各参数含义如下：

（1）CPLADDR，CP342-5 的地址。

（2）SEND，发送区，对应从站的输出区。

（3）RECV，接收区，对应从站的输入区。

（4）DONE，发送完成一次产生一个脉冲。

（5）NDR，接收完成一次产生一个脉冲。

（6）ERROR，错误位。

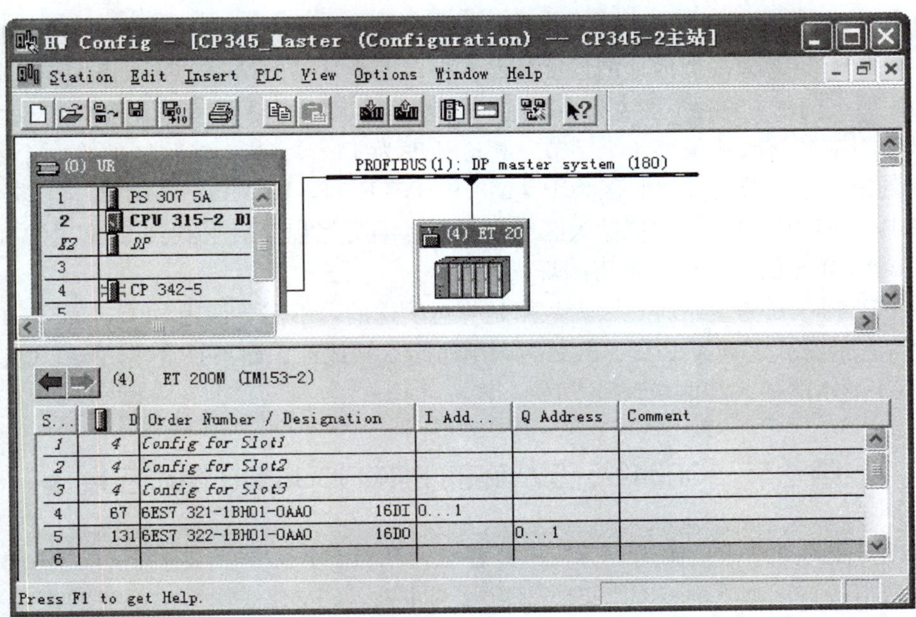

图 14-40　ET200M 机架组态

(7) STATUS，调用 FC1、FC2 时产生的状态字。

(8) DPSTATUS，PROFIBUS-DP 的状态字节。

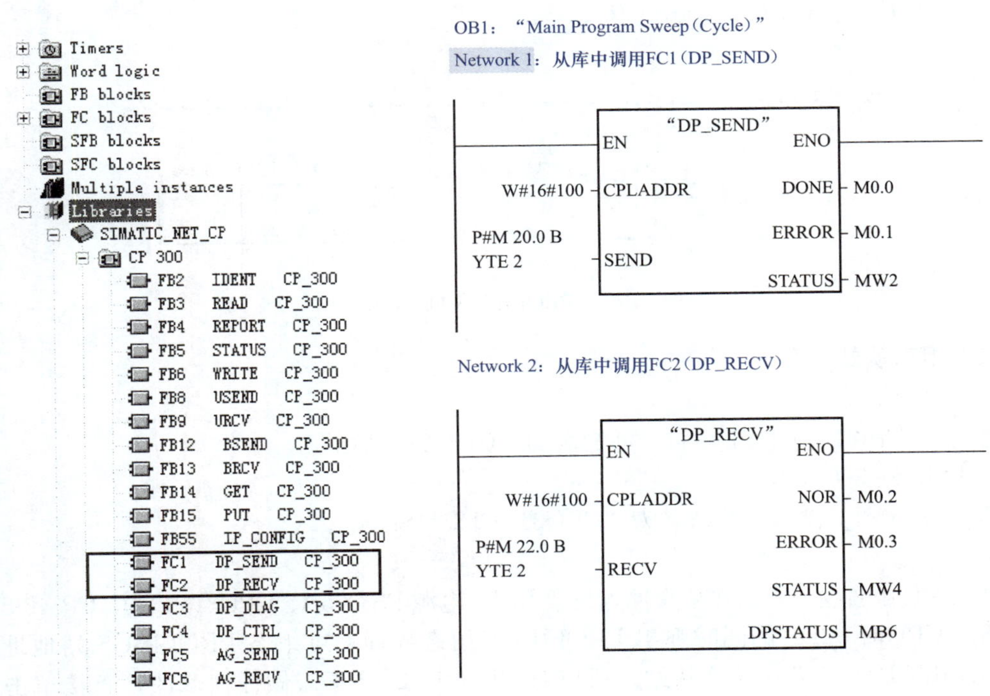

图 14-41　调用 FC1 和 FC2 的程序

通过读写程序可知，MB20、MB21 对应从站输出的第一个字节和第二个字节，MB22、

MB23 对应从站输入的第一个字节和第二个字节。连接多个从站时，虚拟地址将向后延续，调用 FC1、FC2 只考虑虚拟地址的长度，而不考虑各个从站的站号。如果虚拟地址的开始地址不为 0，那么调用 FC 的长度也将会增加。假设虚拟地址的输入区开始为 4，长度为 10 个字节，那么对应的接收区偏移 4 个字节，相应长度为 14 个字节，接收区的第 5 个字节对应从站输入的第一个字节，如接收区为 P＃M0.0 BYTE 14，即 MB0～MB13，偏移 4 个字节后，即 MB4～MB13 与从站虚拟输入区一一对应。编写完程序后下载到 CPU 中，通信区建立后，PROFIBUS 的状态灯将不再闪烁。

使用 CP342-5 作为主站时，因为数据是打包发送的，不需要调用 SFC14、SFC15，由于 CP342-5 寻址的方式是通过 FC1、FC2 的调用访问从站地址，而不是直接访问 I/Q 区，所以在 ET200M 上不能插入智能模块。

第七节 CP342-5 作从站的 PROFIBUS-DP 组态应用

CP342-5 作为主站需要调用 FC1、FC2 建立通信接口区，作为从站同样需要调用 FC1、FC2 建立通信接口区，下面以 CPU315-2DP 作为主站，CP342-5 作为从站举例说明 CP342-5 作为从站的应用。主站发送 32 个字节给从站，同样从站发送 32 个字节给主站。

一、PROFIBUS-DP 系统结构

PROFIBUS-DP 系统由一个 DP 主站和一个 DP 从站构成，系统结构如图 14-42 所示。

(1) DP 主站：CPU315-2DP；

(2) DP 从站：选用 S7-300，CP342-5。

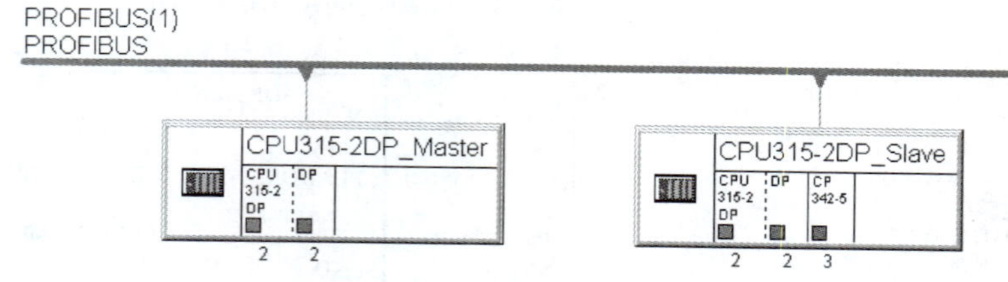

图 14-42 PROFIBUS-DP 系统结构

二、组态从站

1. 新建 S7 项目

启动 STEP 7，创建 S7 项目，并命名为“CP342-5 从站”。

2. 插入 S7-300 工作站

插入 S7-300 工作站，并命名为“CPU315-2DP _ Slave”。

3. 硬件组态

进入硬件配置窗口，次序依次插入机架 Rail、电源 PS3075A、CPU315-2DP、CP342-5 等。

插入 CPU315-2DP 的同时弹出 PROFIBUS 组态界面，可组态 PROFIBUS 站地址。由于本例使用 CP342-5 作为 DP 从站，所以对 CPU315-2DP 不需做任何修改，直接单击保存按钮。

4. 设置 PROFIBUS 属性

插入 CP342-5 的同时也会弹出 PROFIBUS 组态界面，本例将 CP342-5 作为从站，可将

DP站点地址设为3，然后新建PROFIBUS子网，保持默认名称PROFIBUS（1）。切换到“Network Settings”标签，设置波特率设为1.5Mbit/s，行规选择DP。

在机架上双击CP342-5，弹出CP342-5属性对话框中，切换到“Operating Mode”标签，选择“DP Slave”模式，如图14-43所示，其他保持默认值。

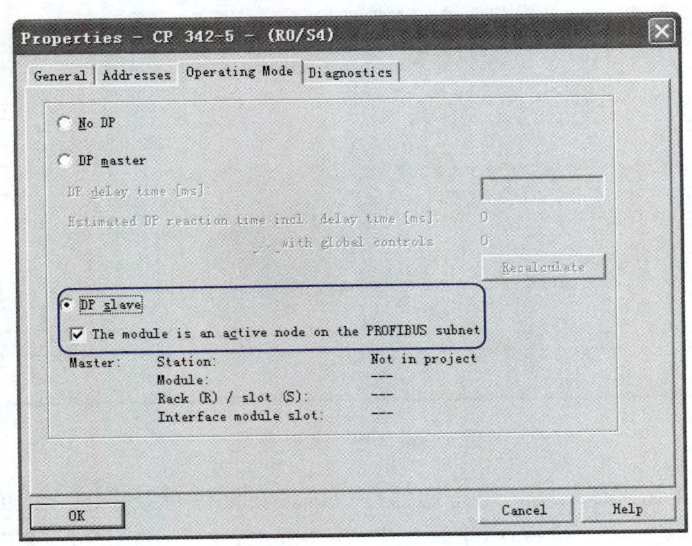

图14-43 设置DP从站模式

如果激活DP Slave项目下的选择框，表示CP342-5作从站的同时，还支持编程功能和S7协议。单击OK按钮，完成DP从站的组态，返回硬件组态窗口。组态完成后编译存盘并下载到CPU中。

三、组态主站

1. 插入S7-300工作站

插入S7-300工作站，并命名为“CPU315-2DP _ Master”。

2. 硬件组态

进入硬件配置窗口。单击图标打开硬件目录，按硬件安装次序依次插入机架Rail、电源PS307 5A、CPU315-2DP等。

3. 设置PROFIBUS属性

插入CPU315-2DP的同时弹出PROFIBUS组态界面，组态PROFIBUS站地址，本例设为2。新建PROFIBUS子网，保持默认名称PROFIBUS（1）。切换到“Network Settings”标签，设置波特率设为1.5Mbit/s，行规选择DP。

单击OK按钮，返回硬件组态窗口，并将已组态完成的DP主站显示在的视窗中。

四、建立通信接口区

在硬件目录中的“PROFIBUS DP”→“Configured Stations”→“S7-300 CP342-5”子目录内选择与从站内CP342-5订货号及版本号相同的CP342-5（本例选择“6GK7 342-5DA02-0XE0”→“V5.0”），然后拖到“PROFIBUS（1）：DP master system”线上，鼠标变为+号后释放，刚才已经组态完的从站出现在弹出的列表中。如图14-44所示，单击“连接”按钮，将从站连接到主站的PROFIBUS系统上。

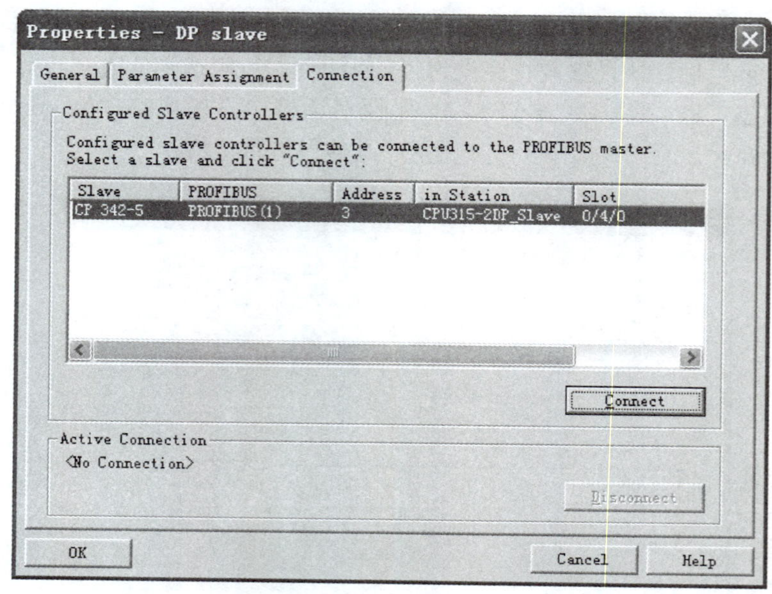

图 14-44　建立主从连接

连接完成后，单击 DP 从站，组态通信接口区，在硬件目录中的“PROFIBUS DP”→“Configured Stations”→“S7-300 CP342-5”→“6GK7 342-5DA02-0XE0”→“V5.0”子目录内选择插入 32 个字节的输入和 32 个字节的输出，如果选择“Total”，主站 CPU 要调用 SFC14，SFC15 对数据包进行处理，本例中选择按字节通信，在主站中不需要对通信进行编程。组态如图 14-45 所示。

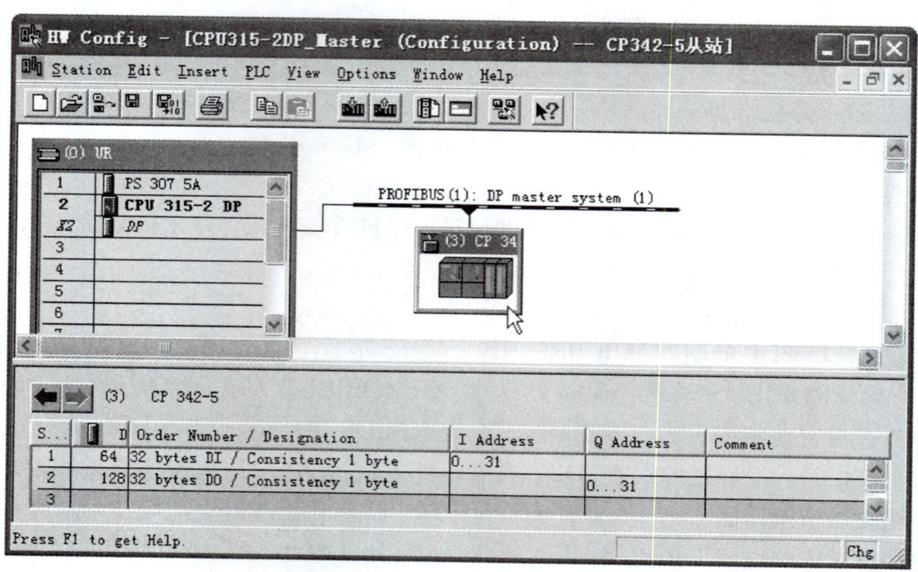

图 14-45　组态数据通读接口区

组态完成后编译存盘下载到 CPU 中，对可以连接到 PROFIBUS 网络上同时对主站和从站编程。主站发送到从站的数据区为 QB0～QB31，主站接收从站的数据区为 IB0～IB31，从站需要调用FC1、FC2建立通信区。

五、从站编程

如图14-46所示，在SIMATIC管理器窗口内打开从站，双击“OB1”图标，打开程序编辑器对OB1进行编程。

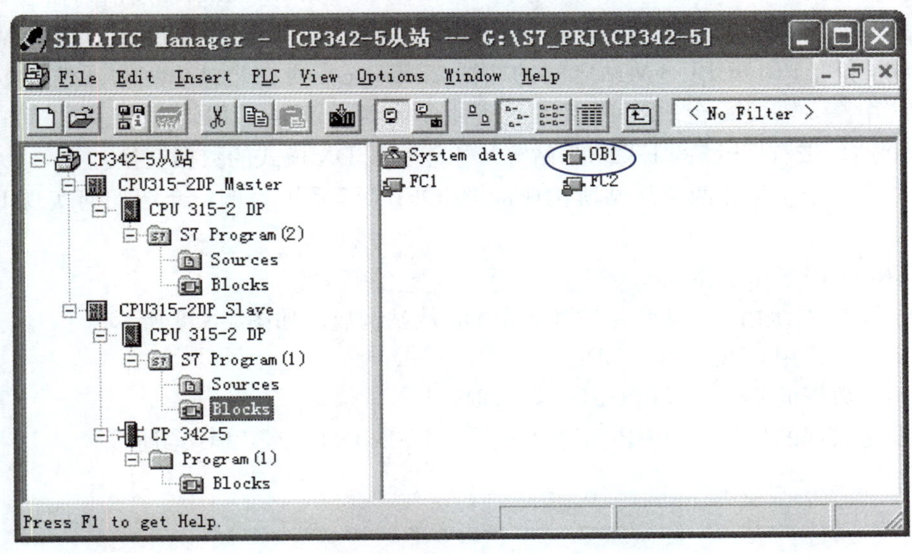

图14-46 打开从站OB1

在编程元素目录内选择Libraries→SIMATIC _ NET _ CP→CP300子目录，找到FC1和FC2，并在OB1中调用FC1和FC2，读写程序如图14-47所示。

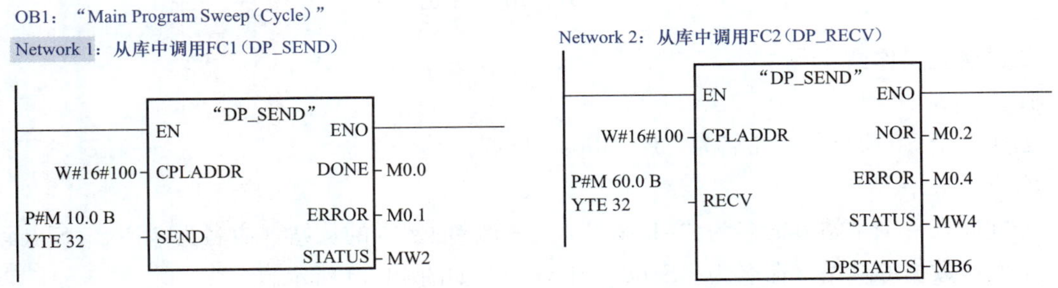

图14-47 从站读写程序

编译存盘并下载到CPU中，这样通信接口区就建立起来了，通信接口区对应关系如表14-3所示。

表14-3 通信接口区对应关系表

主站CPU315-2DP	从站CP342-5
QB0～QB31	MB60～MB91
IB0～IB31	MB10～MB41

第八节　PROFIBUS-DP 从站之间的 DX 方式通信

PROFIBUS-DP 通信是一个主站依次轮询从站的通信方式，该方式称为 MS（Master-Slave）模式。基于 PROFIBUS-DP 协议的 DX（Direct data exchange）通信，在主站轮询从站时，从站除了将数据发送给主站，同时还将数据发送给已经组态的其他 DP 从站。通过 DX 方式可以实现 PROFIBUS 从站之间的数据交换，无需再在主站中编写通信和数据转移程序。系统中至少需要一台 PROFIBUS-1 类主站和两台 PROFIBUS 智能从站（如 S7-300 站、S7-400 站、带有 CPU 的 ET200S 站等）才能实现 DX 模式的数据交换。

下面以由一个主站和两个从站所构成的 PROFIBUS 系统为例，介绍如何实现 DX 通信的过程。

一、PROFIBUS 系统结构

PROFIBUS 系统由 1 个 DP 主站和 2 个 DP 从站构成，如图 14-48 所示。

（1）主站：采用 CPU314C-2DP；

（2）接收数据的从站：采用 CPU315-2DP；

（3）发送数据的从站：由 CPU315-2DP、8DI/8DO×DC24V 模块组成。

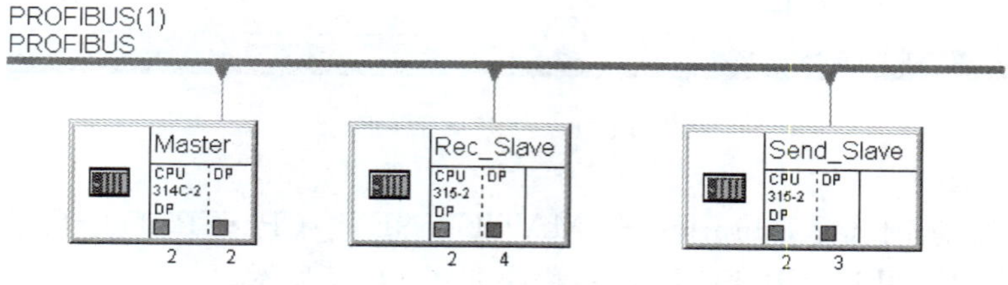

图 14-48　PROFIBUS 系统结构

二、建立工作站

1. 新建项目

创建一个 S7 项目，并命名为“Profibus _ DX”。

2. 插入工作站

分别插入一个主站（命名为“Master”）、一个接收数据的从站（命名为“Rec _ Slave”）和一个发送数据的从站（命名为“Send _ Slave”），如图 14-49 所示。

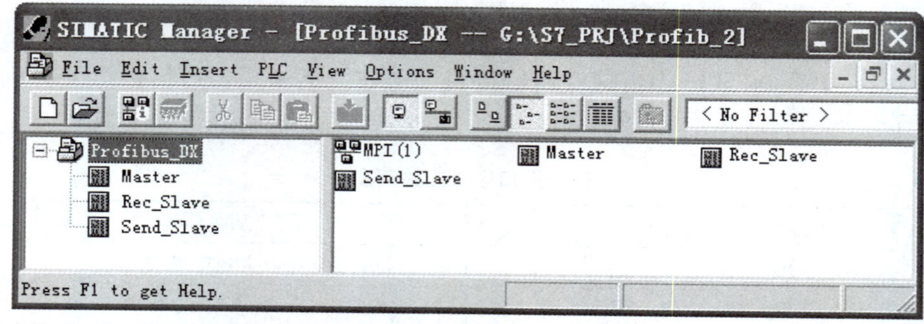

图 14-49　建立一个主站和两个从站

3. 组态发送数据的从站

单击从站 Send _ Slave，进入硬件配置窗口。按硬件安装次序插入机架 Rail、电源 PS307 5A、CPU315-2DP（6ES7315-2AG10-0AB0）、8DI/DO×DC 24V（6ES7 323-1BH01-0AA0）等。

如图 14-50 所示，插入 CPU 时会同时弹出 PROFIBUS 接口组态窗口。单击 New 按钮组态网络属性，选择 Network Setting 选项卡进行网络参数设置，波特率设为 1.5Mbit/s，行规设为 DP。最后单击 OK 按钮确认。

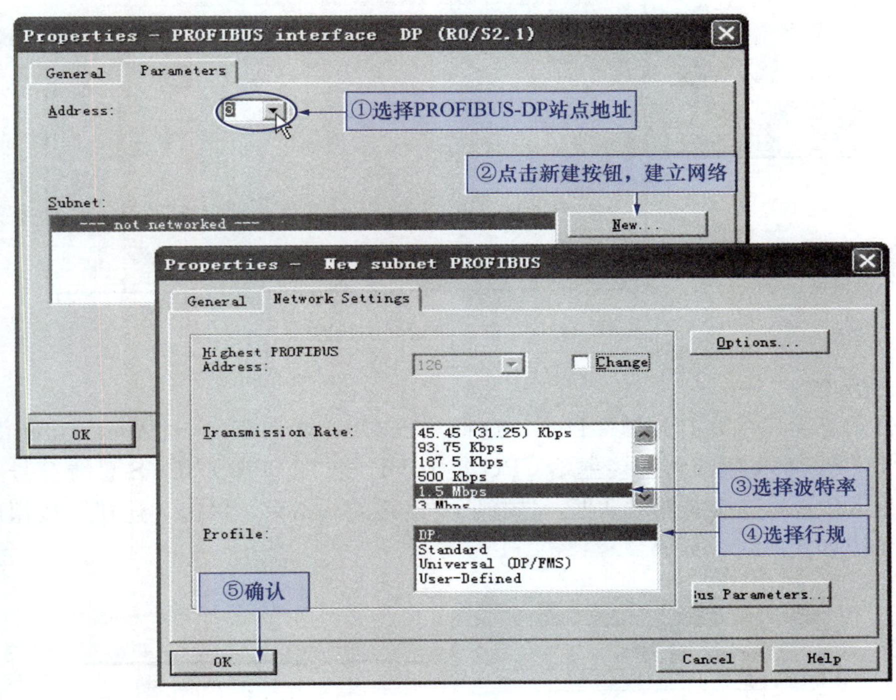

图 14-50 组态从站网络属性

选中新建立的 PROFIBUS 网络，然后单击 Properties 按钮进行 DP 属性对话框，选择 Operating Mode 选项卡，激活 DP slave 操作模式。

在 DP 属性设置对话框中，选择 Configuration 选项卡，打开 I/O 通信接口区属性设置窗口，单击 New 按钮新建数据交换映射区，选择 Input 和 Output 区，设定地址和通信字节长度，数据一致性设置为 ALL。

本例在发送数据的从站（3 号从站）中以 MS 模式建立两个数据区：IB100～IB107、QB100～QB107，每个数据区的长度均为 8 个字节，如图 14-51 所示。

4. 组态 DP 主站

按照上述方法组态主站：CPU 选用 CPU314C-2DP，将 PROFIBUS 地址设为 2，波特率设为 1.5Mbit/s，行规设为 DP。在 DP 属性设置对话框中，切换到 Operating Mode 选项卡，选择 DP Master 操作模式。

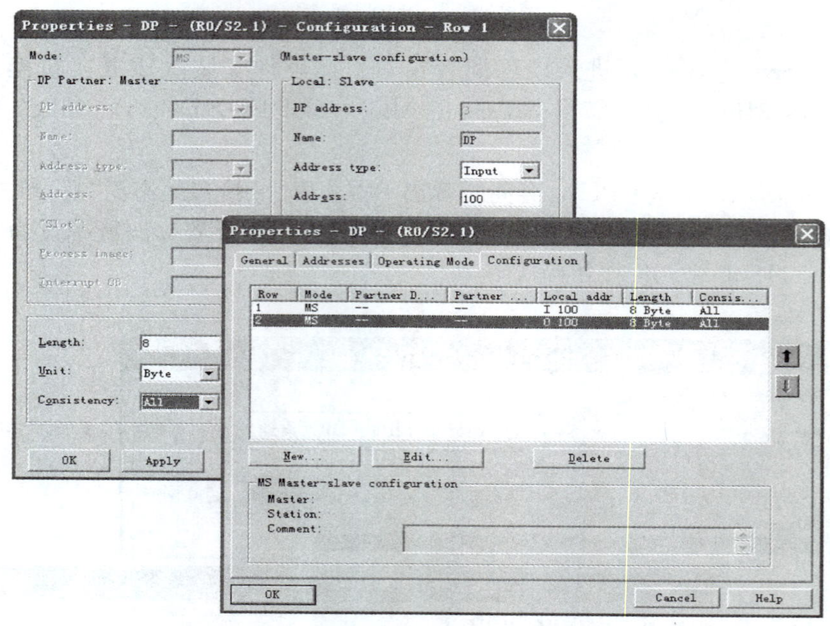

图 14-51　创建数据交换映射区

5. 连接从站

在硬件组态窗口中，打开硬件目录，选择“PROFIBUS DP”→“Configured Stations”子目录，将 CPU 31x 拖拽到连接主站 CPU 集成 DP 接口的 PROFIBUS 总线符号上，这时会同时弹出 DP 从站连接属性对话框，选择所要连接的从站后，单击“连接”按钮确认。连接以后的系统如图 14-52 所示。

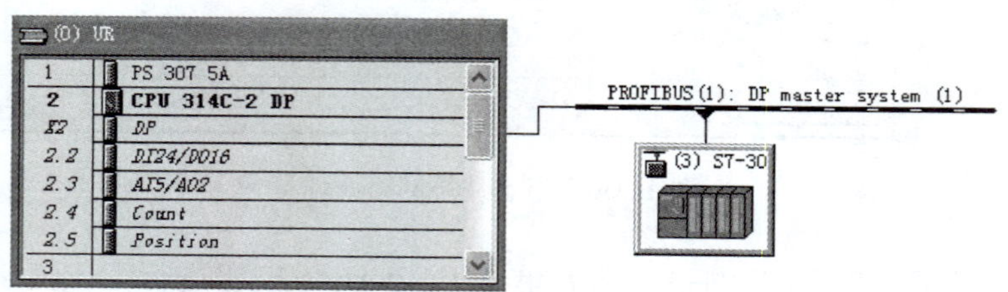

图 14-52　连接发送数据的从站

连接完成后，单击“Configuration”标签，设置主站的通信接口区：从站的输出区与主站的输入区相对应，从站的输入区同主站的输出区相对应。如图 14-53 所示，注意将数据通信的一致性设置为 ALL。

本例在 DP 主站中配置了 2 个数据区，与发送数据的从站数据区之间的对应关系如表 14-4 所示。

表 14-4　　发送数据的从站数据区之间的对应关系表

	DP 主站（2 号）	发送数据的从站（3 号）
MS 模式	IB100～IB107	QB100～QB107
MS 模式	QB100～QB107	IB100～IB107

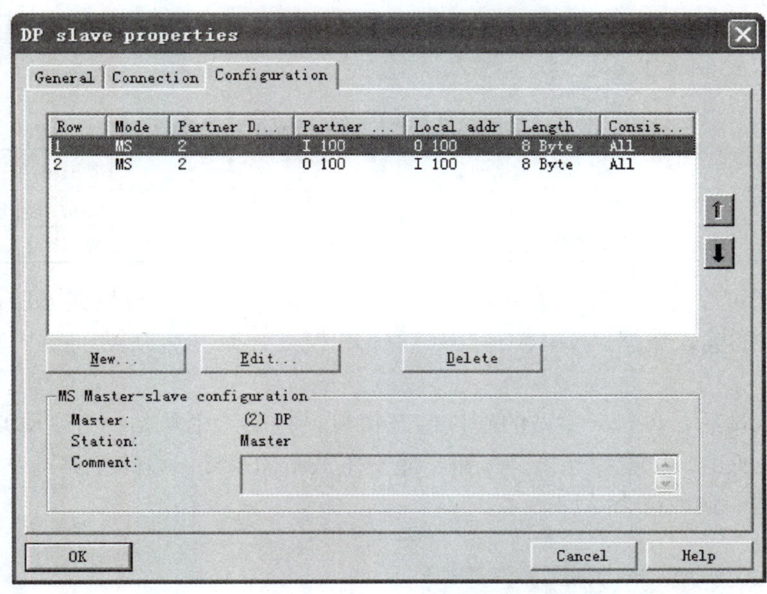

图 14-53 主从数据交换区配置

6. 组态接收数据的从站

按照与发送数据的从站（3 号从站）相同方法，配置组态接收数据的从站（4 号从站）。

在插入该从站 CPU 时创建 PROFIBUS 网络，注意将 PROFIBUS 地址设为 4，波特率设为 1.5Mbit/s，行规设为 DP。并在 Configuration 页面中新建两个数据交换区，分别设置为 MS（主-从）模式和 DX（直接交换）模式。如图 14-54 所示。设定 DX 模式下的通信交换区时，需要设定发送数据从站的站地址，本例为 3。

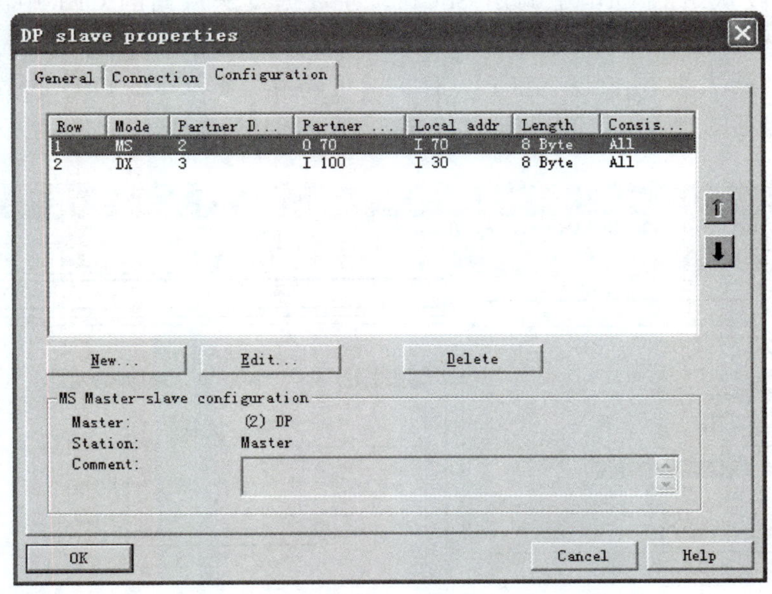

图 14-54 建立 MS 和 DX 数据区

本例在接收数据的从站中配置了 2 个数据区，分别与发送数据的从站和 DP 主站建立的数据交换关系如表 14-5 所示。

表 14-5　　发送数据的从站和 DP 主站的数据关系表

	接收数据的从站（4 号）	DP 主站（2 号）
MS 模式	IB70～IB77	QB70～QB77
DX 模式	接收数据的从站（4 号）IB30～IB37	发送数据的从站（3 号）QB100～QB107

对比数据区可以发现：发送数据的从站（4 号从站），其输出数据区 QB100～QB107 同时对应 DP 主站的输入数据区 IB100～IB107（MS 模式）及 3 号从站的输入数据区 IB30～IB37（DX 模式）。

组态完该从站后，再打开主站的硬件组态窗口，将第二个从站挂到 PROFIBUS 总线上去，如图 14-55 所示。单击"连接"按钮，建立主从站的链接。设定主站与从站的地址对应关系，并将数据一致性选为 ALL。

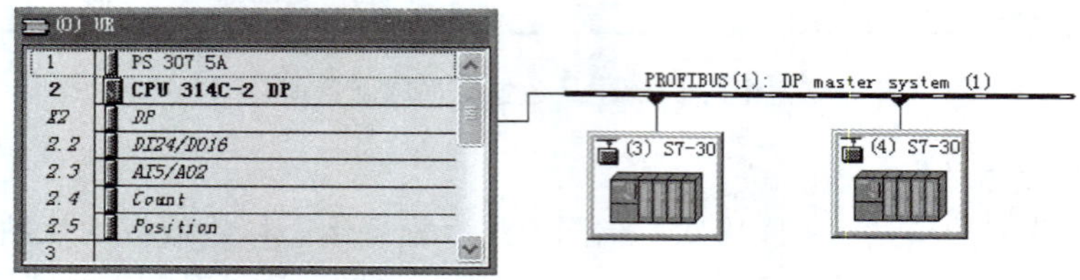

图 14-55　完成后的 PROFIBUS 网络系统

7. 编写读写程序

(1) 在接收从站的 OB1 中调用 SFC14。在数据发送从站的 OB1 中编写系统功能 SFC15，并插入发送数据区 DB1，接收程序如图 14-56 所示。调用 SFC15 可向标准 DP 从站写连续数据，最大数据长度与 CPU 有关。可将由 RECORD 指定的数据（本例为 DB1. DBX0. 0 开始的连续 8 个字节）连续传送到寻址的 DP 标准从站（本例为 4 号从站）中。

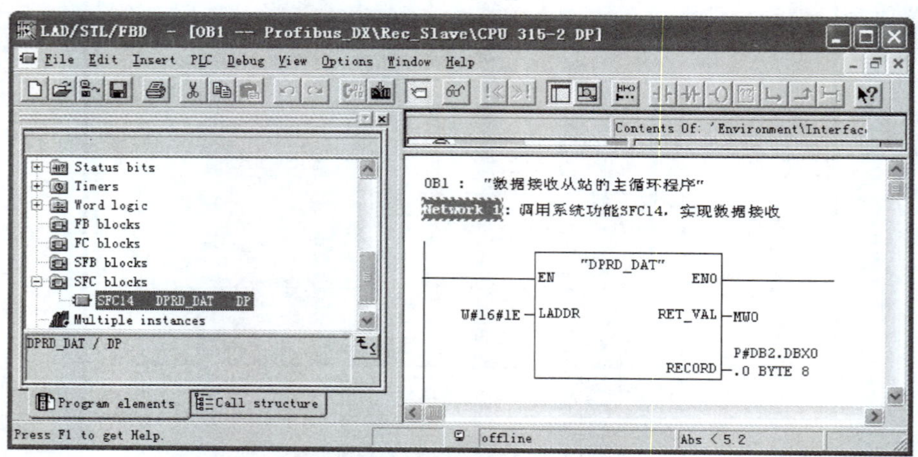

图 14-56　在接收从站的 OB1 中调用 SFC14

(2) 在发送从站的 OB1 中调用 SFC15。在数据接收从站的 OB1 中编写系统功能 SFC14 调用程序，插入接收数据区 DB2，发送程序如图 14-57 所示。调用 SFC14 可读取标准 DP 从站（本例为 3 号从站）的连续数据，最大数据长度与 CPU 有关，如果数据传送中没有出现错误，则直接将读到的数据写入由 RECORD 指定的目标数据区（本例为从 DB2. DBX0. 0 开始的连续 8 个字节）中。目标数据区的长度应与在 STEP7 中所配置的长度一致。

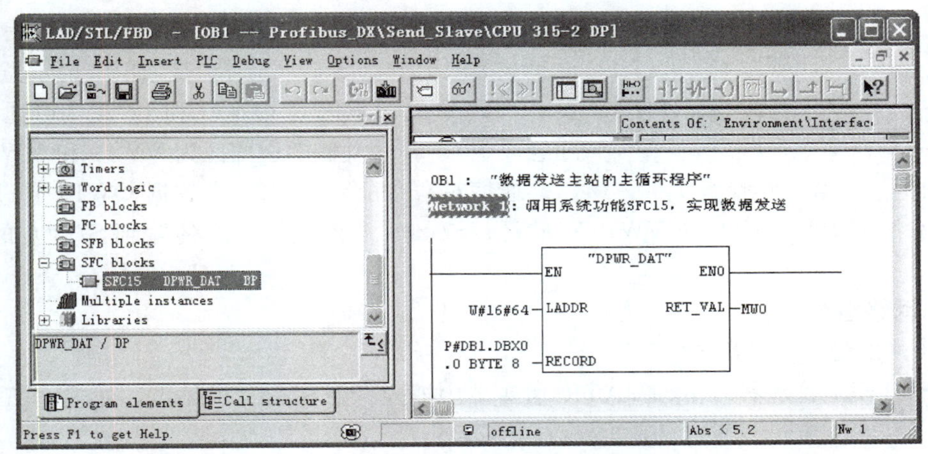

图 14-57 在发送从站的 OB1 中调用 SFC15

SFC14 和 SFC15 各参数的含义如下：

(1) LADDR。对应 MS、DX 模式下 Local Addr 中的地址值，采用十六进制格式，所以 W＃16＃64 对应十进制的 100，W＃16＃1E 对应十进制的 30。

(2) RET _ VAL。状态返回参数，采用字格式。

(3) RECORD。本地数据区，长度应与在 STEP7 中所配置的长度一致，并且只能采用 Byte 格式。

将编好的 OB1、SFC14、SFC15、DB1、DB2 分别下载到两个从站中，同时为了保证从站掉电不导致主站停机，向主站 CPU 中下载 OB1、OB82、OB86、OB122 等组织块。

第九节 CPU31x-2DP 与 S7-200 之间的 PROFIBUS-DP 主从通信

S7-300 PLC 在 PROFIBUS-DP 网络中可以组态成主站，也可以组态成从站。组态为从站时，S7-300 PLC 作为智能从站与主站通信。而 S7-200 PLC 只能作为 S7-300 PLC 的从站来配置，由于 S7-200 PLC 本身没有 DP 接口，只能通过 EM277 接口模块连接到 PROFIBUS -DP 网络上。

一、EM277

S7-300/400 系列 PLC（如 CPU313C-2DP）集成有 PROFIBUS-DP 接口，它们通过总线连接器可以很方便地连接到 DP 网络中。但 S7-200 系列 PLC 没有集成 DP 接口，它必须通过带有 DP 接口的模块连接到 DP 总线上，EM277 就是 S7-200 PLC 的 DP 接口连接模块。

EM277 模块的左上方有两个拨码开关，每个拨码开关可以设定为 0～9 中的一个数。其中一个拨码开关的数字×10，另一个数字×1，组合起来可构成一个 0～99 的数，这个数就是 EM277 在 PROFIBUS-DP 网络中的站地址。EM277 在通电情况下修改站地址后，必须断电，然后再上电才能使新设定的地址有效。进行硬件网络组态时设定的 EM277 站地址必须与拨码开关设定的地址一致。

二、通信区的设定

PROFIBUS-DP 网络都是通过硬件组态时预先设定的通信区实现数据交换的。这个数据区通常称为通信映射区，因为该通信区就通信双方来说是互为映射的。图 14-58 所示是通信映射示意图，假设 S7-300 侧的通信区为 QW10 和 IW10（可通过组态随意设定）；S7-200 侧的通信区为 VW10 和 VW12。

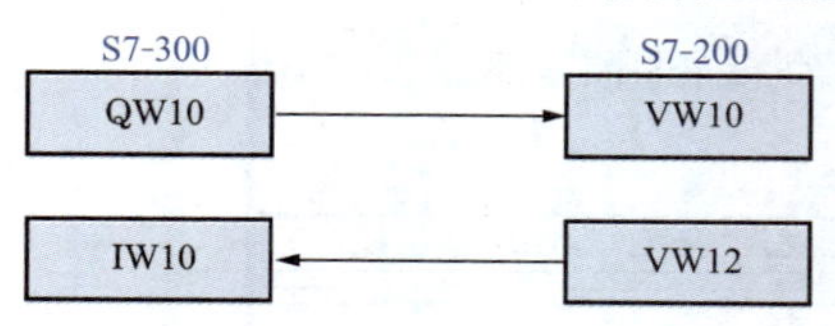

图 14-58　通信映射区

通信过程如下：S7-300 将数据 QW10 通过 PROFIBUS 网络传输到 S7-200 的 VW10 存储区；S7-200 将数据 VW12 传输到 S7-300 的 IW10 存储区。

三、网络组态

1. 新建工程并插入站点

打开 STEP7 管理器，在 SIMATIC 管理器中插入一个 S7-300 的站点，如图 14-59 所示。

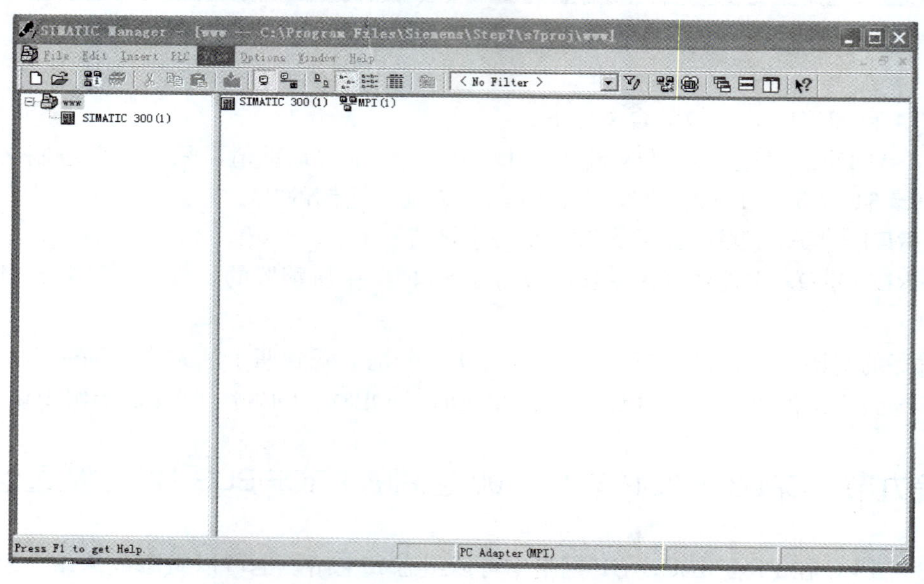

图 14-59　插入一个 S7-300 站

对 SIMATIC300（1）进行硬件组态，在硬件配置窗口中依次插入机架、CPU315-2DP 等模块。在插入 CPU 的同时，会出现一个配置 PROFIBUS-DP 属性的对话框，如果用户要立即配置一个 PROFIBUS 网络，则可以在此配置；若要在插入所有模块后再配置，则直接单击“取消”按钮即可。插入后的结果如图 14-60 所示。

2. SIMATIC 300（1）主站配置

双击图 14-60 中 2 号插槽内的 DP 槽，出现如图 14-61 所示的对话框。

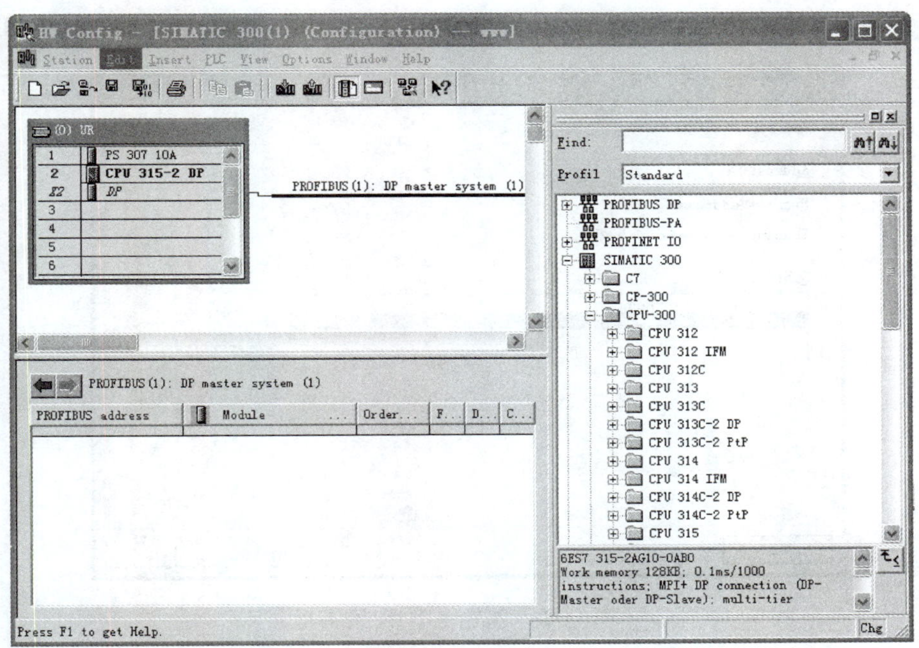

图 14-60 硬件组态

图 14-61 中的 Genernal（常规项）包含了 PROFIBUS-DP 的总体情况，包括网络名、站地址、网络连接情况和网络属性等。Addresses（地址）为诊断地址设定。Operating Mode（工作模式）设置为主站（DP-Master）或从站（DP-Slave）。Configuration（组态）用来设置通信区地址。

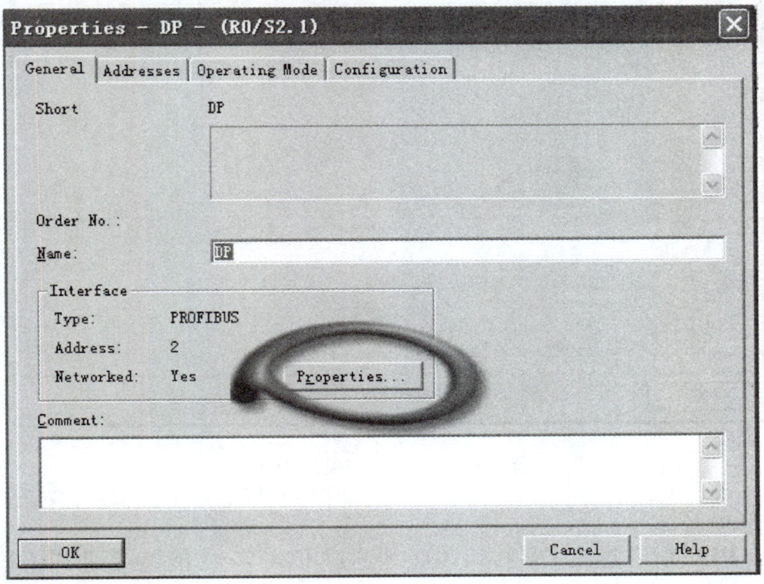

图 14-61 组态 DP 属性

单击图 14-61 中的 Properties 按钮，出现如图 14-62 所示的对话框。新建一个 PROFI-

BUS-DP 网络。单击“Properties”按钮，设定通信速率为 1.5Mbit/s，行规选择为 DP。

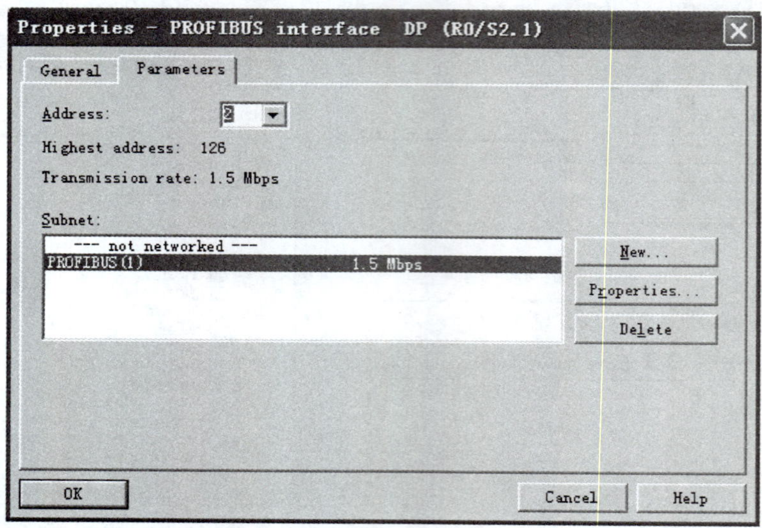

图 14-62　新建一个 DP 网络

单击图 14-61 中的 Operating Mode 选项卡，出现如图 14-63 所示对话框。本例中把 CPU315-2DP 设定为主站，因此在图 14-63 中选择为 DP master，然后单击 OK 按钮。

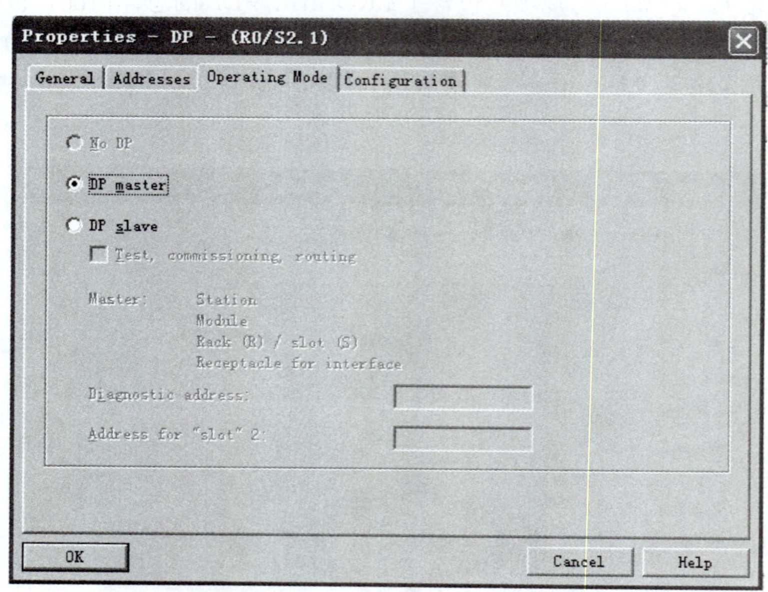

图 14-63　主从站模式设定

3. 插入 EM277

由于 S7-200 PLC 没有集成 DP 接口，必须通过 EM277 才能连接到 PROFIBUS 网络上。

在图 14-64 右侧的目录树内依次选择 PROFIBUS DP→Additional Field Devices→PLC→SIMATIC→EM277 PROFIBUS-DP，将其拖放到左侧 PROFIBUS-DP 电缆处，并出现如图 14-65 所示对话框。

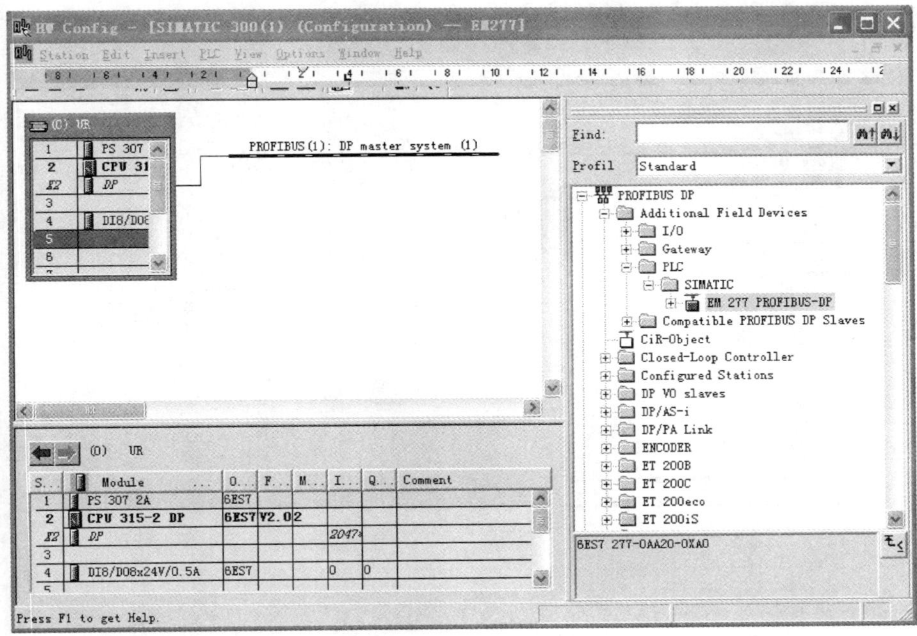

图 14-64　组态 EM277

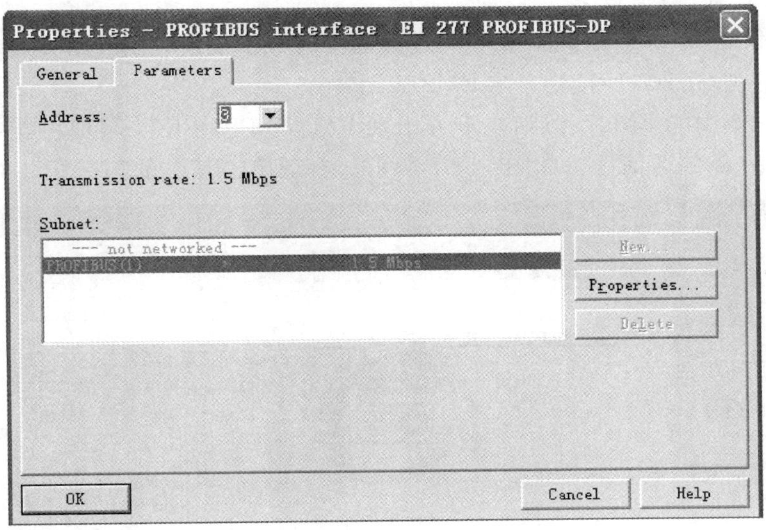

图 14-65　组态 EM277 的站地址和网络

注意：如果硬件目录树内找不到 EM277 的订货号，则需用用户到西门子官方网站上下载相应的 GSD 文件，然后安装该 GSD 文件。这时就能找到 EM277 的订货号。

在图 14-65 中，可设置 EM277 的网络地址，它必须与 EM277 模块上的拨码开关设定的物理地址相同。设定完属性后单击 OK 按钮，出现如图 14-66 所示对话框。从图中可看到 EM277 的站点设定为 3。如果 EM277 设定的地址与物理地址不一致，通信线路将出现故障，此时 CPU315-2DP 上的 SF 指示灯会亮。

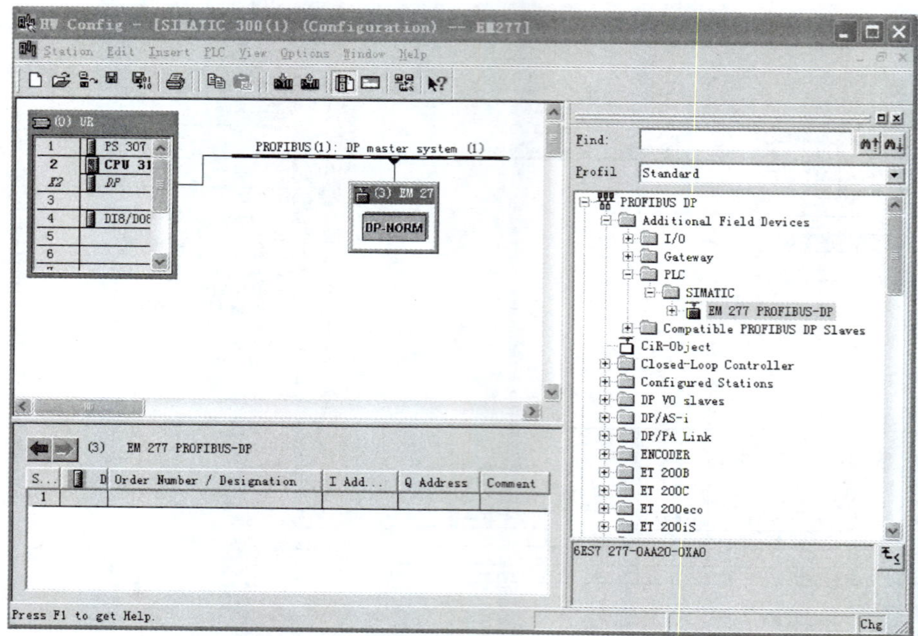

图 14-66　成功加入 EM277 站点

4. 配置 CPU315-2DP 与 S7-200 的通信区

EM277 仅仅是 S7-200 用于和 S7-300 进行通信的一个接口模块，S7-200 侧的通信区地址设置必须能够被 S7-200 所接受，与 EM277 无关。

单击图 14-66 中的 EM277，则在下方出现 EM277 PROFIBUS-DP 的组态项，在这里可以配置 S7-300 侧的通信区，如图 14-67 所示。右键单击其中的第一行，并单击“Insert

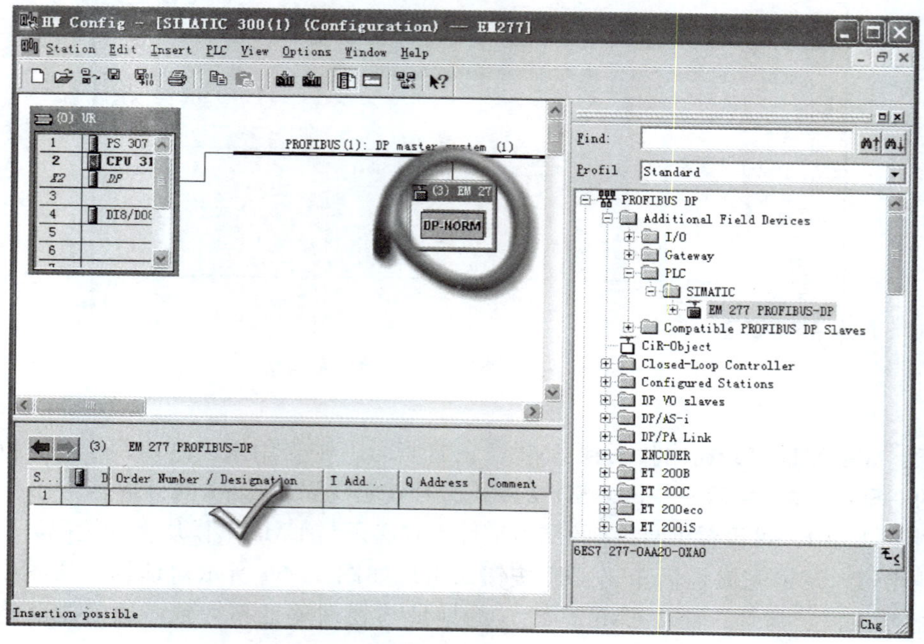

图 14-67　组态通信区

Object…”项，会出现EM277 PROFIBUS的画面，可以看到模块提供了多种不同大小的通信区，用户可以根据实际数据传输量来选择。在此选择2Bytes Out/2Bytes In，组态效果如图14-68所示。

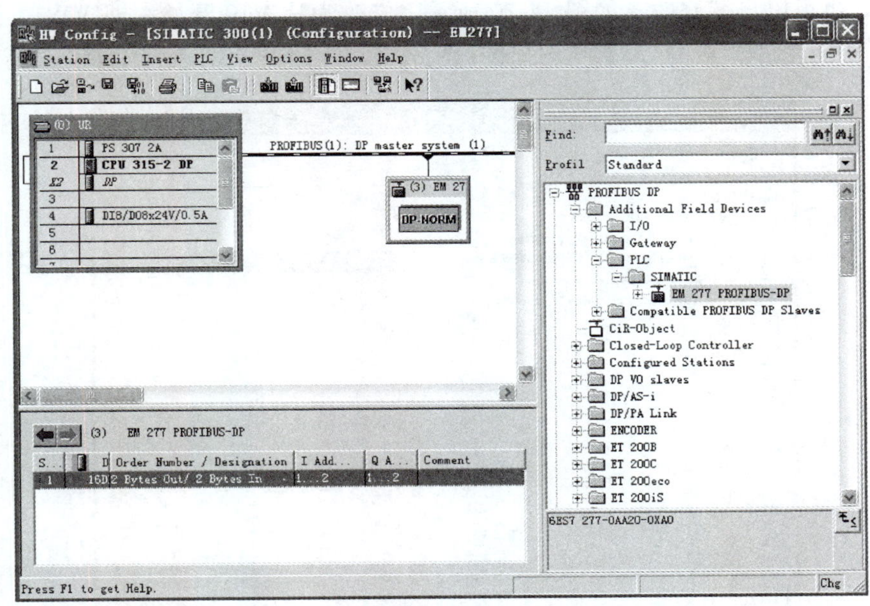

图14-68　EM277组态

这里配置的S7-300侧的通信区地址是系统默认的，用户也可以修改通信区地址。双击图14-68中蓝色区域，出现如图14-69所示画面，画面中显示的是S7-300侧的输入/输出通信区，用户如有需要可以这里里修改输入/输出通信区的起始地址。

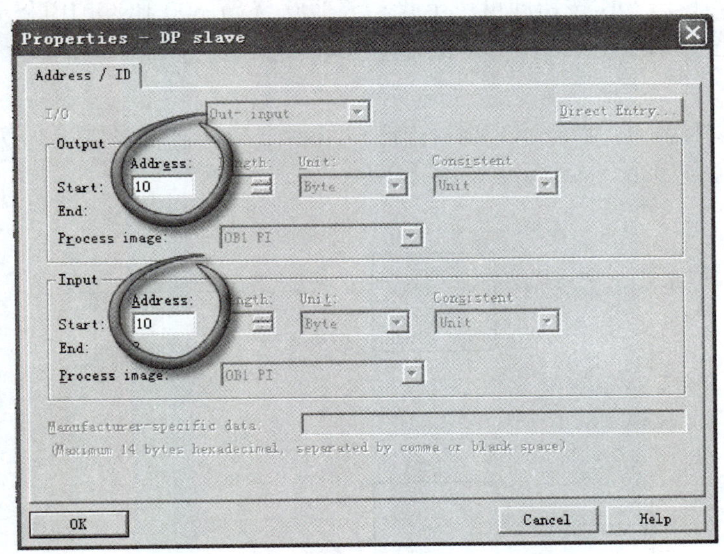

图14-69　修改S7-300侧的通信区起始地址

本例中修改起始地址从10开始，则发送区变为QW10；接收区变为IW10。

接下来配置 S7-200 侧的通信区，双击图 14-68 中的 EM277，在出现的对话框内选择“参数赋值”选项卡。S7-200 侧的通信区默认的是全局变量存储区 V。在图 14-70 中的框内可以设定通信区在 V 区的起始地址。默认通信区从 V0 开始，占用 4 个字节（与前面的组态设定相关），也可以自行修改，如图 14-70 所示，修改为从 V10 开始，即 VW10 和 VW12，其中 VW10 用来接收 S7-300 侧发来的数据，VW12 用来向 S7-300 发送数据。

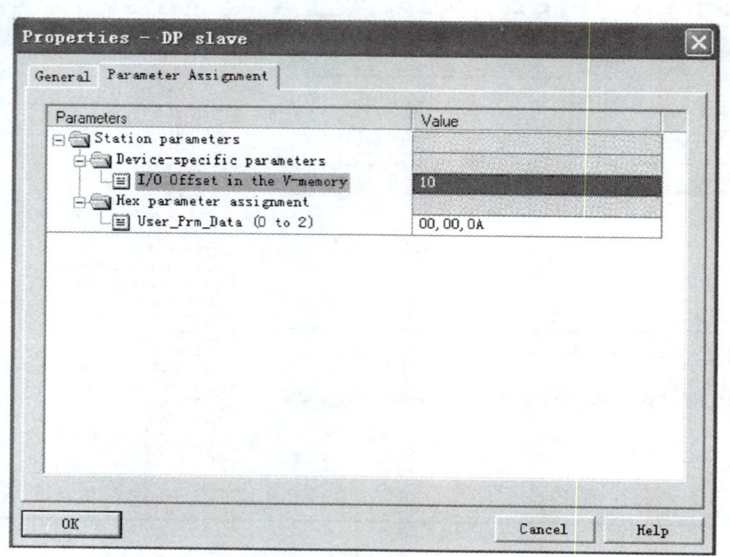

图 14-70　配置 S7-200 侧的通信区

如果在图 14-68 中建立的缓冲区是“8Bytes Out/8Bytes In”，则 S7-200 侧的通信区 VB10～VB17 为接收区，VB18～VB25 为发送区。

配置完成后，单击 OK 按钮即可。至此，S7-200 与 S7-300 PROFIBUS 通信网络的硬件组态结束。用户可以用图 14-68 中的“保存与编译”按钮进行保存与编译。

四、编程

在 S7-300 侧编程，打开 STEP7 项目内的 OB1，输入 OB1 程序如图 14-71 所示。这段程

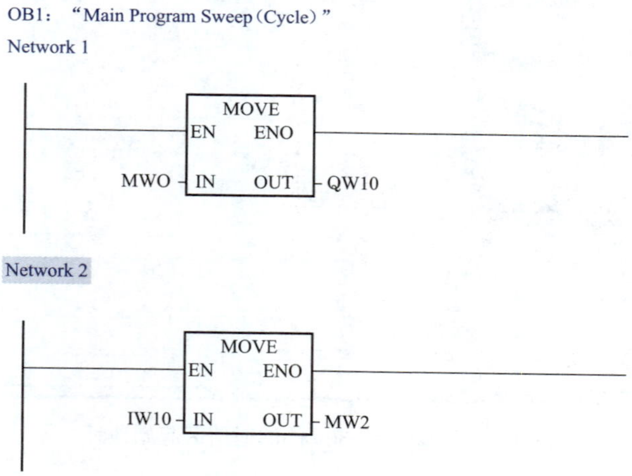

OB1: “Main Program Sweep (Cycle)”

Network 1

MOVE: EN ENO; MWO – IN OUT – QW10

Network 2

MOVE: EN ENO; IW10 – IN OUT – MW2

图 14-71　S7-300 程序

序的功能是将接收缓冲区IW10内的数据读出，并送给MW2；另外将MW0的数据通过输出缓冲区QW10发送给S7-200。

S7-200的程序如图14-72所示。

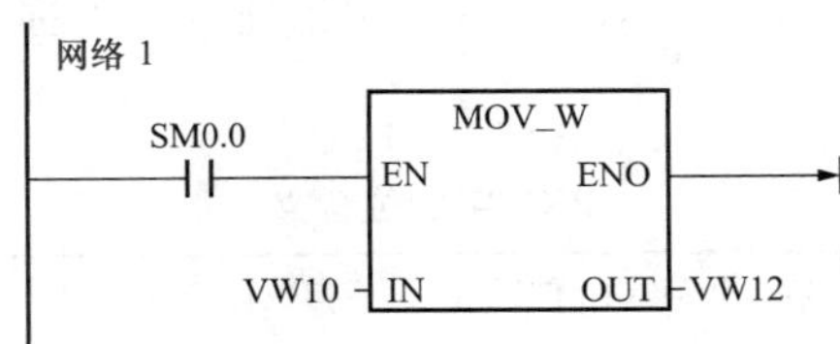

图14-72 S7-200程序

第十节 CPU31x-2DP与MM440变频器之间的PROFIBUS-DP主从通信

MM440变频器既支持和主站的周期性数据通信，也支持和主站的非周期性数据通信。S7-300/400 PLC可以使用功能SFC14/SFC15（读取/修改）读取和修改MM440变频器参数值，调用一次可以读取或修改一个参数。也可以使用功能SFC58/SFC59或者SFB52/SFB53读取和修改多个MM440参数值，一次最多可以读取或修改39个参数。

要实现S7-300/400 PLC与MM440变频器DP通信，需要在MM440变频器上加装DP通信模板。

一、MM440周期性数据通信的报文说明

MM440周期性数据通信报文有效数据区域有由两部分构成，即PKW区（参数识别ID-数值区）和PZD区（过程数据），如图14-73所示。PKW区最多占用4个字，即PKE区（参数标识符值，占用一个字）、IND（参数的下标，占用一个字）、PWE1和PWE2（参数数值，共占用两个字）。S7-300/400使用功能SFC14和SFC15读取和修改参数需要占用4个PKW字。PKW区的说明如图14-74所示，下面分别介绍PKW区的四个字的具体含义。

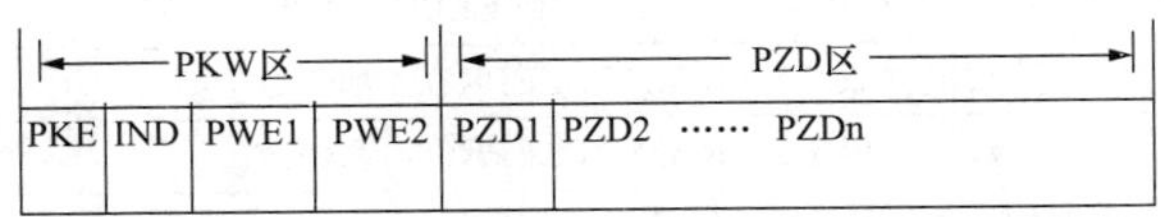

图14-73 MM440周期性数据通信报文有效数据区域

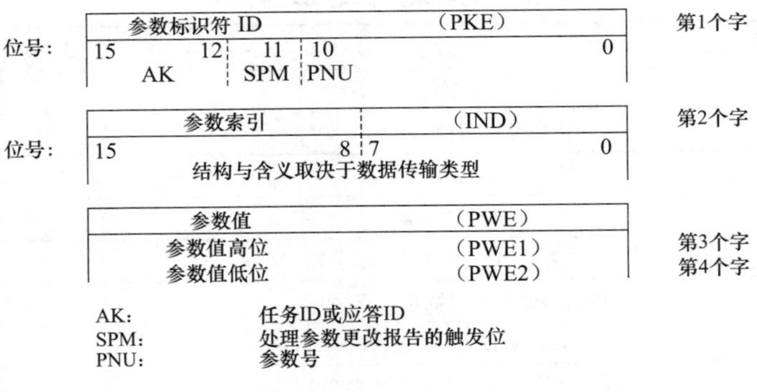

图14-74 PKW区4个字的含义

1. PKE

PKW 区的第一个字为 PKE，用它来描述参数识别标识 ID 号。如表 14-6 所示，参数识别标记 ID 总是一个 16 位的值，位 0～10（PNU）描述所请求基本参数号码，位 11（SPM）用于参数变更报告的触发位，位 12～15（AK）包括任务识别标记 ID（见表 14-7）或应答识别标记 ID（见表 14-8）。

表 14-6　　PKE 字的位含义

第 1 个字（16 位）=PKE=参数识别标识 ID		
位 15～12	AK=任务或应答识别标记 ID	—
位 11	SPM=参数修改报告	不支持（总是 0）
位 10～00	b PNU=基本参数号	完整的 PNU 由基本参数号与 IND 的 15～12 位（下标）一起构成

表 14-7　　任务识别标记 ID 的含义

任务识别标记 ID	含　义	应答识别标记 ID	
		正	负
0	没有任务	0	
1	请求参数数值	1 或 2	7
2	修改参数数值（单字）[只是修改 RAM]	1	7 或 8
3	修改参数数值（双字）[只是修改 RAM]	2	7 或 8
4	请求元素说明	3	7
5	修改元素说明（MICROMASTER4 不可能）	—	—
6	请求参数数值（数组），即带下标的参数	4 或 5	7
7	修改参数数值（数组，单字）[只是修改 RAM]	4	7 或 8
8	修改参数数值（数组，双字）[只是修改 RAM]	5	7 或 8
9	请求数组元素的序号，即下标的序号，“no”	6	7
10	保留，备用	—	—
11	存储参数数值（数组，双字）[RAM 和 EEPROM 都修改]	5	7 或 8
12	存储参数数值（数组，单字）[RAM 和 EEPROM 都修改]	4	7 或 8
13	存储参数数值（双字）[RAM 和 EEPROM 都修改]	2	7 或 8
14	存储参数数值（单字）[RAM 和 EEPROM 都修改]	1	7 或 8
15	读出或修改文本（MICROMASTER440 不可能）	—	—

表 14-8　　应答任务识别标记 ID 的含义

应答识别标记 ID	含　义	对任务识别标记 ID 的应答
0	不应答	0
1	传送参数数值（单字）	1，2 或 14
2	传送参数数值（双字）	1，3 或 13
3	传送说明元素	4
4	传送参数数值（数组，单字）	6，7 或 12
5	传送参数数值（数组，双字）	6，8 或 11
6	传送数组元素的数目	9
7	任务不能执行（有错误的数值）	1 至 15

续表

应答识别标记ID	含　义	对任务识别标记ID的应答
8	对参数接口没有修改权	2，3，5，7，8，11～14或15 （也没有文本修改权）
9～12	未使用	—
13	预留，备用	—
14	预留，备用	—
15	传送文本	15

2．IND

PKW区的第二个字为IND，描述参数的下标。完整的参数号码是由基本参数号码和PNU参数页号组成。基本参数号码由PKE中的第0～10位设定，PNU参数页码由IND的第7位设定，总的参数号＝基本参数号＋参数页码×2000。

基本参数号的范围是0～1999。

3．PWE1和PWE2

PWE1和PWE2是PKW区中的第三个和第四个字，用来描述参数数值。PWE1为高16位有效字，PWE2为低16位有效字。它们共同组成一个32位参数值。用PWE2传送一个16位参数值时，必须在PROFIBUS-DP主站中设定PKE1为0，即高16位设定为0。

二、参数过程数据对象（PPO）

在PROFIBUS-DP上可用周期性数据通信控制MICROMASTER4，用于周期性数据通信的有效数据的结构，称为参数过程数据对象（PPO）。有效数据结构被分为可以传送的PKW区和PZD区。PKW用于读写参数值，PZD用于控制字和设定状态信息和实际值等，如控制电动机的启、停等。

可以在DP主站中指定：当总线系统启动时，使用哪一种PPO类型从PROFIBUS-DP主站中寻址变频器。根据驱动的任务在自动化网络中选择PPO类型，PPO类型如图14-75所示。不管选用哪种PPO，过程数据始终需要传送，选用过程数据PZD，可实现对变频器的启、停，分配设定点及驱动的管理等。

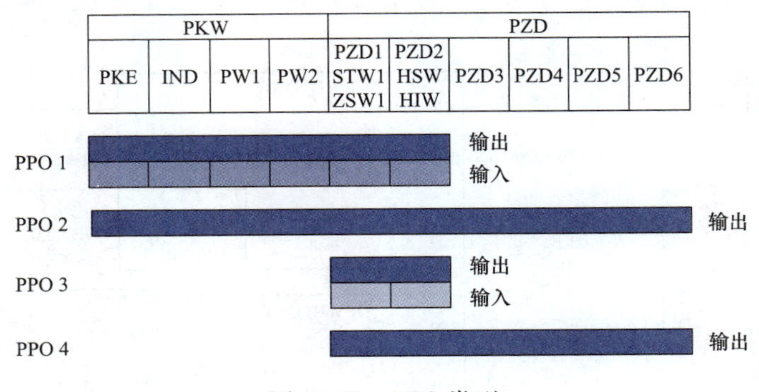

图14-75　PPO类型

注意：MM420只支持PPO1和PPO3，MM440/430支持PPO1、PPO2、PPO3和PPO4。

例如，在主站中设定为PPO1模式，则主站PLC进行数据输入和输出，并且只有PKW

四个字和 PZD1 和 PZD2 的数据有效。PKW 中的数据可以设定和读取变频器的参数值。PZD1 和 PZD2 可以控制变频器的运行，包括修改变频器的运行输出频率、启停等。PPO2 只有输出模式。PPO3 不能读写变频器参数，但可以控制变频器的运行。

这里所说的输出指的是主站 PLC 发送数据给变频器，输入指的是变频器返回数据给主站 PLC。

三、硬件组态和站地址设置

本例中选用 CPU319F-3PN/DP，从站 MM40 上加装 DP 通信处理器。MM440 的 DP 地址设为 5。选择的报文结构为 PPO1，即含有 4 个 PKW 和 2 个 PZD，如图 14-76 所示。本例中 PKW 的地址范围是 256～263，PZD 的地址范围是 264～267。

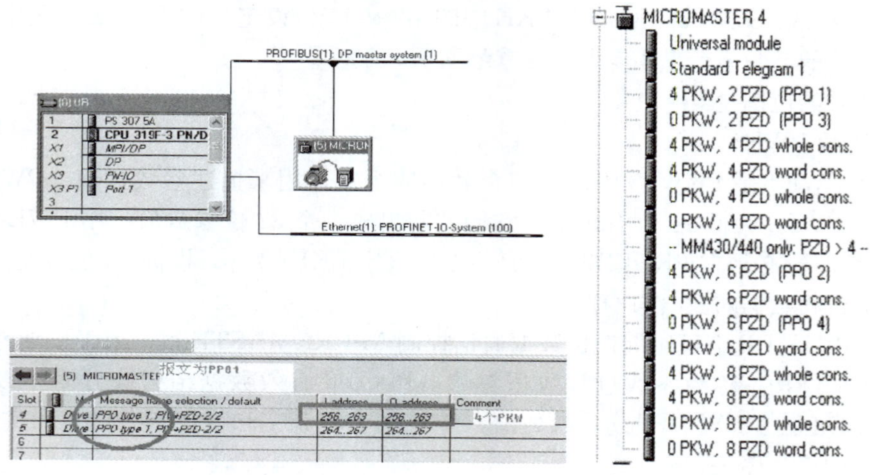

图 14-76 组态 PPO 类型

四、周期性 DP 通信读取和修改参数

首先在主程序 OB1 中调用 SFC14（读取参数）和 SFC15（修改参数），如图 14-77 所示。功能块中 LADDR 为 W＃16＃100，实际上是 PKW 的起始地址（即 256）对应的十六

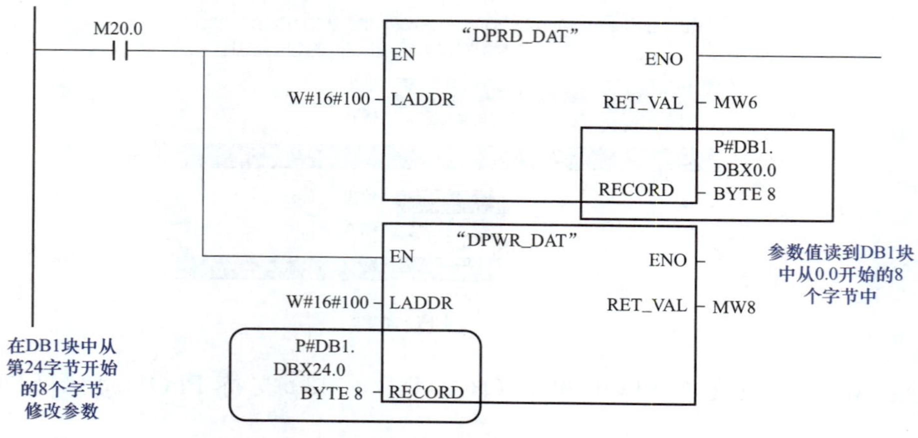

图 14-77 读取和修改参数程序

进制数。DB1.DBB0 开始的 8 个字节是读到的值，DB1.DBB24 开始的 8 个字节是需要修改的参数值。M20.0 为使能位，同时要建立一个 DB1 的数据块。参数 2000 以下和 2000 以上的报文中 IND 不同，下面以实例介绍读取和修改 MM440 的单字参数类型。

用 SFC15 把参数写入到 MM440 中，然后用 SFC14 又把该参数读到 PLC 主站中。下面以单字参数 P2010 为例进行操作。

【例 14-1】 修改 P2010 [1] 参数为 6。修改参数请求的数据如下：

PKE= DB1.DBW24= 200A(16 进制)　　//2 表示写请求,A 表示基本参数地址为 10。

IND= DB1.DBW26= 0180(16 进制)　　//01 表示参数下标为 1,8 表示参数号码相差 2000,即 2010 号参数

PWE1= DB1.DBW2= 0000(16 进制)　　//设定值高 16 位为 0

PWE2= DB1.DBW30= 0006(16 进制)　　//设定值低 16 位为 6

修改参数后，变频器返回给 PLC 的数据如下：

PKE= DB1.DBW0= 100A　　//返回 1 表示单字长

IND= DB1.DBW2= 0180

PWE1= DB1.DBW4= 0

PWE2= DB1.DBW6= 6

数据监控效果如图 14-78 所示。

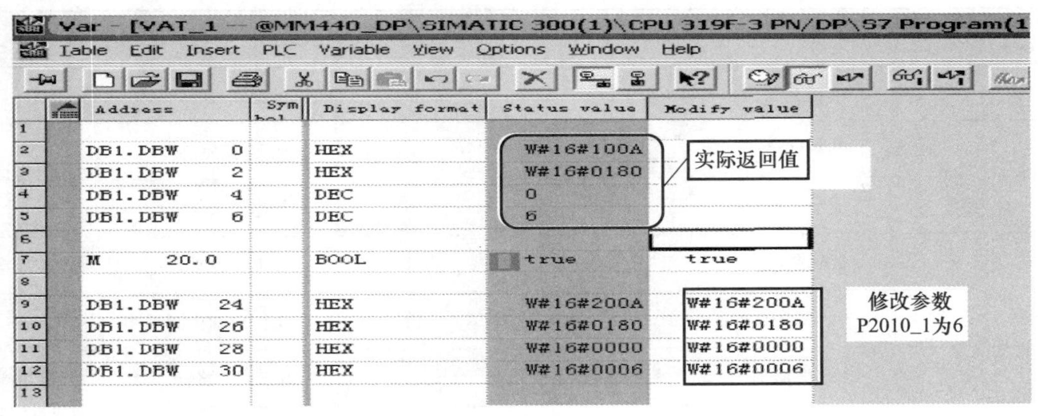

图 14-78　数据监控效果

五、PLC 以 PPO3 模式控制 MICROMASTER

由图 14-75 可知，如果选择 PPO3，从 PLC 到变频器有两个输出字 PZD1 和 PZD2。它们对应控制字 STW1 和主设定点 HSW。它们是从 S7 程序中用 QW 输出到变频器 PROFIBUS DP 通信模板中。从变频器传输的信息中，PLC 会收到两个输入字信息（PZD1 和 PZD2），它们是状态字（PZD1＝ZSW1）和主要实际值（PZD2＝HIW），这两个输入字在 S7 程序中通过 IW 进行处理。

STW1 是 PLC 输出给变频器的控制字，该字的位含义如表 14-9 所示。如通过发送控制字 047E，然后再发送变成 047F 就可以激活变频器运行（Bit0：启动的边沿信号）。

ZWS1 是变频器发送给 PLC 的状态字，该字的位含义如表 14-10 所示。

表 14-9　　STW1 位含义

位	功　能	位	功　能
0	ON/OFF1	8	点动向右
1	OFF2	9	点动向左
2	OFF3	10	从 PLC 控制
3	脉冲使能	11	反转方向（设定点反向）
4	RFG 使能	12	—
5	RFG 启动	13	增加电动机电位计（MOP）数值
6	设点定使能	14	减少电动机电位计（MOP）数值
7	故障确认	15	CDS 第 0 位

表 14-10　　ZSW1 位含义

位	功　能	位	功　能
0	准备上电	8	设定点/实际偏差
1	准备就绪	9	从 PLC 控制
2	驱动正在进行	10	到达最大频率
3	故障激活	11	警告，电动机电流达到最大值
4	OFF2 激活	12	执行电动机制动
5	OFF3 激活	13	电动机过载
6	ON 禁用激活	14	顺时针运行
7	警告激活	15	变频器过载

带有 DP 通信模板的 MICROMASTER4 的组态步骤如下：

1. 使用 STEP7 组态 MICROMASTER4

在 STEP7 的“Hardware configuration/硬件组态”中，打开目录文件夹 PROFIBUS DP → SIMOVERT；检查是否存在 MICROMASTER4。如果不存在，可以将 MM4 的 GSD 文件导入硬件目录中，如图 14-79 所示。

在使用的硬件目录中链接 Micromaster 之后，硬件配置会提示输入一个总线地址，如图 14-79 中的地址设为 3。

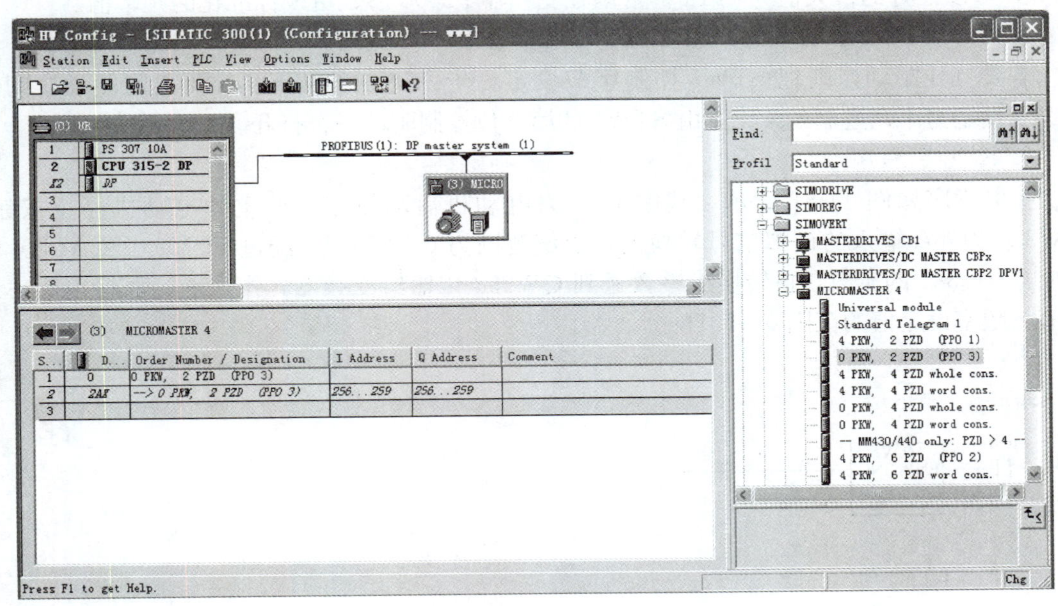

图 14-79　组态 MM4

2. PPO 类型的选择

如果不打算读写任何参数，选择 PPO 3。如果要读写参数，选择 PPO 1。如果要读取变频器的数据，如从变频器读取电动机数据，就应该选择带有 PZD 字 3 和 4 的一个选项，因为可以此时没有 PKW 机制。本例中选择 PPO 3 类型。

为了在 DP 主站和驱动之间进行数据通信，STEP7 需要用到逻辑 I/O 地址（PLC 的 I/O 地址），这些地址在硬件配置 Micromaster 时会自动分配，如在图 14-79 中，自动分配了 IW256～IW259 和 QW256～QW259。当然也可以更改这些缺省设置。

3. PLC 与 MM440 之间的数据传输

PLC 与 MM440 之间的数据传输如图 14-80 所示。从 PLC 的输出数据通道将控制字和速度设定值发送到变频器。变频器中的状态字和实际值通过 PLC 的输入通道从变频器发送给 PLC。

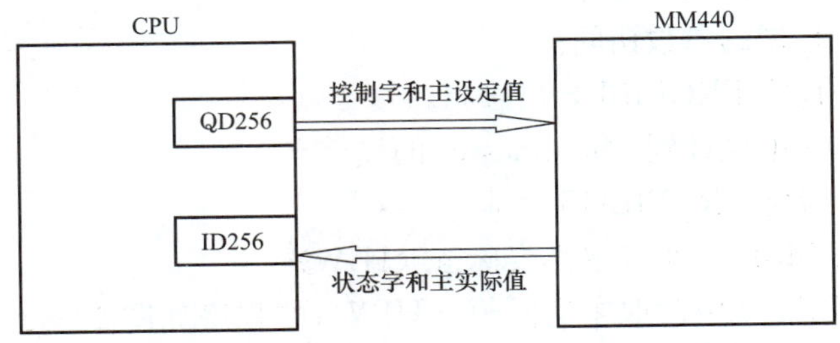

图 14-80　PLC 与变频器之间的数据传输

频率设定值和实际值都要进行标准化，如十六进制的 4000（即十进制的 16384）对应

50Hz，可以设置的最大值为7FFF。可以在变频器P2000参数更改标准化的频率值。

4. 用于STW1控制字的PQW256的PZD1结构

若要打开驱动，则把STW1控制字节设定为十六进制的47F。若要关闭驱动，则把STW1设定为十六进制的47E。由STW1的第0位控制驱动是否打开。

5. S7控制程序

控制程序如图14-81所示。其中I0.0为电动机启动按钮，I0.1为电动机停止按钮。PIW320为外部输入的模拟信号转换值，数值范围为0～27648，经过FC105（SCALE）转换成0～16384的实数，再转换成整数送到QW258传输给变频器，作为变频器输出频率设定值，频率设定值的范围0～50Hz。

Network 1：启动电动机

I0.0
MOVE
EN ENO
W#16#47E IN OUT QW256

Network 2：停止电动机

I0.1
MOVE
EN ENO
W#16#47E IN OUT QW256

Network 3：Title：

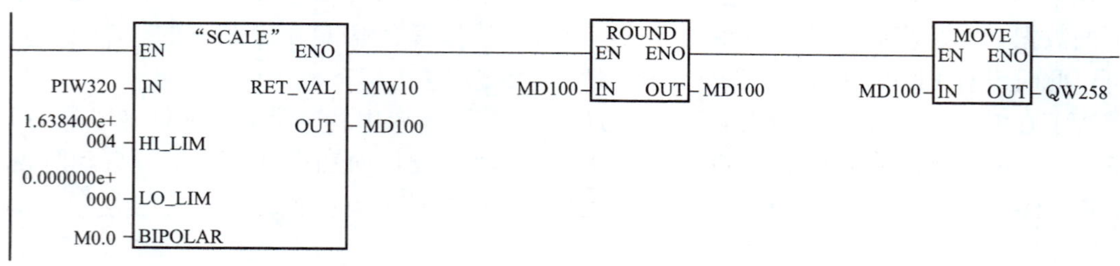

图14-81　控制程序

6. 通过BOP设置变频器RPOFIBUS的设定点和地址

通过BOP设置变频器以下参数：

（1）P0003=2，扩展的参数访问。

（2）P0700=6，设定PROFIBUS信号源。

（3）P1000=2，从电位计到Micromaster的设定点。

（4）P0918=3，设定PROFIBUS地址。

7. 通过PZD2从MM440中读取主实际值（HIW）

通过PZD2从MM440中读取主实际值（HIW）的程序如图14-82所示。在IW256上读出PZD1的ZSW1状态字。在IW258上读出变频器运行输出的实际频率，16384对应50Hz。

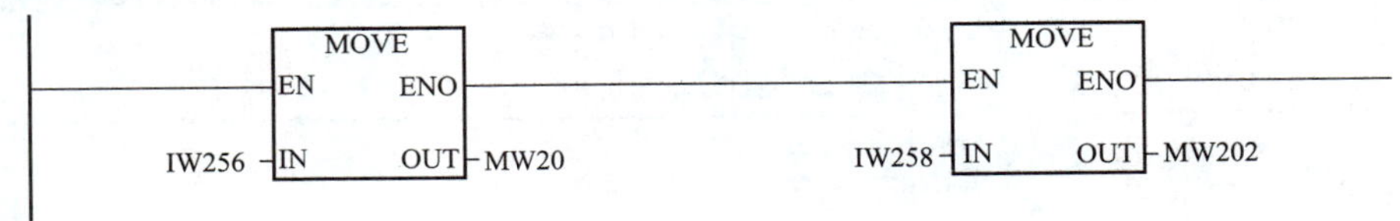

图 14-82　读取 PZD2 的数据

第十一节　以太网通信的组态与编程

以太网的 TCP/IP、ISO 传输、ISO-on-TCP 可以传送 8KB 数据，UDP 可以传送 2KB 数据。它们与 PROFIBUS 的 FDL 统称为 S5 兼容的通信服务。它们的组态的方法基本相同。

本节介绍 S7-300 之间通过 CP313-1 IT 和 CP343-1 建立的 TCP 连接为例，介绍 S5 兼容通信的组态和编程方法。

一、硬件组态

建立 STEP 项目，新建两台 PLC，分别对其硬件组态。两台 PLC 上分别加入 CP343-1 IT 和 CP343-1 以太网模块。如图 14-83 所示。

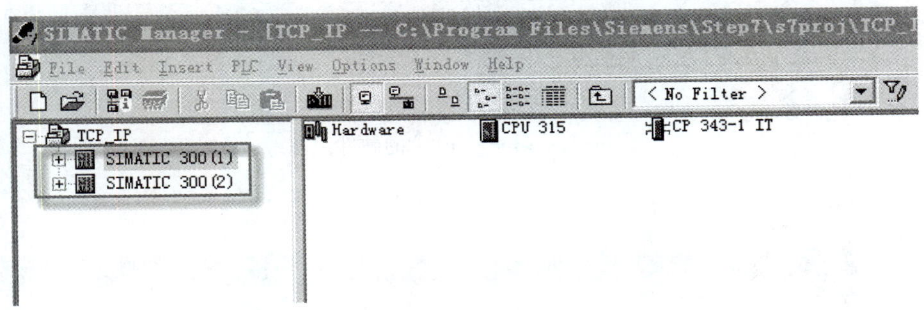

图 14-83　建立项目

先对第一台 PLC 的硬件组态，其中包括一个 CP343-1IT 的以太网模块，如图 14-84 所示。新建以太网“Ethernet（1）”，因为要使用 TCP，所以只需设置 CP 模块的 IP 地址，如图 14-85 所示。

第二台 PLC 的硬件组态如图 14-86 所示，其中包括一个 CP343-1 TCP 模块。并为 CP 模块分配 IP 地址后连接到同一个网络 Ethernet（1）中。

二、组态连接

打开“NetPro”设置网络参数，选中 CPU，在连接列表中建立新的连接，如图 14-87 所示。

在连接类型中，选择“TCP connection”，连接如图 14-88 所示。

然后双击该连接，设置连接属性。“General”属性中块参数 ID=1，LADDR=W＃16＃0110，这两个参数在后面的编程中会用到，如图 14-89 所示。

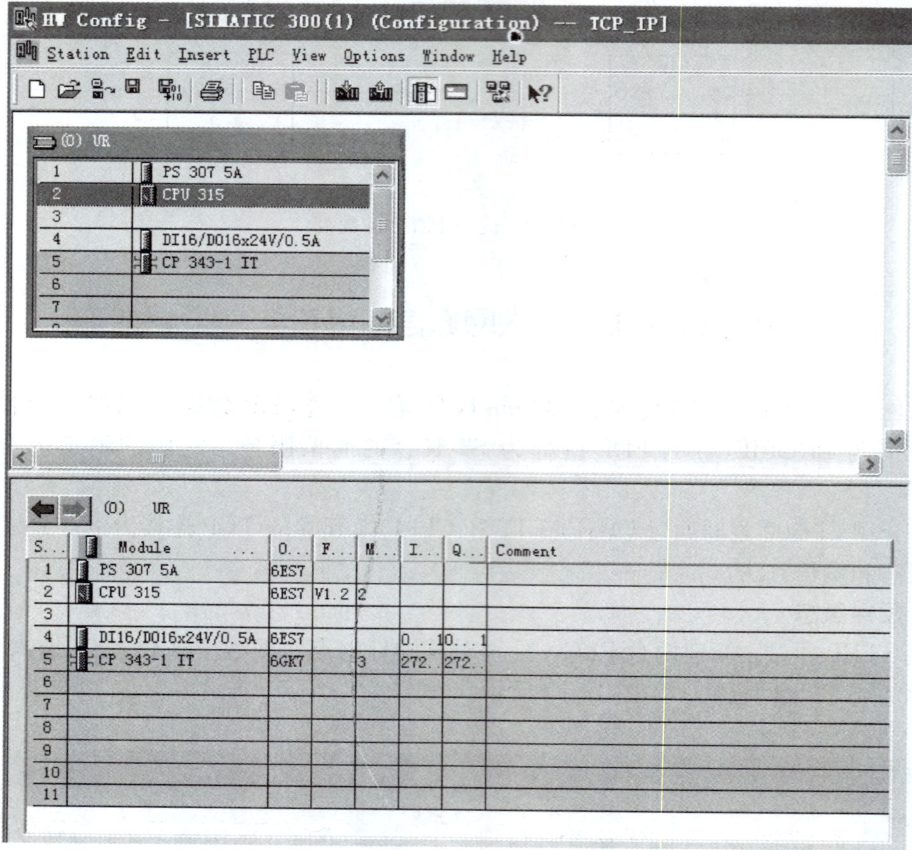

图 14-84　第一台 PLC 的硬件组态

图 14-85　新建 Ethernet（1）

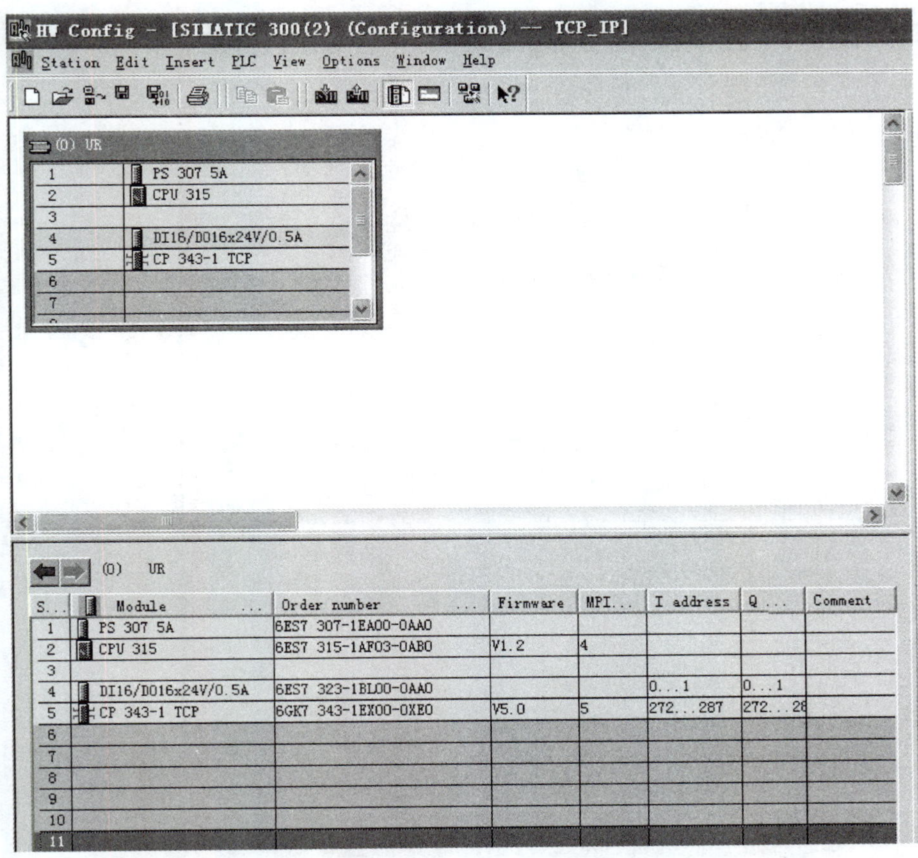

图 14-86　第二台 PLC 的硬件组态

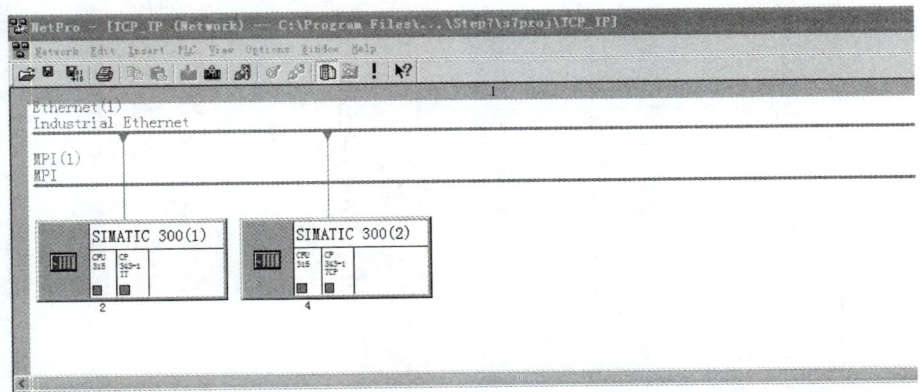

图 14-87　在 Netpro 中建立新的连接

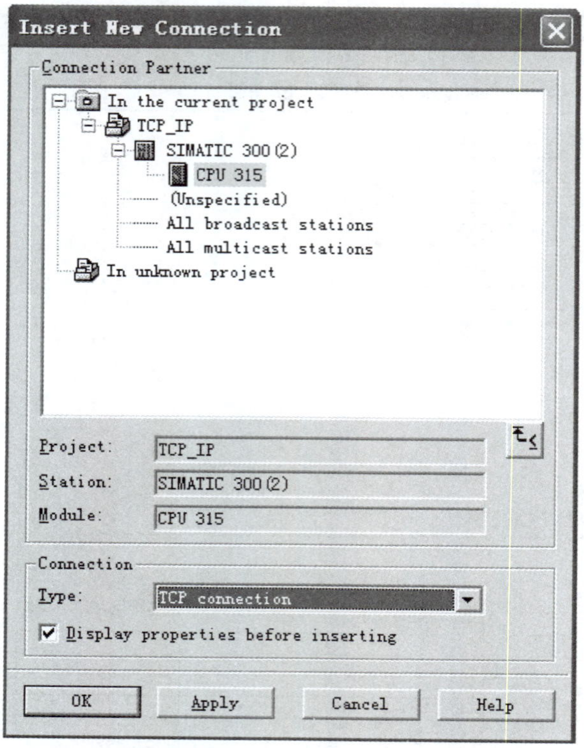

图 14-88　新建 TCP 连接

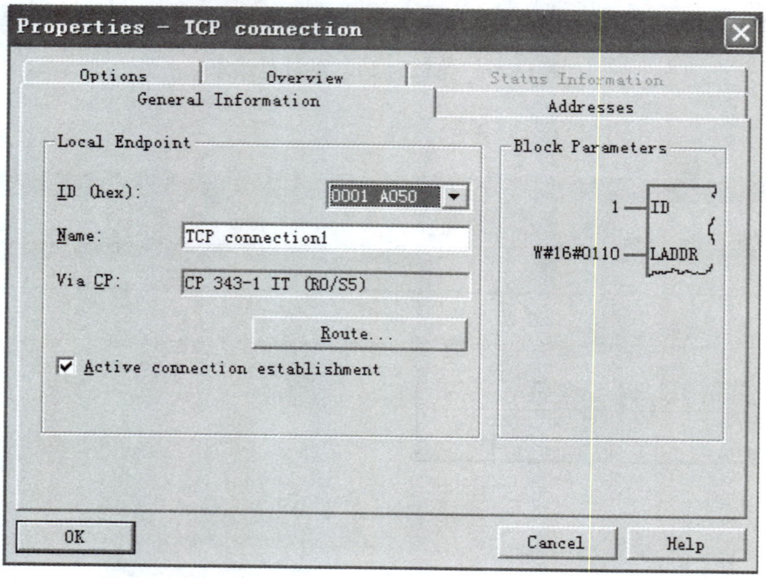

图 14-89　TCP 连接属性

通信双方其中一个站必须激活“Active connection establishement”选项，以便在通信连接初始化起到主动连接的作用。

在“address”属性中可以看到通信双方的 IP 地址，占用的端口号也可自定义，也可使用默认值。

编译后保存，这样硬件组态和网络组态就完成了。

三、编程

在两个CPU中各编写发送和接收的程序。

（1）OB35中编写每隔100ms的发送程序，把DB1中的240个字节的数据发送至对方PLC的DB2中。

（2）在OB1中编写数据接收的程序，接收到的数据存于DB2中。

（3）实现PLC（1）的ID0控制PLC（2）的QD0，同样实现PLC（2）的ID0控制PLC（1）的QD0。

（4）两个站点PLC的程序相同。

OB35程序如图14-90所示。

OB35：“Cyclic Interrupt”

Network 1：Title：

ADD_I
EN ENO
DB1.DBWO IN1 OUT DB1.DBWO
1 IN2

Network 2：Title：

MOVE
EN ENO
IDO IN OUT DB1.DBD2

Network 3：Title：

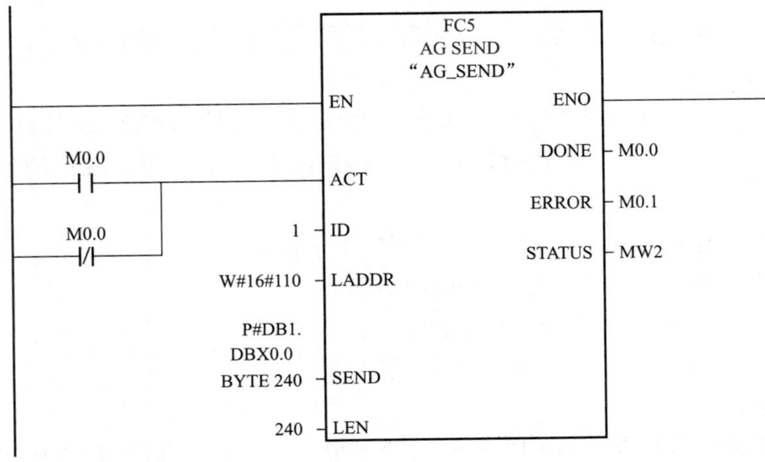

图14-90 OB35程序（一）

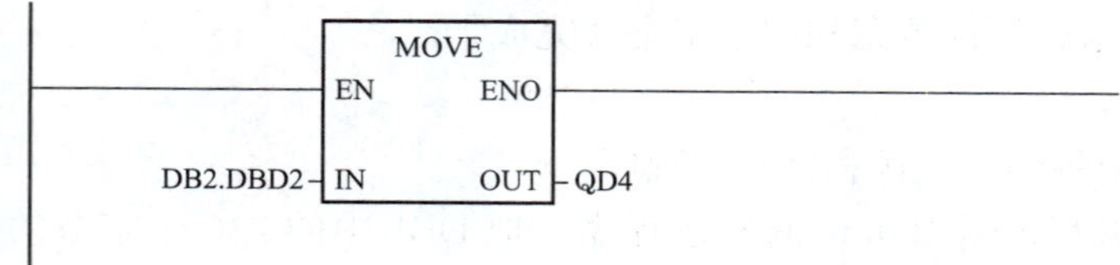

图 14-90　OB35 程序（二）

OB1 程序如图 14-91 所示。

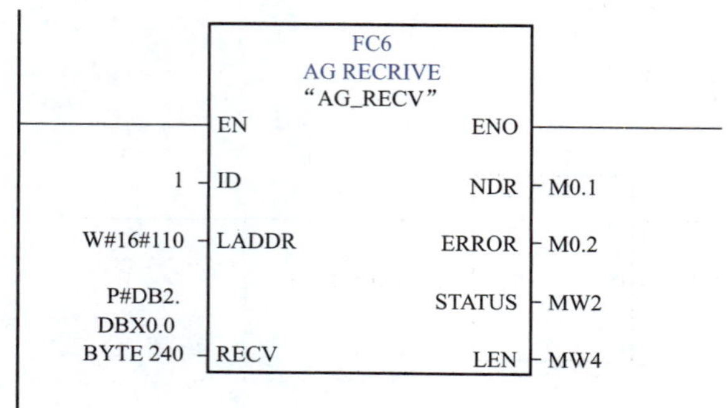

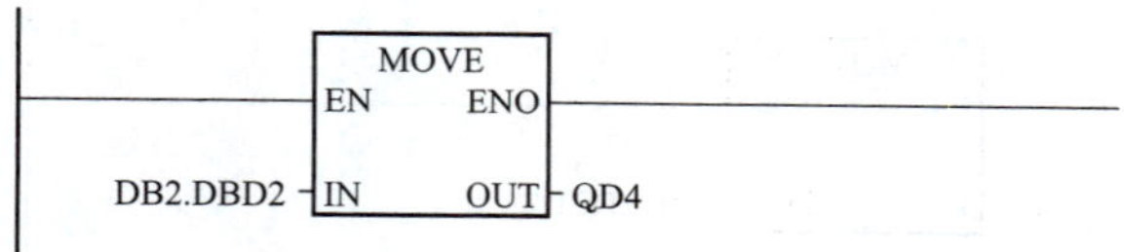

图 14-91　OB1 主程序

第十二节　多台 S7-300 之间的 IE 通信

在生产现场，用户会遇到几台 S7-300 PLC 组成小型局域网实现互相通信的情况，本节介绍采用 3 台 S7 315-2PN/DP，通过建立 S7 连接来说明多台 S7-300 PLC 的工业以太网的组网技术。

本节中，介绍组态三台 S7-300PLC，实现以下通信功能：

（1）PLC（1）与 PLC（2）实现双向通信用；

（2）PLC（2）与 PLC（3）实现双向通信用；

（3）PLC（1）与 PLC（3）实现双向通信用。

一、网络组态

本例中所使用的 CPU 是 3 台 CPU315－2PN/DP，通过集成的 PN 口连接到局域网上。首先建立一个新的项目，在项目内依次插入 3 个 S7-300 站点，接下来分别对 3 个站点进行组态。

1. SIMATIC300（1）站的硬件组态

在插入CPU315－2PN/DP时，系统提示是否组建以太网对话框，如图14-92所示。单击“属性”按钮，在图14-93内新建一个网络“Ethernet（1）”，并输入IP地址“192.169.10.60”，单击“确定”按钮。双击2号槽内的“CPU315－2PN/DP”，在如图14-94的CPU属性对话框的“周期/时钟存储器”内勾选“时钟存储器”，并输入存储器字节号为100，单击“确定”按钮。

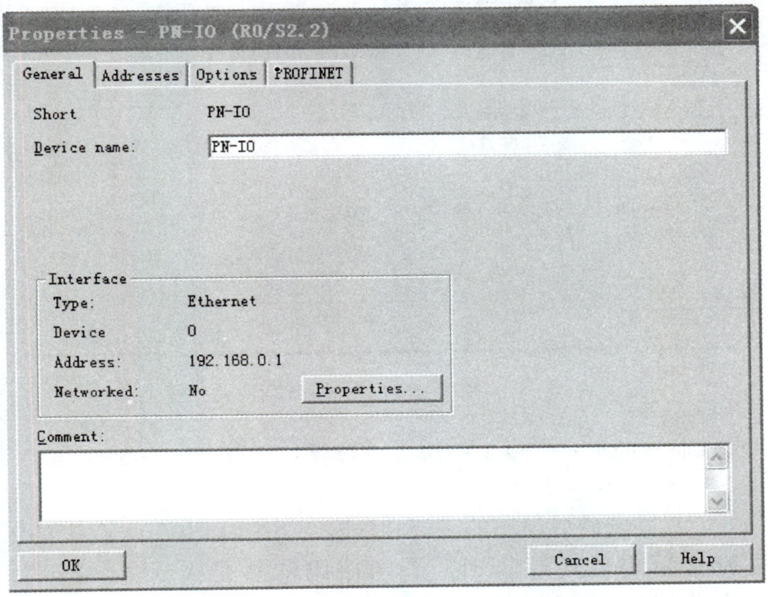

图14-92　PN－IO的属性配置

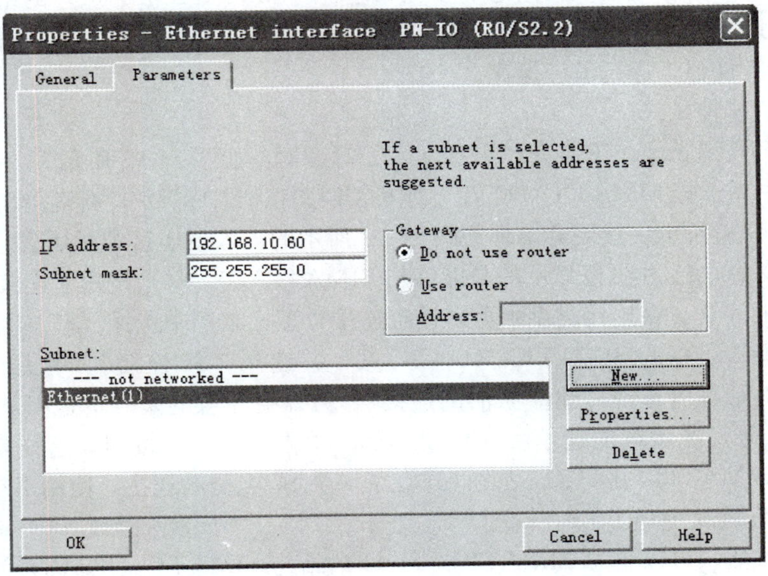

图14-93　输入IP地址

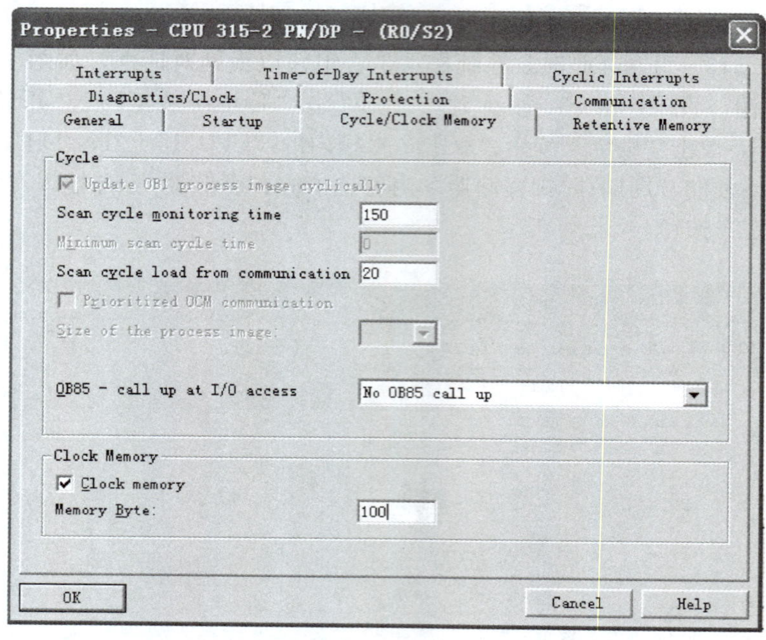

图 14-94　设置时钟存储器

在硬件组态管理器界面下，对以上的组态进行编译保存。

2. SIMATIC300（2）站的硬件组态

SIMATIC300（2）站的硬件组态的步骤和内容与 SIMATIC300（1）的组态相同，只不过该站的 IP 地址改为 192.168.10.61，子网掩码依然是 255.255.255.0；同时也设定 MB100 为时钟存储器，进行编译保存。

3. SIMATIC300（3）站的硬件组态

SIMATIC300（3）站的硬件组态的步骤和内容与 SIMATIC300（1）的组态相同，只不过该站的 IP 地址改为 192.168.10.62，子网掩码依然是 255.255.255.0；同时也设定 MB100 为时钟存储器，进行编译保存。

4. 建立 S7 连接

在 SIMATIC Manager 下打开“组态网络”对话框，如图 14-95 所示。

图 14-95 中，选择 SIMATIC 300（1）站的 CPU315－2PN/DP，右键单击并选“插入新连接”，如图 14-96 所示，然后会出现如图 14-97 所示的插入新连接的对话框。

在图 14-97 中，1、2 号框显示的是能够与 SIMATIC 300（1）站建立连接的站点，用户可以选择其中的一个。在连接类型中可以设定连接类型，本例中选择“S7 连接”。

在这里选择 1 号框的 SIMATIC 300（2）站，并选择“S7 连接”。单击“确定”按钮。在随后出现的对话框内选择“建立激活的连接”，另外要注意的是“本地 ID”号采用默认；要特别注意 ID 号，在后续的通信程序中要用到。单击“确定”按钮。这样就在 SIMATIC 300（1）站与 SIMATIC 300（2）站之间建立了一个 S7 类型的连接，使用 ID 号来标记这条连接就是“1-1”连接通道。

用同样的方法，可以组态 SIMATIC 300（2）站与 SIMATIC 300（3）站建立一个 S7 连接，ID 号为 2。

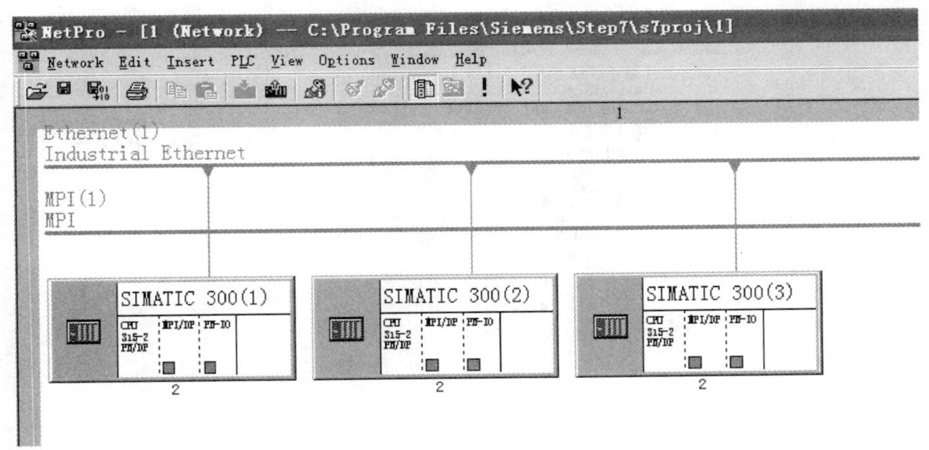

图 14-95 组态网络

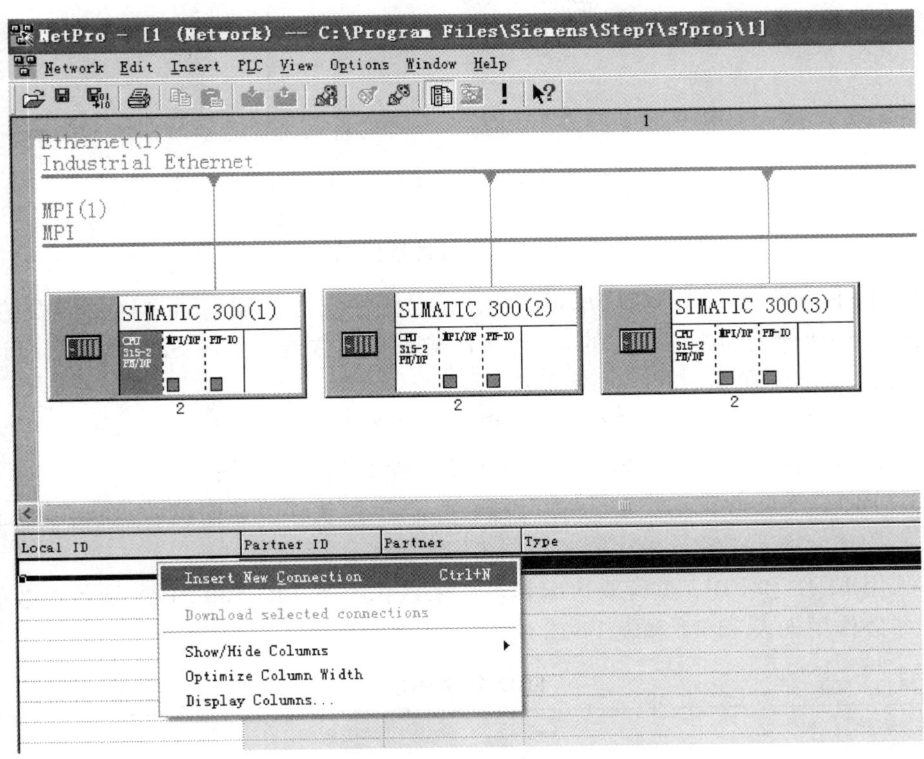

图 14-96 插入新连接

组态完网络后，接下来对上面的组态进行编译保存。编译无错后，则把组态信息下载到各个 CPU 中。

二、程序编写

本例使用的 PLC 为 S7-300 系列，在进行基于 TCP/IP 通信时，需要调用库内“Standard Library”下的“Communication Blocks”内的 FB12“BSEND”和 FB13“BRCV”或 FB8“USEND”、FB9“URCV”。

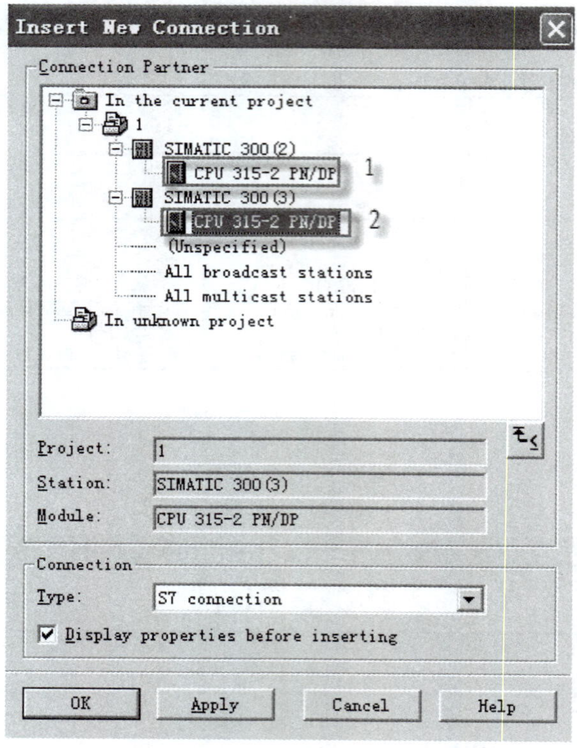

图 14-97 新的连接

FB12“BSEND”用来向类型为 BRCV 的远程伙伴发送数据。通过这种类型的数据传送，可以在通信伙伴之间为所组态的 S7 连接传输更多的数据，可向 S7-300 发送多达 32768 个字节，为 S7-400 发送多达 65534 个字节。

FB8“USEND”向类型为 URCV 的远程伙伴发送数据。执行发送过程而不需要和伙伴进行协调。也就是说，在进行数据发送时不需要伙伴 FB 进行确认。

FB13“BRCV”接收来自类型为“USEND”的远程伙伴发送来的数据。在收到每个数据段后，向伙伴发送一个确认帧，同时更新 LEN 参数。

本节采用 FB12 和 FB13 进行双边编程。先来认识一下 FB12 和 FB13 的各参数的作用。它们的各参数作用如表 14-11 和表 14-12 所示。

表 14-11　　FB12 参数说明

参数名称	功能说明
EN	块的使能端，为 1 时 FB 准备发送
REQ	上升沿触发数据的发送
R	上升沿中止数据的发送
ID	连接号，WORD 型数据
R _ ID	标记本次发送的数据包号，DWORD 型数据
SD _ I	发送数据存储区，可以使用指针
LEN	数据发送的长度
NDR	作业启动与否的标志
ERROR	与 STATUS 配合使用，通信的报错状态
STATUS	用数字表示通信错误的类型

表 14-12　　FB13 参数说明

参数名称	功能说明
EN	块的使能端，为 1 时 FB 才能接收
EN _ R	高电平准备接收数据
ID	连接号，必须与发送端对应为同一连接，WORD 型数据
R _ ID	标记本次接收的数据包号，必须与发送端，DWORD 型数据
LEN	数据接收的长度
DONE	数据发送作业的状态，1 发送完，0 未发送完
ERROR	与 STATUS 配合使用，通信的报错状态
STATUS	用数字表示通信错误的类型

下面编写 3 个站的通信程序，本程序实现的功能是：在 SIMATIC 300（1）站内发送一个数据 MD0 给 SIMATIC 300（2），SIMATIC 300（2）接收到该数据后再转发给 SIMATIC 300（3），SIMATIC 300（3）接收到该数据后再转发给 SIMATIC 300（1）的 MD10。

下面列出 SIMATIC 300（1）发送，SIMATIC 300（2）接收的程序，分别如图 14-98 和 14-99 所示。其余的程序可仿照编写。

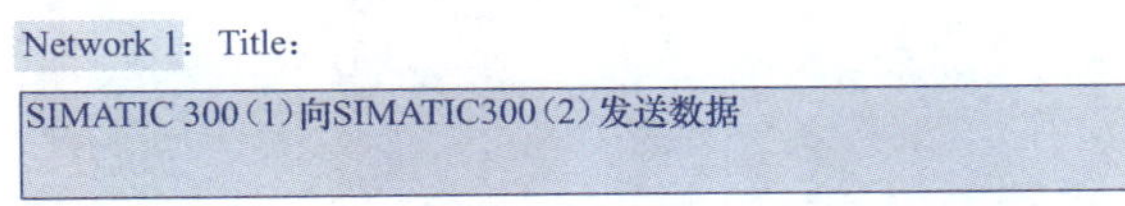

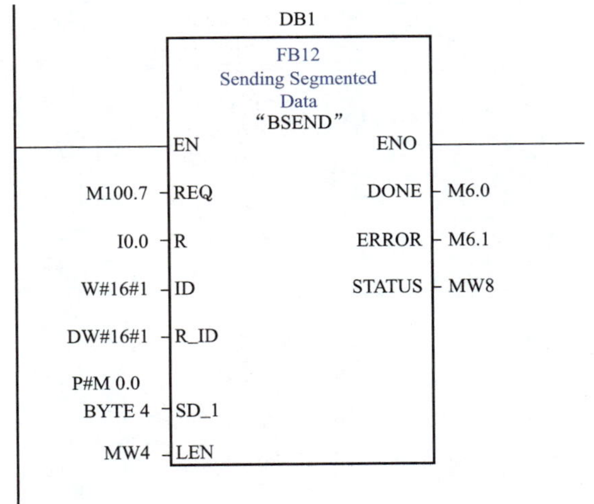

图 14-98　SIMATIC 300（1）向 SIMATIC 300（2）发送数据程序

图 14-98 中，REQ 连接的是 M100.7，这是在硬件组态的时候所做的时钟存储器，它可以发出 0.5Hz 的脉冲，在脉冲的上升沿触发数据发送。而图 14-99 中 EN-R 端使用了 M50.0 的动断触点，使得 FB14 处于准备接收状态。

另外，两个站点的 R-ID 设置必须相同，否则不能通信，这个值可以由用户自己设定。ID 号在通信双方可能是相同的，也可能是不同的，取决于通信时采用的是哪一条连接，一旦连接通道确定，则编程的时候双方的 ID 号就已经确定下来了。

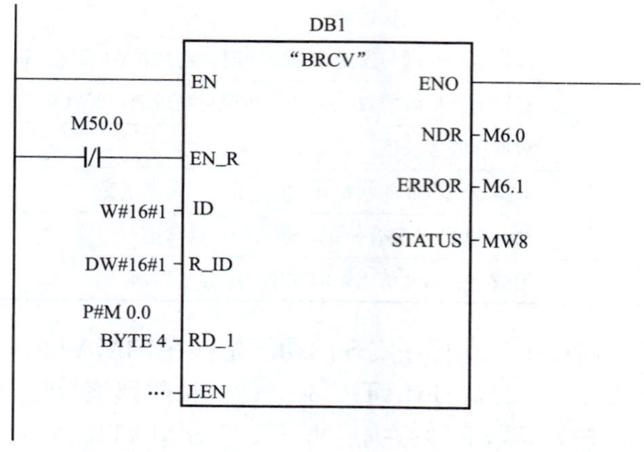

图 14-99　SIMATIC 300（2）接收 SIMATIC 300（1）的数据程序

第 15 章 综合应用与提高

第一节 基于 S7-300 PLC 与变频器的风机节能自动控制

一、项目说明

某公司有五台设备共用一台主电机为 11kW 的吸尘风机，用来吸取电锯工作时产生的锯屑。不同设备对风量的需求区别不是很大，但设备运转时电锯并非一直工作，而是根据不同的工序投入运行。以前公司就对此风机实现了变频器控制，当时的方式是用电位器调节风量，如果哪一台设备的电锯要工作时就按一下按钮，打开相应的风口，然后根据效果调电位器以得到适当的风量。但工人在操作过程中经常会忘记操作，这就造成实际情况不尽如人意，车间灰尘太大，工作环境恶劣。最后干脆把变频器的输出调到 50Hz，不再进行节能的调节。变频器只成了一个启动器，造成了资源的浪费。

二、改造方案

本项目用西门子 S7-300 PLC 和 MM440 变频器进行改造。

用 PLC 接收各台电锯工作的信息并对投入工作的电锯台数进行判断，根据判断，相应的输出点动作来控制变频器的多段速端子，实现多段速控制。从而不用人为的干预，自动根据投入电锯的台数进行风量控制。根据投入运行的电锯台数实施五个速段的速度控制，运行电锯台数与变频器输出频率值如表 15-1 所示。

表 15-1 运行电锯台数与变频器输出频率值对应表

运行电锯台数	对应变频器输出频率（Hz）	备注
1	25	具体设定频率根据现场效果修改
2	33	
3	40	
4	45	
5	50	

三、方案实施

1. 电锯投入运行信号的采集

用电锯工作时的控制接触器的一对辅助动合触点控制一个中间继电器，中间继电器要选用最少有两对动合触点的。用其中的一对接入 PLC 的一个输入点，另一对控制一个气阀，气阀再带动气缸，用气缸启闭设备上的风口。这样就实现了 PLC 对投入电锯信号的接收，也实现了风口的自动启闭，简单实用。

2. 变频器的参数设置和 PLC 接线

（1）变频器参数的设定。MM440 变频器数字输入“5”、“6”、“7”端子通过 P0701、

P0702、P0703 参数设为多段固定频率控制端，每一频段的频率分别由 P1001～P1015 参数设置，本项目设置 P1001～P1005 五个固定频率。变频器数字输入“16”端子设为电动机运行、停止控制端，可由 P0705 参数设置。

使用的变频器是西门子 MM440 系列。根据多段速控制的需要和风机运行的特点主要设定的参数如表 15-2。

表 15-2 变频器参数设置

参数号	出厂值	设置值	说明
P0003	1	3	设用户访问级为专家
P0004	1	7	命令和数字 I/O
P0700	2	2	命令源选择“由端子排输入”
P0701	1	17	选择固定频率
P0702	12	17	选择固定频率
P0703	9	17	选择固定频率
P0705	15	1	启动/停止
P0004	1	10	设定值通道
P1000	2	3	选择固定频率设定值
P1001	0	25	选择固定频率 1
P1002	5	33	选择固定频率 2
P1003	10	40	选择固定频率 3
P1004	15	45	选择固定频率 4
P1005	20	50	选择固定频率 5

（2）多段速控制时端子的组合。这个系列的变频器进行多段速控制的端子为 5、6、7。通过这三个端子的组合最多可以实现七段速度运行。进行五段速度控制时的端子组合如表 15-3。

表 15-3 多段速端子与速度段组合表

速度段	1 速	2 速	3 速	4 速	5 速
控制端子	5	6	5、6	7	5、7

（3）根据改造输入/输出点数的需求，PLC 选取的是 S7-300 CPU，其输入/输出点分配如表 15-4 所示。PLC 输出端与变频器控制端子接线图如图 15-1 所示。

表 15-4 I/O 分配表

输　入	输　出
I0.0　设备一电锯工作信号	Q0.1　变频器端子 7
I0.1　设备二电锯工作信号	Q0.2　变频器端子 6
I0.2　设备三电锯工作信号	Q0.3　变频器端子 5
I0.3　设备四电锯工作信号	Q0.0　变频器运行信号
I0.4　设备五电锯工作信号	
I0.5　启动按钮	
I0.6　停止按钮	

3. PLC 控制程序

PLC 控制程序如图 15-2 所示。

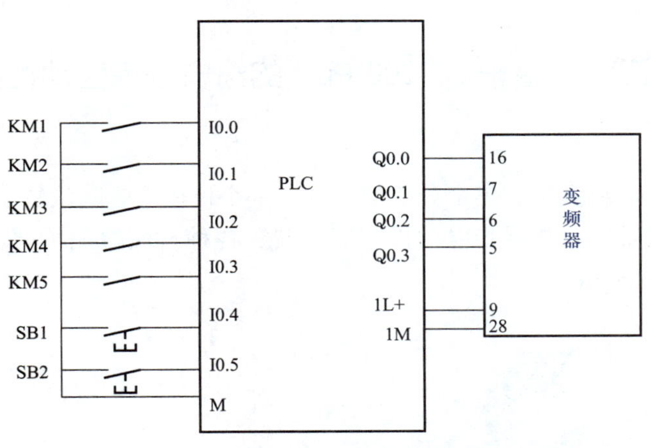

图 15-1　PLC 接线图

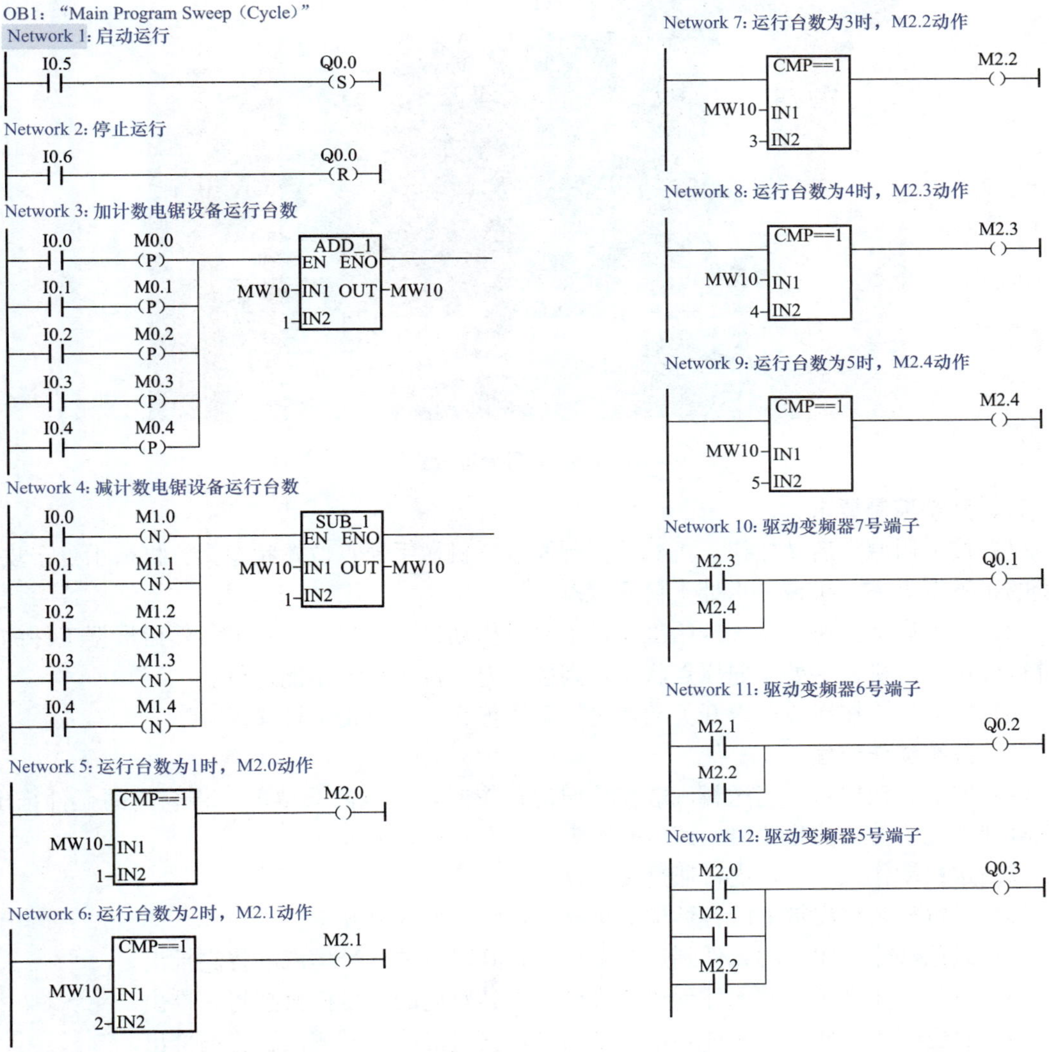

OB1：“Main Program Sweep（Cycle）”

Network 1: 启动运行

I0.5 —| |— Q0.0 —(S)

Network 2: 停止运行

I0.6 —| |— Q0.0 —(R)

Network 3: 加计数电锯设备运行台数

I0.0 —| |— M0.0 —(P)
I0.1 —| |— M0.1 —(P)
I0.2 —| |— M0.2 —(P)
I0.3 —| |— M0.3 —(P)
I0.4 —| |— M0.4 —(P)
ADD_1: EN ENO; MW10 — IN1 OUT — MW10; 1 — IN2

Network 4: 减计数电锯设备运行台数

I0.0 —| |— M1.0 —(N)
I0.1 —| |— M1.1 —(N)
I0.2 —| |— M1.2 —(N)
I0.3 —| |— M1.3 —(N)
I0.4 —| |— M1.4 —(N)
SUB_1: EN ENO; MW10 — IN1 OUT — MW10; 1 — IN2

Network 5: 运行台数为1时，M2.0动作

CMP==I: MW10 — IN1; 1 — IN2 — M2.0 —( )

Network 6: 运行台数为2时，M2.1动作

CMP==I: MW10 — IN1; 2 — IN2 — M2.1 —( )

Network 7: 运行台数为3时，M2.2动作

CMP==I: MW10 — IN1; 3 — IN2 — M2.2 —( )

Network 8: 运行台数为4时，M2.3动作

CMP==I: MW10 — IN1; 4 — IN2 — M2.3 —( )

Network 9: 运行台数为5时，M2.4动作

CMP==I: MW10 — IN1; 5 — IN2 — M2.4 —( )

Network 10: 驱动变频器7号端子

M2.3 —| |— / M2.4 —| |— Q0.1 —( )

Network 11: 驱动变频器6号端子

M2.1 —| |— / M2.2 —| |— Q0.2 —( )

Network 12: 驱动变频器5号端子

M2.0 —| |— / M2.1 —| |— / M2.2 —| |— Q0.3 —( )

图 15-2　PLC 控制程序

第二节　基于 S7-300 PLC 的给料分拣自动控制

一、系统介绍

本系统是由一个给料汽缸、三个分拣槽汽缸、一个机械手升降汽缸、机械手爪汽缸、机械手移动电机、运输带、三相异步电动机、变频器、各种材质检测传感器、各种限位开关、按钮组成，如图 15-3 所示。

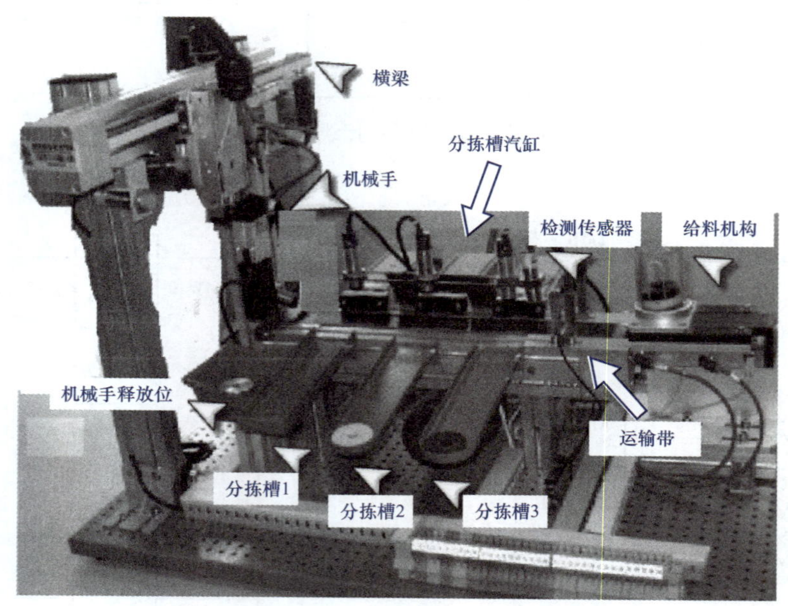

图 15-3　给料分拣装置

二、系统控制要求

（1）按下回原点启动按钮，机械手回到原点，机械手原点位置状态为：机械手处于皮带位置的正垂直上方，机械手爪处于松开状态。

（2）按下启动按钮，系统开始工作，给料机构动作，送料至传送带，然后根据工件的性质进行分拣。若机械手处于非原点状态，则按下启动按钮系统不能运行。

（3）按下停止按钮或急停开关动作时，系统停止，停止指示灯亮。

三、系统动作流程

（1）按下启动按钮，当送料汽缸在缩回的位置时，该电磁阀得电，将仓内的元件推出，当汽缸到达完全伸出的位置时，该电磁阀失电，送料动作完成。

（2）送料动作完成后，皮带通过变频器启动。

（3）通过安装在皮带上的各种检测传感器，将元件区分开来。

（4）黑色（非金属）的元件到达 3 号槽时，其对应的 3 号槽汽缸将它推出。

（5）白色（非金属）的元件到达 2 号槽时，其对应的 2 号槽汽缸将它推出。

（6）蓝色（非金属）的元件到达 1 号槽时，其对应的 1 号槽汽缸将它推出。

（7）金属元件到达皮带到位开关时，机械手立即上升，机械手臂从原点位置下降，并夹住工件 1s 后上升，上升到上限位时左移，左移到左限位时下降，下降到下限位时松开释放工件 1s，然后再回到原点。

（8）每当放好一个元件后，送料汽缸动作，推出下一个元件，系统循环动作。

四、I/O 分配

本项目 CPU 选用 CPU313，再配一个 SM323 DI16/DO16×24V/0.5A 的开关量信号模块。

I/O 分配表如表 15-5 所示，其中 Q1.2 控制皮带电动信号接至 G110 变频器的启动运行控制端子。I/O 接线图如图 15-4 所示。Q1.0 控制机械手左移，Q1.1 用来切换机械手移动的方向，即右移。

注意：左移时 Q1.0 动作，右移时 Q0.0 和 Q1.1 都要动作。Q0.6 为 OFF 时，机械手上升到上限位位置，当 Q0.6 为 ON 时，机械手下降。Q0.7 为 OFF 时，手械手手爪松开，当 QQ0.7 为 ON 时，手械手手爪夹紧。

表 15-5　　I/O 分配表

序　号	地　址	描　述
01	I0.0	急停开关
02	I0.1	启动按钮
03	I0.2	停止按钮
04	I0.3	机械手回原点按钮
05	I0.5	给料气缸伸出到位
06	I0.6	质材识别（是否金属）信号
07	I1.0	分拣槽 3 检测传感器
08	I1.1	分拣槽 2 检测传感器
09	I1.2	分拣槽 1 检测传感器
10	I1.3	工件到达皮带末端信号
11	I1.4	机械手左限位
12	I1.5	机械手右限位
13	I1.6	机械手上限位
14	I1.7	机械手下限位
15	Q0.0	运行指示灯
16	Q0.1	停止指示灯
17	Q0.2	给料气缸
18	Q0.3	分拣槽 3 推料
19	Q0.4	分拣槽 2 推料
20	Q0.5	分拣槽 1 推料
21	Q0.6	机械手升降
22	Q0.7	机械手夹料
23	Q1.0	机械手左移启动
24	Q1.1	机械手反向移动
25	Q1.2	皮带电动机启动运行

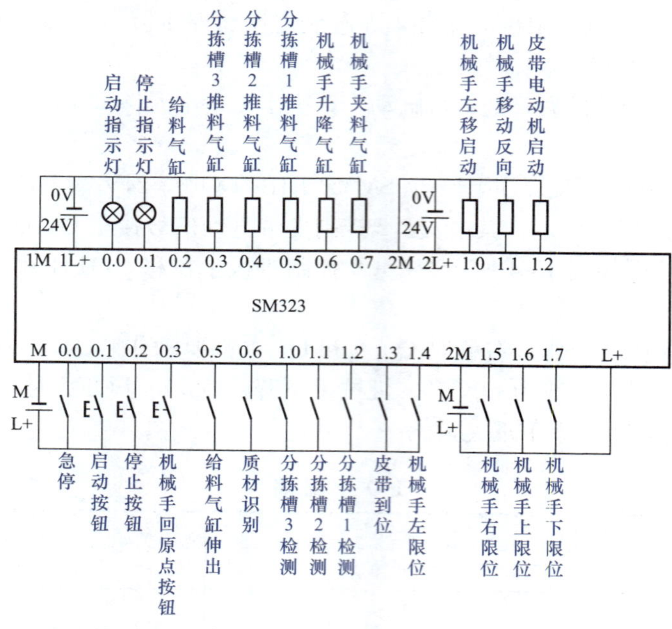

图 15-4　I/O 接线图

五、PLC 程序

本项目为典型的顺序控制，可采用 GRAPH 编程来实现。程序包括二个步进程序段，一是回原点程序，二是系统运行程序。用 GRAPH 编写的回原点程序功能块 FB1 如图 15-5 所示，用 GRAPH 编写的自动运行程序功能块 FB2 如图 15-6 所示，初始化程序 OB100 如图 15-7 所示，OB1 主程序如图 15-8 所示。

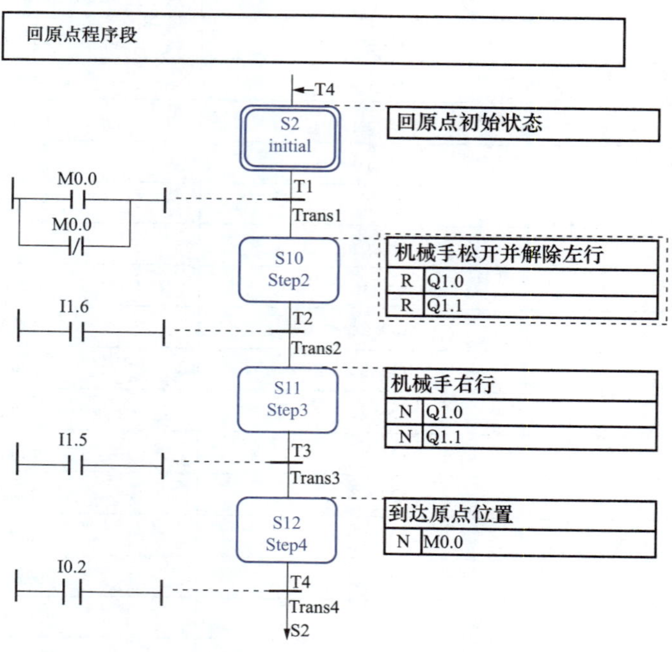

图 15-5　回原点程序

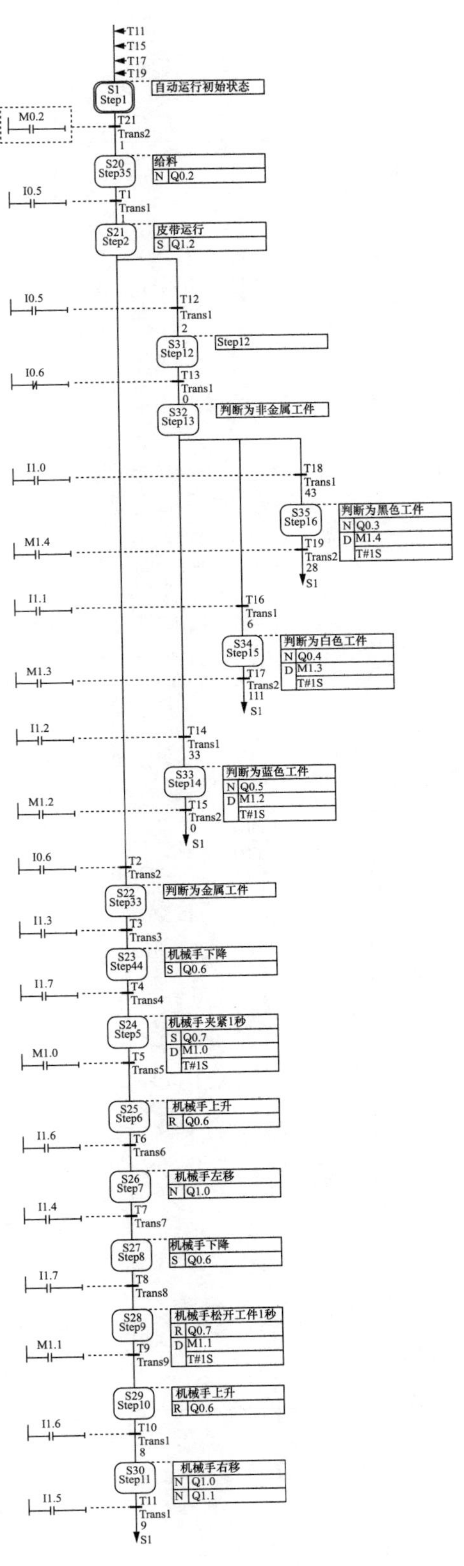

T11
T15
T17
T19
S1
Step1
自动运行初始状态
M0.2
T21
Trans21
S20
Step35
给料
N Q0.2
I0.5
T1
Trans11
S21
Step2
皮带运行
S Q1.2
I0.5
T12
Trans12
S31
Step12
Step12
I0.6
T13
Trans10
S32
Step13
判断为非金属工件
I1.0
T18
Trans143
S35
Step16
判断为黑色工件
N Q0.3
D M1.4
T#1S
M1.4
T19
Trans228
S1
I1.1
T16
Trans16
S34
Step15
判断为白色工件
N Q0.4
D M1.3
T#1S
M1.3
T17
Trans2111
S1
I1.2
T14
Trans133
S33
Step14
判断为蓝色工件
N Q0.5
D M1.2
T#1S
M1.2
T15
Trans20
S1
I0.6
T2
Trans2
S22
Step33
判断为金属工件
I1.3
T3
Trans3
S23
Step44
机械手下降
S Q0.6
I1.7
T4
Trans4
S24
Step5
机械手夹紧1秒
S Q0.7
D M1.0
T#1S
M1.0
T5
Trans5
S25
Step6
机械手上升
R Q0.6
I1.6
T6
Trans6
S26
Step7
机械手左移
N Q1.0
I1.4
T7
Trans7
S27
Step8
机械手下降
S Q0.6
I1.7
T8
Trans8
S28
Step9
机械手松开工件1秒
R Q0.7
D M1.1
T#1S
M1.1
T9
Trans9
S29
Step10
机械手上升
R Q0.6
I1.6
T10
Trans18
S30
Step11
机械手右移
N Q1.0
N Q1.1
I1.5
T11
Trans19
S1

图 15-6 自动运行程序

OB100: “Completer Restart”

Network 1

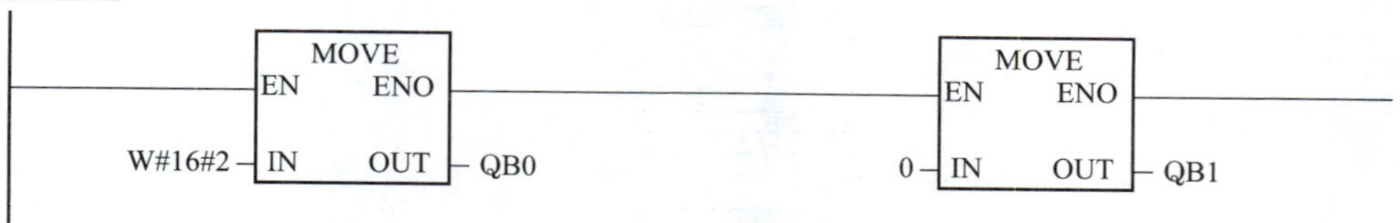

图 15-7 OB100 初始化程序

OB1: “Main program Sweep（Cycle）”

Network 1: 回原点启动操作

I0.3
M0.0
(S)

Network 2: 回原点到位标志M0.2

I1.5
I1.6
Q0.7
M0.0
(R)
M0.2
( )

Network 3: 调用回原点的FB1功能块

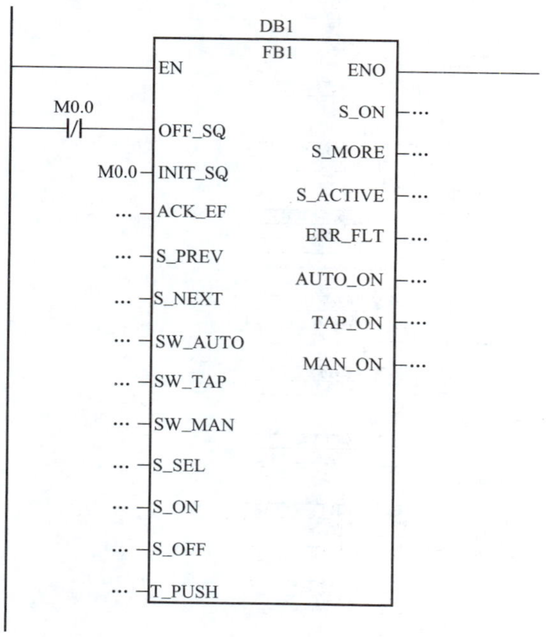

图 15-8 OB1 主程序（一）

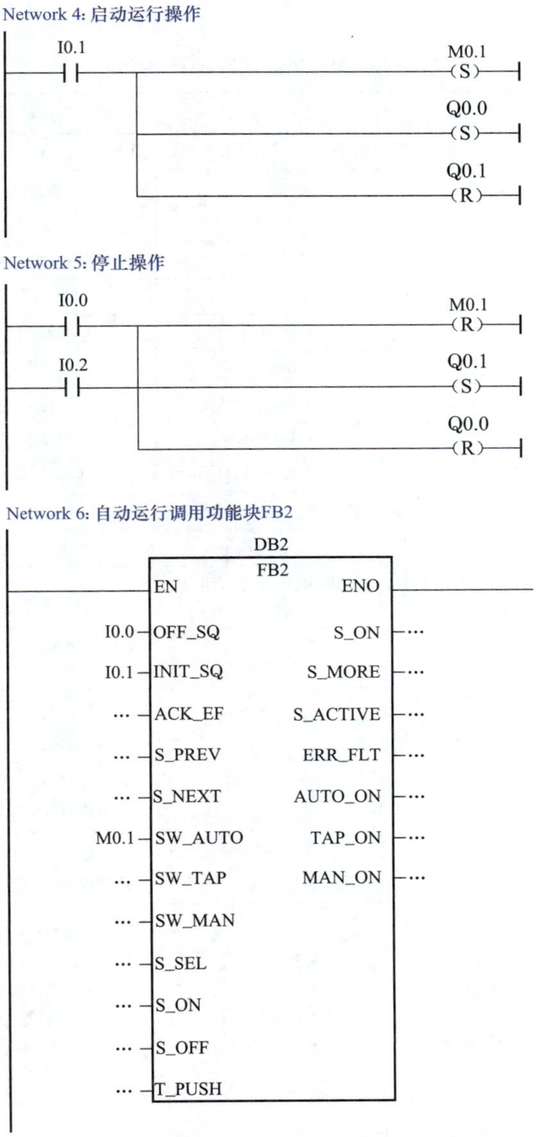

Network 4: 启动运行操作

I0.1 —| |— M0.1 —(S)
Q0.0 —(S)
Q0.1 —(R)

Network 5: 停止操作

I0.0 —| |— M0.1 —(R)
I0.2 —| |— Q0.1 —(S)
Q0.0 —(R)

Network 6: 自动运行调用功能块FB2

DB2
FB2

输入	引脚	引脚	输出
	EN	ENO	
I0.0	OFF_SQ	S_ON	…
I0.1	INIT_SQ	S_MORE	…
…	ACK_EF	S_ACTIVE	…
…	S_PREV	ERR_FLT	…
…	S_NEXT	AUTO_ON	…
M0.1	SW_AUTO	TAP_ON	…
…	SW_TAP	MAN_ON	…
…	SW_MAN		
…	S_SEL		
…	S_ON		
…	S_OFF		
…	T_PUSH		

图 15-8　OB1 主程序（二）

第三节　S7-300 PLC 高速计数的应用

现在市场上有许多的检测元件如旋转编码器、光栅尺等发出的信号为高速脉冲串，要把这种高速脉冲串送入到 PLC 中，使用一般的输入口由于速度原因是不能实现的，必须使用 PLC 的高速计数器功能，高速计数器在 PLC 对高精度运动控制方面经常用到。

一、S7-300 高速计数功能简介

S7-300 紧凑型 CPU 集成有高速计数功能，如 CPU312C、CPU313C、CPU313C-2DP、CPU313C-PtP 等，集成的高速计数功能相关参数如表 15-6 所示，本节重点介绍性价比较高

的 CPU 集成的高速计数功能。

表 15-6　　紧凑型 CPU 集成的高速计数功能

	CPU312C	CPU313C	CPU313C-2DP	CPU313C-2PtP
订货号	6ES7 312-5BE03-0AB0	6ES7 313-5BF03-0AB0	6ES7 313-6CF03-0AB0	6ES7 313-6BF03-0AB0
输入信号类型（源/漏）	源型	源型	源型	源型
计数通道总数	2	3	3	3
可连接的编码器类型	24V 增量式	24V 增量式	24V 增量式	24V 增量式
最高计数频率（kHz）	10	30	30	30
工作模式	• 连续计数 • 单次计数 • 周期计数 • 频率测量	• 连续计数 • 单次计数 • 周期计数 • 频率测量	• 连续计数 • 单次计数 • 周期计数 • 频率测量	• 连续计数 • 单次计数 • 周期计数 • 频率测量
	CPU314C-2DP	CPU314C-2PtP	FM350-1	FM350-2
订货号	6ES7 314-6CG03-0AB0	6ES7 314-6BG03-0AB0	6ES7 350-1AH03-0AE0	6ES7 350-2AH00-0AE0
输入信号类型（源/漏）	源型	源型	源型、漏型	源型
计数通道总数	4（使用定位通道时仅两个通道可用）	4（使用定位通道时仅两个通道可用）	1	8
可连接的编码器类型	24V 增量式	24V 增量式	5V 增量式/24V 增量式	24V 增量式/NAMUR 编码器
最高计数频率（kHz）	60	60	• 5V 100m 以内的屏蔽电缆：500kHz • 24V 20m 以内的屏蔽电缆：200kHz • 24V 100m 以内的屏蔽电缆：20kHz	• A/B 正交编码器：10kHz • 单相编码器：20kHz • Namur 编码器：10kHz
工作模式	• 连续计数 • 单次计数 • 周期计数 • 频率测量	• 连续计数 • 单次计数 • 周期计数 • 频率测量	• 连续计数 • 单次计数 • 周期计数 • 频率测量 • 周期测量 • 转速测量	• 连续计数 • 单次计数 • 周期计数 • 频率测量 • 周期测量 • 转速测量 • 比例计数

常用工作模式的含义如表 15-7 所示。

表 15-7　　工作模式的含义

英文名称	名称	解释
Not configured	不组态	不组态任何计数或输出功能
Count continuously	连续计数	向上计数达到上限时，它将在出现下一正计数脉冲时跳至下限处，并从此处恢复计数；向下计数达到下限时，它将在出现下一负计数脉冲时跳至上限处，并从此处恢复计数
Count once	单次计数	计数器从 0 或装载值开始向上或向下计数，达到限制值后，计数器将跳至相反的计数限值，且门自动关闭。要重新启动计数，必须在门控制处生成一个正跳沿
Count periodically	周期计数	计数器从 0 或装载值开始向上或向下计数，达到限制值后，计数器将跳至装载值并从该值开始恢复计数
Frequency couriting	频率测量	CPU 在指定的积分时间内对进入脉冲进行计数并将其作为频率值输出

另外，除了紧凑型 CPU 集成有高速计数功能外，还有专门用来高速计的功能模板，如 FM350-1 和 FM350-2，外型如图 15-9 所示。

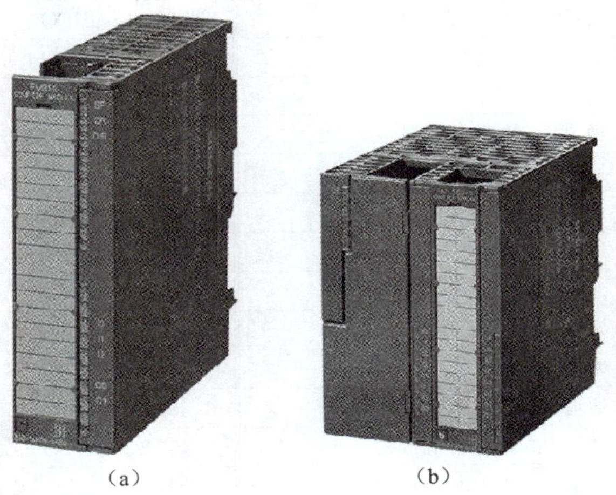

（a）　　（b）

图 15-9　高速计数模板

（a）FM350-1 模板；（b）FM350-2 模板模块功能总览表

二、CPU314C-2DP 集成的高速计数器的使用

CPU314C-2DP 的外型如图 15-10 所示，它有两个连接器（X1 和 X2），其中 CPU314C-2DP 的 X1（左）用于模拟量输入输出通道，X2（右）用于高速计数通道接线，计数通道总数为 3 路。CPU 314C-2DP（连接器 X2）的针脚分配如表 15-8 所示，接线图如图 15-11 所示。

图 15-10　CPU314C-2DP 外型

表 15-8　　　　针脚含义

编号	名称	计数和测量模式下含义	编号	名称	计数和测量模式下含义
1	1L+	输入的 24V 电源	21	2L+	输出的 24V 电源
2	DI+0.0	通道 0：轨迹 A/脉冲	22	DO+0.0	通道 0：输出
3	DI+0.1	通道 0：轨迹 B/方向	23	DO+0.1	通道 1：输出
4	DI+0.2	通道 0：硬件门	24	DO+0.2	通道 2：输出
5	DI+0.3	通道 1：轨迹 A/脉冲	25	DO+0.3	通道 3：输出
6	DI+0.4	通道 1：轨迹 B/方向	26	DO+0.4	未使用
7	DI+0.5	通道 1：硬件门	27	DO+0.5	未使用
8	DI+0.6	通道 2：轨迹 A/脉冲	28	DO+0.6	未使用
9	DI+0.7	通道 2：轨迹 B/方向	29	DO+0.7	未使用
10	—	未使用	30	2M	外壳接地
11	—	未使用	31	3L+	输出的 24V 电源
12	DI+1.0	通道 2：硬件门	32	DO+1.0	未使用
13	DI+1.1	通道 3：轨迹 A/脉冲	33	DO+1.1	未使用
14	DI+1.2	通道 3：轨迹 B/方向	34	DO+1.2	未使用
15	DI+1.3	通道 3：硬件门	35	DO+1.3	未使用
16	DI+1.4	通道 0：锁存器（仅在计数模式下）	36	DO+1.4	未使用
17	DI+1.5	通道 1：锁存器（仅在计数模式下）	37	DO+1.5	未使用
18	DI+1.6	通道 2：锁存器（仅在计数模式下）	38	DO+1.6	未使用
19	DI+1.7	通道 3：锁存器（仅在计数模式下）	39	DO+1.7	未使用
20	1M	外壳接地	40	3M	外壳接地

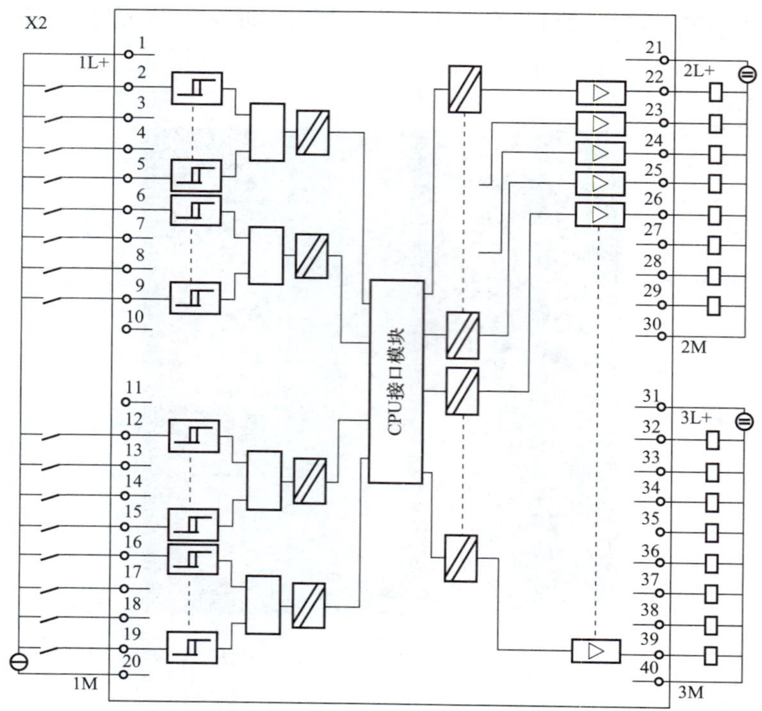

图 15-11　高数计数通道的接线

三、硬件组态

硬件组态步骤如下：

（1）建立项目，在硬件组态中插入 CPU314C-2DP。

（2）选择通道编号（如图 15-12 中的 a），对工作模式进行设置（如图 15-12 中的 b）。

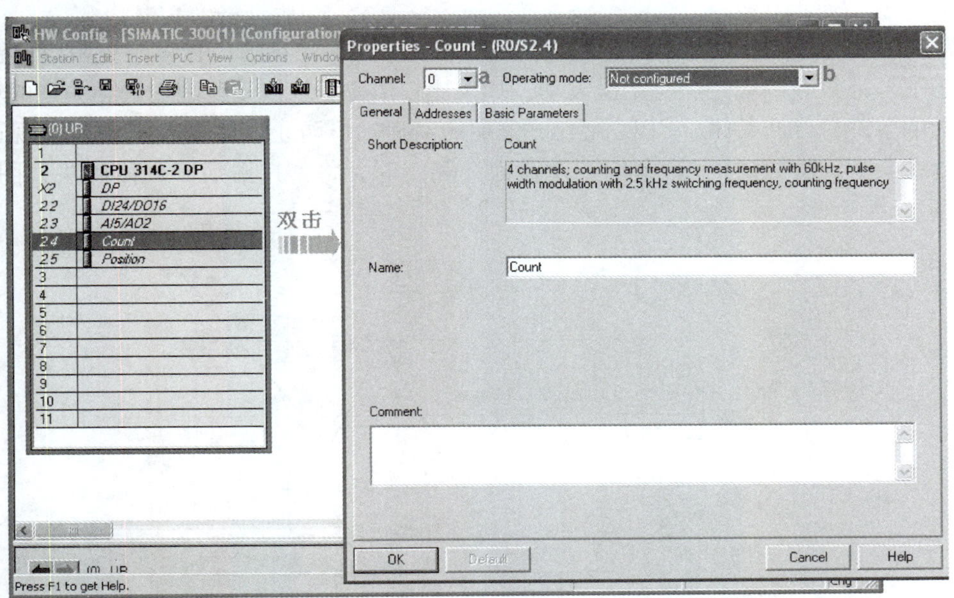

图 15-12　高速计数器组态画面

（3）连续计数工作模式的设置。连续计数的设置如图 15-13 所示。

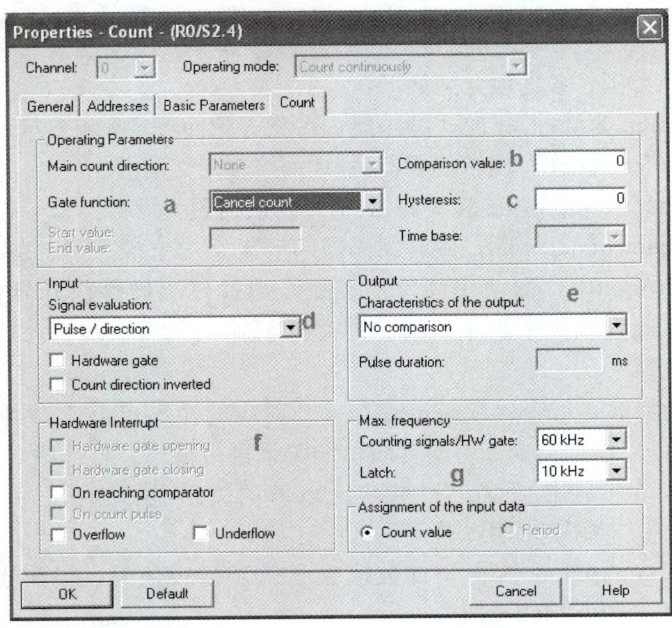

图 15-13　连续计数工作模式的设置

门功能 a 的各选项含义如下：

1）Cancel count，设置为计数取消门操作时，在关闭并重新启动门后将从装载值开始重新开始计数操作。

2）STOP count，设置为计数中断门操作时，在关闭门后将从最后的实际计数值开始恢复计数。

b 为比较值，c 为滞后。编码器可能停止在某个位置，并且随后在该位置附近“颤动”。在此状态下，计数会围绕一个特定值波动。如果比较值位于该波动范围内，则关联的输出将按照波动的节奏打开和关闭。CPU 配有可分配的滞后，可防止发生微小波动时出现这种切换。可以在 0～255 内选择一个范围。设置为 0 和 1 时，将禁用滞后。具体用法如图 15-14 所示。

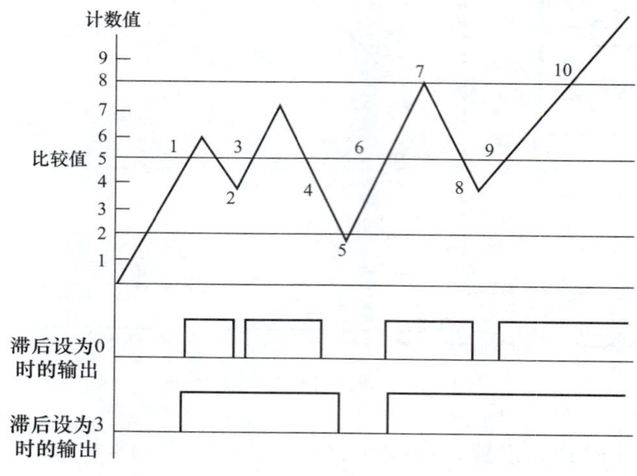

图 15-14 比较值与滞后的用法

d 设置编码器的类型，各选项含义如下：

1）Pulse/direction 为脉冲/方向式编码器，A 相为脉冲数，B 相表示计数方向。

2）Rotary encoder signal，旋转编码器 A/B 一倍速正交信号。

3）Rotary encoder double，旋转编码器 A/B 两倍速正交信号。

4）Rotary encoder quadruplel，旋转编码器四倍速 A/B 正交信号。

勾选“Hardware gate”，即使用硬件门控制，当且仅当硬件门和软件门同时打开时，CPU31XC 才会开始计数或频率测量。硬件门是外部输入信号。勾选“Count direction inverted”，计数方向相反。

e 设置输出点的特性，每个计数通道都有一个对应的输出点，该输出点可以手 SFB47/48 功能块控制，也可以根据当前计数与比较值的关系进行输出。各选项含义如下：

1）No comparision，不依据当前计数与比较值的关系进行输出，此时 SFB47 的输入 CTRL _ DO 和 SET _ DO 不起作用。

2）Count>=comparision value，计数值大于等于比较值时，输出点 DO 有输出，注意：必须首先置位控制位 CTRL _ DO。

3）Count<=comparision value，计数值小于等于比较值时，输出点 DO 有输出，注

意：必须首先置位控制位 CTRL _ DO。

4）Pulse atcomparision value，仅计数值等于比较值时，输出点 DO 有输出，注意：必须首先置位控制位 CTRL _ DO。

Counting signals/HW gate 表示脉冲信号/硬件门的最高频率，Latch：锁存信号的最高频率。

四、编程

CPU31XC 工作在计数和测量两种不同模式下调用的 SFB 系统功能块也不相同，计数模式下调用 SFB47，测量模式下调用 SFB48。下面介绍计数模式 SFB47 的使用。

在程序编辑窗口中，Library→Standard Library→System Function Blocks 中可以找到 SFB47，如图 15-15 所示。

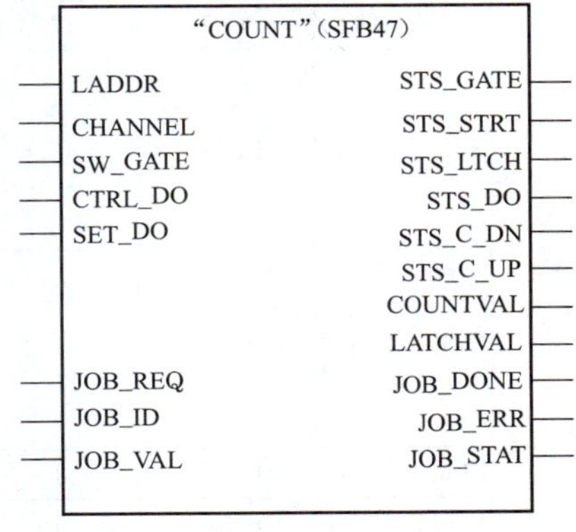

图 15-15 SFB47

SFB47 可以通过软件门 SW _ GATE 启动/停止计数器，启用/控制输出 DO，读出状态位读取当前计数值和锁存器值，用于读/写内部计数寄存器的作业。

SFB47 输入/输出参数的含义如表 15-9 所示。

表 15-9 SFB47 输入/输出参数

	参数	数据类型	在背景数据块中的地址	说明	值的有效范围	缺省值
输入	LADDR	WORD	0	在“HW Config”中指定的子模块 I/O 地址。如果输入和输出地址不相同，则必须指定两者中较低的地址		16＃300
	CHANNEL	INT	2	通道号	CPU312C：0～1CPU 313C CPU 或 313C-2DP/PtP：0～2 CPU 314C-2 DP/PtP：0～3	0
	SW _ GATE	BOOL	4.0	软件门，用于计数器启动/停止	TRUE/FALSE	FALSE
	CTRL _ DO	BOOL	4.1	启用输出控制	TRUE/FALSE	FALSE
	SET _ DO	BOOL	4.2	输出置位	TRUE/FALSE	FALSE
	JOB _ REQ	BOOL	4.3	作业请求（正跳沿）	TRUE/FALSE	FALSE
	JOB _ ID	WORD	6	作业号	不带有功能的作业：16＃00 写入计数值：16＃01 写装载值：16＃02 写入比较值 16＃04 写入滞后：16＃08 写入脉冲持续时间：16＃10 读装载值：16＃82 读比较值：16＃84 读取滞后：16＃88 读取脉冲持续时间：16＃90	0
	JOB VAL	DINT	8	写作业的值	$-2^{31}\sim+2^{31}-1$	0

续表

	参数	数据类型	在背景数据块中的地址	说明	值的有效范围	缺省值
输出	STS_GATE	BOOL	12.0	内部门状态	TRUE/FALSE	FALSE
	STS_STRT	BOOL	12.1	硬件门状态（启动输入）	TRUE/FALSE	FALSE
	STS_LTCH	BOOL	12.2	锁存器输入状态	TRUE/FALSE	FALSE
	STS_DO	BOOL	12.3	输出状态	TRUE/FALSE	FALSE
	STS_C_DN	BOOL	12.4	向下计数的状态。始终指示最后的计数方向。在第一次调用SFB之后，STS_C_DN的值为FALSE	TRUE/FALSE	FALSE
	STS_C_UP	BOOL	12.5	向上计数的状态。始终指示最后的计数方向。在第一次调用SFB之后，STS_C_UP的值为TRUE	TRUE/FALSE	FALSE
	COUNTVAL	DINT	14	当前计数值	$-2^{31} \sim 2^{31}-1$	0
	LATCHVAL	DINT	18	当前锁存器值	$-2^{31} \sim 2^{31}-1$	0
	JOB_DONE	BOOL	22.0	作业已完成，可启动新作业	TRUE/FALSE	TRUE
	JOB_ERR	BOOL	22.1	错误作业	TRUE/FALSE	FALSE
	JOB_STAT	WORD	24	作业错误编号	0～FFFF（十六进制）	0

当硬件门和软件门打开时（使用软件门控制则仅须软件门打开），计数功能开始进行。用户通过调用 SFB47 开始计数。计数程序如图 15-16 所示，当 M0.0 为“1”时，通道 0 开始计数。

```
CALL "COUNT", DB47
LADDR:=W#16#300
CHANNEL:=0
SW_GATE:=M0.0
CTRL_DO:=
SET_DO:=
JOB_REQ:=
JOB_ID:=
JOB_VAL:=
STS_GATE:=
STS_STRT:=
STS_LTCH:=
STS_DO:=
STS_C_DN:=
STS_C_UP:=
COUNTVAL:=MD10
LATCHVAL:=
JOB_DONE:=
JOB_ERR:=
JOB_STAT:=
```

图 15-16　计数程序

图 15-16 中“LADDR”是通道的逻辑地址，如图 15-17 所示，选择输入、输出地址中

较小的值。

只有当 CTRL _ DO 和 SET _ DO 同时为“1”时，对用通道的输出点 DO0 才会被置位，不同 CPU 输出点对应的接线端子。

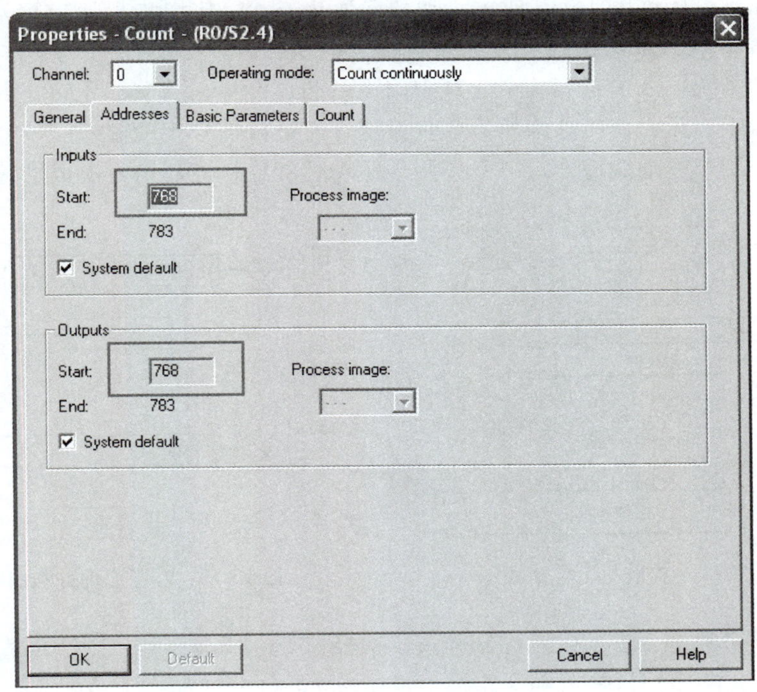

图 15-17 逻辑地址设置

在计数模式下，锁存当前计数值按如下方式工作：

(1) 当锁存器输入点从“0”变为“1”时，该瞬间的计数值会被锁存，并由 SFB 的 LATCHVAL 输出，这样便使您能实现与事件相关的计数值判断功能。

(2) CPU 进行 STOP-RUN 转换后，会将 LATCHVAL 重置为计数器的开始值。

(3) 当有锁存信号输入时，SFB 的 STS _ LTCH 置位锁存信号的上升沿变化触发锁存动作。

第四节 S7-300 PLC 在拌胶设备上的应用

在化工、冶金、轻工等行业中，有许多是当某变量的变化规律无法预先确定时，要求被控变量能够以一定的精度跟随该变量变化的随动系统。本节将以刨花板生产线的拌胶机系统为例，介绍 PLC 在随动控制系统中的应用。

一、工艺流程与控制要求

拌胶机工艺流程如图 15-18 所示。刨花由螺旋给料机供给，压力传感器检测刨花量。胶由胶泵抽给，用电磁流量计检测胶的流量；刨花和胶要按一定的比例送到拌胶机内搅拌，然后将混合料供给下一道热压机工序蒸压成型。

要求控制系统控制刨花量和胶量恒定，并有一定的比例关系，即胶量随刨花量的变化而变量，误差要求小于3%。

二、控制方案

根据控制要求，刨花控制回路采用比例（P）控制，胶量控制回路采用比例积分（PI）控制，其控制原理框图如图15-19所示，随动选择开关SK用于随动/胶设定方式的转换。

三、PLC的I/O分配与接线

拌料机控制系统输入信号有7个，其中用于启动、停车、随动选择的3个输入信号是开关量，而刨花给定、压力传感器信号、胶量设定、流量计信号4个输入信号是模拟量；输出信号2个，一个用于驱动调速器，另一个用于驱动螺旋给料机，均为模拟量信号。

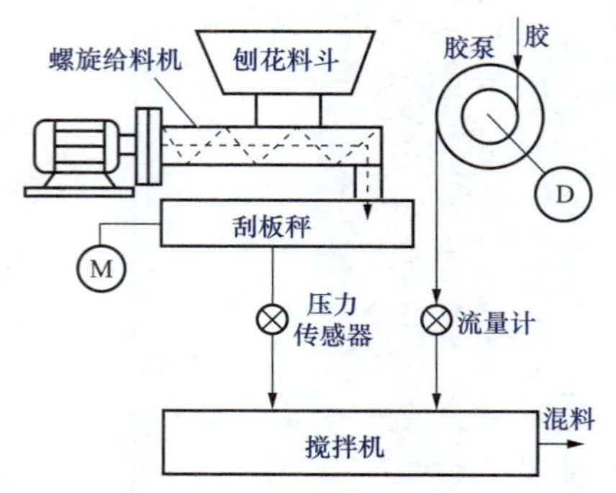

图15-18　拌胶机工艺流程图

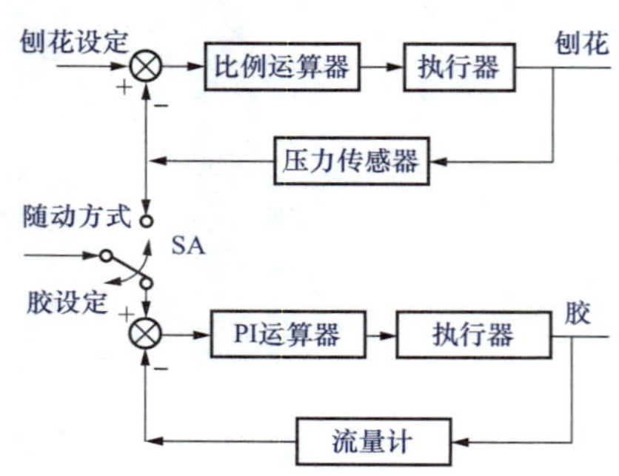

图15-19　控制原理方框图

根据I/O信号数量、类型以及控制要求，选择CPU313C，利用CPU集成的模拟量输入输出通道，选择4路模拟量输入和2路模拟量输出。I/O分配如表15-10所示。

表15-10　I/O分配表

输入信号			输出信号		
名称	功能	编号	名称	功能	编号
SB1	启动开关	I124.0	第1路模拟量输出	螺旋给料机驱动器	PQW752
SB2	停车开关	I124.1	第2路模拟量输出	胶泵调速器	PQW754
SA	随动/脉设定转换开关	I124.2	HD1	运行指示灯	Q124.0
第1路模拟量输入	刨花量设定	PIW752	HD2	停止指示灯	Q124.1
第2路模拟量输入	压力传感器	PIW754			
第3路模拟量输入	胶量设定	PIW756			
第4路模拟量输入	流量计	PIW758			

四、程序设计

根据控制原理图，刨花量设定经AD模块的CH1通道和压力传感器的刨花反馈信号经A/D转换后作差值运算，并取绝对值，然后乘比例系数$KP=2$，由DA模块的CH1通道输出。

当SA转接到随动方式时，刨花的反馈量作胶的给定量，反之，由胶量单独给定。两种输入方式都是将给定量与反馈量作差值运算，通过PID调节，抑制输入波动，达到控制要求。

CPU的程序块中包括有OB1、FB41、FC105、FC106及FB41的背景数据块DB1和DB2，如图15-20所示。

PLC的OB1程序如图15-21所示。

ysf -- C:\Program Files\Siemens\Step7\s7proj\ysf
ysf
SIMATIC 300(1)
CPU 313C
S7 Program(1)
Sources
Blocks
System data
OB1
FB41
FC105
FC106
DB1
DB2

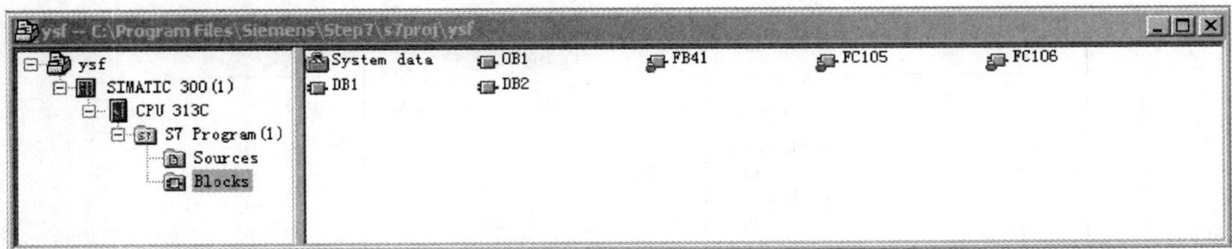

图 15-20　程序中的块

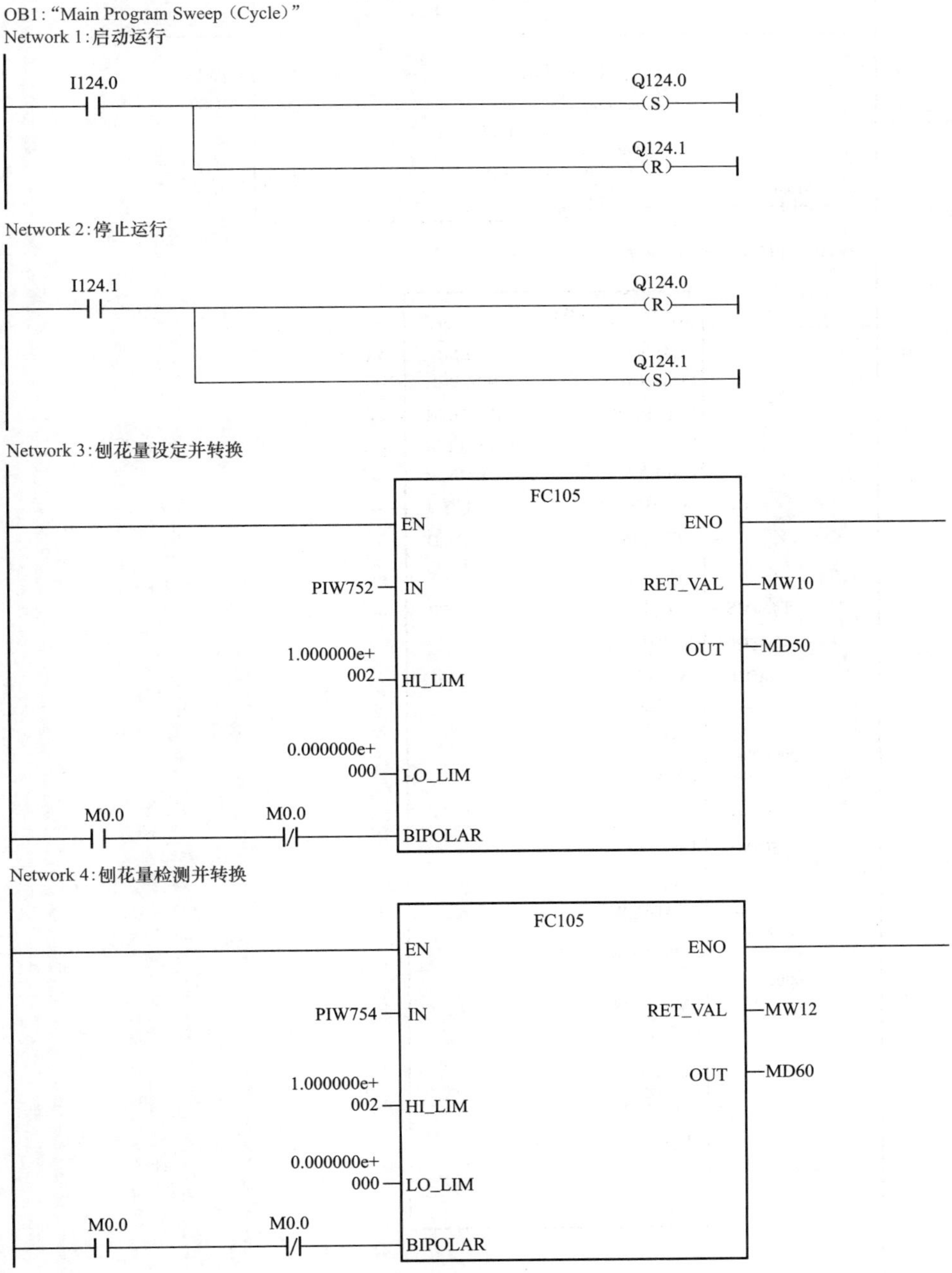

OB1:“Main Program Sweep (Cycle)”
Network 1:启动运行
I124.0
Q124.0
S
Q124.1
R
Network 2:停止运行
I124.1
Q124.0
R
Q124.1
S
Network 3:刨花量设定并转换
FC105
EN
ENO
PIW752
IN
RET_VAL
MW10
OUT
MD50
1.000000e+002
HI_LIM
0.000000e+000
LO_LIM
M0.0
M0.0
BIPOLAR
Network 4:刨花量检测并转换
FC105
EN
ENO
PIW754
IN
RET_VAL
MW12
OUT
MD60
1.000000e+002
HI_LIM
0.000000e+000
LO_LIM
M0.0
M0.0
BIPOLAR

图 15-21　OB1 主程序（一）

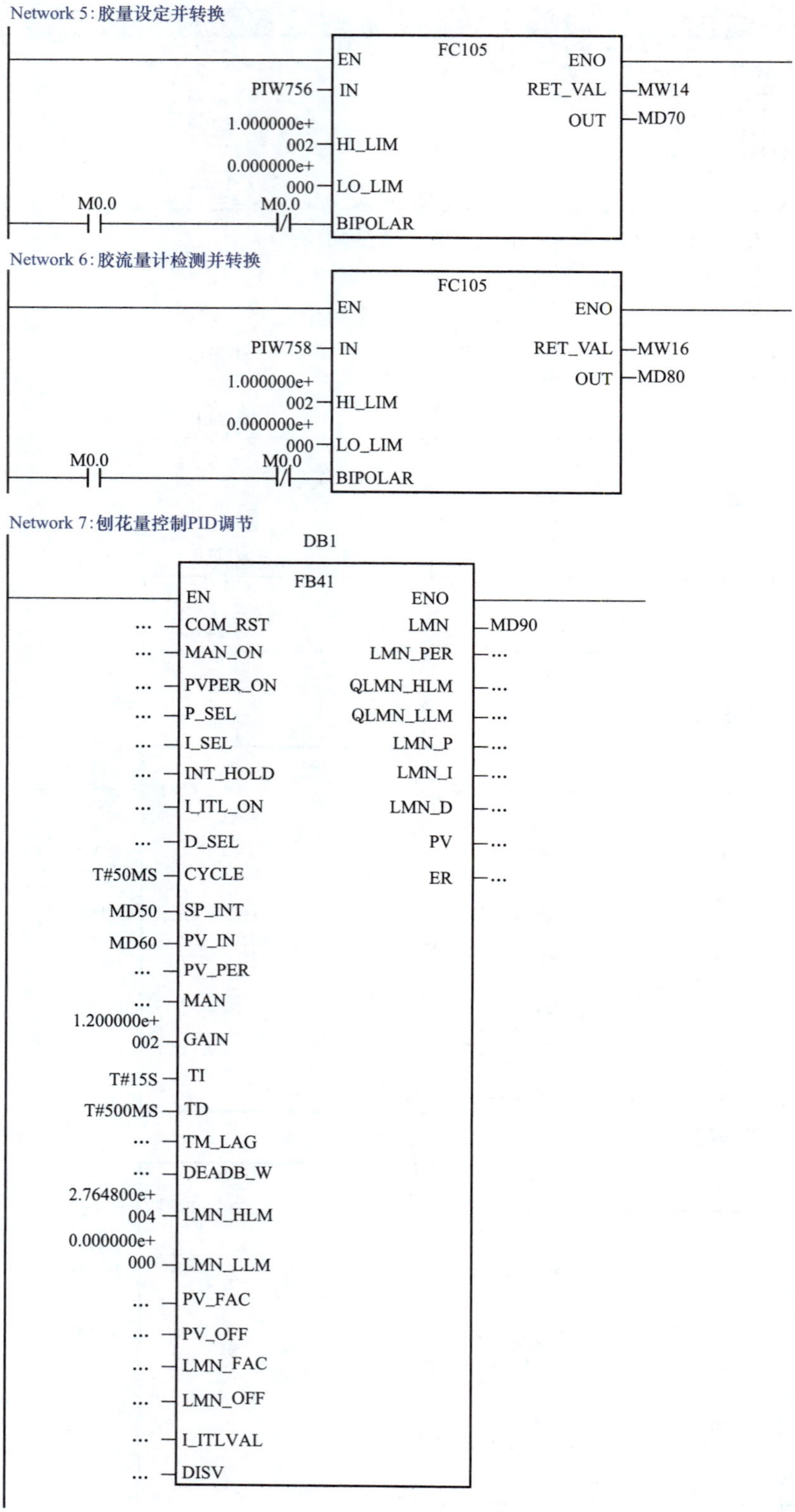

Network 5:胶量设定并转换

```
                                     FC105
          ---------------------- EN              ENO ----------
                      PIW756 --- IN          RET_VAL --- MW14
                1.000000e+                       OUT --- MD70
                       002 ---- HI_LIM
                0.000000e+
                       000 ---- LO_LIM
      M0.0            M0.0
   ---| |--------------|/|---- BIPOLAR
```

Network 6:胶流量计检测并转换

```
                                     FC105
          ---------------------- EN              ENO ----------
                      PIW758 --- IN          RET_VAL --- MW16
                1.000000e+                       OUT --- MD80
                       002 ---- HI_LIM
                0.000000e+
                       000 ---- LO_LIM
      M0.0            M0.0
   ---| |--------------|/|---- BIPOLAR
```

Network 7:刨花量控制PID调节

```
                        DB1
                        FB41
   ------------- EN                 ENO ----------
          ... -- COM_RST            LMN --- MD90
          ... -- MAN_ON         LMN_PER --- ...
          ... -- PVPER_ON     QLMN_HLM --- ...
          ... -- P_SEL        QLMN_LLM --- ...
          ... -- I_SEL           LMN_P --- ...
          ... -- INT_HOLD        LMN_I --- ...
          ... -- I_ITL_ON        LMN_D --- ...
          ... -- D_SEL              PV --- ...
     T#50MS -- CYCLE                ER --- ...
       MD50 -- SP_INT
       MD60 -- PV_IN
          ... -- PV_PER
          ... -- MAN
 1.200000e+
        002 -- GAIN
      T#15S -- TI
    T#500MS -- TD
          ... -- TM_LAG
          ... -- DEADB_W
 2.764800e+
        004 -- LMN_HLM
 0.000000e+
        000 -- LMN_LLM
          ... -- PV_FAC
          ... -- PV_OFF
          ... -- LMN_FAC
          ... -- LMN_OFF
          ... -- I_ITLVAL
          ... -- DISV
```

图 15-21　OB1 主程序（二）

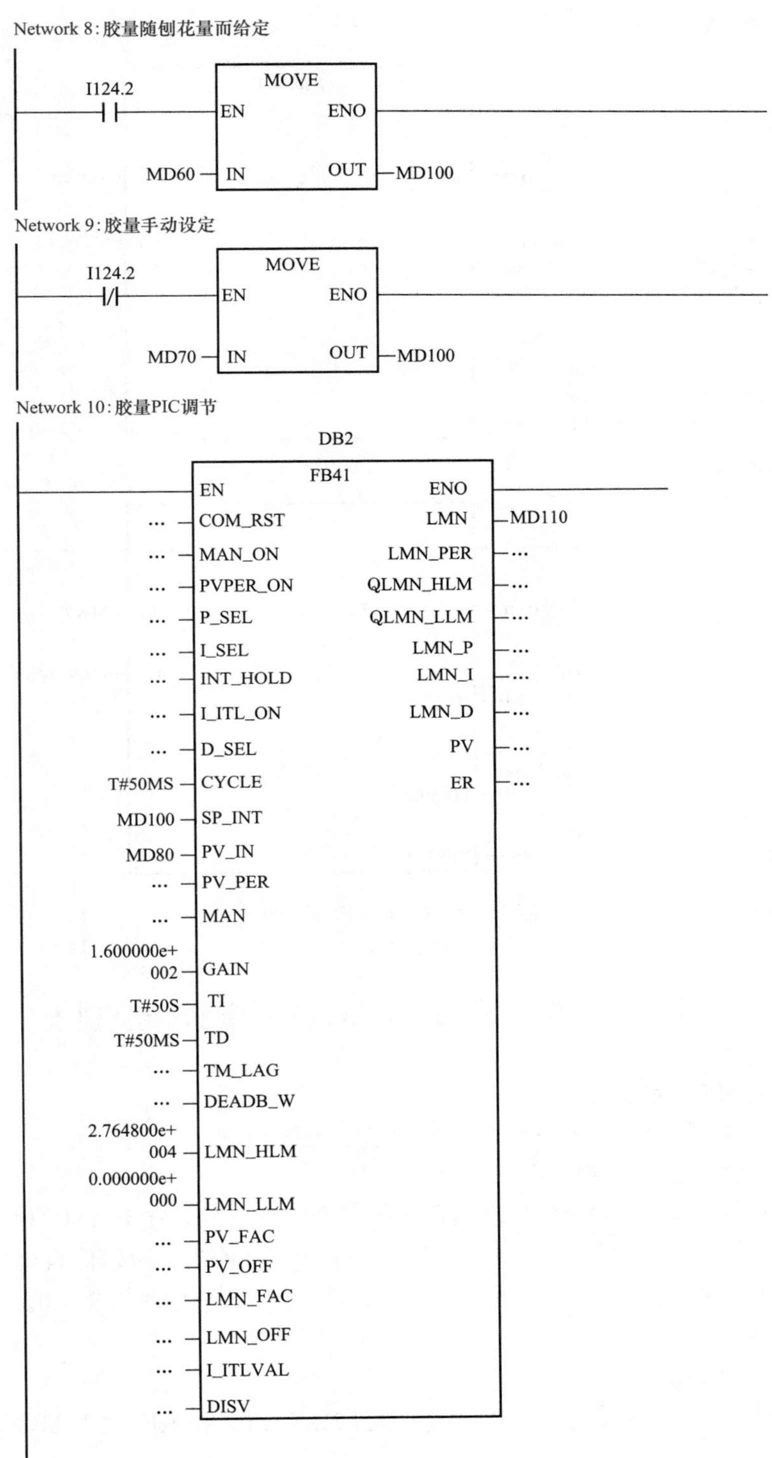

图 15-21 OB1 主程序（三）

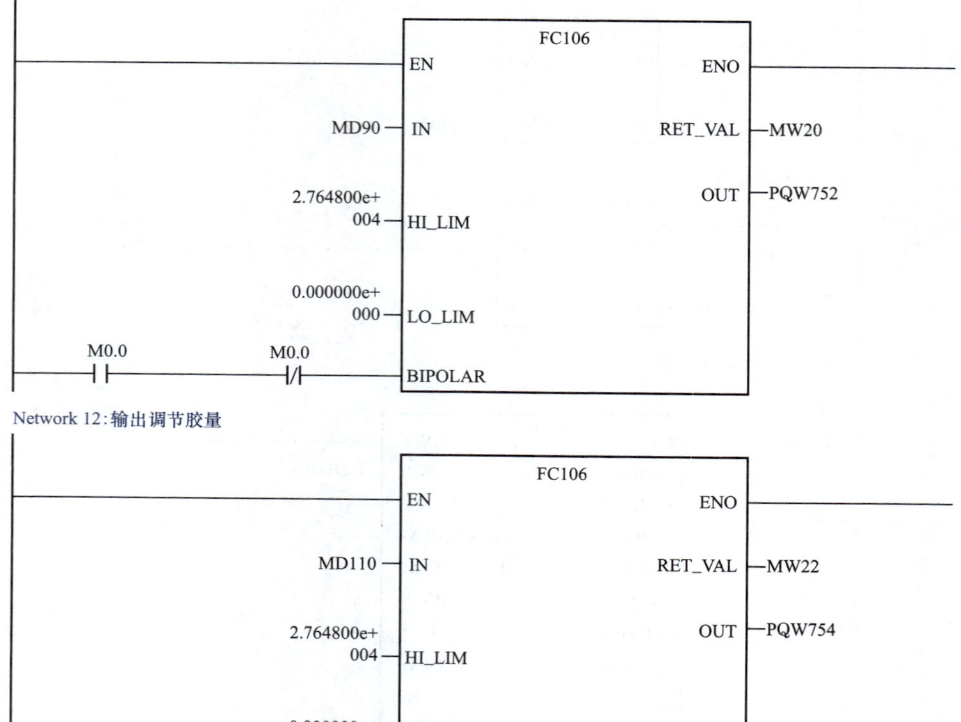

图 15-21　OB1 主程序（四）

第五节　基于 S7-300 PLC 的隧道时钟控制

一、SFC0 和 SFC1 的使用

用 SFC0 设置时间，SFC1 读出时间进行比较。方法如下：

（1）建立一共享数据块 DB1。

（2）打开数据块 DB1，进行变量声明。从第二个字节开始，在 NAME 栏中声明名称为“DT1”，TYPE 栏中声明变量类型为“DATE _ AND _ TIME”，初始值自动生成。同样再声明“DT2”。每个变量占用 8 个字节，其中前面的 6 个字节分别代表年、月、日、时、分、秒，以十六进制数表示。

（3）在 OB1 里调用 DB1。

（4）设定时间：调用 SFC0，在 PDT 端输入 DB1. DT1，在 RET _ VAL 端输入一个字，如 MW100。

（5）读出时间：调用 SFC1，在 CDT 端输入 DB1. DT2，在 RET _ VAL 端输入一个字，如 MW102。

（6）在 DB1 中，自 DB1. DBB2 到 DB1. DBB7 存放须设定的年、月、日、时、分、秒等

值；自 DB1. DBB10～DB1. DBB15 存放实际的年、月、日、时、分、秒的值。

(7) 把 DB1. DBB10～DB1. DBB15 的值（即当前时间值）和需要具体的时间进行比较操作。

二、隧道射流风机

1. 隧道射流风机系统概述

隧道射流风机系统控制要求如下：

(1) 某隧道全长 1km，双车道、双向行驶。安装风机 4 台，分二组，一组编号为 1 号、2 号，另一组编号为 3 号、4 号。每台风机都采用Y-△降压启动。

(2) 在 8 时到 21 时的时间段内车流量特别多，隧道内空气污浊，风机两组 4 台需要全部运行。

(3) 21 时后到第二天早上 7 时的时间段内车流量比较少，风机只开一组；考虑要合理使用风机和延长风机的使用寿命，决定两组风机要轮换使用，具体规定如下：

1) 21 时 30 分后要先关第一组 1 号风机，23 时再关第一组 2 号风机，剩下第二组 3 号、4 号两台运行；到第二天早上 7 时开第一组 1 号风机，7 时 30 分开第一组 2 号风机；

2) 第二天晚上 21 时 30 分后要先关第二组 3 号风机，23 时再关第二组 4 号风机，剩下第一组 1 号、2 号两台运行；再到下一天的早上 7 时开第二组 3 号风机，7 时 30 分开第二组 4 号风机，依此类推，按规定重复循环下去。

2. PLC 的选型

S7-300 PLC 的 CPU 选择 CPU314，再选择一块 16 个输入点的 SM321 信号模板和一块 16 个交流输出点的 SM322 信号模板。硬件组态如图 15-22 所示。

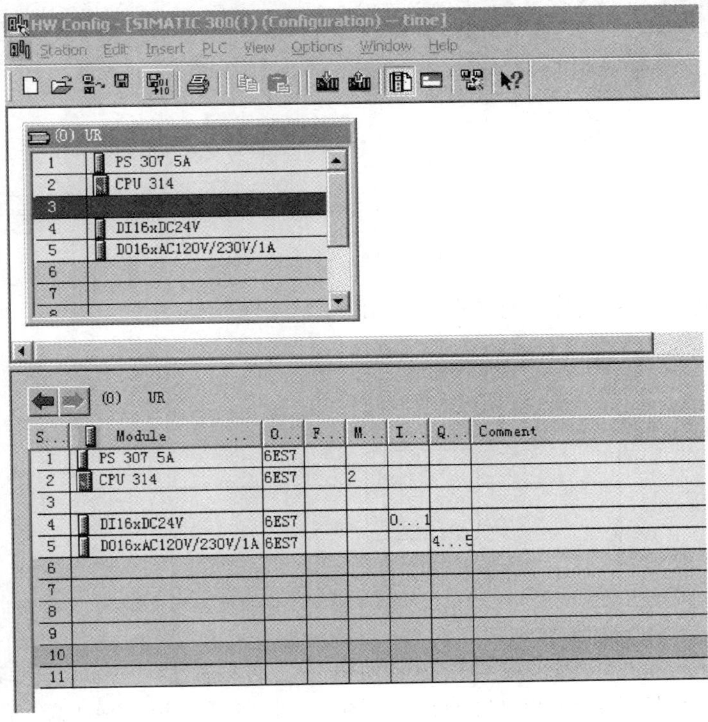

图 15-22 硬件组态

3. I/O 分配

各输入/输出点的分配如表 15-11 所示。

表 15-11　　　　I/O 分 配

输入点分配		输出点分配		
I0.0	启动按钮	Q4.0	控制 1 号风机	控制电源
I0.1	停止按钮	Q4.1		绕组Y形接法
I0.2	设定时钟按钮	Q4.2		绕组△形接法
		Q4.3	控制 2 号风机	控制电源
		Q4.4		绕组Y形接法
		Q4.5		绕组△形接法
		Q4.6	控制 3 号风机	控制电源
		Q4.7		绕组Y形接法
		Q5.0		绕组△形接法
		Q5.1	控制 4 号风机	控制电源
		Q5.2		绕组Y形接法
		Q5.3		绕组△形接法

4. 控制程序

编写的 PLC 控制程序包括初始化程序 OB100、风机启动功能 FC10 和主程序 OB1。初始化程序 OB100、共享数据块 DB1，另外在主程序 OB1 中调用了设置时间的 SFC0 和读出时间的 SFC1，如图 15-23 所示。

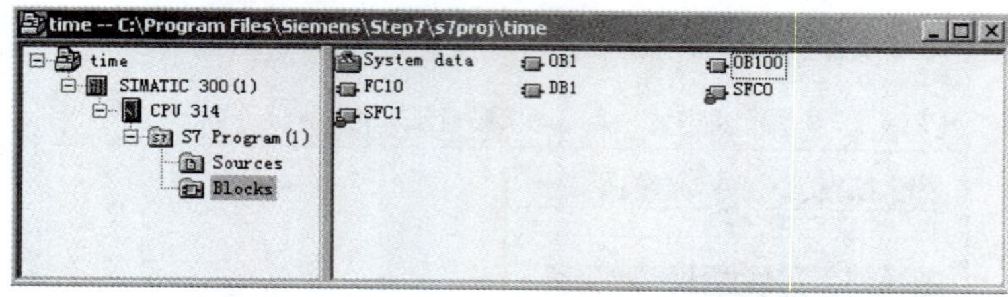

图 15-23　程序块

(1) OB100 程序。初始化程序 OB100 如图 15-24 所示。

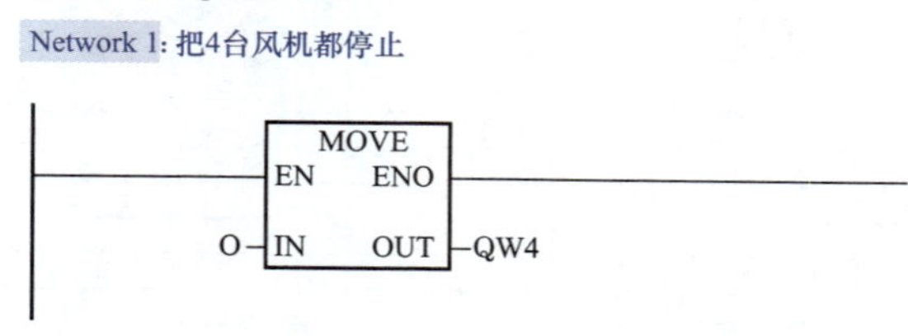

图 15-24　OB100 程序

(2) FC10 程序。FC10 用来编写控制电动机Y-△启动控制功能，组态 4 个 IN 型的接口如图 15-25 所示，组态三个 OUT 型的接口如图 15-26 所示，FC10 中编写的程序如图 15-27 所示。

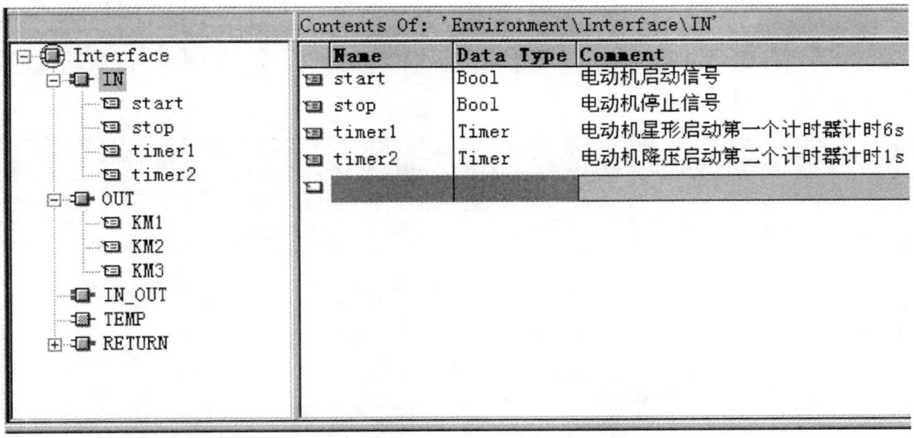
Contents Of: 'Environment\Interface\IN'
Interface
IN
start
stop
timer1
timer2
OUT
KM1
KM2
KM3
IN_OUT
TEMP
RETURN
Name
Data Type
Comment
start
Bool
电动机启动信号
stop
Bool
电动机停止信号
timer1
Timer
电动机星形启动第一个计时器计时6s
timer2
Timer
电动机降压启动第二个计时器计时1s

图 15-25 组态 4 个 IN 型的接口

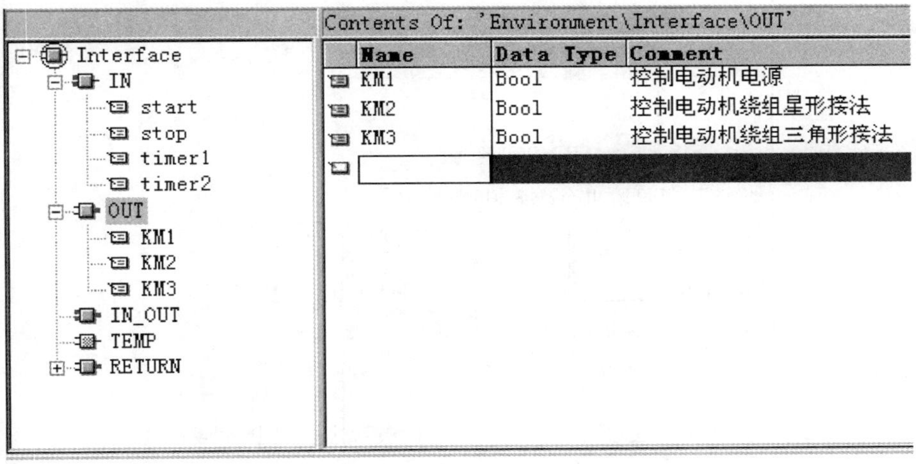
Contents Of: 'Environment\Interface\OUT'
Interface
IN
start
stop
timer1
timer2
OUT
KM1
KM2
KM3
IN_OUT
TEMP
RETURN
Name
Data Type
Comment
KM1
Bool
控制电动机电源
KM2
Bool
控制电动机绕组星形接法
KM3
Bool
控制电动机绕组三角形接法

图 15-26 组态三个 OUT 型接口

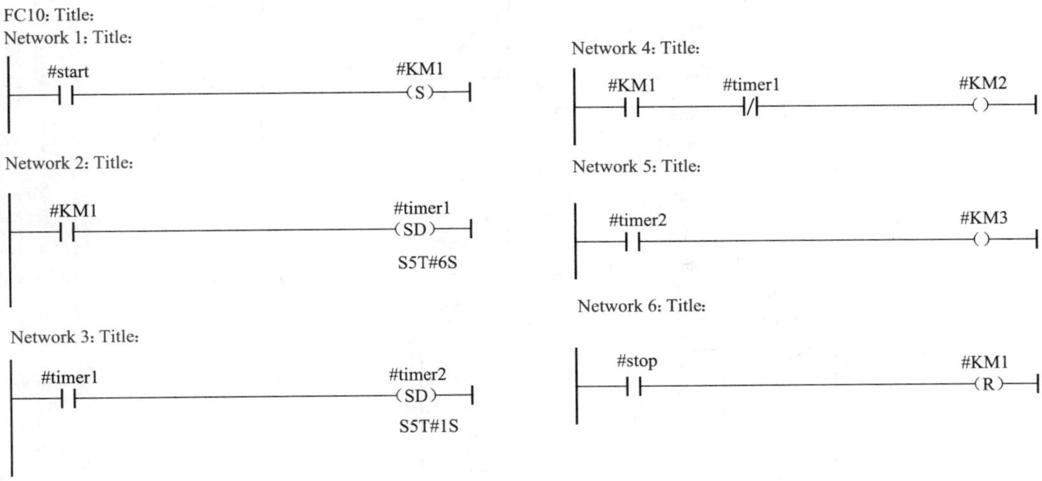
FC10: Title:
Network 1: Title:
#start
#KM1
S
Network 2: Title:
#KM1
#timer1
SD
S5T#6S
Network 3: Title:
#timer1
#timer2
SD
S5T#1S
Network 4: Title:
#KM1
#timer1
#KM2
Network 5: Title:
#timer2
#KM3
Network 6: Title:
#stop
#KM1
R

图 15-27 FC10 的程序

（3）共享数据块 DB1。共享数据块 DB1 中建立两个 DATE _ AND _ TIME 的数据，分明为 dt1 和 dt2，如图 15-28 所示，则读出来时间的时、分分别以十六进制数存储在 DB1. DBB13 和 DB1. DBB14 中。

Address	Name	Type	Initial value	Comment
0.0		STRUCT		
+0.0	DB_VAR	INT	0	Temporary placeholder variable
+2.0	dt1	DATE_AND_TIME	DT#10-8-28-0:0:0.000	设定的时间
+10.0	dt2	DATE_AND_TIME	DT#10-8-28-0:0:0.000	读出的时间
=18.0		END_STRUCT		

图 15-28　数据块 DB1

（4）OB1 主程序。OB1 主程序如图 15-29 所示。

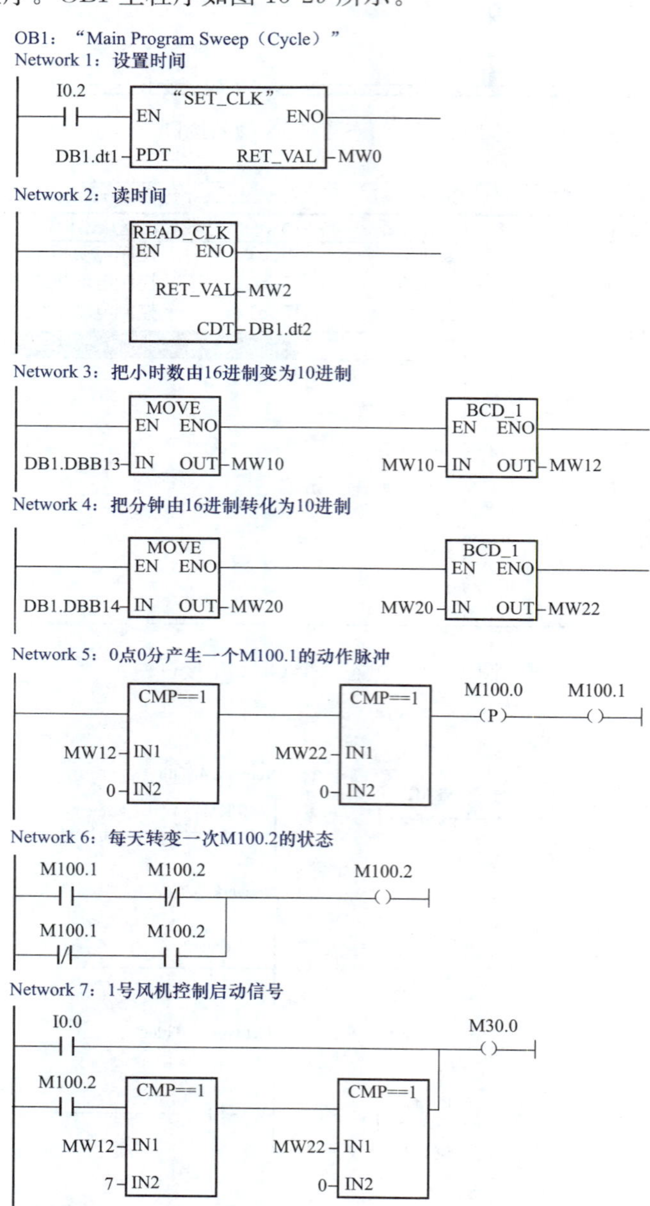

图 15-29　主程序 OB1（一）

Network 8：1号风机停止信号

Network 9：1号风机控制程序

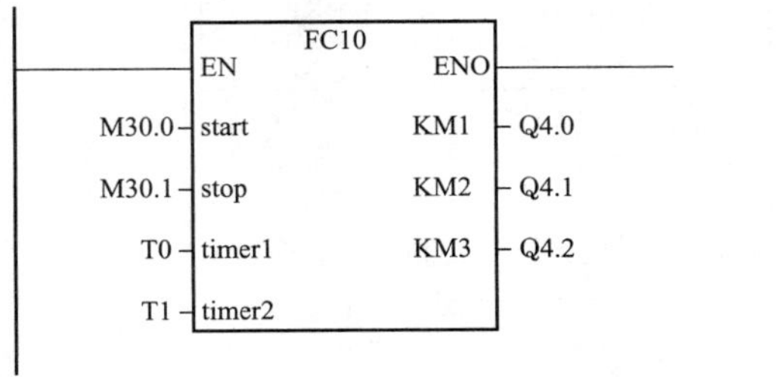

Network 10：2号风机控制启动信号

Network 11：1号风机停止信号

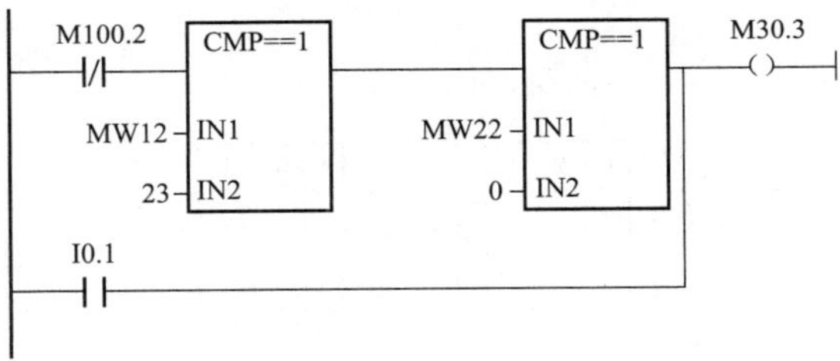

Network 12：2号风机控制程序

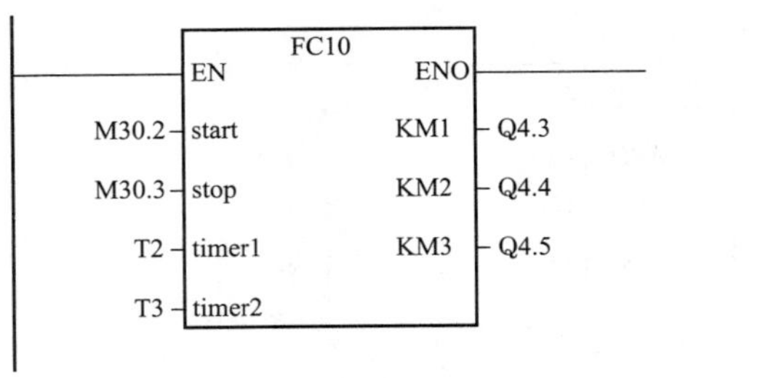

图 15-29　主程序 OB1（二）

Network 13：3号风机控制启动信号

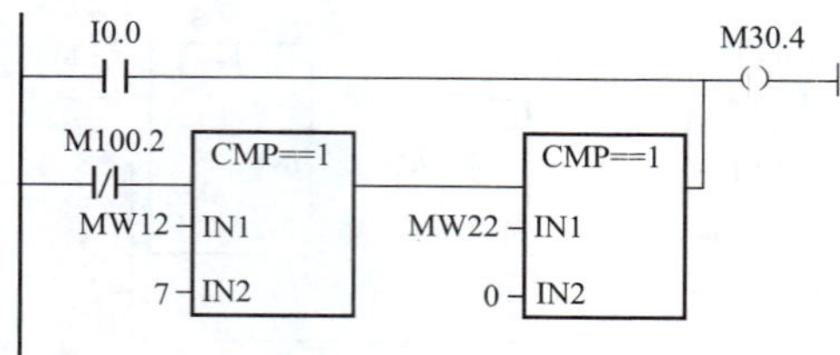

Network 14：3号风机停止信号

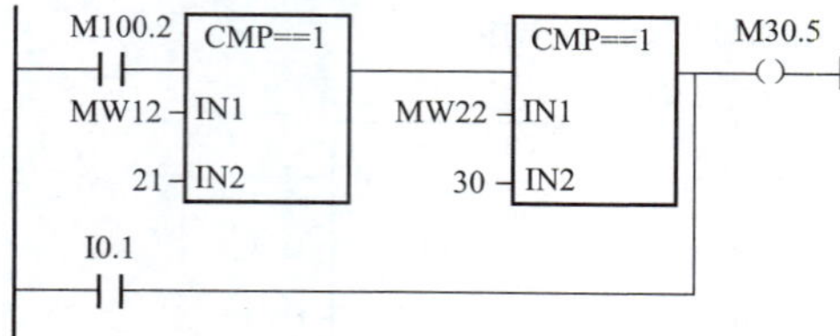

Network 15：3号风机控制程序

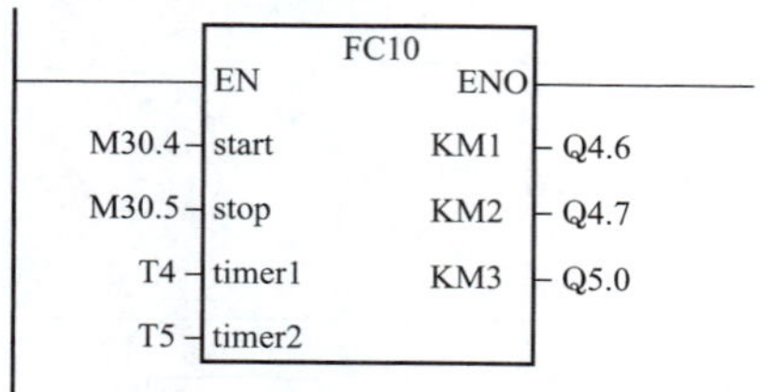

Network 16：4号风机控制启动信号

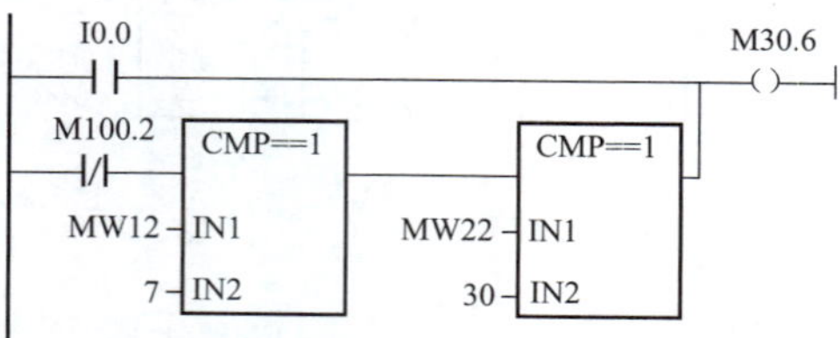

Network 17：4号风机停止信号

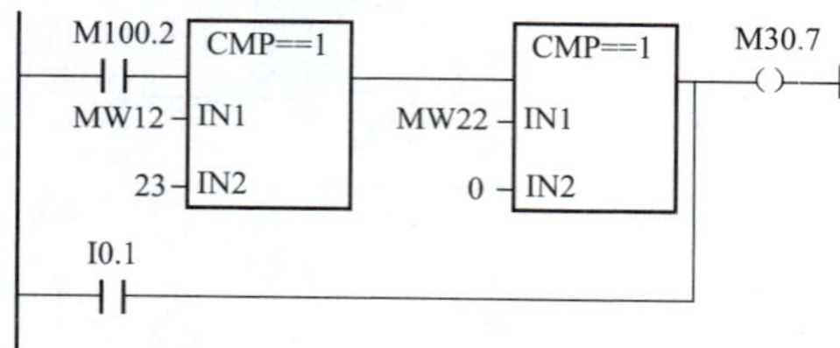

Network 18：4号风机控制程序

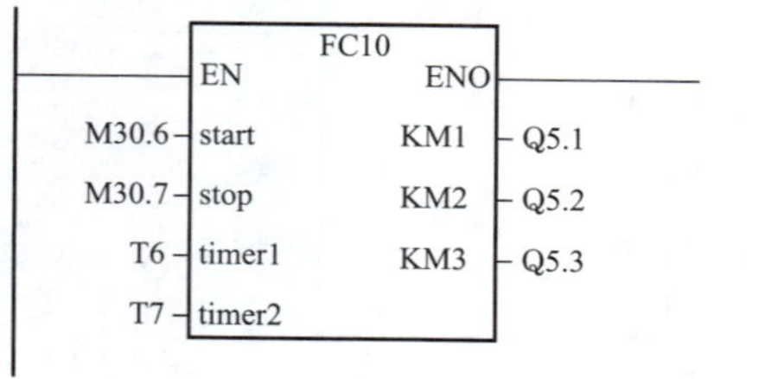

图 15-29　主程序 OB1（三）

◀ 第六节 CPU31XC的高速计数及举例 ▶

S7-300/400 PLC 紧凑型的 CPU 带有高数计数接口。本节以 CPU31XC 为例讲解其高速计数的用法。

一、CPU31XC 的接线方式

图 15-30 所示为 CPU314C-2DP 的面板图，它包括二路接线端子排。其中 X1（左）用于模拟量输入输出通道，X2（右）用于高速计数通道接线。用于高速计数通道接线的 X2 各端子定义见表 15-8。

图 15-30 CPU314C-2DP

二、CPU31XC 硬件组态

工作模式的组态如图 15-31 所示。单击 Count 项，出现 Count 属性窗口。

方框 a 组态通道号，方框 b 组态工作模式。

工作模式可设定的为 Not configured、Count continuously、Count once、Count periodically、Frequency countiny 及 Pulse-modulation，如图 15-32 所示。

下面对常用的工作模式进行介绍。

1. Count continuously（连续计数）

（1）向上计数达到上限时，它将在出现下一正计数脉冲时跳至下限处，并从此处恢复计数。

（2）向下计数达到下限时，它将在出现下一负计数脉冲时跳至上限处，并从此处恢复计数。

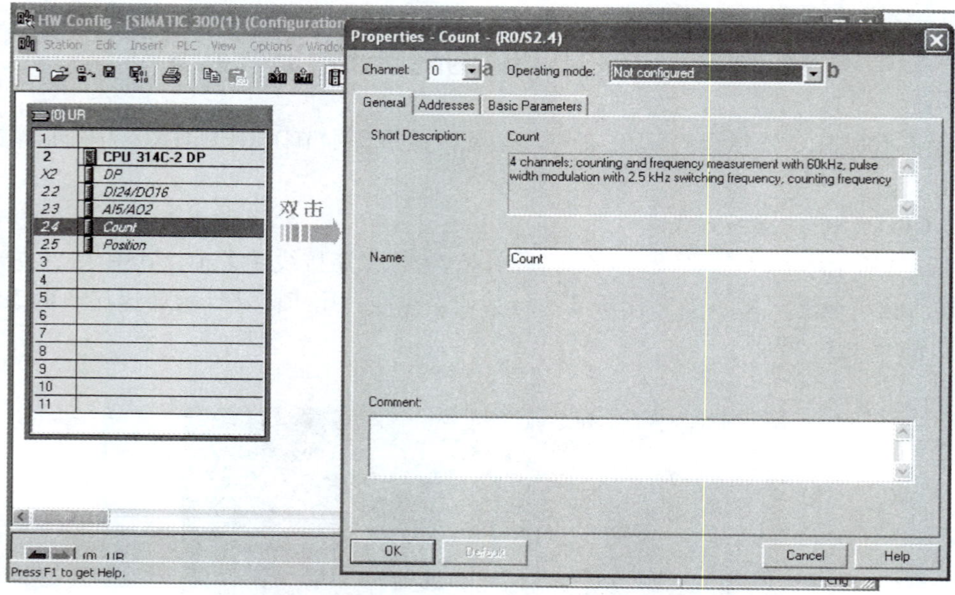

图 15-31　Count 属性窗口

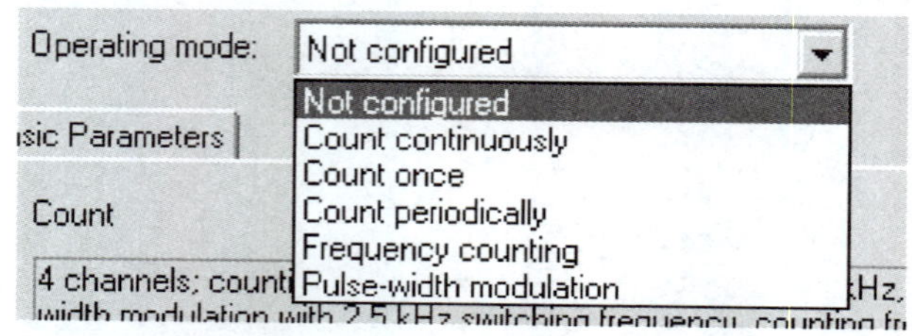

图 15-32　工作模式设定

连续计数工作模式的计数情况如图 15-33 所示。

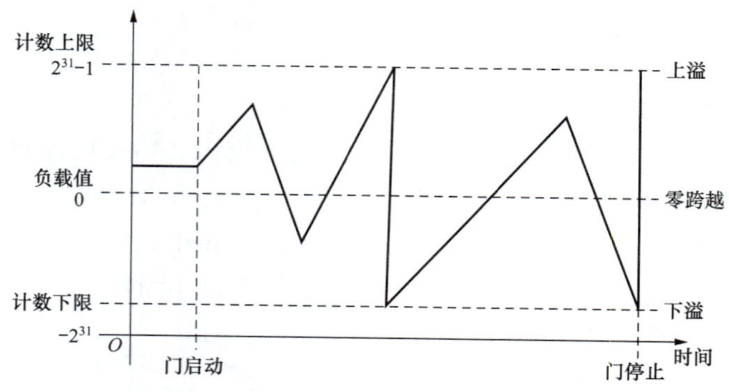

图 15-33　连续工作模式

2. Count once（单次计数）

计数器从 0 或装载值开始向上或向下计数，达到限制值后，计数器将跳至相反的计数限值，且门自动关闭。要重新启动计数，必须在门控制处生成一个正跳沿。单次计数工作模式的计数情况如图 15-34 所示。

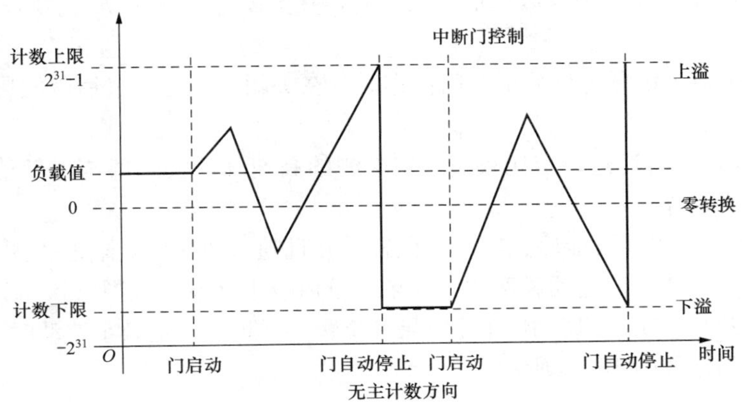

图 15-34　单次计数

3. Count periodically（周期计数）

计数器从 0 或装载值开始向上或向下计数，达到限制值后，计数器将跳至装载值并从该值开始恢复计数。

4. Frequency counting（频率测量）

CPU 在指定的积分时间内对进入脉冲进行计数并将其作为频率值输出。

三、连续计数模式

在图 13-31 中选择连续计数模式后，可对其属性进行具体设置如图 13-35 所示。

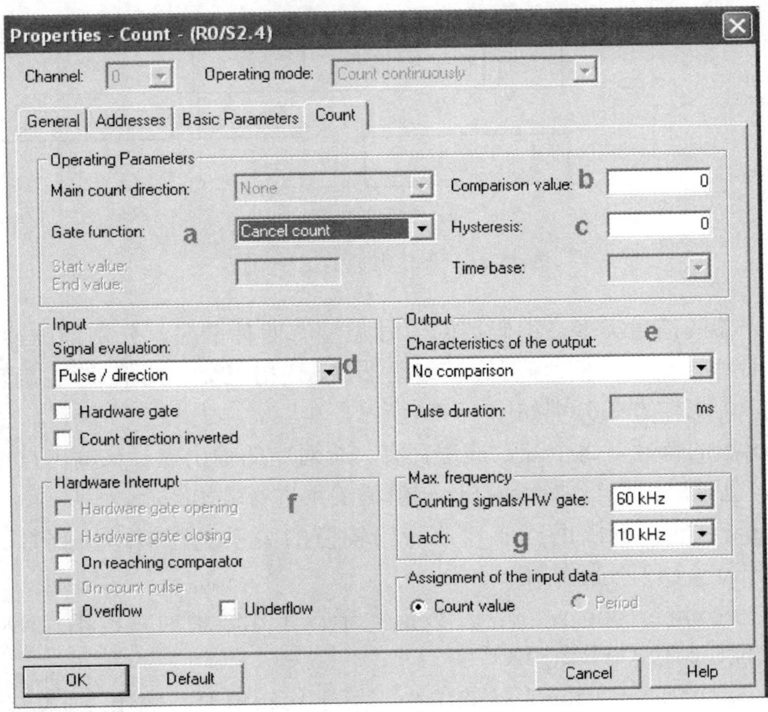

图 13-35　连续计数属性组态

（1）a：门功能。

1）Cancel count：设置为计数取消门操作时，在关闭并重新启动门后将从装载值开始重新开始计数操作。

2）STOP count：设置为计数中断门操作时，在关闭门后将从最后的实际计数值开始恢复计数。

（2）b：比较值。可通过设定比较值，用检测的高速脉冲实际值与比较值进行比较，从而控制输出口是否动作。

（3）c：滞后。编码器可能停止在某个位置，并且随后在该位置附近“颤动”。在此状态下，计数会围绕一个特定值波动。例如，如果比较值位于该波动范围内，则关联的输出将按照波动的节奏打开和关闭。CPU 配有可分配的滞后，可防止发生微小波动时出现这种切换。

组态滞后的动作如图 15-36 所示。

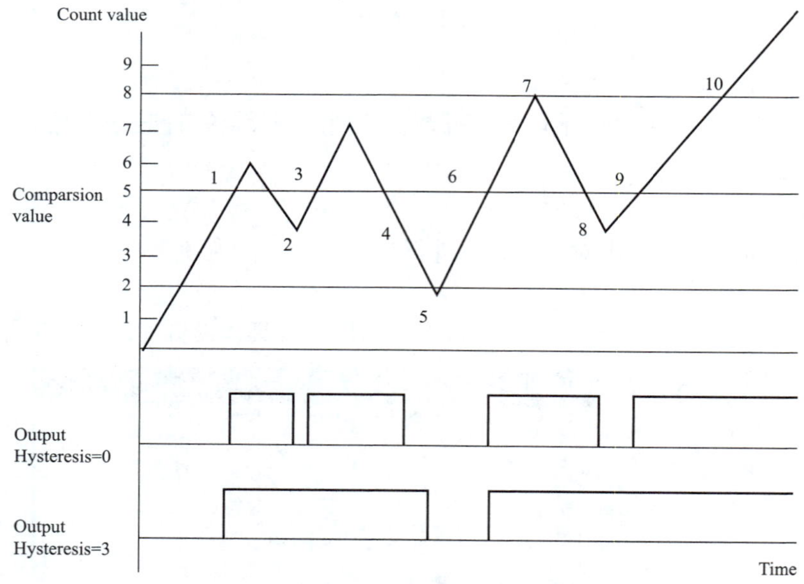

图 15-36　设定滞后的工作情况

（4）d：编码器的信号类型。编码器的信号类型有四种情况，分别是脉冲方向/编码器、旋转编码器（AB 相正交，一倍速）、旋转编码器（AB 相正交，两倍速）、旋转编码器（AB 相正交，四倍速），工作方式分别如图 15-37 所示。

（5）e：输出点的特性，每个计数通道都有一个对应的输出点，该输出点可以受 SFB47/48 功能块控制，也可以根据当前计数与比较值的关系进行输出。

1）No comparision：不依据当前计数与比较值的关系进行输出，此时 SFB47 的输入 CTRL _ DO 和 SET _ DO 不起作用。

2）Count>=comparision value：计数值大于等于比较值时，输出点 DO 有输出，注意：必须首先置位控制位 CTRL _ DO。

3）Count<=comparision value：计数值小于等于比较值时，输出点 DO 有输出，注意：必须首先置位控制位 CTRL _ DO。

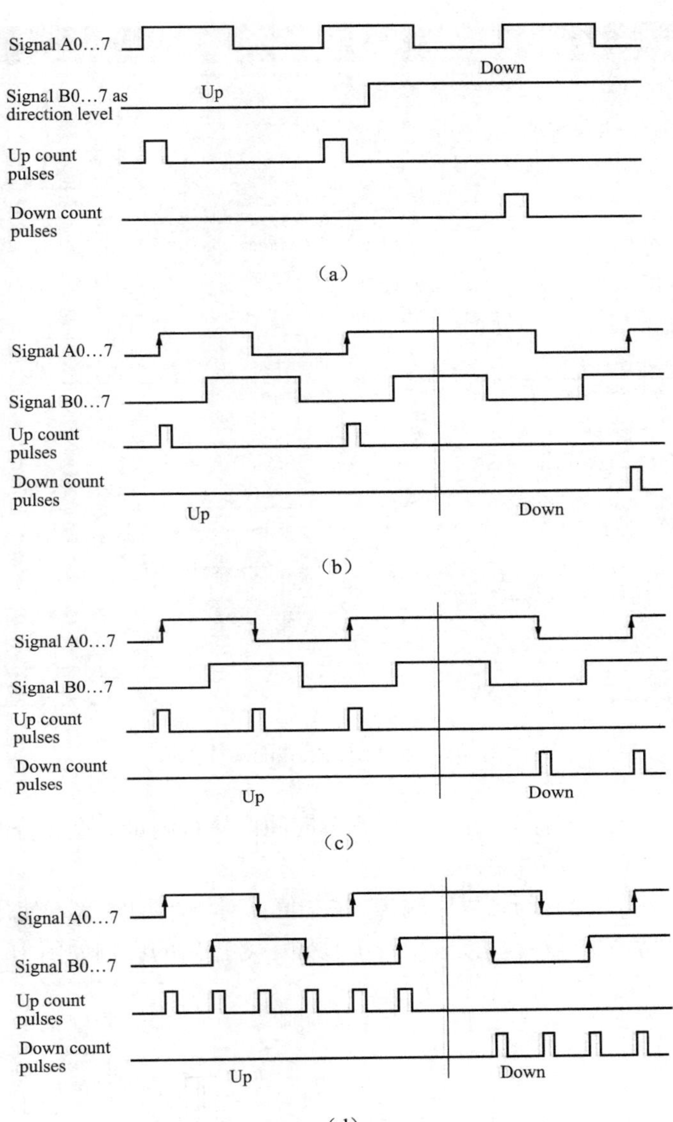

图 15-37 编码器的信号类型

(a) Pulse/direction：脉冲/方向式编码器；(b) Rotary encoder signal：旋转编码器（A/B 正交），一倍速；(c) Rotary encoder double：旋转编码器（A/B 正交），两倍速；(d) Rotary encoder quadruplel：旋转编码器（A/B 正交），四倍速

4) Pulse at comparision value：仅计数值等于比较值时，输出点 DO 有输出，注意：必须首先置位控制位 CTRL _ DO。

四、频率测量模式

在此操作模式下，CPU 在指定的积分时间内对进入脉冲进行计数并将其作为频率值输出。用户通过调用 SFB 读取频率值，单位是 mHz，其属性窗口如图 15-38 所示。

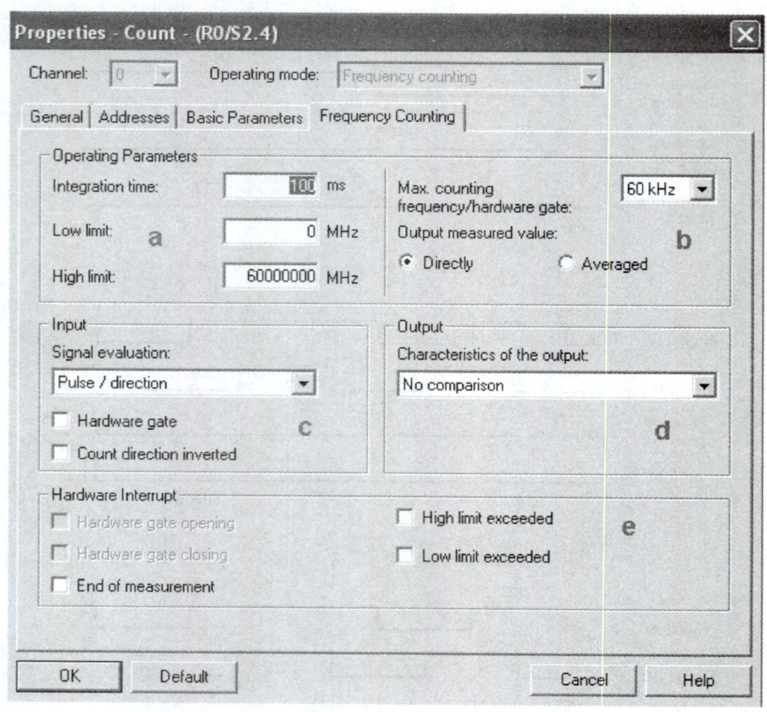

图 15-38 频率测量模式的属性窗口

Integration time：积分时间，在指定的积分时间内执行测量。在积分时间结束后更新测量值。用户可以填入 10～10000 之间的整数。

对于直接频率，在积分时间结束时输出“0”值。对于平均频率，使用最后测量的值除以无正跳沿的测量间隔数。设定直接频率与平均频率对输出的影响如图 15-39 所示。

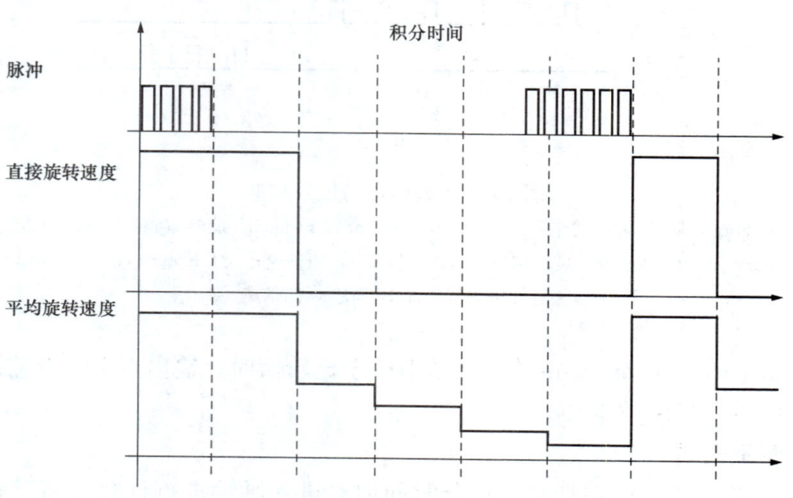

图 15-39 设定直接频率与平均频率对输出的影响

五、编程

CPU31XC工作在计数和测量两种不同模式下调用的SFB系统功能块也不相同，计数模式下调用SFB47，测量模式下调用SFB48。

1. 计数模式

在程序编辑窗口中，Library→Standard Library→System Function Blocks中可以找到SFB47，如图15-40所示。

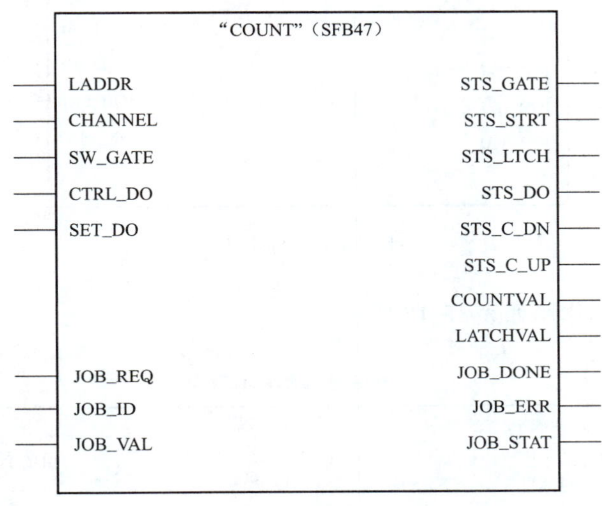

图15-40　SFB47

SFB47可以实现以下功能：

（1）通过软件门SW_GATE启动/停止计数器。

（2）启用/控制输出DO。

（3）读出状态位。

（4）读取当前计数值和锁存器值。

（5）用于读/写内部计数寄存器的作业。

（6）读出当前周期（不与块互连，但仅在背景数据块中可用）。

SFB47的各参数的作用见表15-9。

2. 测量模式

在程序编辑窗口中，Library→Standard Library→System Function Blocks中可以找到SFB48，如图15-41所示。

SFB48可以实现如下功能：

（1）通过软件门SW _ GATE启动/停止。

（2）启用/控制输出DO。

（3）读出状态位。

（4）读出当前测量值。

（5）用于读取和写入内部频率计数寄存器的作业。

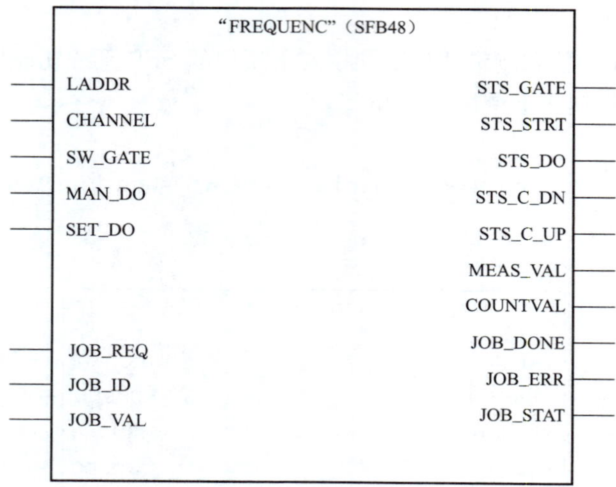

图 15-41　SFB48

SFB48 的各参数的作用如表 15-12 所示。

表 15-12　　SFB48 各参数的作用

	参数	数据类型	在背景数据块中的地址	说明	值的有效范围	缺省值
输入	LADDR	WORD	0	在"HW Config"中指定的子模块 I/O 地址。如果输入和输出地址不相同，则必须指定两者中较低的地址		16#300
	CHANNEL	INT	2	通道号：	CPU312C：0～1CPU313C CPU 或 313C-2DP/PtP： 0～2 CPU314C-2DP/PtP：0～3	0
	SW _ GATE	BOOL	4.0	软件门，用于计数器启动停止	TRUE/FALSE	FALSE
	MAN _ DO	BOOL	4.1	启用输出手动控制	TRUE/FALSE	FALSE
	SET _ DO	BOOL	4.2	输出置位	TRUE/FALSE	FALSE
	JOB _ REQ	BOOL	4.3	作业请求（正跳沿）	TRUE/FALSE	FALSE
	JOB _ ID	WORD	6	作业号	不带有功能的作业：16#00 写入下限 16#01 写入上限 16#02 写入积分时间：16#04 读下限：16#81 读上限：16#82 读积分时间：16#84	0
	JOB _ VAL	DINT	8	写作业的值	$-2^{31}\sim+2^{31}-1$	0

续表

	参数	数据类型	在背景数据块中的地址	说明	值的有效范围	缺省值
输出	STS_GATE	BOOL	12.0	内部门状态	TRUE/FALSE	FLASE
	STS_STRT	BOOL	12.1	硬件门状态（启动输入）	TRUE/FALSE	FLASE
	STS_LTCH	BOOL	12.2	锁存器输入状态	TRUE/FALSE	FLASE
	STS_DO	BOOL	12.3	输出状态	TRUE/FALSE	FLASE
	STS_C_DN	BOOL	12.4	向下计数的状态。始终指示最后的计数方向。在第一次调用SFB之后，STS_C_DN的值为FLASE	TRUE/FALSE	FLASE
	STS_C_UP	BOOL	12.5	向上计数的状态。始终指示最后的计数方向。在第一次调用SFB之后，STS_C_UP的值为TRUE	TRUE/FALSE	FLASE
	MEAS_VAL	DINT	14	当前频率值	$0\sim2^{31}-1$	0
	COUNTVAL	DINT	18	当前锁存器值	$-2^{31}\sim+2^{31}-1$	0
	JOB_DONE	BOOL	22.0	作业已完成，可启动新作业	TRUE/FALSE	TRUE
	JOB_ERR	BOOL	22.1	错误作业	TRUE/FALSE	FLASE
	JOB_STAT	WORD	24	作业错误编号	0～FFFF（十六进制）	0

3. 计数程序

当硬件门和软件门打开时（使用软件门控制则仅须软件门打开），计数功能开始进行。用户通过调用SFB47（48）开始计数（频率测量），例如以下程序：

```
CALL"COUNT",DB47
LADDR: = W# 16# 300
CHANNEL: = 0
SW_GATE: = M0.0
CTRL_DO: =
SET_DO: =
JOB_REQ: =
JOB_ID: =
JOB_VAL: =
STS_GATE: =
STS_STRT: =
STS_LTCH: =
STS_DO: =
STS_C_DN: =
STS_C_UP: =
COUNTVAL: = MD10
LATCHVAL: =
JOB_DONE: =
JOB_ERR: =
```

```
JOB_STAT: =
```

当 M0.0 为“1”时，通道 0 开始计数。

LADDR 是通道的逻辑地址，见图 15-42 中，选择输入、输出地址中最小的值。

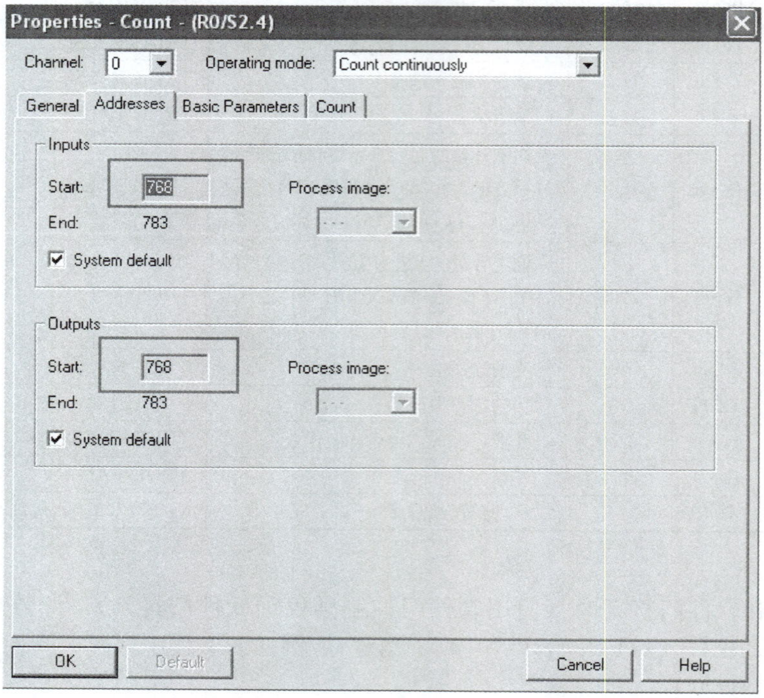

图 15-42　LADDR 地址的确定

4. 置位计数通道的输出点

只有当 CTRL_DO（频率测量：MAN_DO）和 SET_DO 同时为“1”时，对用通道的输出点才会被置位，例如以下程序：

```
L16# 07
T   MB0         //将 M0.0,M0.1,M0.2 置 1

CALL"COUNT",DB47
LADDR: = W# 16# 300
CHANNEL: = 0
SW_GATE: = M0.0
CTRL_DO: = M0.1
SET_DO: = M0.2
JOB_REQ: =
JOB_ID: =
JOB_VAL: =
STS_GATE: =
```

```
STS_STRT: =
STS_LTCH: =
STS_DO: =
STS_C_DN: =
STS_C_UP: =
COUNTVAL: = MD10
LATCHVAL: =
JOB_DONE: =
JOB_ERR: =
JOB_STAT: =
```

此时，通道 0 对应的输出点 DO0 会被置位。

5. 在计数模式下，锁存当前计数值

(1) 当锁存器输入点从“0”变为“1”时，该瞬间的计数值会被锁存，并由 SFB 的 LATCHVAL 输出，这样便使您能实现与事件相关的计数值判断功能。

(2) CPU 进行 STOP-RUN 转换后，会将 LATCHVAL 重置为计数器的开始值。

(3) 当有锁存信号输入时，SFB 的 STS_LTCH 置位。

(4) 锁存信号的上升沿变化触发锁存动作。

6. 执行作业操作

首先要把作业号写入 JOB_ID，作业值写入 JOB_VAL 中，再将一个上升沿信号送到 JOB_REQ 输入。作业操作完成后 JOB_DONE 会被置 1。

下面是一个在计数模式下更新装载值的例子：

```
T  16# 02
T  MW2     //将写装载值的任务号 16# 02 写入 MW2
L  200
T  MD4     //将写新的装载值 200 写入 MD4
L  16# 09
T  MW2     //置位 M0.0,M0.3

CALL"COUNT",DB47
LADDR: = W# 16# 300
CHANNEL: = 0
SW_GATE: = M0.0
CTRL_DO: =
SET_DO: =
JOB_REQ: = M0.3
JOB_ID:= MW2
JOB_VAL: = MD4
STS_GATE: =
```

```
STS_STRT: =
STS_LTCH: =
STS_DO: =
STS_C_DN: =
STS_C_UP: =
COUNTVAL: = MD10
LATCHVAL: =
JOB_DONE: = M20.0
JOB_ERR: =
JOB_STAT: =
```

第七节 CPU31XC 对电动机转速的检测

假如把一旋转编码器的 A 相脉冲信号输入到 CPU314C-2DP 中，来检测电动机的转速。利用 CPU314C-2DP 中集成的高速计数通道进行频率检测。把编码器的 A 相脉冲信号接到 CPU 的 X2 的 2 号端子（对应通道 0）上，如图 15-43 所示。

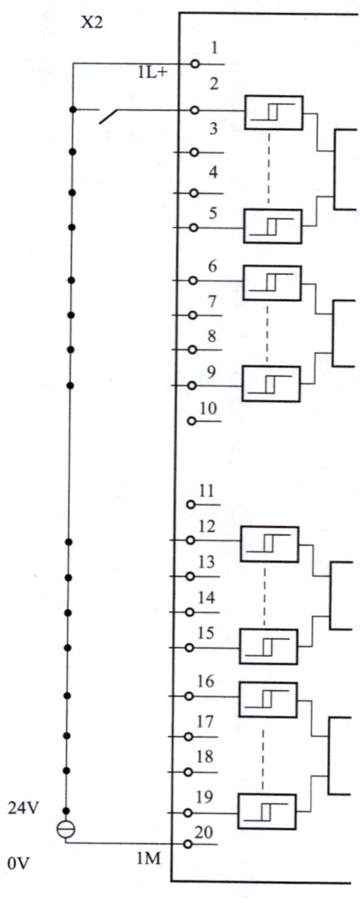

图 15-43　脉冲信号接到高速输入口

一、硬件组态

硬件组态如图 15-44 所示，组态了一个 CPU314C-2DP 的 CPU，集成有高速输入功能。双击 Count，出现其属性组态窗口，如图 15-45 所示。

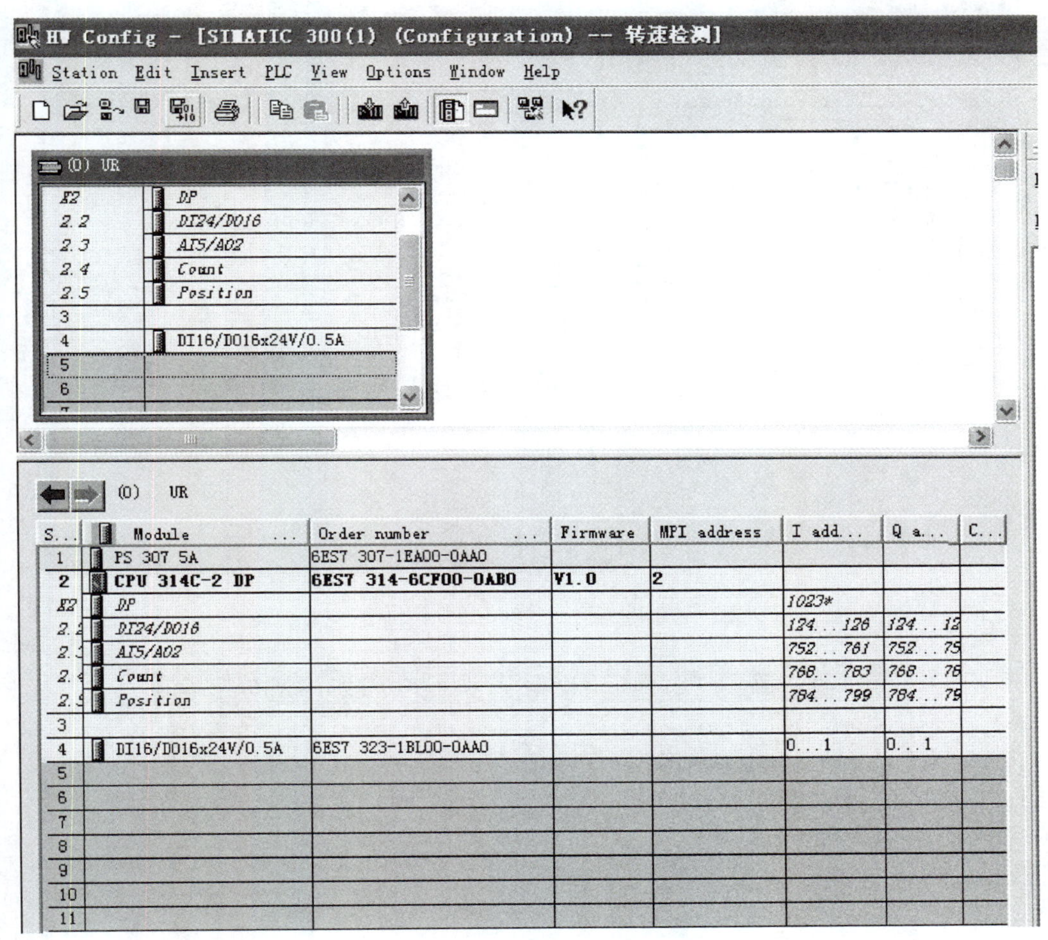

图 15-44　硬件组态

在图 15-45 中，把工作模式设置为频率测量（Frequency counting），并单击 Frequency counting 选项卡，按如图 15-46 所示进行设置。

从 Addresses 选项卡中可查到通道的逻辑地址 LADDR 为 768，如图 15-47 所示。

二、编程

硬件组态好之后，在主程序 OB1 中调用库中的 SFB41，并定义一下背景数据块 DB1。SFB41 的调用如图 15-48 所示。

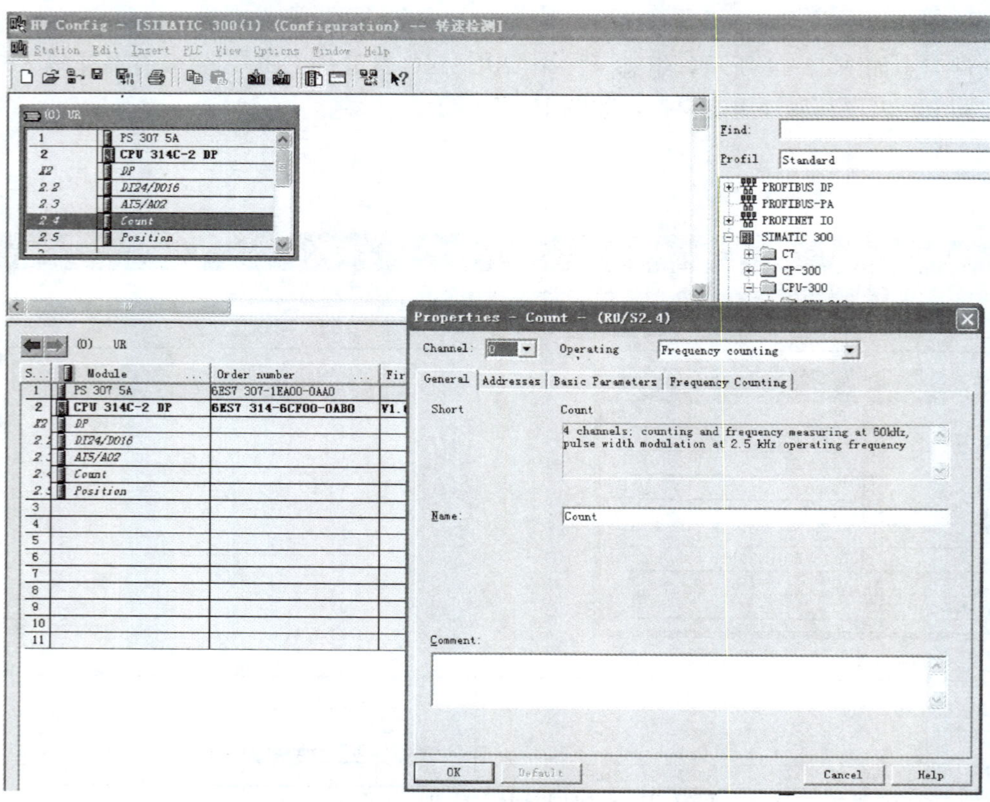

图 15-45　Count 属性窗口

图 15-46　频率测量的组态

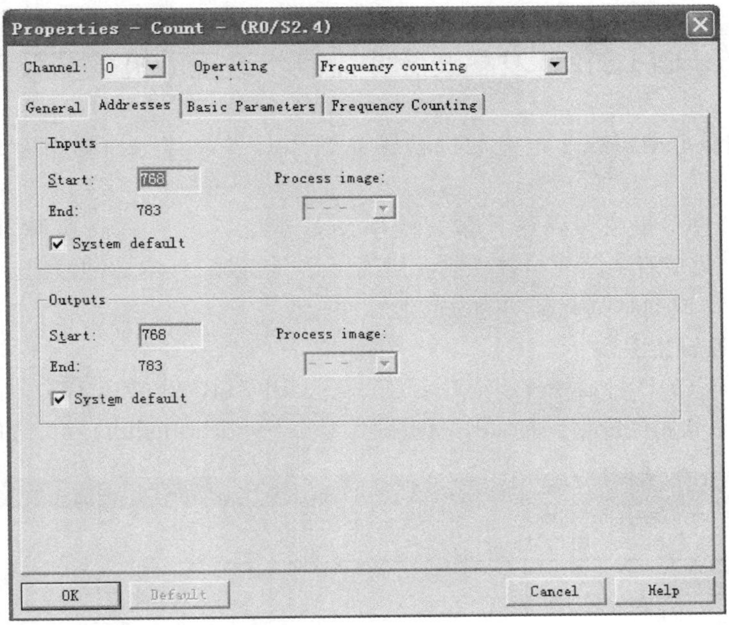

Properties - Count - (R0/S2.4)

Channel: 0　Operating　Frequency counting

General | Addresses | Basic Parameters | Frequency Counting

Inputs
Start: 768　Process image:
End: 783
System default

Outputs
Start: 768　Process image:
End: 783
System default

OK　Default　Cancel　Help

图 15-47　逻辑地址

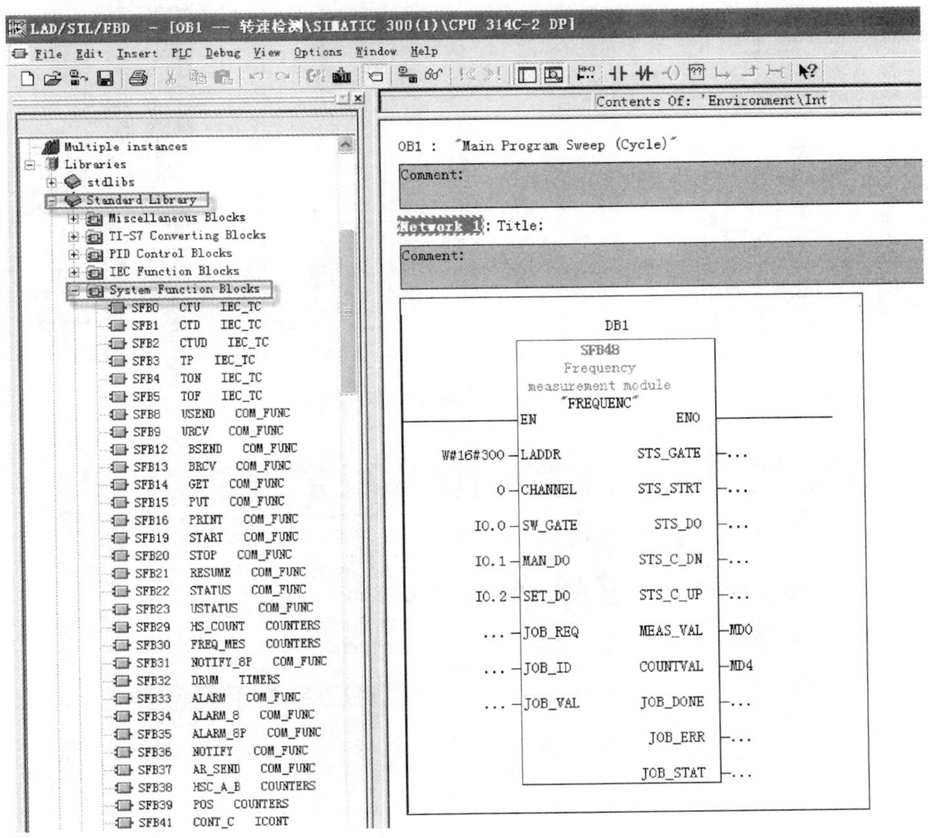

图 15-48　SFB48 的调用

第八节 CPU31XC 发高速脉冲控制步进电动机或伺服电动机

PLC 控制伺服电动机或步进电动机，都需要 PLC 发高速脉冲到相应的驱动器来进行控制。

S7-300CPU31XC 集成有高速计数、频率测量功能，另还有高速脉冲输出功能。以 CPU314C 为例，集成有 4 路完全独立的、最高可达到 2.5kHz 的脉冲输出。本讲将介绍 S7-300CPU31XC 中集成的脉宽调制功能发高速脉冲。

一、组态脉冲输出参数

新建一个 STEP7 项目，硬件组态中组态一下 CPU314C-2D 的 CPU，如图 15-49 所示。双击 Count，出现其属性窗口。把工作模式设为 Pulse-width modulation，如图 15-50 所示。

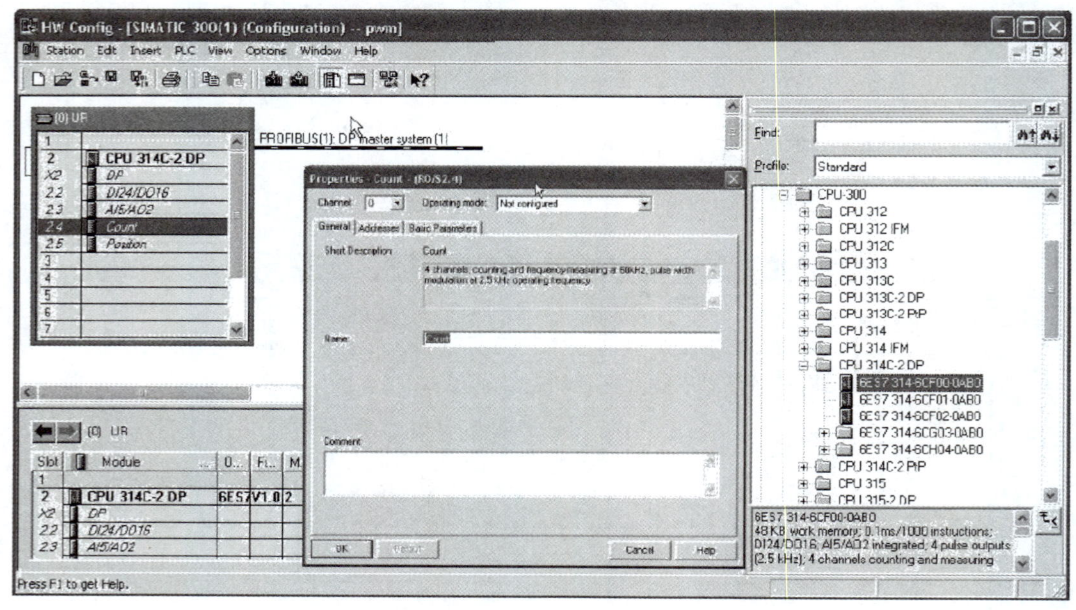

图 15-49 硬件组态

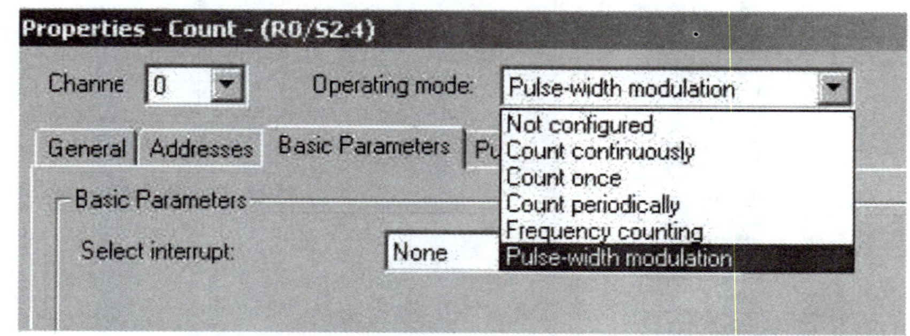

图 15-50 选择操作模式为 Pulse-width modulation

在 Pulse-width modulation 选项卡中设定如图 15-51 所示的参数。

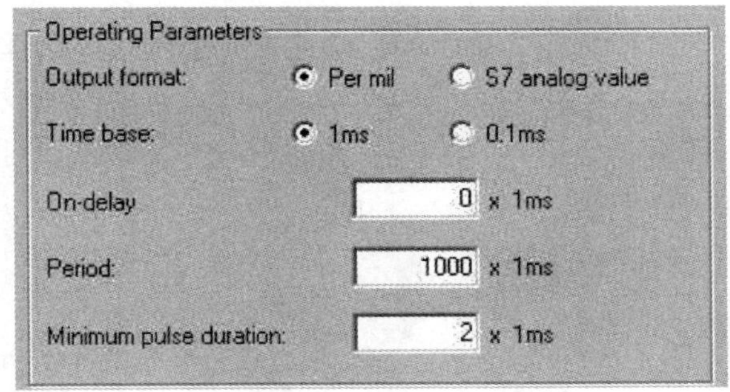

图 15-51 操作参数的设定

输出格式分为 Per mil 或 S7 analog。

(1) Per mil 格式：Pulse duration=Outp _ val/1000* Period duration。

(2) S7 analog 格式：Polse duration=Outp _ val/27648* Period duration。

输出位的动作跟以上参数有关，其动作如图 15-52 所示。

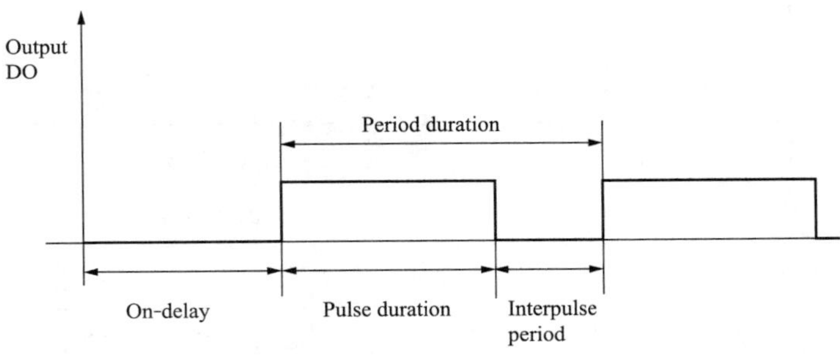

图 15-52 输出位的动作与参数设定相关

硬件门和中断设置如下：

(1) 硬件门，用模块所带输入点触发脉冲输出，相比软件门，硬件门用于更精确的要求。

(2) 产生中断调用 OB40（必须在 basic parameters 选择中断或诊断+中断）可选择，硬件门开中断。

选中 Basic Parameters 选项卡，如图 15-53 所示，可对选择中断进行组态。在 Pulse-

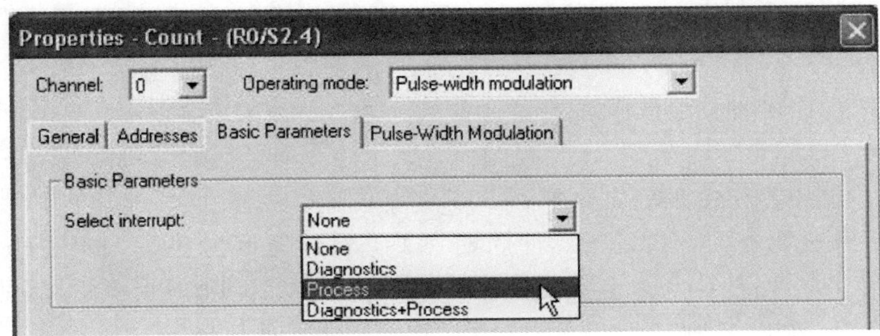

图 15-53 中断的设置

width modulation 选项卡中可设定硬件门和硬件中断，如图 15-54 所示。

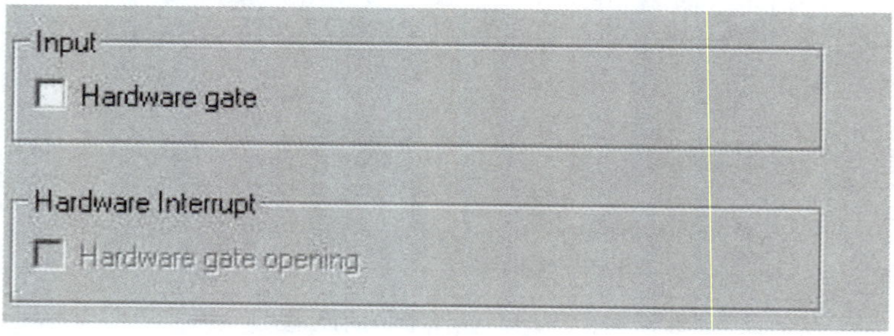

图 15-54　硬件门和硬件中断的设置

二、接线

示例使用的是通道 0，参考表 15-13 的针脚定义接线。（注意：如果通道激活了脉宽调制功能，那么该通道的第二个输入点不能用来接其他输入信号，最好也不要接线。如示例中 DI＋0.1 点就是如此。）

表 15-13　　CPU314C-2DP、PN/DP、PtP（连接器 X2）的针脚分配

连接	名称/地址	计数	频率测量	脉冲宽度调制
1	1L＋	输入的 24-V 电源		
2	DI＋0.0	通道 0：轨迹 A/脉冲	通道 0：轨迹 A/脉冲	—
3	DI＋0.1	通道 0：轨迹 B/方向	通道 0：轨迹 B/方向	0/不使用
4	DI＋0.2	通道 0：硬件门	通道 0：硬件门	通道 0：硬件门
16	DI＋1.4	通道 0：锁存器	—	—
20	1M	接地		
21	2L＋	输出的 24V 电源		
22	DO＋0.0	通道 0：输出	通道 0：输出	通道 0：输出
30	2M	接地		

三、编程

在编程界面左侧的库文件中找到系统函数块 SFB49，并在 OB1 中调用，如图 15-55 所示。

在 OB1 中调用 SFB49 的程序如图 15-56 所示。

本例中在硬件组态时，设置的脉冲周期为 1s，脉冲宽度为 500/1000×1s＝0.5s，当 I0.0 为 1 时输出脉冲，M1.2 为 1 时，周期时间改变为 2s，这时脉冲宽度变为 500/1000×2s＝1s，如果 CPU 掉电，则恢复在硬件组态里的值，周期时间为 1s。

关于 SFB49 块的参数说明如表 15-14 所示。

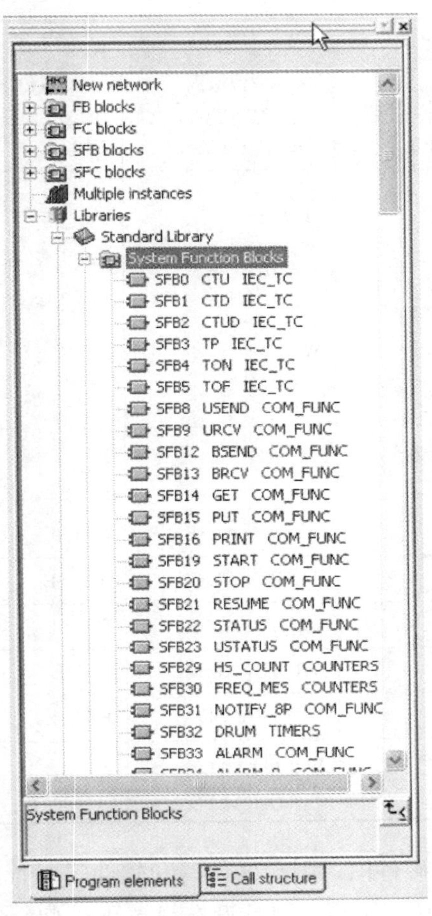

图 15-55 SFB49 的调用

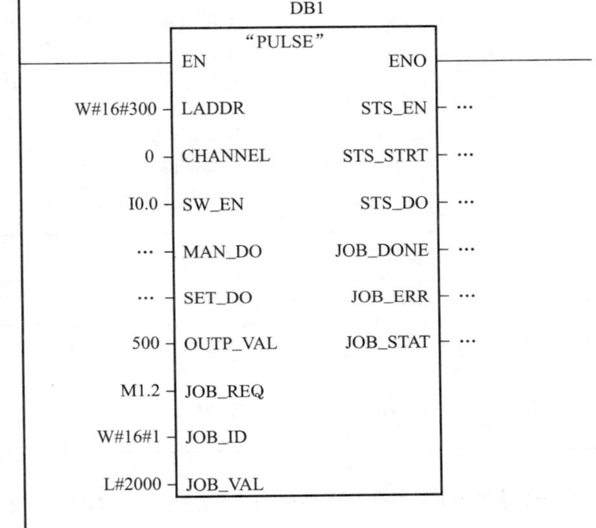

图 15-56 主程序

表 15-14 **SFB49 块的参数说明**

输入参数	数据类型	地址DB	说 明	取值范围	缺省值
LADDR	WORD	0	子模块的 I/O 地址，由用户在“HW 配置”中指定。如果 I 和 Q 地址不相等，则必须指定二者中较低的一个	CPU 专用	W＃16＃300
CHANNEL	INT	2	指定的通道号 CPU312C： CPU313C： CPU314C：	0～1 0～2 0～3	0
SW _ EN	BOOL	4.0	软件门：控制脉冲输出	TRUE/FALSE	FALSE
MAN _ DO	BOOL	4.1	手动输出控制使能	TRUE/FALSE	FALSE
SET _ DO	BOOL	4.2	控制输出	TRUE/FALSE	FALSE
OUTP _ VAL	INT	6.0	输出值设置 输出格式为 Per mil 时： 0～1000； 输出格式位为 S7 analog value 时： 0～27648	0～1000； 0～27648	0

续表

输入参数	数据类型	地址DB	说　明	取值范围	缺省值
JOB _ REQ	BOOL	8.0	作业初始化控制端（上升沿有效）	TRUE/FALSE	FALSE
JOB _ ID	WORD	10	作业号 W＃16＃0＝无功能作业 W＃16＃1＝写周期 W＃16＃2＝写延时时间 W＃16＃4＝写最小脉冲周期 W＃16＃81＝读周期 W＃16＃82＝读延时时间 W＃16＃84＝读最小脉冲周期	W＃16＃0 W＃16＃1 W＃16＃2 W＃16＃4 W＃16＃81 W＃16＃82 W＃16＃84	W＃16＃0
JOB _ VAL	DINT	12	写作业的值（设置值乘以时基为实际时间值）	$-2^{31}\sim+2^{31}-1$	L＃0
STS _ EN	BOOL	16.0	状态使能端	TRUE/FALSE	FALSE
STS _ STRT	BOOL	16.1	硬件门的状态（开始输入）	TRUE/FALSE	FALSE
STS _ DO	BOOL	16.2	输出状态	TRUE/FALSE	FALSE
JOB _ DONE	BOOL	16.3	可以启动新作业	TRUE/FALSE	TRUE
JOB _ ERR	BOOL	16.4	故障作业	RUE/FALSE	FALSE
JOB _ STAT	WORD	18	作业错误号	W＃16＃0000～ W＃16＃FFFF	W＃16＃0

输出脉冲的工作过程如图 15-57 所示。如果设置了硬件门，则需硬件门和软件门同时为ON，才可发出脉冲。如果没有设置硬件门，则软件门为 ON 就可发出脉冲。

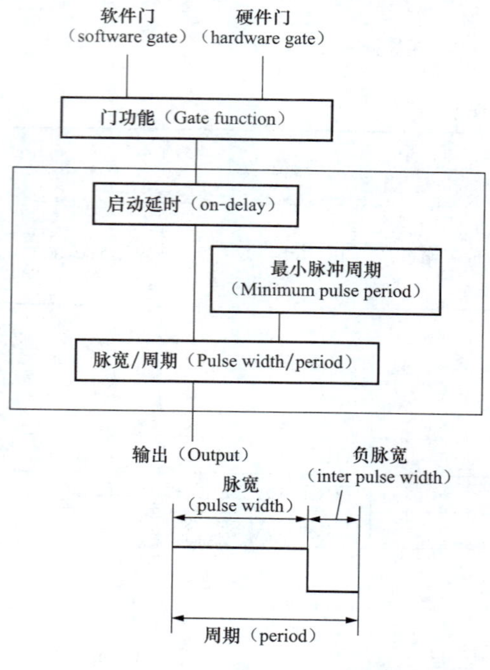

图 15-57　发出脉冲工作过程

单独使用软件门控制时，在硬件设置时，不能启用硬件门（hardware gate）控制。此时，高频脉冲输出单独由软件门 SW _ EN 端控制，即 SW _ EN 端为“1”时，脉冲输出指令开始执行（延时指定时间后输出指定周期和脉宽的高频脉冲）；当 SW _ EN 端为“0”时，高频脉冲停止输出。

采用硬件门和软件门同时控制时，需要在硬件设置中，启用硬件门控制。当软件门的状态先为“1”，同时在硬件门有一个上升沿时，将启动内部门功能，并输出高频脉冲（延时指定时间输出高频脉冲）。当硬件门的状态先为“1”，而软件门的状态后变为“1”，则门功能不启动，若软件的状态保持“1”，同时在硬件门有一个下降沿发生，也能启动门功能，输出高频脉冲。当软件门的状态变为“0”，无论硬件门的状态如何，将停止脉冲输出。

参数 JOB _ ID：为作业号。

作业号决定了具体的作业事件，例如，如果想修改脉冲周期则可指定 JOB _ ID 号为 W＃16＃1，如果想修改延时时间则可指定 JOB _ ID 的参数为 W＃16＃2。如果想读取周期，则指定 JOB _ ID 号为 W＃16＃81。在系统功能 SFB49 的背景数据块中，有一个静态变量：JOB _ OVAL，变量类型为双整数，SFB49 进行读作业操作时，将把读取的值放在这一区域，用户可访问这一区域得到高频脉冲相关参数的值。

◀ 第九节　西门子触摸屏如何向 S7-300 /400 设定 S5 定时时间 ▶

有些项目中需要在人机见面 HMI 中去设定 S7-300/400 PLC 中的定时器的时间设定值。需 S7-300/400 PLC 定时器的时间设定的数据类型为 S5T 的时间数据类型，但在西门子的触摸屏中没有这种数据类型，只有时间数据类型。

这种情况下，就必须在 PLC 中编写程序对时间数据类型进行转换，转换成 S5T 的时间数据类型，才可对定时器的设定值进行设置。

一、PLC 编程

本程序需要用到时间数据类型转换成 S5T 时间类型的功能 FC40。

FC40　TIM_S5TI　IEC的调用如图 15-58 所示，主程序 OB1 如图 15-59 所示，其中 MD0 中设置的时间为 IEC Time 时间格式，经 FC40 转换后 MW10 中得到的是 S5T 时间格式。

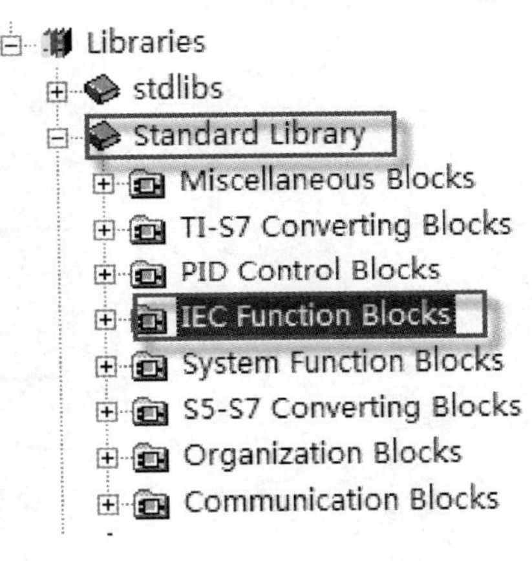

图 15-58　FC40 的调用

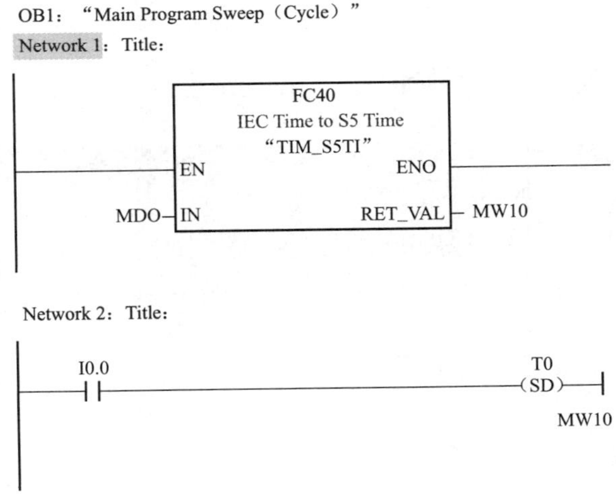

图 15-59　OB1 主程序

图 15-60 所示为程序执行的仿真效果。

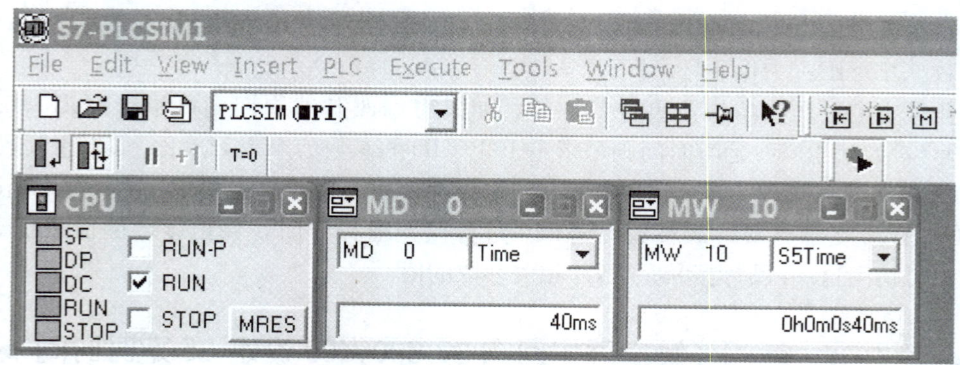

图 15-60　程序仿真效果

二、触摸屏项目组态

1. 组态连接

先组态一个 PLC 的连接，如图 15-61 所示，组态了一个连接名为"连接 _ 1"的 S7-300 PLC。

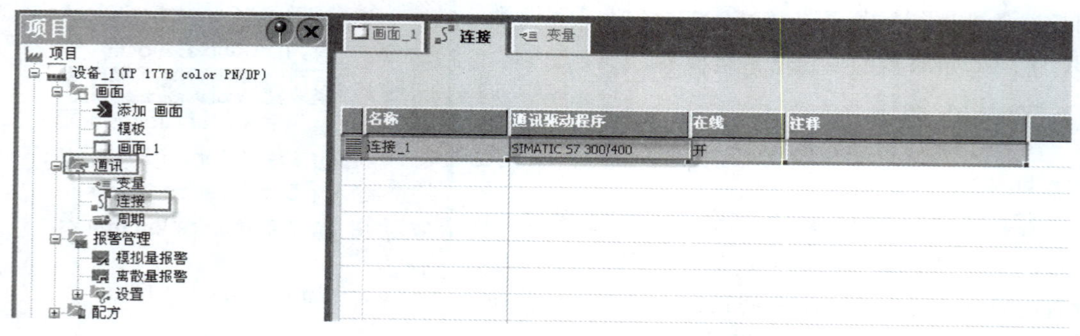

图 15-61　组态连接

2. 组态变量

组态一个变量，数据类型为"时间"，对应的地址为 MD0，如图 15-62 所示。

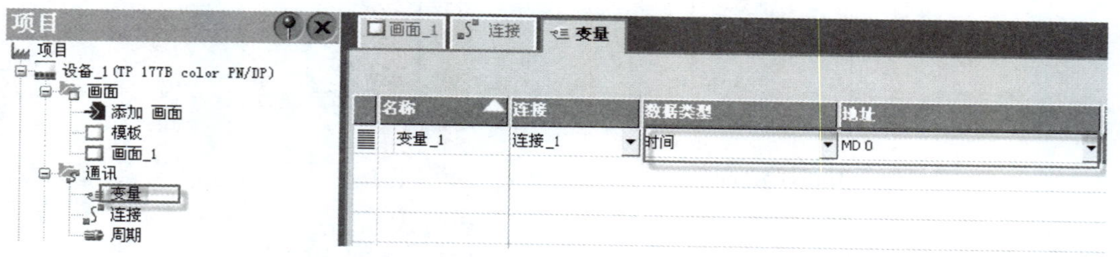

图 15-62　组态变量

3. 组态画面

在画面中组态一下 IO 域和一个文本字符"秒"，IO 域显示对应的变量地址为 MD0，如图 15-63 所示。

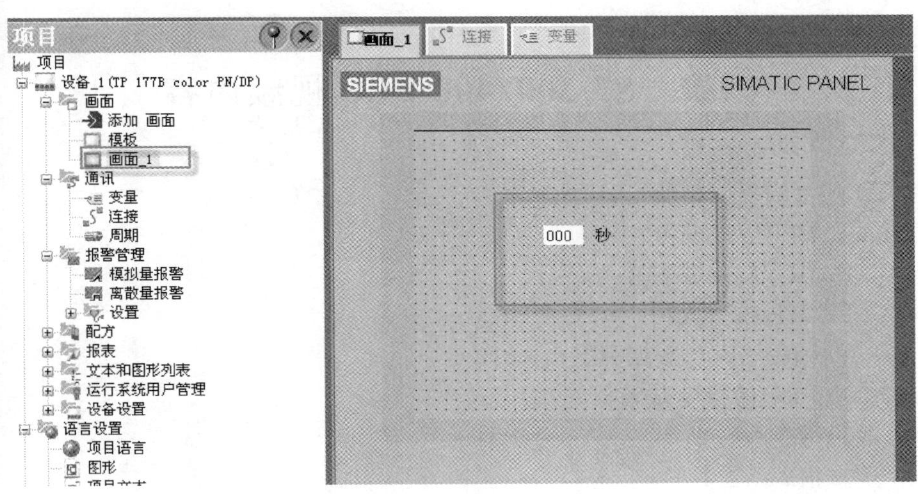

图 15-63 组态画面

通过以上组态操作，即可实现在人机见面 HMI 中去设定 S7-300/400 PLC 中的定时器的时间设定值。

附录　S7-300/400 PLC 视频内容

第 1 讲　S7-300 可编程控制器
第 2 讲　S7-300 常用信号模块
第 3 讲　STEP7 编程软件的安装与介绍
第 4 讲　STEP7 编程快速入门
第 5 讲　S7-300 编程语言与数据类型
第 6 讲　S7-300 PLC 的指令基础
第 7 讲　位逻辑指令（一）
第 8 讲　位逻辑指令（二）
第 9 讲　定时器
第 10 讲　定时器应用举例
第 11 讲　CPU 时钟存储器的应用
第 12 讲　计数器及其应用
第 13 讲　装入与传送指令
第 14 讲　转换与比较指令
第 15 讲　算术运算指令与控制指令
第 16 讲　用户程序的结构与执行
第 17 讲　数据块
第 18 讲　逻辑块的结构与编程
第 19 讲　不带参数功能 FC 的编程与应用
第 20 讲　带参数功能 FC 的编程与应用
第 21 讲　基于 S7-300 PLC 的多机组控制
第 22 讲　功能块 FB 的编程与应用
第 23 讲　多重背景数据块的使用
第 24 讲　组织块与中断处理（一）
第 25 讲　组织块与中断处理（二）
第 26 讲　S7 GRAPH 的编程与应用
第 27 讲　交通灯 GRAPH 编程软件操作
第 28 讲　多种工作方式系统的顺序控制编程
第 29 讲　S7 模拟量控制基础
第 30 讲　基于 S7-300 的 PID 液位控制系统

本书配套的教学视频共 30 讲，随书免费提供，阳胜峰联系电话：15994747680，QQ：541351955，Email：ysf2004ysf@163.com。